WPS Office AI智能化高效办公从入门到精通

凤凰高新教育 编著

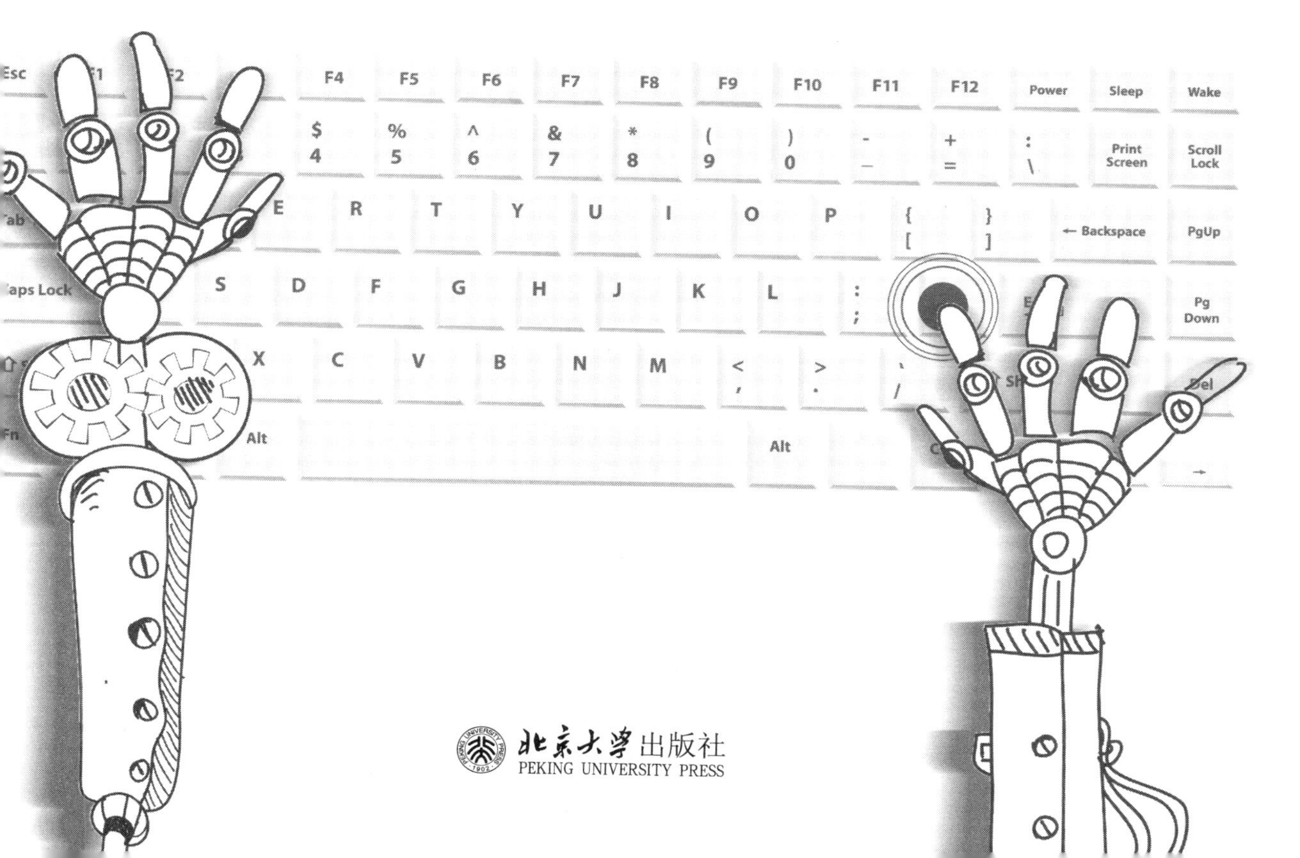

北京大学出版社
PEKING UNIVERSITY PRESS

内容提要

本书是一本全面介绍WPS AI在办公领域智能化应用的实用指南。全书共7章，从WPS AI的基本概念讲起，逐步深入到WPS文字、表格、演示、PDF及在线智能文档等各个方面的AI应用技巧，并且在最后一章模拟了3个真实工作场景下的综合案例，旨在帮助读者解决工作中的实际问题，提高工作效率，使办公流程更智能、更高效。

本书采用图文并茂的方式进行知识讲解，语言通俗易懂，操作过程清晰明了，内容全面且实用，通过实战案例，帮助读者将所学知识应用于实际工作中。本书适合从办公新手到资深职场人士等不同层次的读者阅读，也可作为广大职业院校、各类社会培训班的学习教材与参考用书。

图书在版编目(CIP)数据

WPS Office AI智能化高效办公从入门到精通 / 凤凰高新教育编著. -- 北京：北京大学出版社，2025. 3.
ISBN 978-7-301-35921-1

Ⅰ. TP317.1

中国国家版本馆CIP数据核字第2025HS5894号

书　　名 WPS Office AI智能化高效办公从入门到精通
WPS Office AI ZHINENGHUA GAOXIAO BANGONG CONG RUMEN DAO JINGTONG
著作责任者 凤凰高新教育　编著
责任编辑 刘　云　刘羽昭
标准书号 ISBN 978-7-301-35921-1
出版发行 北京大学出版社
地　　址 北京市海淀区成府路205号　100871
网　　址 http://www.pup.cn　　新浪微博：@北京大学出版社
电子邮箱 编辑部 pup7@pup.cn　总编室 zpup@pup.cn
电　　话 邮购部 010-62752015　发行部 010-62750672　编辑部 010-62570390
印 刷 者 北京市科星印刷有限责任公司
经 销 者 新华书店
787毫米×1092毫米　16开本　18.75印张　452千字
2025年3月第1版　2025年3月第1次印刷
印　　数 1-4000册
定　　价 89.00元

推荐序

在数字化和智能化日益成为现代办公不可或缺之要素的今天，智能化办公已经成为现代企业提升效率、创新工作模式的关键途径。《WPS Office AI智能化高效办公从入门到精通》一书的问世，无疑为广大读者带来了一股清新而强劲的智能办公之风。本书不仅系统地介绍了WPS AI的各项功能，更通过丰富的案例分析和实操演示，将理论与实践完美结合，为读者展现了一个智能、高效的办公新世界。

作为金山WPS Office个人事业部用户增长负责人，我深知人工智能技术在办公领域的重要性。WPS AI作为我们产品中的一项创新功能，它依托先进的人工智能技术，为用户提供了更加智能化、自动化的办公体验。从智能推荐模板、素材、工具，到日常办公智能化应用与操作习惯等方面，WPS AI都能够极大地提升用户的工作效率和创造力。

本书是一本全面介绍WPS AI在办公领域智能化应用的实用指南。从WPS AI的基础入门开始，逐步深入到文档的智能化编辑、数据表格的智能化处理与分析、演示文稿的智能化创建，以及PDF的智能化审阅等多个办公核心环节，每一章节都紧密围绕如何利用WPS AI提高办公效率展开。最后一个章节还模拟了3个真实工作场景下的办公案例，讲解如何利用WPS AI进行高效实战应用，旨在帮助读者解决工作中的实际问题，同时能利用WPS AI的功能提高工作效率，使办公流程更智能、更高效。

总之，《WPS Office AI智能化高效办公从入门到精通》是一本面向未来办公趋势的指导书籍，无论是个人用户还是企业，都能从中获得宝贵的知识和技能。我坚信，通过阅读本书，您将能够充分利用WPS AI的强大功能，提高工作效率，激发更多的创新思维，为您的职业生涯增添光彩。

在推荐这本书的同时，我也要强调，尽管WPS AI已经非常强大，但我们团队仍然在不断将其迭代和升级，以期让它变得更加完善，成为每位用户办公桌上不可或缺的智能小伙伴。因此，这本书不仅是一个学习指南，也是一个探索WPS AI未来可能性的起点。

最后，我衷心希望《WPS Office AI智能化高效办公从入门到精通》能够成为您提升个人办公效率、掌握先进办公技能的得力助手。让我们一起迎接智能办公的新纪元，共同开启高效、创新的工作模式。

汪大炜

金山办公个人事业部用户增长负责人

前言

出版背景 / 目的

在数字化时代背景下，智能办公已经成为提升工作效率和质量的重要手段。对于广大职场人士而言，面对繁杂的工作任务、紧迫的项目时限及不断提升的工作要求，如何有效地运用智能工具是提高工作效率的关键。《WPS Office AI智能化高效办公从入门到精通》正是基于这一背景而编写，旨在为职场人士提供一个全面、实用的WPS AI应用指南。

WPS Office作为一款功能强大的办公软件套件，凭借其丰富的功能和出色的性能，赢得了广大用户的青睐。随着AI技术的飞速发展，WPS Office与AI的结合，不仅能够优化工作流程，提高工作效率和质量，更能激发出更多创新。本书将深入解析如何运用WPS AI工具和功能，带你体验全新的AI智能化办公模式，提升你的工作效率和质量。

内容介绍

本书旨在全面介绍WPS AI在办公领域的应用，全书共7章，从WPS AI的基本概念讲起，逐步深入到WPS文字、表格、演示、PDF及在线智能文档等各个方面的AI应用技巧，并且在最后一章模拟了3个真实工作场景下的综合案例。本书通过详细的案例，让读者深入了解WPS AI的功能和优势，并学会如何在实际工作中运用这些功能来提高工作效率和创造力。各章节内容如下：

第1章总结了AI的发展与应用，WPS Office与AI的结合，WPS AI的主要功能、运行机制、应用场景及智能化办公的优势；最后提供了WPS AI的使用指南和常见问题解答。

第2章主要介绍了WPS文字的AI功能，包括智能写作、智能排版、智能校对和内容辅助四个方面的功能，为用户提供了更智能、高效的文档制作体验。

第3章介绍了WPS表格的AI功能，包括数据智能处理、数据计算、数据分析等功能，以及表格数据与其他应用的互通，为用户提供了更智能、高效的表格处理体验。

第4章介绍了WPS演示的AI功能，包括智能创作PPT、自动排版与美化、PPT动画与切换效果等功能，以及PPT与其他应用的互通，为用户提供更智能、高效的PPT制作体验。

第5章介绍了WPS PDF的AI功能，包括PDF的阅读与编辑、PDF的格式转换与调整等功能，为用户提供更智能、高效的PDF处理体验。

第6章介绍了在线智能文档的AI功能，包括智能文档、智能表格和智能表单的AI功能。这些

AI功能可以极大地提高工作效率和准确性。

第7章介绍了3个实战案例的操作过程，分别是利用WPS AI智能制作与编排项目策划文案、智能统计与分析销售数据表格，以及智能高效制作工作总结PPT。这些实战案例展示了WPS AI在办公领域的智能化和高效性。

特点说明

本书具有以下鲜明的特点。

（1）实用性强：本书以实际应用为出发点，内容紧贴实际工作场景，提供切实可行的操作建议。通过大量真实、典型的工作场景和案例，让读者在学习过程中能够迅速适应和满足实际工作的需求。

（2）操作性强：本书图文并茂，步骤清晰，便于读者快速上手。书中安排了丰富的图表、示意图和实例，形象地演示了WPS AI在办公中的应用，有助于加深读者对相关内容的理解和记忆。

（3）覆盖广泛：本书从基础到进阶，覆盖WPS文字、表格、演示、PDF及在线智能文档等多个方面的AI智能化办公技能。

（4）案例丰富：本书通过实战案例讲解，使理论与实践相结合。这不仅有助于提高读者的办公技能，还能激发读者的创新思维，使读者能够更好地应对各种工作挑战。

读者对象

本书适合以下人群阅读和学习。

- 职场新人：对于刚刚步入职场的新人，本书可以帮助你快速熟悉和掌握WPS AI在办公中的应用，提高工作效率。
- 资深职场人士：对于已经在职场工作数年的人员，本书可以提供更多高效的AI应用技巧，帮助你进一步提升工作效率。
- WPS AI爱好者：对于热爱WPS AI技术的读者，本书可以作为一本参考手册，随时查阅和学习。
- 培训师和学习者：对于从事WPS AI培训的老师和正在学习WPS AI的学生，本书可以作为教材或辅助资料，以更好地进行教学和学习。

资源下载

本书赠送以下超值的学习资源。

（1）与书中知识讲解同步的案例学习文件（包括素材文件和结果文件）。

（2）与书同步的多媒体教学视频。

（3）制作精美的PPT课件。

（4）《10招精通超级时间整理术》教学视频。

（5）《国内AI语言大模型简介与操作手册》。

（6）DeepSeek AI智能化办公实战技巧精粹。

以上资源，请用微信扫描下方二维码关注公众号，输入本书77页的资源下载码，获取下载地址及密码。

创作者说

本书由凤凰高新教育策划，并由KVP（金山办公最有价值专家）执笔编写，他们拥有丰富的WPS Office软件应用和办公实战经验，对于他们的辛苦付出在此表示衷心的感谢！

同时，由于计算机技术发展非常迅速，书中疏漏和不足之处在所难免，敬请广大读者及专家指正。

温馨提示： 本书内容基于WPS Office个人版进行编写，但图书从编写到出版需要一段时间，由于计算机技术发展迅速，WPS AI功能也在不断完善和优化，因此，读者根据本书内容学习时，软件和工具版本可能存在一些差异，但不影响学习。读者学习时可以根据书中的思路、方法与应用技巧举一反三、触类旁通，不必拘泥于软件和工具的一些细微变化。

目录

第1章

开启智能办公新纪元：WPS AI 快速入门指南

在现代办公环境中，AI（Artificial Intelligence，人工智能）技术正逐渐渗透到各个领域，为我们的工作带来了前所未有的便利和效率提升。在这样的背景下，WPS Office也紧跟时代步伐，积极融合AI技术，为用户提供更智能、高效的办公体验。

WPS AI是WPS Office中集成的AI功能，它通过对大数据的分析和机器学习算法的应用，可以自动识别、处理和优化文档中的各种元素。这些功能包括文字识别、图片提取、智能排版、智能翻译、智能标注、语音朗读、生成内容等，极大地提升了工作效率和质量。

在本章中，我们将重点介绍WPS AI的基本概念、作用和基本使用方法。通过对本章内容的学习，读者将全面了解WPS AI的概念、作用和应用场景，为后续章节的学习打下坚实的基础，并能够在实际工作中灵活运用WPS AI来提高工作效率和优化文档制作质量。

1.1 AI 的发展与应用

AI是计算机科学的一个分支，旨在研究、开发和应用能够模拟、扩展和辅助人类智能的理论、方法、技术及应用系统。它包括机器人、语音识别、图像识别、自然语言处理等多个领域。AI的发展历程可追溯到20世纪50年代，经历了从概念到现实的跨越。本节就来探讨AI的起源、发展历程及未来的发展趋势和具体应用。

1.1.1 AI 的起源与发展

AI的概念最早可以追溯到20世纪50年代。在那个时候，科学家们开始思考如何通过计算机模拟人类的智能行为。1950年，英国科学家艾伦·图灵提出了著名的“图灵测试”，即如果一台计算机在与人类进行对话的过程中不被识别为非人类，那么这台计算机就具有智能。这一概念的提出引发了一系列关于计算机能否具备智能的讨论和研究，也为AI研究奠定了基础。

截至目前，AI的发展历程大致可以分为4个阶段，下面分别介绍。

1. 早期探索

在20世纪60—70年代，研究人员主要关注计算机的推理和问题解决能力，所以AI研究主要集中在符号主义、逻辑推理和专家系统等领域。他们试图开发出能够模拟人类思维过程的计算机程序。1956年的达特茅斯会议上正式提出了“人工智能”这一概念，并明确了AI的研究目标和方法，被认为是AI领域的开创之举。总的来说，这一阶段虽然取得了一定的成果，但由于计算能力和数据量的限制，以及缺乏有效的算法和方法，早期的AI研究进展缓慢。

2. 知识表示与推理

在20世纪70—80年代，AI的发展逐渐加速。研究人员开始关注如何将知识表示到计算机中，并使用推理技术来解决问题。通过构建专家系统，AI在特定领域中开始取得突破，然而，由于知识表示的复杂性和专家系统的脆弱性，这一阶段的AI发展也遇到了一些瓶颈。

3. 机器学习的崛起

20世纪90年代，机器学习在AI领域崭露头角。机器学习可以让计算机从数据中学习和改进，这种新方法使得AI在各个领域取得重大突破。同时随着计算能力的提升和大数据的普及，机器学习进一步推动了AI的发展。

4. 深度学习的爆发

进入21世纪，深度学习作为一种模仿人脑神经网络的机器学习方法，凭借其在图像识别、语音识别和自然语言处理等领域的卓越表现，迅速崛起并成为AI领域的主流技术。例如，通过训练算法，可以自动提取和学习数据中的模式和规律；通过模拟人脑的神经元结构，可以实现复杂的模式识别和学习。这一时期的AI产生了革命性的变革。

近年来，随着大数据和云计算技术的发展，AI已经成为各个领域的重要工具，引领着“第四次工业革命”。

知识拓展： AI的核心技术原理包括数据采集和处理、机器学习、深度学习、自然语言处理（NLP）、计算机视觉、机器人技术等。AI基于这些原理，通过不断从数据中学习，调整自己的行为和模型来提高效率和准确率，从而实现在各个领域的广泛应用和发展。

1.1.2 AI 在各个领域的应用

现在，AI作为一项重要的技术革新，已经广泛应用于各个领域，如自动驾驶、语音识别、图像识别、自然语言处理等。AI技术的不断创新，为人们的生活和工作带来了巨大的便利。

下面介绍一些主要领域中AI的应用情况。

1. 医疗健康

AI在医疗健康领域的应用非常广泛，包括辅助诊断、药物研发、智能医疗设备等。通过深度学习和图像识别技术，AI可以帮助医生更准确地诊断疾病，提高诊断的准确性和效率。同时，AI还可以分析大量的医疗数据，帮助研究人员发现新的药物和治疗方法。此外，AI还可以应用于基因编辑和个性化医疗等。

2. 金融

AI在金融领域的应用主要包括风险评估、信贷审批、投资策略制定、智能投顾、欺诈检测等。通过机器学习和大数据分析，AI可以帮助金融机构更好地评估风险，优化投资组合，提高投资回报率。同时，AI还可以通过自然语言处理和智能助理技术，提供更智能、个性化的客户服务。

3. 教育

AI在教育领域的应用主要包括智能教育系统、个性化学习和智能辅助教学等。通过自然语言处理和机器学习技术，AI可以为学生提供个性化的学习内容和教学辅助，提高学习效率和教学质量。同时，AI还可以通过分析学生的学习数据，帮助教师更好地了解学生的学习情况，提供有针对性的指导和支持，或者直接为学生提供个性化的学习方案和在线学习资源，这将有助于提高教育质量和公平性。

4. 制造业

AI在制造业的应用主要涉及生产优化、质量控制和智能物流等方面。通过机器学习和物联网技术，AI可以帮助制造商实现智能化的生产调度和优化，提高生产效率和产品质量。通过引入AI技术，制造商可以实现生产效率提升、成本降低和质量优化。同时，AI还可以通过智能物流系统，实现物流运输的智能化和自动化。

5. 零售业

AI在零售业的应用主要包括智能推荐、供应链管理和智能支付等。通过分析用户的购买行为和偏好，AI可以提供个性化的商品推荐，提高销售额和客户满意度。同时，AI还可以通过预测需求和优化库存，帮助零售商更好地管理供应链，提高运营效率。

6. 客户服务

AI可以用于智能客服机器人、虚拟助手、语音识别和自然语言处理等。这些技术可以提高客户服务的质量和效率，降低成本。

7. 交通出行

自动驾驶汽车、无人驾驶飞机、智能交通管理系统等都是AI在交通出行领域的应用。这些技术可以降低事故风险，减少拥堵和污染。例如，AI可以通过分析道路交通数据和车辆传感器数据，辅助汽车实现自动驾驶。这将大大降低交通事故的发生率，提高道路使用效率。

8. 智能家居

AI可以通过语音识别和传感器技术，实现智能家居设备的自动化控制。例如，智能音箱可以根据用户的语音指令调节灯光、温度和音乐等。

9. 安全

AI在安全领域的应用包括网络安全、视频监控、人脸识别等。通过实时分析和预测，AI可以辅助预防和应对各种安全威胁。

10. 娱乐

AI在娱乐领域的应用包括游戏设计、音乐创作、电影制作等。通过AI技术，娱乐产业可以创造出更加丰富和多样化的内容。

以上只是AI在一些主要领域的应用，随着AI技术的不断发展和创新，相信AI将在更多领域发挥重要作用，为我们的生活带来极大的便利和效率提升，最终成为我们日常生活中不可或缺的一部分。

知识拓展： 目前，AI主要应用于一些特定领域，如自然语言处理、计算机视觉等。未来，研究人员将继续探索如何实现通用人工智能，使计算机能够在多个领域具备与人类相当的智能水平。随着AI技术的发展，未来的工作场景将更加强调人机协作，人类与计算机共同完成任务，提高工作效率和创造力。

1.2 WPS Office与AI的结合

随着AI技术的不断发展，越来越多的行业开始尝试将AI技术融入产品或服务中，以提高效率、优化用户体验。WPS Office作为一款广泛使用的办公软件，也不断探索与AI技术的结合，以提升用户的使用体验和工作效率。

自从个人计算机在中国广泛普及，WPS Office就走进了用户的工作和生活。随后，微软的竞争和盗版软件的威胁使WPS Office经历了一段低迷的时期。直至WPS Office 2019推出，它才再次受到广大用户的关注与青睐。WPS Office 2019通过融合多个组件和引入AI技术，提供了更便捷和全面的办公体验，实现了一站式融合办公，用户只需通过一个软件即可处理多种文档。WPS AI助手作为智能服务助手，提供了多项功能，包括一键美化PPT、智能校对、OCR文字识别、智能推荐内容、汇总助手、动态预算和简历助手等。

最近几年，金山办公更是在AI研究上投入了大量的人力和物力，推出了WPS AI。金山办公称，WPS AI是国内协同办公赛道上的首个类ChatGPT式应用。本节我们就来了解一下WPS AI。

1.2.1 WPS Office引入AI的背景

在21世纪初，办公软件市场已经趋于饱和，各种办公软件都面临着激烈的竞争。为了在市场中占据一席之地，软件开发公司需要寻找新的突破口，以提供更好的用户体验。而此时的AI技术正在快速发展和突破，AI在各个领域的应用逐渐成为现实。金山办公看到了AI技术在办公领域的巨大潜力，并决定引入AI技术来改进办公软件的功能和用户体验，提升产品的竞争力。

2010年，金山办公开始关注AI技术，并尝试将其应用于办公软件的优化。金山办公先在WPS Office中引入了简单的AI功能，如智能排版和智能校对。

随着AI技术的日益成熟，金山办公在2019年开始重点研发AI算法，并在WPS Office 2019中引入了AI助手，提供智能的排版、校对、翻译等功能，通过AI技术帮助用户更高效地处理文档。

随着用户需求的不断增加和AI技术的不断进步，AI助手的功能也在不断升级和完善。例如，增加了智能表格、智能图表、智能PPT等功能，还支持语音输入和手势控制等功能。此外，金山办公还不断优化AI算法，以提高AI助手的性能和准确性，在WPS Office 2021中得以实现。

2023年7月6日，金山办公正式推出基于大语言模型的智能办公助手WPS AI，WPS AI官网同步上线。WPS AI具备大语言模型能力，可以嵌入四大组件：表格、文字、演示、PDF，支持计算机和移动设备。

1.2.2 WPS AI 的主要功能

WPS Office在过去的20多年中，一直致力于文档处理，主要聚焦于文字、表格、演示和PDF这四种类型的文档。正是基于这样的专注和坚持，所以在AI技术的运用上，也是先对这四种类型的文档进行了深度融合与提升。

WPS AI的主要功能包括智能写作助手、智能文档处理、智能翻译、智能数据分析、智能演示设计等，这些功能都是基于深度学习和自然语言处理技术实现的。

1. 智能写作助手

WPS Office内置了智能写作助手，能够根据用户输入的内容提供智能化的写作和修正建议。它可以检查语法错误、词汇搭配问题，提供同义词替换和句式改写建议，帮助用户提高文档的质量。智能写作助手还可以根据用户的写作风格和语言习惯，提供个性化的写作建议，帮助用户更好地表达自己的思想和观点。

2. 智能文档处理

WPS Office利用AI技术可以对文档进行智能处理，包括智能排版、智能格式转换和智能检索等功能。通过自然语言处理和机器学习技术，WPS Office可以自动识别文档中的内容和格式，并根据用户的需求进行智能调整和转换。例如，可以自动调整字体大小、行距和段落间距，保证文档的整体美观和可读性；还可以根据用户选择的风格和模板，自动应用相应的排版样式和设计元素，打造精美的文档效果。同时，WPS Office还可以通过智能检索功能，帮助用户快速找到所需的文档和信息。

3. 智能翻译

WPS Office内置了智能翻译功能，利用AI技术实现多语言的快速翻译。用户可以直接在WPS Office中选择需要翻译的文本，通过AI翻译引擎进行翻译，提高翻译的准确性和效率。同时，WPS

Office还支持实时翻译功能，用户可以在编辑文档的同时进行实时翻译，方便跨语言交流和合作。

4. 智能数据分析

WPS Office内置了智能数据分析功能，可以帮助用户更好地处理和分析大量的数据。它可以根据用户的需求自动进行数据清洗、筛选和排序，生成统计图表和报告，提高数据分析的效率和准确性。WPS Office还支持智能数据透视表功能，帮助用户更好地理解和分析复杂的表格数据。WPS Office还可以根据用户的数据模式和趋势，进行智能预测和推荐，帮助用户做出更准确的决策和预测。

5. 智能演示设计

WPS Office内置了智能演示设计功能，利用AI技术为用户提供专业的演示设计建议和多样化的模板。它可以根据用户选择的主题和风格，自动应用相应的设计元素，添加合适的动画效果，帮助用户制作出精美的演示文稿。智能演示设计还可以根据用户的演讲内容和时间，提供智能化的演讲建议和提示，帮助用户提高演讲效果和吸引力。

通过引入AI技术，WPS Office能够提供更智能、高效的办公功能，帮助用户节省时间和精力，提高工作效率。

1.2.3 WPS AI 的运行机制与工作原理

在训练阶段，WPS AI会分析大量的文档样本，包括书籍、文章、新闻等。WPS AI会学习文档的排版、图表、数据填充等规律，这些数据又被用来训练神经网络模型，使其能够理解和处理各种办公场景中的语言和任务。

在运行阶段，WPS AI将用户输入的文本数据传入训练好的神经网络模型中进行处理。模型会根据用户输入的内容和需求进行分析和理解，然后利用已建立的模型进行预测和推断，从而根据任务需求生成相应的输出。这个过程涉及多个步骤，包括文本解析、语义理解、任务处理和结果生成等。

（1）文本解析：WPS AI先对用户输入的文本进行解析，将其转化为计算机可以理解的数据结构。这个过程涉及词法分析、句法分析和语义分析等技术，用于提取和理解文本中的关键信息和语义。

（2）语义理解：在文本解析的基础上，WPS AI会进一步对文本的语义进行理解和分析。它会识别文本中的实体、关系和事件等语义要素，并将其转化为计算机可以处理的形式。

（3）任务处理：根据用户的需求和输入的文本，WPS AI会根据预先训练好的模型，执行相应的任务处理。这可能涉及智能写作、文档排版、数据分析、演示设计等多种办公任务。

（4）结果生成：在任务处理完成后，WPS AI会根据模型的输出生成相应的结果，如修正后的文本、调整排版后的文档、统计图表或演示文稿等。

需要注意的是，WPS AI的运行机制和工作原理是一个迭代的过程。通过不断地训练和优化，模型可以逐步提高处理任务的准确性和效率，从而提供更好的用户体验。

总之，WPS AI的运行机制和工作原理基于深度学习和自然语言处理技术，通过训练和优化神经网络模型，实现对办公软件中各种任务和功能的智能处理和生成。

1.2.4 WPS AI 的应用场景

WPS AI可以应用于多种场景，为用户提供更高效、智能的办公体验。以下是一些常见的WPS AI应用场景。

（1）智能写作：WPS AI可以辅助用户进行智能写作，包括自动校对、语法纠错、风格建议等。它可以帮助用户提高文档的质量和准确性，节省编辑和校对的时间。

（2）文档排版：WPS AI可以根据用户的需求和文档内容，智能调整文档的排版和格式。它可以自动调整字体、段落格式、标题样式等，使文档更具专业性和美观性。

（3）智能写公式：WPS AI可以帮助用户快速、准确地编写公式。用户只需输入公式的自然语言描述，WPS AI就能将其转换为标准的公式。

（4）数据分析：WPS AI可以帮助用户进行数据分析和可视化。它可以根据用户提供的数据，自动生成统计图表、趋势分析等，帮助用户更好地理解和展示数据。

（5）演示设计：WPS AI可以根据用户的演讲内容和时间，智能设计演示文稿。它可以自动选择合适的模板、布局和动画效果，提供演讲建议和提示，帮助用户提高演讲效果和吸引力。

（6）智能问答：WPS AI具备智能问答功能，用户可以随时向WPS AI提问，获取准确及时的解答。WPS AI能够理解自然语言，并根据用户的问题提供详细的解答和建议，帮助用户解决各种问题。

（7）文档搜索：WPS AI提供智能的文档搜索功能。它可以根据用户输入的关键词，快速定位和检索相关的文档，帮助用户快速找到所需的信息。

（8）图片处理：WPS AI可以帮助用户快速提取图片中的文字和数据，方便用户进行文档处理和数据统计等工作。

（9）语音识别：WPS AI可以进行语音识别，将用户输入的语音转化为文字。这可以帮助用户更快速地输入和编辑文档，提高工作效率。

（10）文档翻译：WPS AI可以进行文档翻译，将文档中的文本内容翻译为其他语言。它可以帮助用户进行跨语言沟通和交流，拓展国际业务。

1.3 WPS AI 智能化办公的优势

相比传统的方式，WPS AI的智能化办公技术带来了许多优势，为用户提供了更高效、智能的办公体验。

1.3.1 优化工作流程

WPS AI的智能化办公技术，可以帮助用户优化工作流程，提高工作效率和准确性。以下是WPS AI提供的一些优化工作流程的方式。

（1）自动化任务：WPS AI可以自动完成一些重复性、烦琐的任务，如文档排版、数据分析、表格计算等。它可以根据用户的需求和规则，自动进行相应的操作，减少手动操作，提高效率。

（2）智能写作和校对：WPS AI具备智能写作和校对的能力，可以帮助用户快速撰写和编辑文档。它可以自动纠正语法错误、提供风格建议，并进行文档排版优化，减少烦琐的手动操作。

（3）协作和共享：WPS AI提供了智能协作和共享功能，可以帮助团队成员实时交流和合作。它可以提供实时反馈和建议，协助团队成员更好地协同工作，减少沟通成本和时间。

（4）智能搜索和整理：WPS AI提供智能的文档搜索和整理功能，帮助用户快速定位和检索相关的文档。它可以根据用户输入的关键词，自动过滤和排序文档，提高查找效率。

（5）数据分析和可视化：WPS AI具备数据分析和可视化的能力，可以帮助用户更好地理解和展示数据。它可以根据用户提供的数据，自动生成统计图表、趋势分析等，提供直观的数据展示和分析结果。

（6）多语言支持：WPS AI支持多种语言的文字输入、校对和翻译，可以自动识别和处理不同语言的内容，帮助用户进行跨语言沟通和交流。

1.3.2 提高工作效率

WPS AI除了优化工作流程，还可以帮助用户更快速、准确地完成工作任务，提高工作效率和质量。用户只需要输入相应的指令或数据，AI就可以自动完成剩下的工作，从而节省大量的时间和精力。此外，WPS AI还可以在云端进行计算和存储，从而实现随时随地高效办公。

WPS AI的智能化办公技术可以实现任务自动化、实时协作、智能搜索和整理、数据分析和可视化等功能，为用户提供更高效、智能的办公体验。

1.4 WPS AI 的使用指南

前面介绍了WPS AI的相关知识，下面介绍具体操作步骤。

1.4.1 如何设置并使用 WPS AI

使用WPS AI前，需要申请一个WPS AI体验官账号，并使用该账号登录WPS Office，然后到官网下载并安装体验版的WPS Office，具体操作步骤如下。

第1步 打开浏览器并进入WPS社区网页“https://bbs.wps.cn/”，单击【［AI申请］社区专属！WPS AI权益体验申请通道】超链接，如图1-1所示。

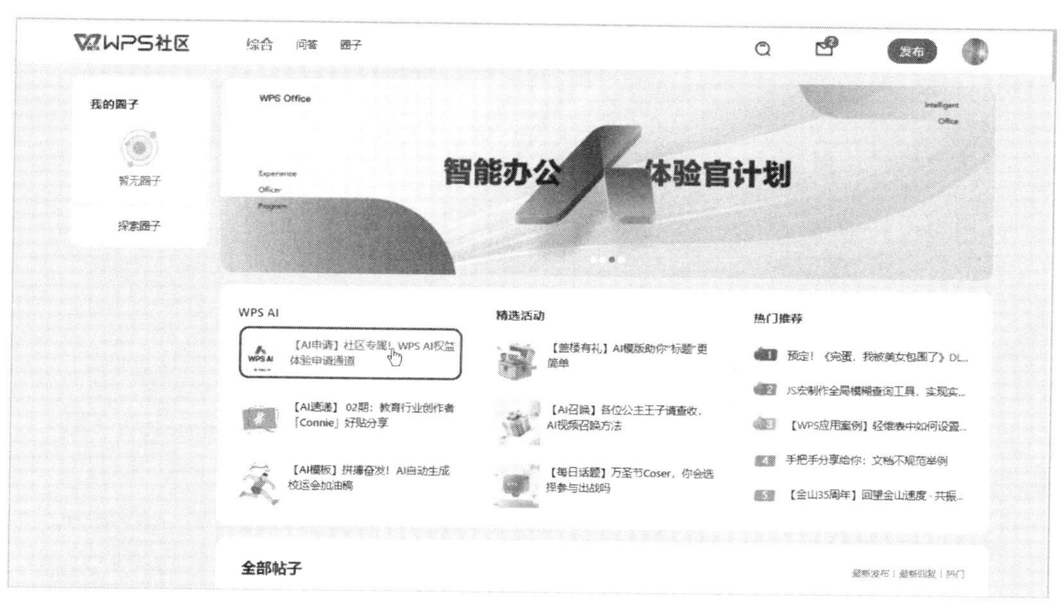

图 1-1　单击申请超链接

知识拓展：申请 WPS AI 权限的网页页面可能会有变化，具体的操作步骤大致相同。

第2步 在打开的新页面中单击【点此提交申请】超链接，如图 1-2 所示。

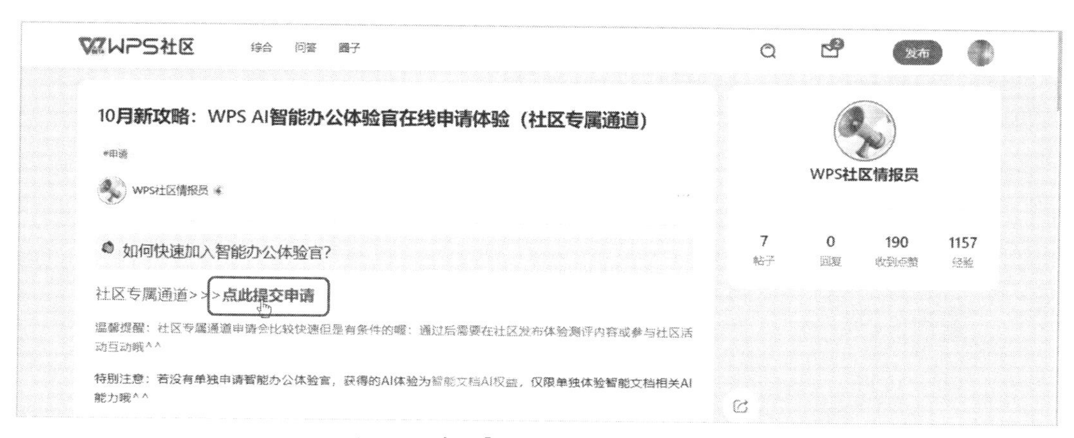

图 1-2　单击【点此提交申请】超链接

第3步 在打开的新页面中根据提示输入相关的个人信息即可完成申请操作。系统审核通过后就会返回申请成功的邮件。

第4步 要使用AI功能，还需要将WPS Office更新到最新版。打开浏览器并进入WPS官网，单击页面顶部的【WPS AI】超链接，切换到新的页面，单击【下载体验】按钮，在弹出的下拉列表中选择要安装的WPS Office版本。本书以Windows端为例进行介绍，所以这里选择【Win客户端】选项，如图 1-3 所示。

第5步 在弹出的窗口中设置下载地址并下载，然后安装WPS Office的最新版，如图 1-4 所示。

图 1-3　选择要安装的 WPS Office 版本

图 1-4　安装 WPS Office 的最新版

第6步 安装完成后启动软件，第一次启动会显示体验说明界面，方便用户了解AI功能及其使用方法，还会提示同步更新移动版的WPS Office，如图1-5所示。使用微信扫描界面中提供的二维码，就可以获取WPS Office移动版了。

图 1-5　体验说明界面扫码同步更新移动版的 WPS Office

第7步 进入WPS Office的首页界面，并用申请的体验官账号登录，可以看到加入了AI功能的WPS Office界面和传统界面是不一样的，如图1-6所示。单击【新建】按钮，可以看到支持新建的文档类型增多了。单击【新建】按钮右侧的下拉按钮，在弹出的下拉列表中也可以看到新增了很多文档类型，如图1-7所示。这里我们选择【文字】选项，新建一个文字文档。

图 1-6　加入了 AI 功能的界面

图 1-7　【新建】下拉列表

第8步 在新建的文字文档界面中，可以看到选项卡最右侧增加了【WPS AI】按钮，文档编辑界面中也出现了“连续按下两次Ctrl键，唤起WPS AI”提示，如图1-8所示。使用这两种方式都可以开启AI功能。

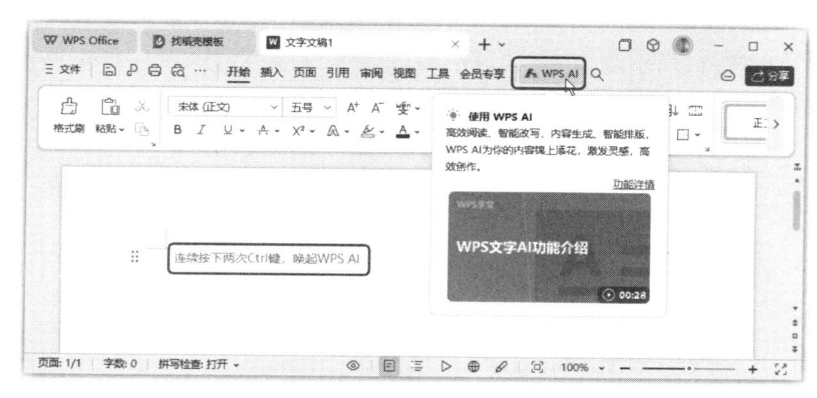

> ! **知识拓展：** 在编辑文档内容时，输入“@ai”并按【Enter】键，也可以开启AI功能。

图1-8 开启WPS AI功能的两种方式

第9步 单击【WPS AI】按钮，会弹出下拉菜单（第一次使用时，还会弹出【WPS AI使用须知】窗口，选中【我已阅读《WPS AI服务协议》】复选框，单击【知悉并同意】按钮即可），在下拉菜单中选择要使用的AI功能即可，这里提供了WPS文字处理过程中最常用的几种AI功能，即【AI帮我读】【AI帮我改】【AI帮我写】【AI排版】【全文总结】【灵感市集】【AI伴写】【AI法律助手】，如图1-9所示。如果通过连续按两次【Ctrl】键唤起WPS AI，则文档编辑处会弹出图1-10所示的WPS AI对话框和下拉列表，在其中也可以选择要使用的AI功能，这里提供的选项相对更丰富一些。

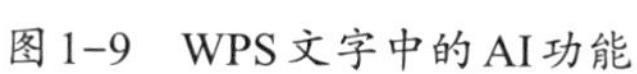
图1-9 WPS文字中的AI功能

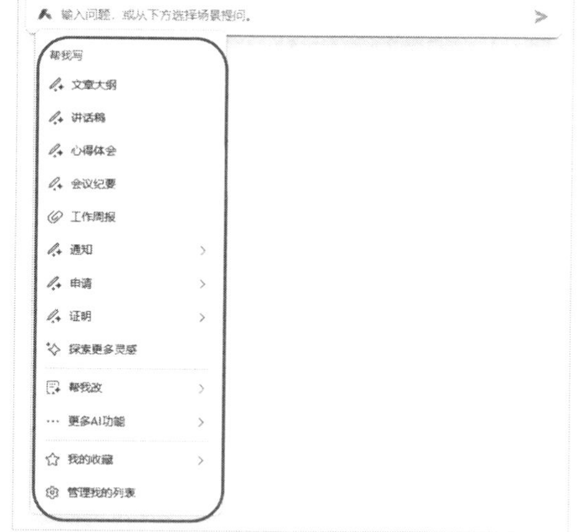

图1-10 连续按两次【Ctrl】键唤起WPS AI

第10步 在【WPS AI】下拉菜单中选择要使用的AI功能，就可以根据提示执行对应的操作了。例如，在WPS文字的【WPS AI】下拉菜单中选择【AI帮我读】【AI排版】【全文总结】或【AI伴写】选项时，会打开对应的任务窗格，一般任务窗格中都提供了选项，通过选择即可快速完成对应的操作，部分任务窗格的下方有一个对话框，用户根据需要在此处输入需求，然后按【Enter】键或单

击 ➤ 按钮就可以和AI对话了，如图1–11所示。如果在【WPS AI】下拉菜单中选择【AI帮我写】，或者通过连续按两次【Ctrl】键来唤起WPS AI，可以直接在上方的输入框中输入需求，也可以选择要使用的AI功能，部分功能可以进一步进行选择，如图1–12所示，方便直接生成对应的文档，选择后修改其中的关键信息即可，如图1–13所示。

图1–11 在任务窗格中和AI对话

图1–12 进一步选择

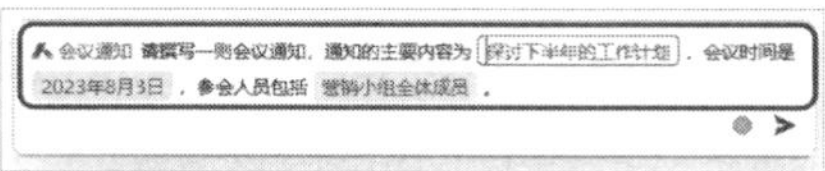

图1–13 修改关键信息

1.4.2 WPS AI 新手常见问题解答

在使用WPS AI时，有一些新手常见问题，这里先统一进行解答，方便读者了解WPS AI。

问题1：不单独进行WPS AI权益体验申请，可以使用WPS AI功能吗?

答：如果没有单独申请智能办公体验官，获得的AI权益为智能文档AI权益，仅限单独体验智能文档相关AI功能。不过，申请的AI权益也是有有效期的，过期后可以继续申请试用。

问题2：哪些WPS Office版本可以体验WPS AI功能?

答：WPS Office的PC–12.1.0.15712版本可以体验WPS AI功能，旧版本可至WPS官网升级。

问题3：哪些用户可以领取WPS AI体验福利?

答：所有用户都可以领取。新用户可以领取15天AI会员；会员用户每月可领取1次，每次有效期为31天；非会员用户可通过购买会员领取或前往WPS社区申请。首次申请WPS AI体验官的用户社区等级需达LV2；第二次申请WPS AI体验官的用户社区等级需达LV3。

问题4：在向WPS AI提问时，提问内容中输入了某些中文字符或标点符号，WPS AI无法正确识别，该怎么办?

答：对于无法正确识别和输入的字符或符号，可以尝试手动输入或使用其他文本编辑器进行处理。

问题5：当我们想针对文档中的部分内容让WPS AI进行回复或执行相关操作时，该如何操作呢？

答：可以先选中文档的部分内容，然后在弹出的工具栏中单击【WPS AI】按钮，再在弹出的下拉列表中选择要执行的具体操作，如图1-14所示。

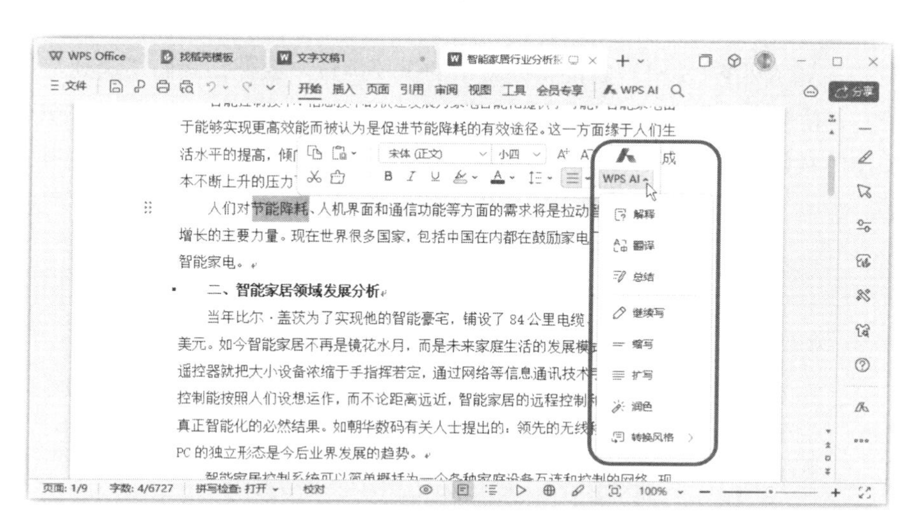

图1-14 针对文档中的部分内容向WPS AI提问

问题6：向WPS AI问同一个问题，得到的回复为什么不同呢？

答：WPS AI是一款基于大语言模型的智能办公助手，具有生成式人工智能技术，可以自动回答问题、生成文本、完成语言任务等。然而，由于大语言模型具有不确定性和随机性，问同一个问题可能会得到不同的回复。

此外，WPS AI的回复还受到许多其他因素的影响，如问题的具体描述、上下文、语言风格、时间、地点等。这些因素都可能影响WPS AI对问题的理解和回复。

另外，WPS AI的回复也可能受到不同设备或平台的影响。不同的设备或平台可能会有不同的操作系统、硬件配置、网络环境等，这些因素都可能影响WPS AI的回复。

总之，WPS AI的回复可能会因为各种原因而有所不同。

问题7：一些WPS AI功能为什么在电脑端可以使用，但是在移动端找不到呢？

答：目前WPS AI已在多端上线，但不同端的功能并非完全一致，如Mac端暂时只有文字组件AI功能，后续会陆续上线其他AI功能，可以关注社区情报员。

需要注意的是，WPS AI的功能会受到不同地区、不同行业、不同用户群体的影响，因此在使用过程中可能会有一些差异。此外，WPS AI的功能也需要一定的数据支持和算法训练，因此在使用过程中可能会存在一些限制。

本章小结

本章对WPS AI进行了全面的概述，探讨了AI的发展与应用，并深入分析了WPS Office与AI的结合。我们首先回顾了AI的起源与发展，以及它在各个领域中的应用，展示了AI技术的广泛影响力和潜力。接着，我们详细介绍了WPS AI的主要功能、运行机制和工作原理，以及它在各种实际场景中的应用，展示了WPS AI在智能化办公中的重要地位。此外，我们还提到了WPS AI智能化办公的优势，包括优化工作流程、提高工作效率和质量。最后，我们提供了WPS AI的使用指南，包括设置和使用的具体步骤，以及常见问题的解答，帮助读者更好地掌握WPS AI的使用方法，充分发挥其潜能。

第2章

WPS AI 文字智能化：高效写作与编排办公文档

随着AI技术的飞速发展，WPS文字与时俱进，融入了越来越多的AI功能，包括智能写作、智能排版、智能校对及内容辅助等。这些AI功能以其高效、智能、精准的特点，极大地提升了我们的工作效率，为我们带来了前所未有的工作体验。本章，我们就来逐一学习WPS文字中的AI功能。

2.1 智能写作

WPS AI拥有众多先进的功能，其中最吸引人的就是智能写作。这个功能能够理解自然语言，并生成对应的回复，其回复的内容不仅思路清晰，逻辑严密，而且推理精确，让人信服。无论是在商务、教育还是其他领域，WPS AI都能够发挥强大的作用，为用户带来更加高效、便捷的写作体验。

本节我们就来详细介绍WPS文字的智能写作功能，包括快速起草文章内容、扩展或续写文章内容，以及优化文章内容。最后，我们还将介绍WPS文字支持的多种格式文档一键生成功能，以及语音转文字和多文档处理功能。

2.1.1 创作助手：智能生成文章内容，给你灵感与思路

新建文档后，我们经常遇到灵感枯竭，不知道怎么编写内容的情况。但当我们拥有了WPS AI，写作就有了强大的辅助。

1. 在 WPS 文字中通过选择文档类型起草文章内容

WPS文字的AI功能在起草文章内容方面表现出色。基于自然语言处理技术，用户只需输入主题或关键词，WPS AI就能够深度理解用户的写作意图，并自动生成结构清晰、内容充实的文章。

这种能力使WPS AI在各种写作场景中都能发挥出极大的优势，无论是撰写商业计划书、分析报告，还是创作小说、散文等文学作品，WPS AI都能根据用户的需求和意图，快速生成符合要求的高质量文章内容。

这种智能写作的能力，使得WPS AI成为一个强大的写作助手，帮助用户提高工作效率，降低写作难度。例如，我们在参观某景点后想撰写一篇心得体会，可以提出需求，让WPS AI来起草文章内容，具体操作步骤如下。

第1步 打开WPS Office，新建一篇空白文字文档，单击选项卡最右侧的【WPS AI】按钮，在弹出的下拉菜单中选择【AI帮我写】命令，如图2-1所示，或者连续按两次【Ctrl】键，唤起WPS AI。

第2步 显示WPS AI对话框和下拉列表，在下拉列表中根据需要创作的内容选择对应的选项，这里选择【心得体会】选项，如图2-2所示。

图2-1 在【WPS AI】下拉菜单中选择【AI帮我写】命令　　图2-2 根据需要创作的内容选择对应的选项

第3步 WPS AI对话框中自动显示图2-3所示的内容，用户根据需要在对话框中输入或选择，即可快速生成指令。这里根据提示，在第一个文本框中输入“参观杜甫草堂”，在第二个文本框中输入“结合小学生所学诗词，站在四年级学生的角度来写”，然后单击【发送】按钮 ➤，如图2-4所示。

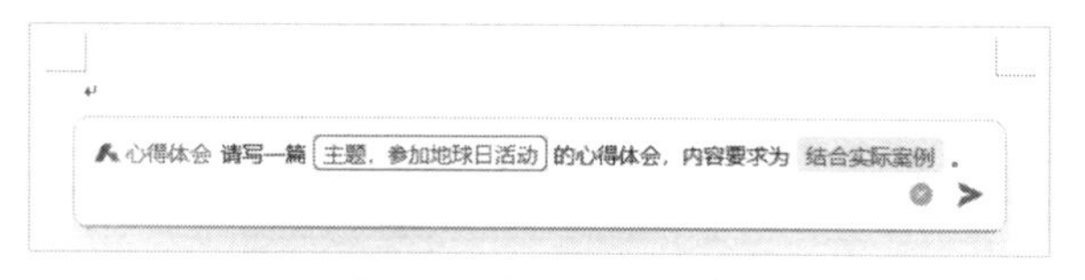

图2-3 自动显示内容

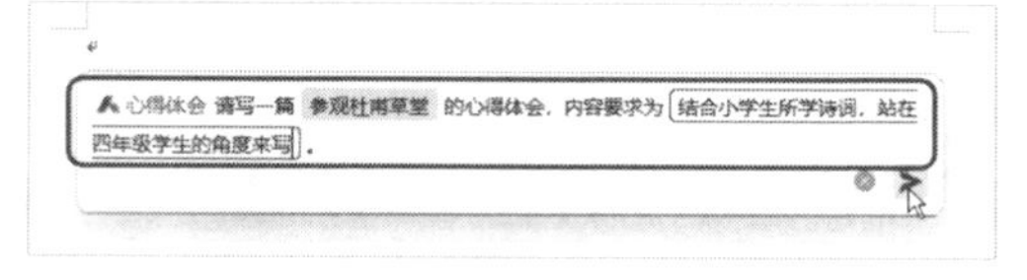

图2-4 输入生成文章的关键信息

第4步 WPS AI接收到用户提问后，会立刻按要求生成内容，如图2-5所示。等待内容生成完成后，如果满意，单击【保留】按钮即可采用这些内容；如果不满意，可以单击【换一换】按钮让WPS AI重新生成。此外，单击【调整】按钮，可以让WPS AI对当前生成的内容进行进一步处理，如缩写、扩写、润色等；单击【弃用】按钮 🗑，可以放弃本次对话；在文本框中输入需求，可以向WPS AI继续提问。

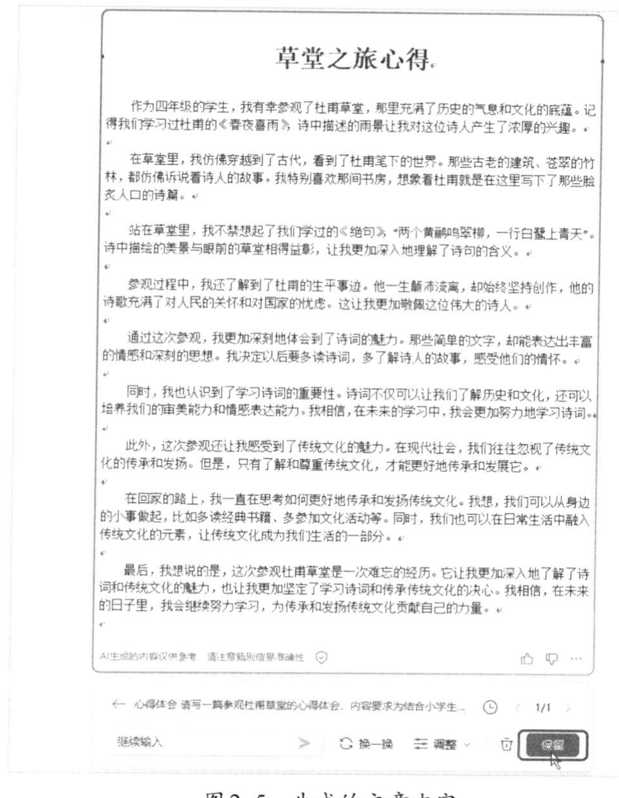
草堂之旅心得

作为四年级的学生，我有幸参观了杜甫草堂，那里充满了历史的气息和文化的底蕴。记得我们学习过杜甫的《春夜喜雨》，诗中描述的雨景让我对这位诗人产生了浓厚的兴趣。

在草堂里，我仿佛穿越到了古代，看到了杜甫笔下的世界。那些古老的建筑、苍翠的竹林，都仿佛诉说着诗人的故事。我特别喜欢那间书房，想象着杜甫就是在这里写下了那些脍炙人口的诗篇。

站在草堂里，我不禁想起了我们学过的《绝句》，“两个黄鹂鸣翠柳，一行白鹭上青天”。诗中描绘的美景与眼前的草堂相得益彰，让我更加深入地理解了诗句的含义。

参观过程中，我还了解到了杜甫的生平事迹。他一生颠沛流离，却始终坚持创作，他的诗歌充满了对人民的关怀和对国家的忧虑。这让我更加敬佩这位伟大的诗人。

通过这次参观，我更加深刻地体会到了诗词的魅力。那些简单的文字，却能表达出丰富的情感和深刻的思想。我决定以后要多读诗词，多了解诗人的故事，感受他们的情怀。

同时，我也认识到了学习诗词的重要性。诗词不仅可以让我们了解历史和文化，还可以培养我们的审美能力和情感表达能力。我相信，在未来的学习中，我会更加努力地学习诗词。

此外，这次参观还让我感受到了传统文化的魅力。在现代社会，我们往往忽视了传统文化的传承和发扬。但是，只有了解和尊重传统文化，才能更好地传承和发展它。

在回家的路上，我一直在思考如何更好地传承和发扬传统文化。我想，我们可以从身边的小事做起，比如多读经典书籍、多参加文化活动等。同时，我们也可以在日常生活中融入传统文化的元素，让传统文化成为我们生活的一部分。

最后，我想说的是，这次参观杜甫草堂是一次难忘的经历。它让我更加深入地了解了诗词和传统文化的魅力，也让我更加坚定了学习诗词和传承传统文化的决心。我相信，在未来的日子里，我会继续努力学习，为传承和发扬传统文化贡献自己的力量。

图2-5 生成的文章内容

> **[!] 知识拓展：** 制作长篇文档时，可以先让WPS AI起草文章大纲。WPS AI能够根据文章的主题和要点生成相应的大纲，使用户更容易理解文章的整体结构和逻辑，从而更好地组织和表达文章的内容，还可以提高文章的阅读体验。

> **[!] 知识拓展：** WPS AI生成的内容具有随机性，输入相同的关键词，每次生成的内容也会有所不同。对WPS AI生成的内容大致满意时，可以先采用内容，再手动进行修改，或者直接追问WPS AI，让它对内容进行修改，直到满意后采用。

2. 在 WPS 文字中通过输入关键信息起草文章内容

前面介绍的在WPS文字中通过选择文档类型起草文章内容的方法，实际上是在输入关键信息前，先让WPS AI了解我们要创作文章的主题。如果对WPS AI比较熟悉，也可以通过直接输入关键信息来起草文章内容。

在输入过程中，WPS AI还会自动推荐可能与要生成内容有关的词汇和短语。例如，我们输入“手机”，WPS AI会推荐“手机评测”，如图2-6所示。无论如何，用户需要将想让WPS AI了解的关键信息（可以是多个）抓取得更精准一些，这样得到的回复内容也会更准确一些。

例如，我们想让WPS AI生成一篇产品介绍，可以按照如下步骤操作。

第1步 新建一篇空白文字文档，连续按两次【Ctrl】键唤起WPS AI，在弹出的WPS AI对话框中输入“写一篇护眼台灯的产品简介”，然后单击【发送】按钮 >，如图2-7所示。

图2-6 WPS AI根据输入内容自动推荐

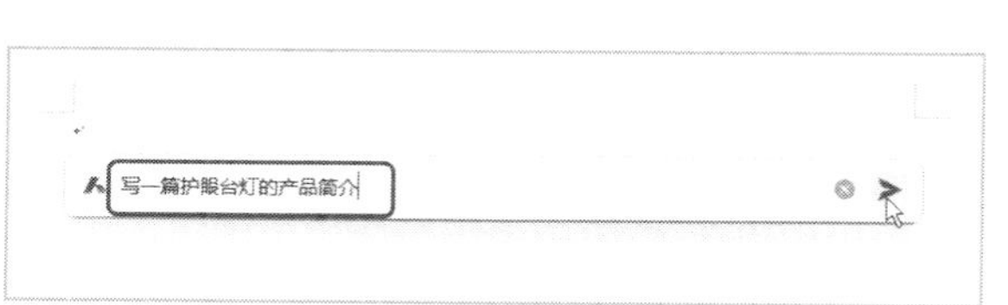

图2-7 输入关键信息

第2步 WPS AI接收到用户提问后，会立刻按要求生成内容，如图2-8所示，单击【保留】按钮即可采用这些内容。如果不满意，可以弃用内容，重新输入关键信息，让WPS AI重新生成内容。

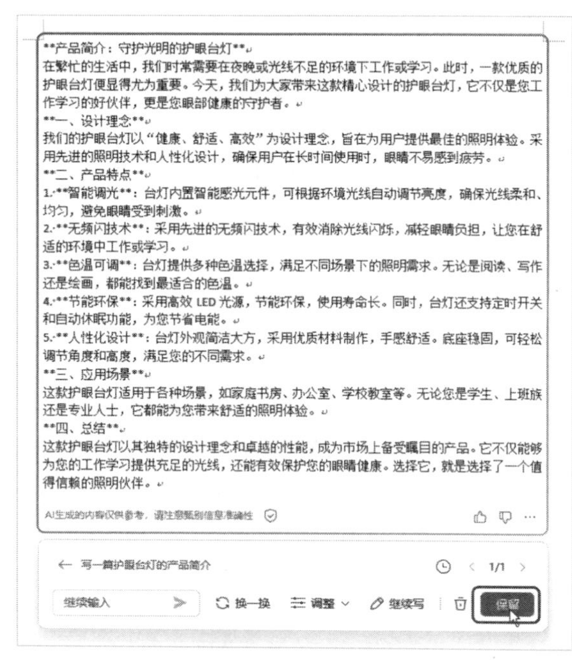

图2-8 查看生成的内容

> **知识拓展**：WPS AI的智能写作功能基于深度学习技术，通过对大量文本数据的训练和学习，逐渐掌握了自然语言处理的技巧并优化了自身的性能。它不仅能够理解用户的指令和需求，还能够根据上下文和语境进行智能推断，生成符合要求的内容。这种智能写作的能力，使得WPS AI在处理各种文本任务时，能够达到专业水平。

3. 在WPS文字中邀请WPS AI进行伴写，随时提供文章内容

在WPS文字中，我们还可以邀请WPS AI来伴写文章，它能够实时提供文章内容，让我们的写作过程变得更加便捷和高效。我们只需在编辑器中启动AI伴写功能，WPS AI便会立即介入，根据提供的主题或大纲，智能生成文章内容。这种先进的自然语言处理技术，不仅能够提高我们的写作速度，还能确保文章的连贯性和准确性。无论我们是在撰写商务报告、学术论文还是创作文学作品，WPS AI都能为我们提供即时的文字支持，让我们的创作更加流畅，思路更加清晰。此外，WPS AI还能根据我们的需求进行个性化定制，提供符合我们写作风格的文章内容。

例如，我们在编写一篇《新学期开学致辞努力奋斗演讲稿》，当写完一部分内容后，就可以开启AI伴写功能来辅助我们编写后续内容，具体操作步骤如下。

第1步 新建一篇空白文字文档，输入演讲稿前面部分的内容，单击【WPS AI】按钮，在弹出的下拉菜单中选择【AI伴写】命令，如图2-9所示。

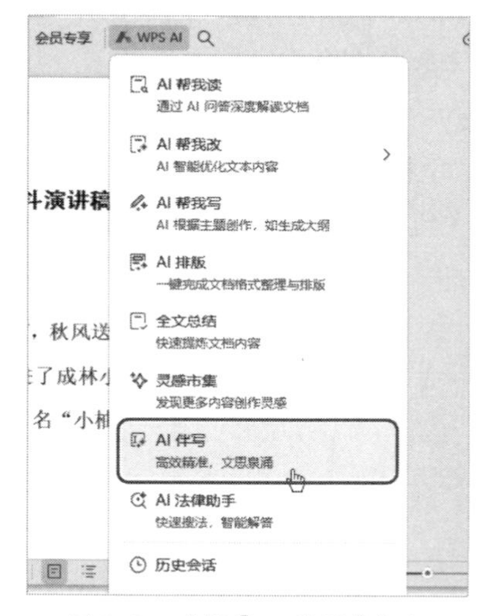

图2-9 选择【AI伴写】命令

第2步 打开【WPS AI】任务窗格，单击【开启】右侧的按钮，将其打开，此时会弹出【新手指南】对话框，简单提示该功能的使用方法，查看后单击【知道了】按钮关闭对话框，如图2-10所示。

图2-10　开启AI伴写功能

第3步 此时在文本插入点后会看到一些半透明显示的内容，这些内容就是AI伴写推荐的内容。如图2-11所示，正文内容后出现了AI伴写推荐的内容。

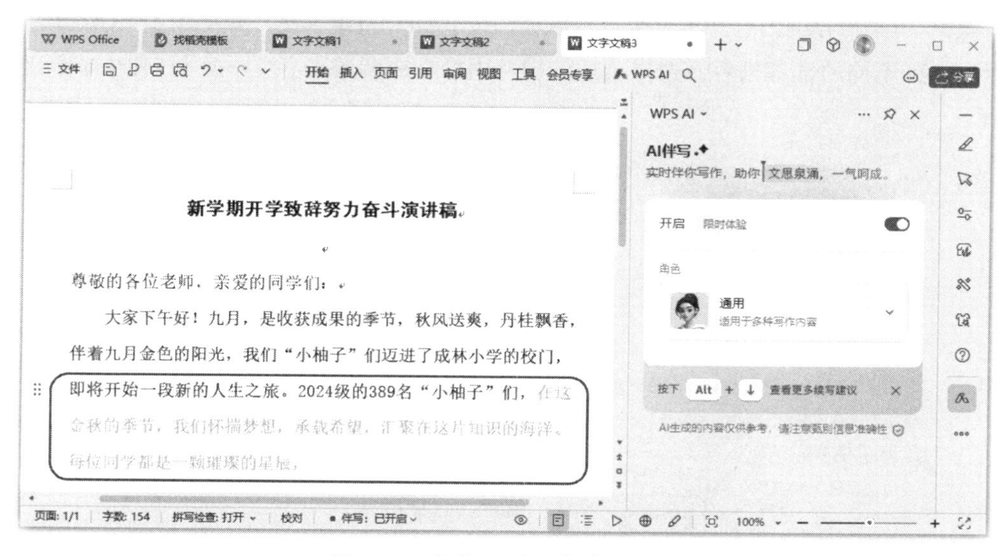

图2-11　查看AI伴写推荐的内容

知识拓展： AI伴写功能默认采用“通用”角色来进行伴写，还提供了多个角色供用户选择，包括行政、教师、运营等，每个角色都有自己独特的语言表达方式和写作风格。用户可以根据自己的需求选择不同的角色进行写作，从而获得更加丰富和多样化的写作体验。在【WPS AI】任务窗格中的【通用】下拉列表中可以通过选择实现角色切换。

第4步 由于推荐的内容不符合我们的需求，按【Esc】键放弃本次推荐，继续按自己的思路输入“首先，”，如图2-12所示，可以看到，继续输入内容后，WPS AI立即根据新输入内容生成了新的推荐内容。

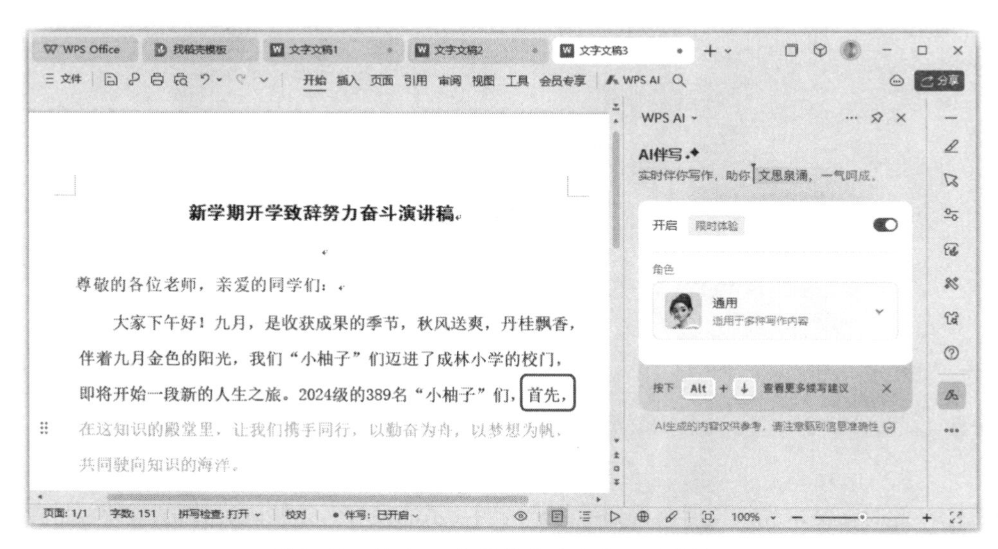

图2-12 放弃AI伴写推荐的内容，继续输入

第5步 由于推荐的内容并不完全符合需求，按【Alt+↓】组合键，弹出图2-13所示的对话框，其中显示了3种不同的推荐内容，选择合适的推荐内容，或者单击【换一换】按钮生成新的推荐内容并选择。

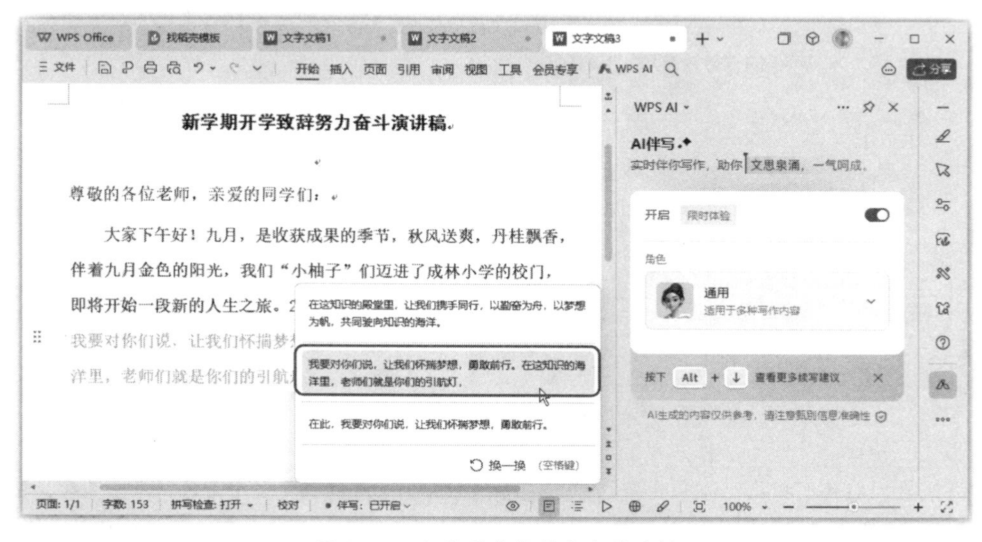

图2-13 查看更多推荐内容并选择

第6步 此时，选择的推荐内容就显示在文档中了，并且后面又生成了新的推荐内容，如图2-14所示。

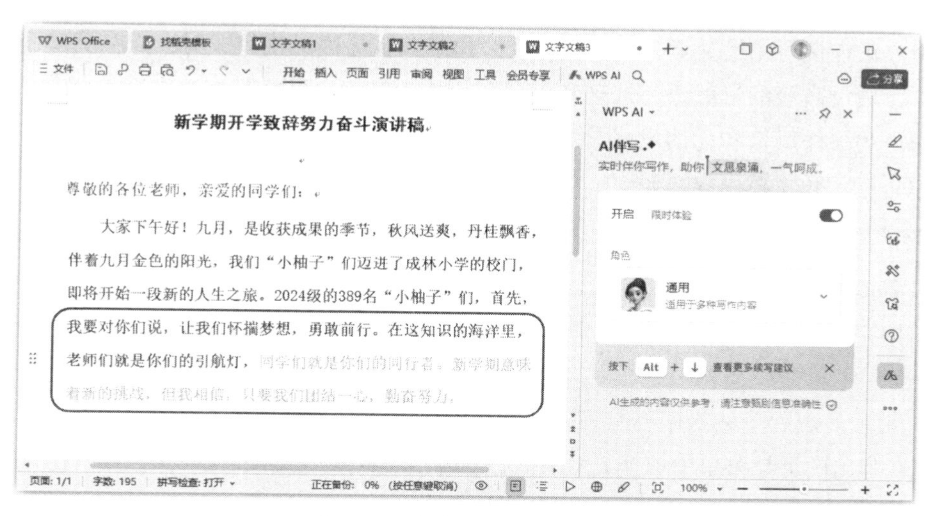

图2-14 查看生成的推荐内容

知识拓展：WPS AI的智能写作功能具有很高的实用价值，让我们能够体验到前所未有的写作乐趣，让写作变得更加轻松和愉悦。在商业领域，企业可以利用WPS AI快速撰写商业计划书、市场调研报告等重要文件，提高工作效率；在教育领域，教师可以利用WPS AI为学生提供个性化的写作指导，帮助学生提高写作水平；在文学创作领域，用户可以利用WPS AI快速创作小说、散文等文学作品，享受创作的乐趣。

第7步 查看推荐内容后，如果觉得可以采用，按【Tab】键即可，推荐内容将正式显示在文档中，并且后面又生成了新的推荐内容，如图2-15所示。按照这样的方法继续编写完这篇文章即可。

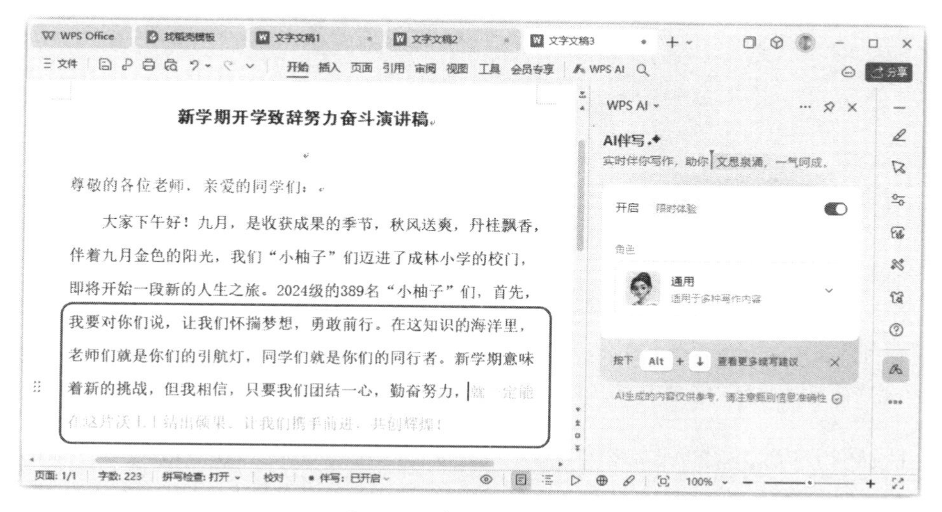

图2-15 采用推荐的内容

2.1.2 文章优化：内容扩写、缩写、续写，让你的文章更加丰富和精炼

WPS AI不仅能完成文章的起草，还能对已有内容进行扩展、缩写、续写、优化和转换风格。例如，当用户正在撰写一篇文章，但由于时间紧迫或其他原因无法完成时，WPS AI就可以帮助用户继续写作。通过高级的自然语言处理和机器学习技术对用户已经写好的内容进行分析，WPS AI可以感知用户的写作风格和用词习惯，并提供合适的扩展或续写建议，帮助用户完成文章。此外，WPS还可以自动优化文章内容，如调整句子结构、润色词汇等，以提高文章的可读性和吸引力。

1. 内容扩写

用户只需提供一段简单的背景信息或指示，WPS AI便能深入理解这些信息，并自动将内容扩展成一篇结构完整、内容丰富的文章。这个过程无须人工干预，使得用户可以更专注于其他重要的工作。

例如，要对前面起草的护眼台灯产品简介内容进行扩充，可以全选文章内容后，单击【WPS AI】按钮，在弹出的下拉菜单中选择【AI帮我改】→【扩写】命令，如图2-16所示。

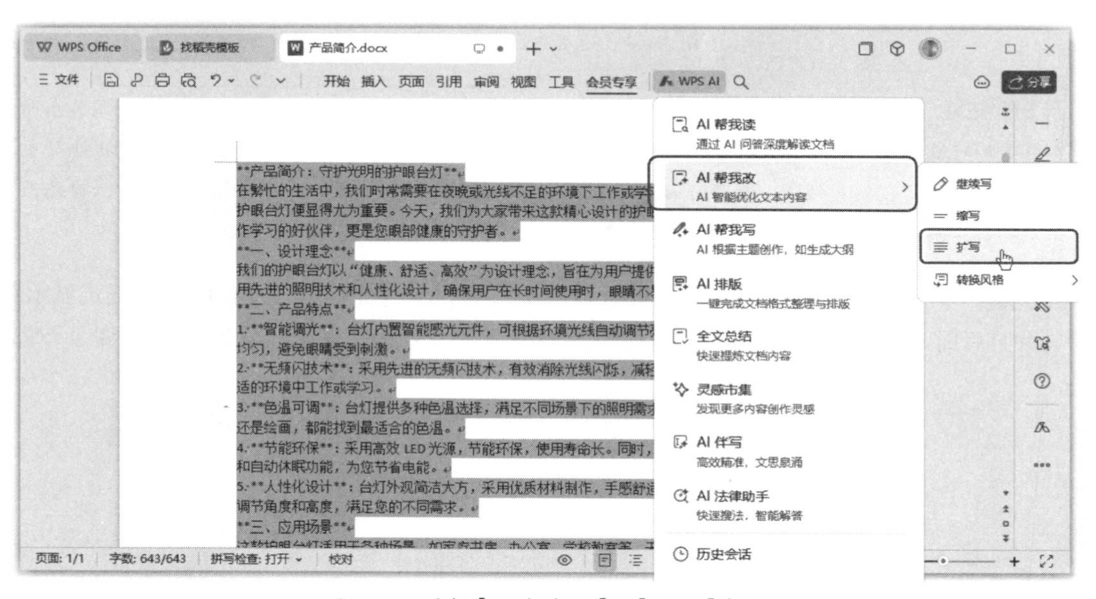

图2-16　选择【AI帮我改】→【扩写】命令

知识拓展： 在文章内容后面连续按两次【Ctrl】键唤起WPS AI，在弹出的WPS AI对话框的下拉列表中选择【扩写】选项，也可以直接对全文进行扩写。但通过【WPS AI】下拉菜单中的【扩写】命令对全文扩写前，必须先选中全文内容再进行操作，否则将只对光标所在的段落或其后的段落内容进行扩写。

WPS AI收到指令后，就会开始创作，内容扩写完成后的效果如图2-17所示，单击【替换】按钮右侧的下拉按钮，在弹出的下拉列表中选择【保留】选项，可采用这些生成的内容，并显示在原有内容的后面。如果直接单击【替换】按钮，则会用新生成的内容替换原有内容；单击【换一换】

按钮，可以重新生成扩写内容；单击【调整】按钮，在弹出的下拉列表中通过选择可以对生成的内容进行缩写、扩写、润色、转换风格；单击【继续写】按钮，可以根据当前生成的内容继续扩写；单击【弃用】按钮，将放弃本次扩写，并退出WPS AI。

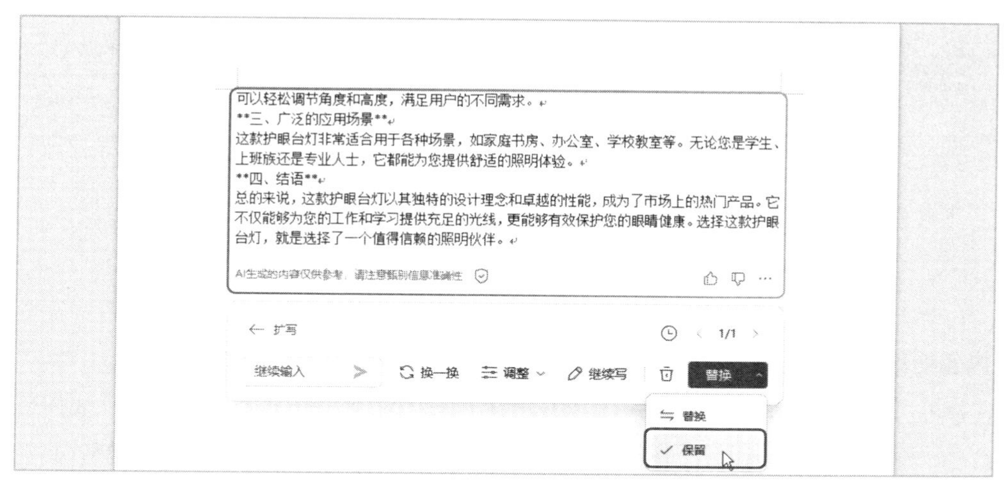

图2-17　内容扩写效果

如果只需对文章中的部分内容进行扩写，可以先选择这部分内容，然后在弹出的工具栏中单击【WPS AI】按钮，再在弹出的下拉列表中选择【扩写】选项，如图2-18所示。

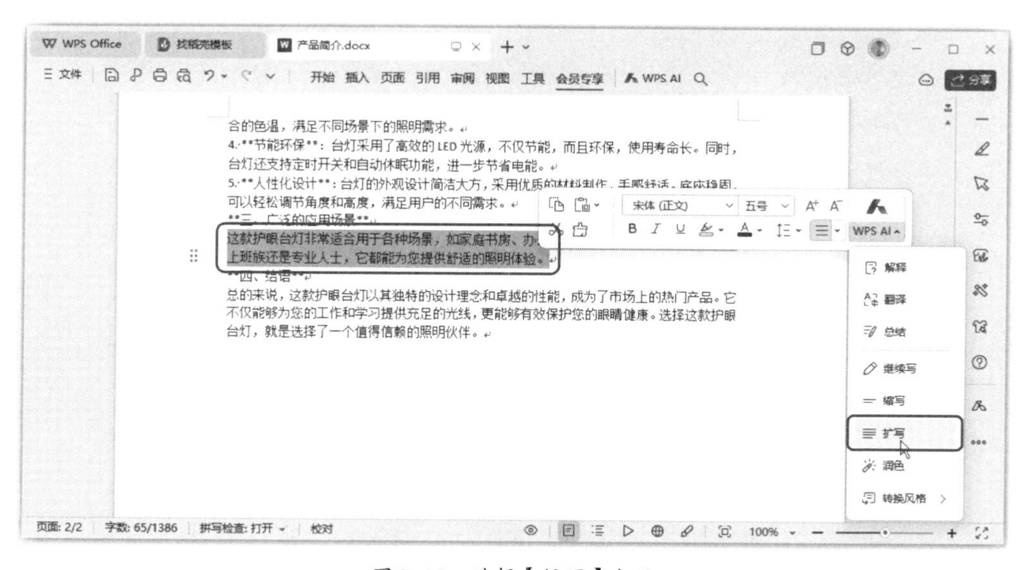

图2-18　选择【扩写】选项

WPS AI收到指令后，就会对所选部分内容进行扩写，内容扩写完成后的效果如图2-19所示，可以看到扩写的内容紧跟在选择的部分内容后，而且只针对选择的部分内容进行了扩写。单击【替换】按钮，即可用新生成的扩写内容替换原有内容，如图2-20所示。

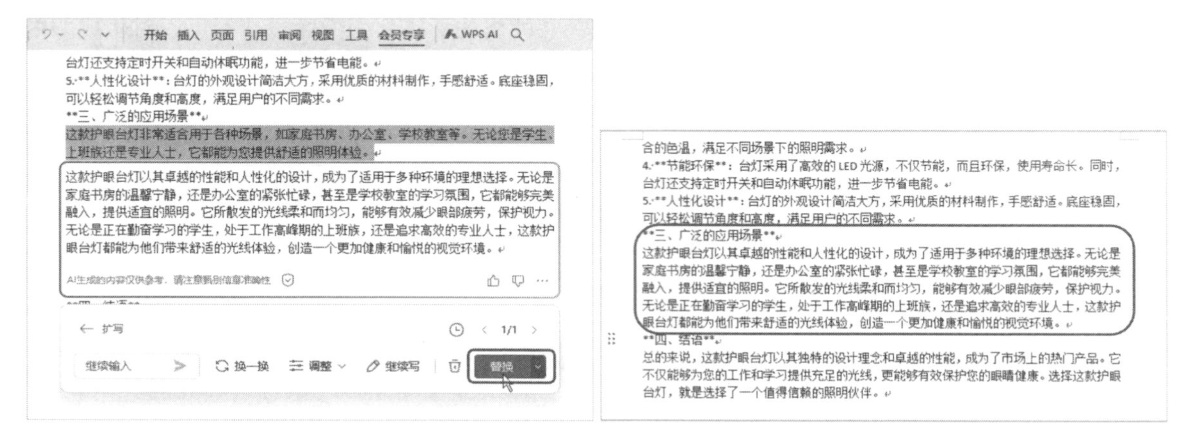

图2-19　部分内容扩写效果　　　　图2-20　用扩写内容替换原有内容效果

2. 内容缩写

在日常办公中，我们时常需要处理大量的文本内容。面对冗长的文档或邮件，如何快速提炼出核心信息，使其更加简洁明了，往往是一大挑战。现在，借助WPS AI的强大功能，我们可以在WPS文字中轻松实现内容缩写，提高工作效率。

例如，要对前面扩写后的护眼台灯产品简介的结语部分内容进行缩写，可以先选中要缩写的内容，单击【WPS AI】按钮，在弹出的下拉菜单中选择【AI帮我改】→【缩写】命令，如图2-21所示。

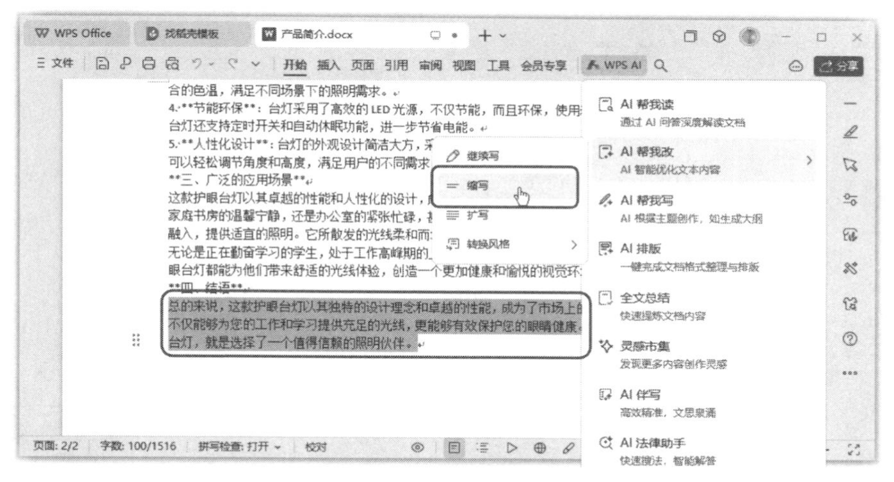

图2-21　选择【AI帮我改】→【缩写】命令

WPS AI会立即对选中的内容进行分析，并提取出关键信息，生成一段简洁明了的缩写内容，如图2-22所示，单击【替换】按钮，即可用新生成的缩写内容替换原有内容。

缩写内容不仅保留了原有内容的核心信息，还通过优化句式和词汇，使其更加易于阅读和理解。无论是撰写邮件、报告还是制作演示文稿，我们都可以利用WPS AI的缩写功能，快速提炼出重点信息，让沟通更加高效。

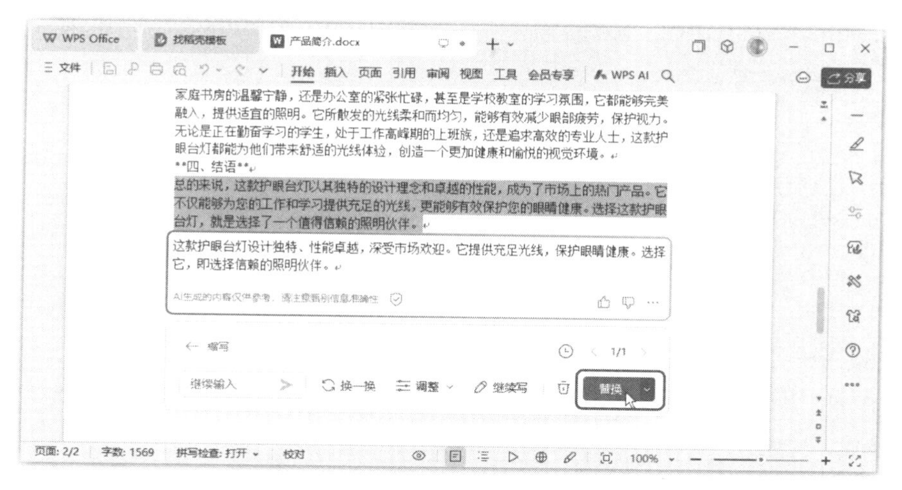

图 2-22 用缩写内容替换原有内容效果

3. 内容续写

WPS AI的续写功能同样出色，用户只需给出一段文章的前文，WPS AI就能根据上下文自动续写，使文章内容更加完整、连贯。无论是进行创意写作，还是撰写技术文档、商务报告，用户都能从中受益，节省大量时间和精力。

例如，要对前面案例中的演讲稿进行续写，可以将光标定位在文章内容末尾处（注意不是下一个段落开始处），单击【WPS AI】按钮，在弹出的下拉菜单中选择【AI帮我改】→【继续写】命令，如图2-23所示。

WPS AI收到指令后，就会开始创作，内容续写完成后的效果如图2-24所示。如果对续写内容满意，可以单击【保留】按钮，采用这些内容，如果还想让WPS AI继续编写后面的内容，可以单击【继续写】按钮。

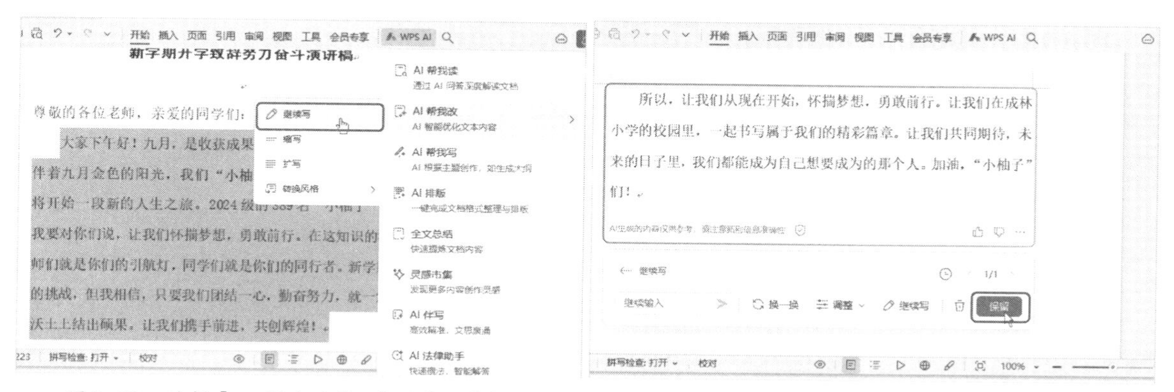

图 2-23 选择【AI帮我改】→【继续写】命令

图 2-24 内容续写完成后的效果

4. 内容优化

在繁忙的工作中，撰写和编辑文档是每位职场人士的必修课。然而，如何在保证效率的同时，让文档内容更加出彩、更具吸引力呢？下面介绍如何利用WPS AI在WPS文字中轻松实现内容润色，一键提升文档质量。

想象一下，我们正在撰写一份重要的报告或提案，但苦于文字表达不够流畅、逻辑不够清晰。此时，只需选中我们想要润色的内容，单击WPS AI的相关功能按钮，即可得到优化建议。这些建议可能包括替换更加精准的词汇、调整句子结构以增强逻辑性、添加合适的修饰语以提升表达效果等。

不仅如此，WPS AI还能根据我们的写作风格和需求，提供个性化的润色方案。无论是正式严谨的商务文档，还是轻松活泼的社交媒体内容，WPS AI都能为我们量身定制合适的润色方案。

例如，要对前面案例中的草堂之旅心得文章内容进行润色，可以先选中已经写好的文章内容，在弹出的工具栏中单击【WPS AI】按钮，再在弹出的下拉列表中选择【润色】选项，如图2-25所示。

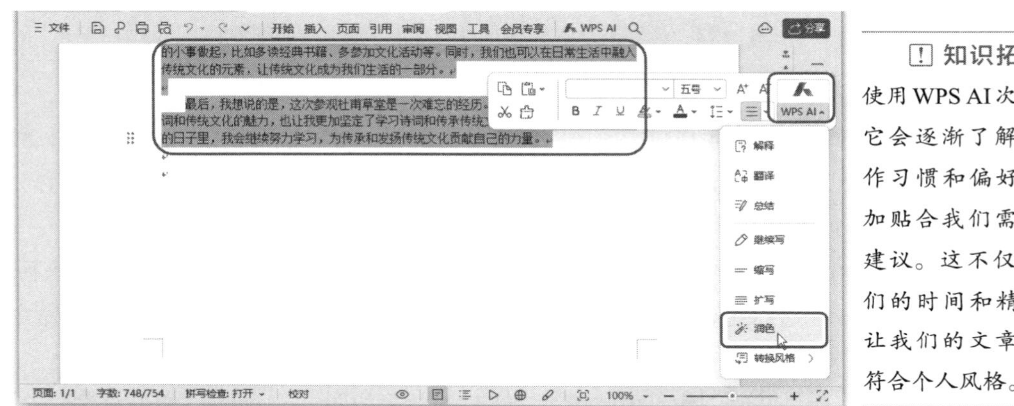

> 知识拓展：随着使用WPS AI次数的增加，它会逐渐了解我们的写作习惯和偏好，提供更加贴合我们需求的润色建议。这不仅能节省我们的时间和精力，还能让我们的文章内容更加符合个人风格。

图2-25　选择【润色】选项

WPS AI收到指令后，就会对所选内容进行优化。单击【替换】按钮右侧的下拉按钮，在弹出的下拉列表中选择【保留】选项，可采用这些生成的内容，并显示在原有内容的后面，方便我们对比查看新旧内容，进一步了解WPS AI润色的作用，如图2-26所示。

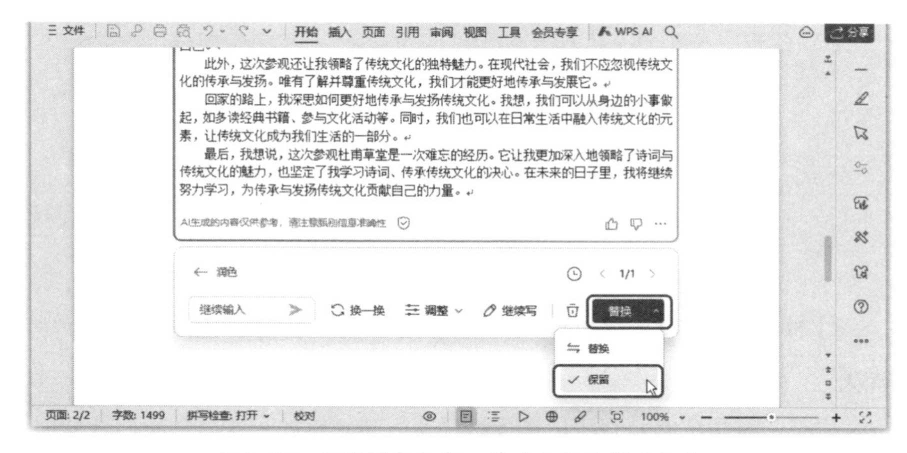

图2-26　保留润色内容，并对比查看新旧内容

5. 转换风格

在撰写报告、制作宣传材料、编写邮件等场景中，我们可能需要根据读者的需求和期望来调整文章的风格。例如，一份正式的报告需要使用严谨、专业的语言，而一份面向年轻群体的宣传材料则需要选择更加轻松、活泼的表述方式。传统的文本编辑方式需要我们手动修改每一个句子、每一个词汇，费时费力且效果难以保证。

WPS AI凭借先进的AI技术，能够在保持文章核心观点不变的前提下，根据文章的主题和读者群体的需求，灵活转换文章的风格。这种灵活的转换不仅能让文章更加符合读者的阅读习惯和需求，还能让文章更具魅力和吸引力。

例如，要将前面案例中的产品简介内容改为更口语化的风格，可以选择要转换风格的内容，然后连续按两次【Ctrl】键唤起WPS AI，在弹出的WPS AI对话框的下拉列表中选择【转换风格】选项，然后在弹出的下级子列表中选择要采用的风格，这里选择【口语化】选项，如图2-27所示。

WPS AI收到指令后，就会开始创作，改变原有内容的遣词造句和整体表述风格，内容优化完成后的效果如图2-28所示。

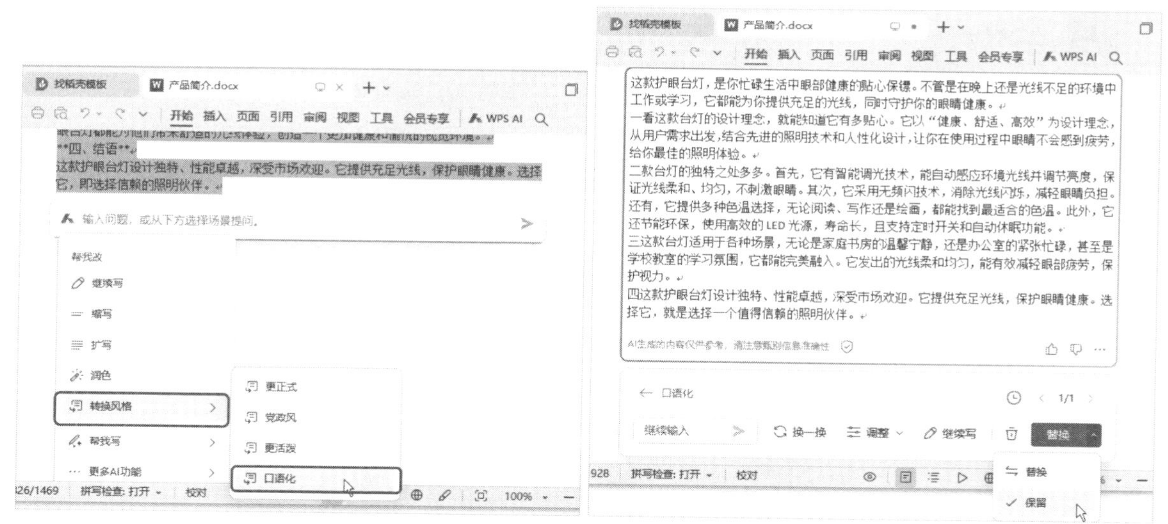

图2-27 选择文章要采用的风格

图2-28 内容优化效果

2.1.3 一键多格式：轻松生成多种格式的文档，省时省力

WPS文字支持多种文档格式，如Word、PDF、PPT、图片等。用户可以通过一键转换功能，将文档从一种格式转换为另一种格式，从而方便在不同场景下使用。这为经常需要使用不同格式文档的用户提供了极大的便利，避免了因格式不兼容而导致的排版混乱或数据丢失等问题。

例如，需要将一份Word文档转换为PDF，具体操作步骤如下。

第1步 在WPS Office中打开需要转换格式的文档，这里打开“素材文件\第2章\企业内刊.docx”，然后在【文件】菜单中选择【输出为PDF】命令，如图2-29所示。

知识拓展： 如果购买了WPS会员，可以在【会员专享】选项卡下单击【输出为图片】【图片转文字】【输出为PDF】按钮，或单击【输出转换】按钮，选择其他格式，实现一键转换文档格式。

第2步 在打开的对话框中设置要转换的页码范围和保存位置等参数，单击【开始输出】按钮即可，如图2-30所示。

图2-29 选择【输出为PDF】命令

图2-30 设置输出参数

第3步 稍等片刻后，即可实现文档的格式转换。在输出过程中，WPS将自动调整文档的排版和格式，以适应PDF的要求，确保文档在不同平台和设备上的一致性和可读性。打开设置的保存位置，即可看到转换格式后的文档，打开后可以查看具体的效果，如图2-31所示。

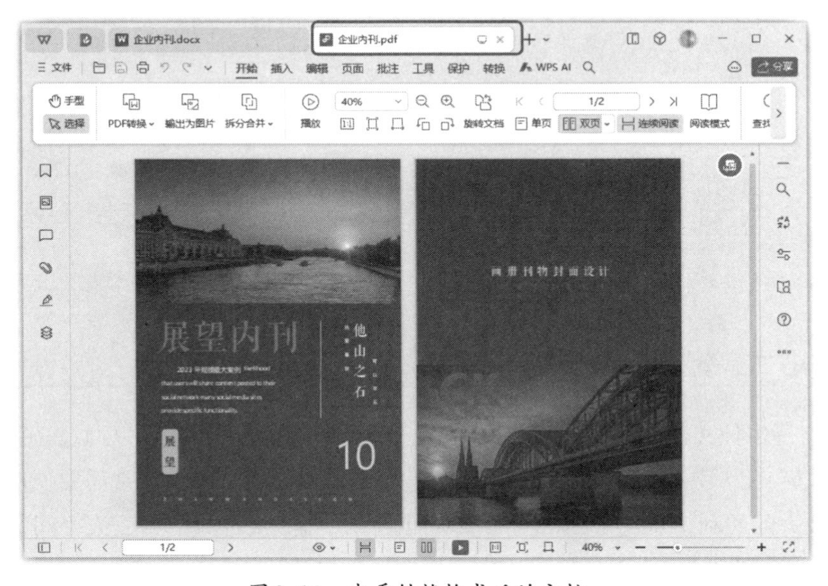

图2-31 查看转换格式后的文档

2.1.4 语音转文字：语音识别转换成文字，提高工作效率

当我们深入了解WPS AI的功能时，会发现它的语音速记功能尤为出色。这一功能能够实时将用户以语音输入的信息转化为文字，使得用户在忙碌的工作中能够快速记录信息。

语音速记功能不仅可以将用户的语音转化为文字，还可以将语音翻译成多种语言。这一创新性的技术，无疑为跨国会议、语言翻译等场景提供了前所未有的便利。无论是国际商务交流，还是阅读外语文章，WPS AI都能以其卓越的表现成为用户的得力助手。

WPS AI的语音速记功能不仅准确度高，而且翻译速度快，使用户能够及时获取翻译结果。无论是在线还是离线，WPS AI都能保持高效的工作状态，让用户在任何情况下都能得到准确、及时的翻译结果。

通过语音速记功能，用户可以轻松地记录和翻译他人的讲话内容，从而更好地理解和回应他人的观点和需求。下面通过案例介绍使用语音速记功能的具体操作步骤。

第1步 准备好语音接收器，这里使用的是麦克风。在WPS 文字中单击【会员专享】选项卡下的【语音速记】按钮，如图2-32所示。

第2步 WPS Office会打开一个新界面，单击【立即体验】按钮，然后在弹出的对话框中根据需要选择模式、语言和录音的设备，这里因为录音环境中只有一个人在讲话，所以选择【单人输入】模式，单击【开始录音】按钮，如图2-33所示。

> **知识拓展：** 目前，使用语音翻译功能需要先购买WPS会员权限。

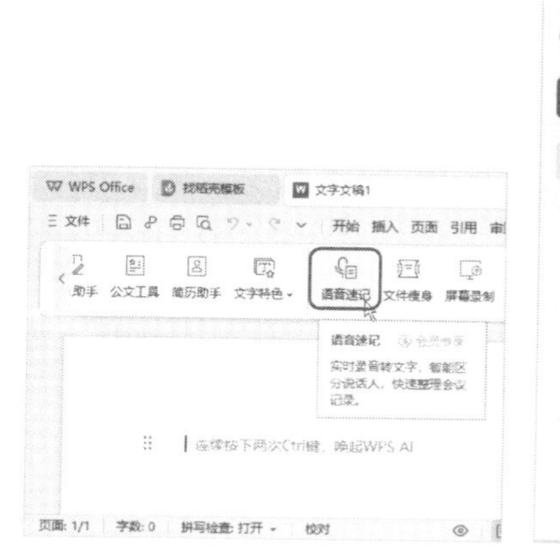

图2-32　单击【语音速记】按钮

图2-33　选择模式、语言和录音的设备

> **知识拓展：** 如果需要WPS AI将接收到的语音翻译为指定的语言，需要在图2-33所示的对话框的【选择语言】下拉列表中选择对应的语言选项，否则默认输出为中文。

第3步 WPS AI开始录制声音，在界面中间以“日期+时间”的格式为文件名保存录音，并在

界面右侧实时记录翻译后的文字。等待录制完成后单击界面下方的【停止】按钮，如图2-34所示。在弹出的对话框中单击【结束并保存】按钮，结束录音并保留翻译的文字和录制的音频。

第4步 受到发言人说话方式和吐字清晰程度的影响，翻译后的文字不一定非常准确。在正式场合使用这一功能时，需要对翻译后的文字进行校正。在界面右侧单击【编辑】按钮，如图2-35所示。

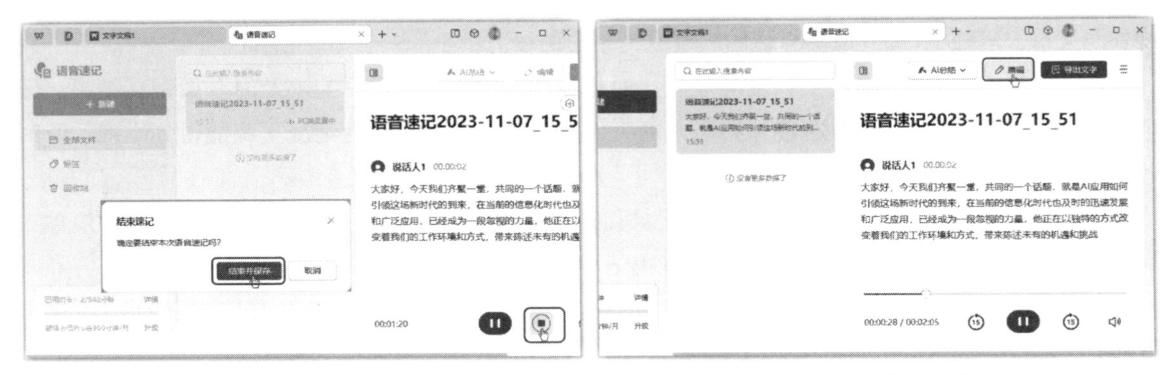

图2-34　录音并翻译　　　　图2-35　单击【编辑】按钮

第5步 单击下方的【播放】按钮，一边听录音，一边校正翻译的文字，要修改或添加内容时直接删除或输入即可。校正完成后单击【完成】按钮，如图2-36所示。

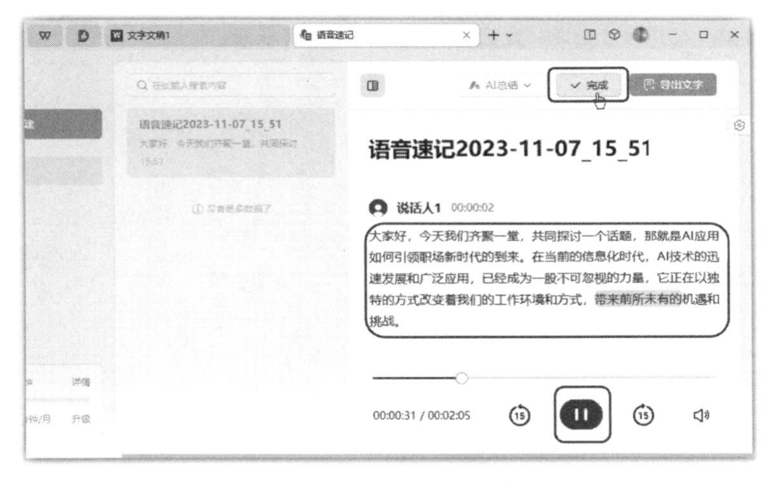

图2-36　校正翻译的文字

第6步 WPS AI根据常见的用途，提供了多种进一步加工的方案。对于整理后的文字，可以让WPS AI生成通用摘要、会议纪要、问答对话，或提炼出重点总结。这里单击界面上方的【AI总结】按钮，在弹出的下拉列表中选择【重点总结】选项，如图2-37所示。

第7步 WPS AI会根据记录的文字，提炼出重点总结，觉得满意后单击【完成】按钮，如图2-38所示，即可在文字前添加重点总结。

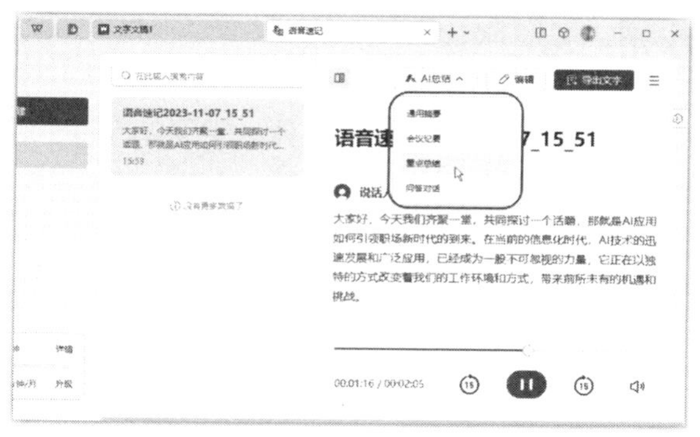

图 2-37　选择【重点总结】选项

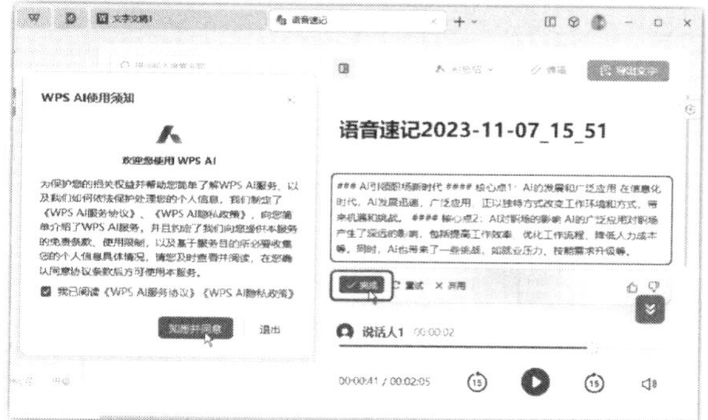

图 2-38　提炼重点总结

第8步 单击界面右上方的【导出文字】按钮，如图2-39所示，然后在弹出的对话框中设置文档的名称和保存位置即可。

第9步 保存完成后，WPS Office会自动打开刚刚生成的文档，方便用户查看，如图2-40所示。

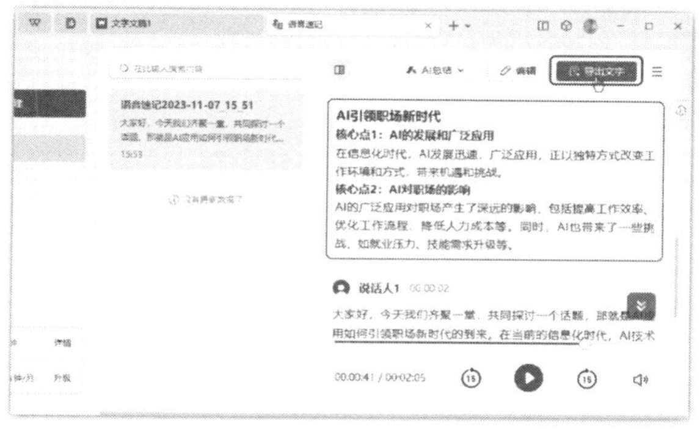

图 2-39　单击【导出文字】按钮

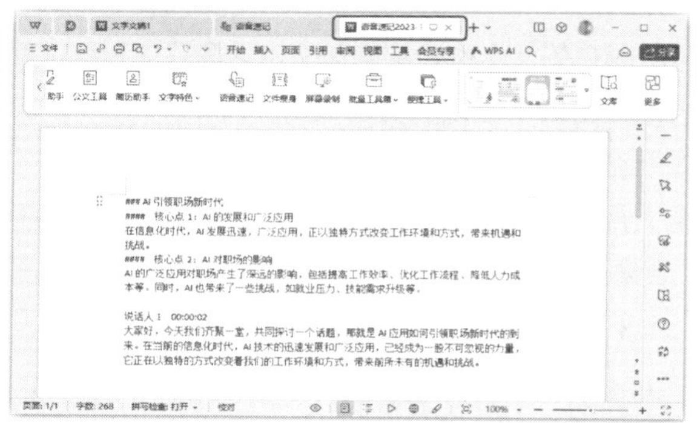

图 2-40　查看文档内容

2.1.5 批量处理：同时处理多个文档，高效管理你的文件

WPS Office支持同时处理多个文档，用户可以在一个简洁直观的界面上同时打开多个文档和窗口，无论是文字处理、表格制作，还是演示文稿设计，都能轻松应对，如图2-41所示。

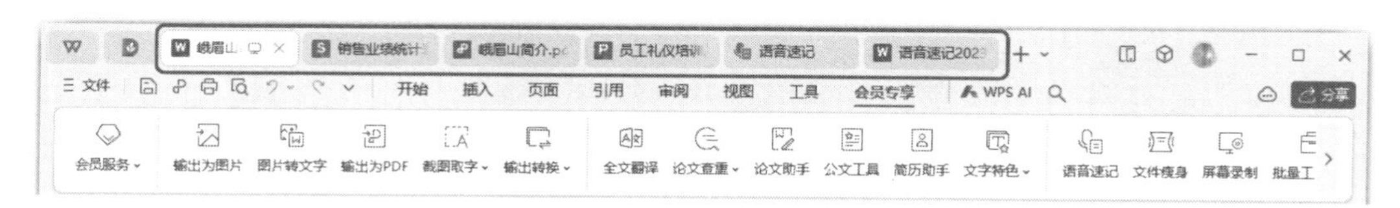

图 2-41　同时处理多个文档

WPS Office还可以在不同窗口间轻松切换，或同时查看和编辑多个文档，使文档处理更加高效和灵活。

2.2 智能排版

WPS AI提供了智能排版功能，除了基本的文字编辑排版，还可以调整字体、字号、行距、对齐方式等，让用户能够按照自己的需求对文档进行精细的排版。此外，WPS AI还支持插入图片、表格、图表、符号等其他元素，使得文档更加丰富和可视化。WPS AI提供了大量的模板供用户选择和使用，用户可以根据需要选择合适的模板，然后根据自己的文章内容进行编辑和排版，大大缩短排版时间，提高工作效率。

2.2.1 文字艺术：打造炫酷排版，让文字更有表现力

WPS AI的智能排版功能非常强大。凭借先进的算法和智能化的特性，WPS AI能够轻松应对各种复杂的排版任务，实现自动对齐、自动调整行距、自动编号等烦琐操作，从而使排版过程变得高效而简单。这样，不仅节省了用户的时间和精力，还避免了因手动排版而产生的错误，使用户可以专注于文章内容的创作。

同时，WPS AI能够根据不同文档类型的要求，如报告、简历、宣传册等，自动调整字体、字号、颜色等文本格式，确保文档的规范性和统一性。这一特性使得WPS AI成为真正的文档规范专家，为用户提供个性化的文档编辑体验。

在WPS文字中实现智能排版的功能集中在【开始】选项卡的【排版】下拉列表中，包括【智能全文排版】【智能段落整理】【段落重排】【段落首行缩进2字符】【更多段落处理】【字体格式统一】【删除】选项。下面对各选项的功能分别进行介绍。

1. 智能全文排版

智能全文排版功能通过先进的算法和智能识别技术，能够自动识别文档中的不同部分，并根据内容类型、段落长度、字体大小等因素，对文档中的文本和段落格式进行自动调整，包括字体、字号、颜色、行距、缩进等，使文档的排版更加美观和规范。这不仅可以大大节省用户排版的时间和精力，还可以提高文档的专业性和美观度。下面通过案例展示具体的效果。

第1步 打开“素材文件\第2章\仓库租赁协议.wps”，单击【开始】选项卡中的【排版】按钮，在弹出的下拉列表中选择【智能全文排版】选项，然后在弹出的下级子菜单中根据文档内容选择合适的排版方式，这里选择【合同排版】选项，如图2-42所示。

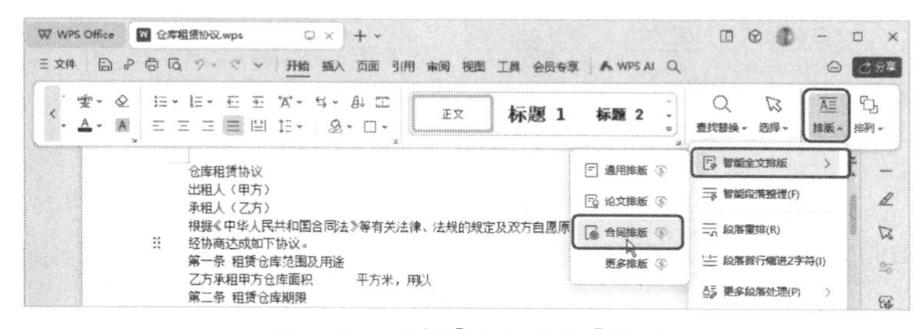

图2-42 选择【合同排版】选项

第2步 在弹出的对话框中选择要采用的智能排版格式，这里选择【合同】选项，单击对应的【开始排版】按钮，如图 2-43 所示。

第3步 稍等片刻后，系统提示排版完成，单击【预览结果】按钮，如图 2-44 所示。

图 2-43 选择要采用的智能排版格式

图 2-44 单击【预览结果】按钮

第4步 在打开的排版结果预览界面中，可以对比查看排版前后的效果。这里发现该文档采用该格式进行排版后，部分内容排版有误，可以后期手动进行修改。单击【保存结果并打开】按钮，如图 2-45 所示。

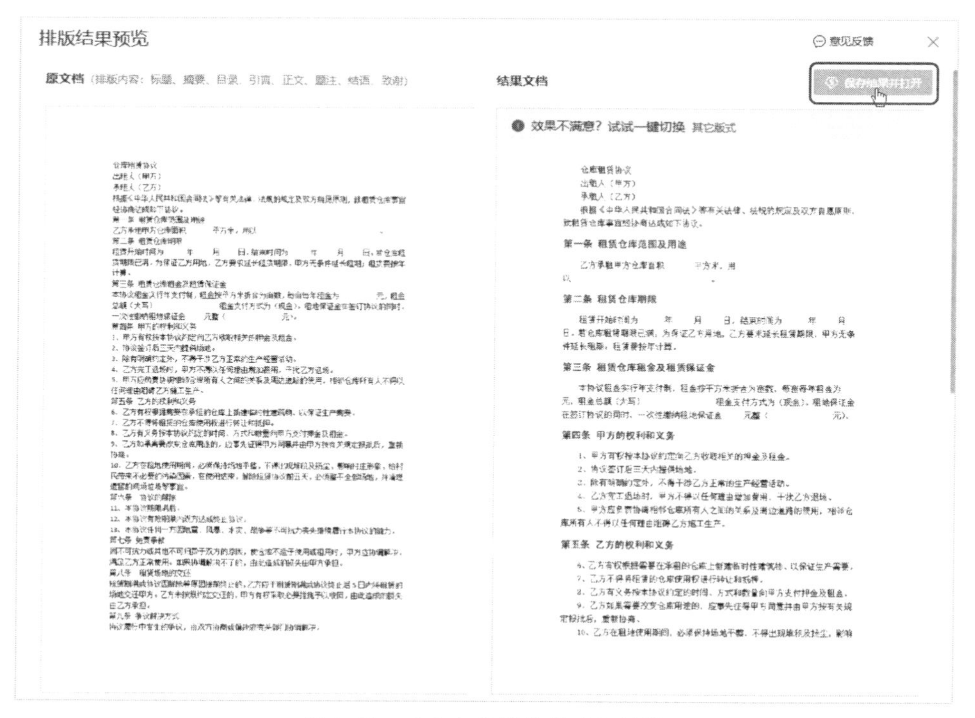

图 2-45 对比查看排版前后的效果

第5步 在打开的对话框中设置排版后的文档保存的名称和位置，单击【保存】按钮即可，如

图2-46所示。

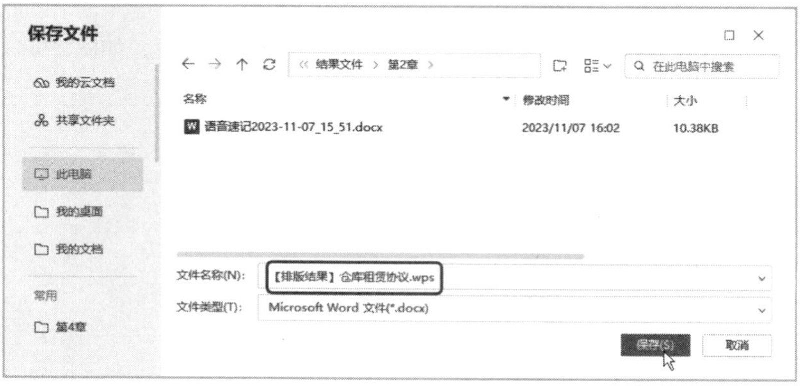

图2-46　保存排版后的文档

2. 智能段落整理

智能段落整理功能可以自动调整文档的段落格式，如段落的缩进、行距、段间距等，使文档的段落布局更加合理和统一。

这个功能的设计非常人性化，它能够根据文档的内容和上下文，自动识别并调整段落格式。无论是处理长篇文档还是短篇文档，它都能够快速、准确地完成段落整理工作。

此外，智能段落整理功能还具有智能化的推理能力。它可以自动识别文档中的不同段落类型，如标题、正文、列表等，并根据不同的类型进行不同的格式调整。这种推理能力使得WPS AI不仅能够完成简单的格式调整工作，还能够根据文档的实际情况进行更加精细的格式调整。

智能段落整理功能和智能全文排版功能的区别是，智能段落整理功能会保持文档的原格式不变，仅对段落格式进行整理。

例如，对“仓库租赁协议.wps”文档使用智能段落整理功能前后的对比效果如图2-47和图2-48所示。

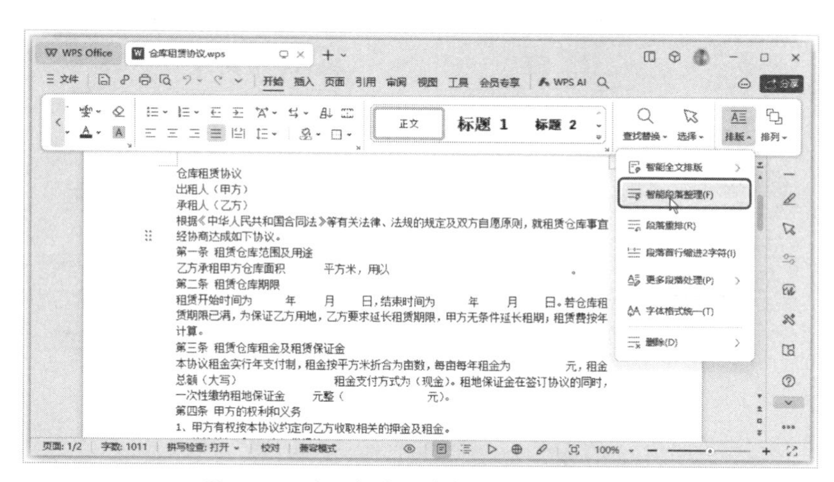

图2-47　使用智能段落整理功能前的效果

仓库租赁协议
出租人（甲方）
承租人（乙方）
根据《中华人民共和国合同法》等有关法律、法规的规定及双方自愿原则，就租赁仓库事宜经协商达成如下协议。
第一条 租赁仓库范围及用途
乙方承租甲方仓库面积　　　平方米，用以　　　　。
第二条 租赁仓库期限
租赁开始时间为　　年　　月　　日，结束时间为　　年　　月　　日。若仓库租赁期限已满，为保证乙方用地，乙方要求延长租赁期限，甲方无条件延长租期；租赁费按年计算。
第三条 租赁仓库租金及租赁保证金
本协议租金实行年支付制，租金按平方米折合为亩数，每亩每年租金为　　　　元，租金总额（大写）　　　　租金支付方式为（现金）。租地保证金在签订协议的同时，一次性缴纳租地保证金　　　元整（　　　　元）。
第四条 甲方的权利和义务

图 2-48　使用智能段落整理功能后的效果

3. 段落重排

段落重排功能可以重新排列文档中的段落顺序，实现段落顺序的灵活调整和修改。这项功能在编辑长篇文档或需要频繁修改文档结构时特别实用，它可以帮助用户更高效地组织和编辑文档内容。

例如，对“仓库租赁协议.wps”文档使用段落重排功能前后的对比效果如图 2-49 和图 2-50 所示。

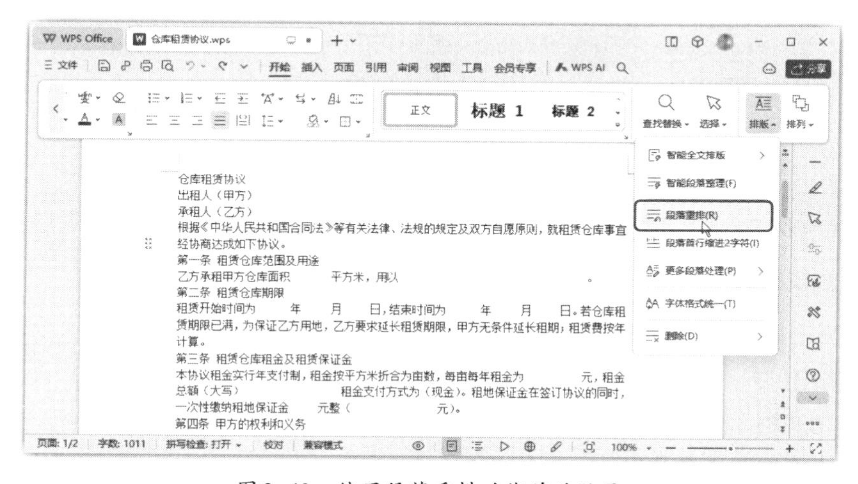

图 2-49　使用段落重排功能前的效果

仓库租赁协议出租人（甲方）　　　　承租人（乙方）根据《中华人民共和国合同法》等有关法律、法规的规定及双方自愿原则，就租赁仓库事宜经协商达成如下协议。第一条 租赁仓库范围及用途乙方承租甲方仓库面积　　　平方米，用以　　　　。第二条 租赁仓库期限租赁开始时间为　　年　　月　　日，结束时间为　　年　　月　　日。若仓库租赁期限已满，为保证乙方用地，乙方要求延长租赁期限，甲方无条件延长租期；租赁费按年计算。第三条 租赁仓库租金及租赁保证金本协议租金实行年支付制，租金按平方米折合为亩数，每亩每年租金为元，租金总额（大写）　　　　租金支付方式为（现金）。租地保证金在签订协议的同时，一次性缴纳租地保证金　　　元整（　　　　元）。第四条 甲方的权利和义务1、甲方有权按本协议约定向乙方收取相关的押金及租金。2、协议签订后三天内提供场地。3、除有明确约定外，不得干涉乙方正常的生产经营活动。4、乙方完工退场时，甲方不得以任何理由增加费用，干扰乙方退场。5、甲方应负责协调相邻仓库所有人之间的关系及周边道路的使用，相邻仓库所有人不得以任何理由阻碍乙方施工生产。第五条 乙方的权利和义务 6、乙方有权根据需要在承租的仓库上新建临时性建筑物、以保证生产需要。7、乙方不得将租赁的仓库使用权进行转让和抵押。8、乙方有义务按本协议约定的时间、方式和数量向甲方支付押金及租金。9、乙方如果需要改变仓库用途的，应事先征得甲方同意并由

图 2-50　使用段落重排功能后的效果

4. 段落首行缩进 2 字符

段落首行缩进2字符功能可以在文档中自动将每个段落的首行缩进两个字符，使文档的排版更加规范和易读。这种格式上的调整有助于提高文档的专业性和可读性，也是最常用的段落格式，这里就不举例说明了。

5. 更多段落处理

在【排版】下拉列表中选择【更多段落处理】选项，在弹出的下级子菜单中有更多的段落格式设置选项，选择【转为空段分割风格】选项，如图2-51所示，可以为每个段落添加空段进行分隔，模仿新媒体内容的编排效果，如图2-52所示。这些设置选项无疑为用户提供了更大的自由度和更好的排版效果，使得文档的呈现更加专业和精美。

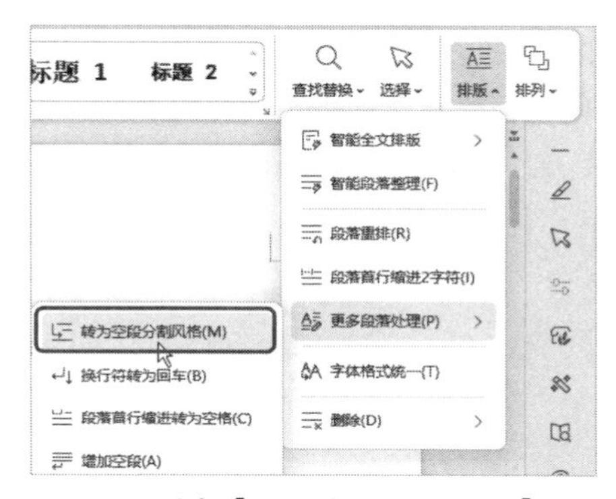

图2-51 选择【转为空段分割风格】选项

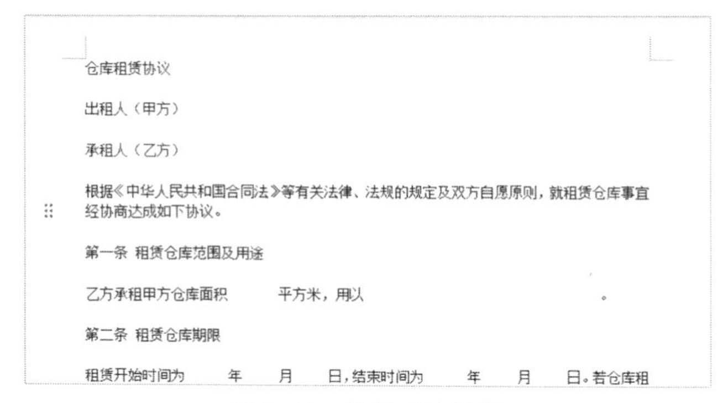
仓库租赁协议

出租人（甲方）

承租人（乙方）

根据《中华人民共和国合同法》等有关法律、法规的规定及双方自愿原则，就租赁仓库事宜经协商达成如下协议。

第一条 租赁仓库范围及用途

乙方承租甲方仓库面积 平方米，用以 。

第二条 租赁仓库期限

租赁开始时间为 年 月 日，结束时间为 年 月 日。若仓库租

图2-52 排版后的效果

6. 字体格式统一

字体格式统一功能可以在整个文档中统一字体格式，无须在每个段落中单独进行设置。通过这个功能，用户可以轻松地格式化文档，使其更加整洁、统一和易读。此外，该功能支持多种字体类型和大小，用户可以根据需要进行调整，使文档更加符合个人或团队的视觉要求。

例如，要对“仓库租赁协议.wps”文档中的某种字体格式进行统一修改，具体操作步骤如下。

第1步 单击【排版】按钮，在弹出的下拉列表中选择【字体格式统一】选项，如图2-53所示。

图2-53 选择【字体格式统一】选项

第2步 显示【字体统一】任务窗格，其中会显示检索当前文档后发现的字体格式种类和各字体格式的使用数量。这里需要对其中一种中文字体格式进行统一替换，先在任务窗格中选择这种字体，此时文档中使用了这种字体的内容会被全部选中，然后在【字体】下拉列表中选择要采用的新字体，如图2-54所示。

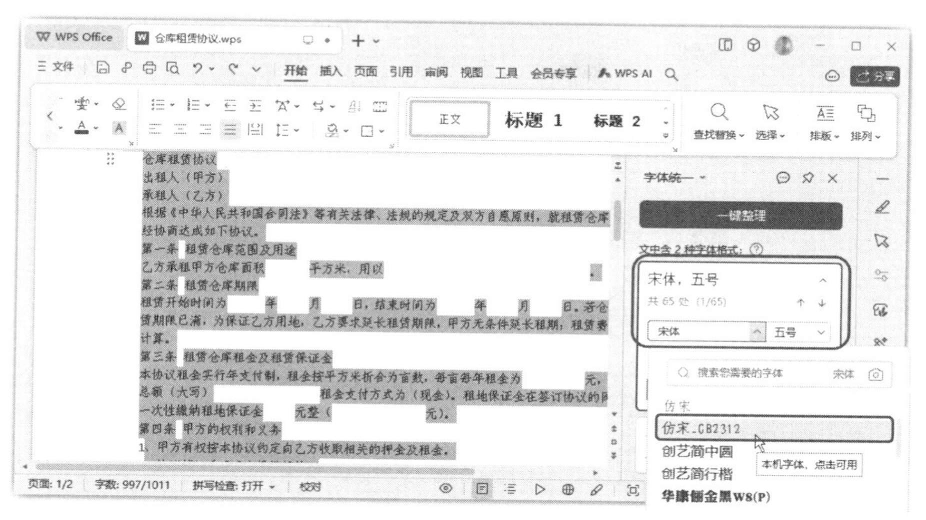

图2-54　选择要采用的新字体

[!] **知识拓展：** 使用字体格式统一功能对文档中的字体格式进行统一，比使用替换字体功能更便捷，可以及时查看新字体效果，而且可以快速对多种字体格式进行统一。

第3步 选择字体后，文档中的所选内容会全部应用新选择的字体，如图2-55所示。

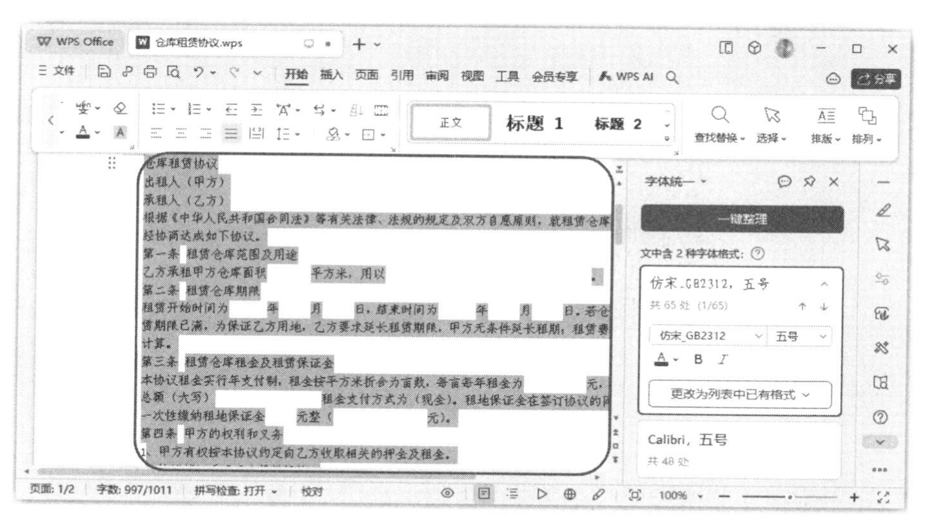

图2-55　应用新选择的字体

7. 删除

在【排版】下拉列表中选择【删除】选项，弹出的下级子菜单中有更多的删除选项，如图2-56所示，可以删除文档中多余的空段、空格、空行和空白页，使文档看起来更加整洁和易读。通过删除功能，用户可以轻松去除文档中的冗余空白，提高文档的可读性和专业性。同时，该功能还可以帮助用户避免因存在多余空格和空行而产生的排版问题，使文档更加规范和统一。

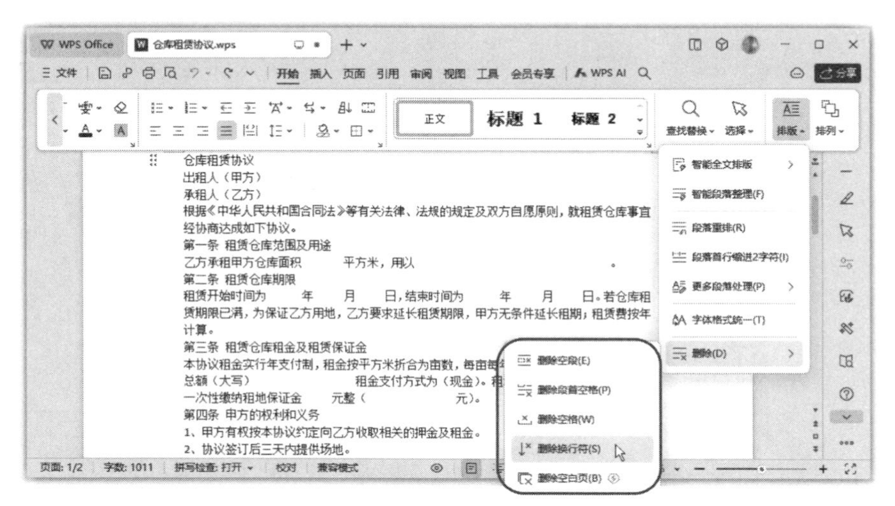

图2-56 【删除】子菜单

2.2.2 创意插画：插入多样元素，让文档更生动有趣

除了优秀的文字编辑和排版能力，WPS文字还具有强大的插入功能，可以让我们在文章中轻松添加文本框、艺术字、图片、形状及特殊符号等多种元素。这些元素的插入使得文档内容更加丰富。用户只需在【插入】选项卡中进行操作，即可轻松插入所需元素，进而对其进行精细的调整，进一步提升文档的可读性和吸引力。

1. 文本框

WPS文字中的文本框是我们处理文档的好帮手，文本框作为一个容器，可以通过移动位置和调整大小来让“装”在其中的文本便捷地实现多种排版效果。有了AI功能的加持，文本框能够自动对齐和调整文本，使得文本框内的文本看起来更加整齐美观。在【插入】选项卡中单击【文本框】下拉按钮，在弹出的下拉列表中可以选择要插入的文本框样式，如图2-57所示。

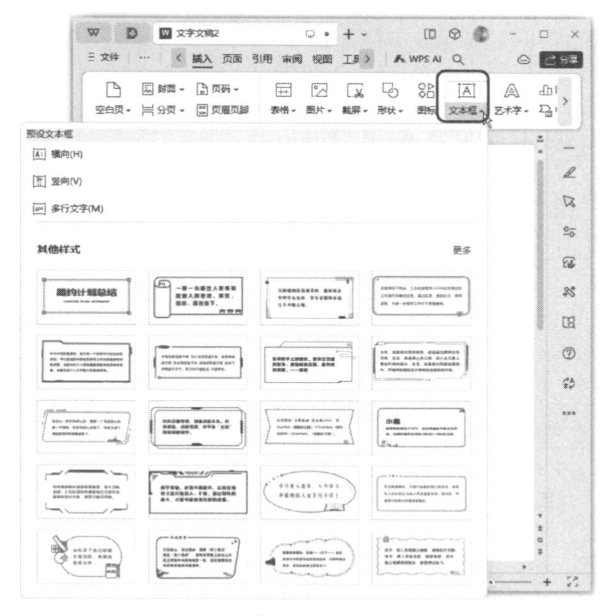

图2-57 【文本框】下拉列表

2. 艺术字

艺术字是WPS文字中一种极具表现力的文字形式。WPS AI可以自动生成多种艺术字效果，我们可以根据自己的需求选择最合适的一种，使文档更加生动、有趣。在【插入】选项卡中单击【艺术字】下拉按钮，在弹出的下拉列表中可以选择要插入的艺术字样式，如图2-58所示。

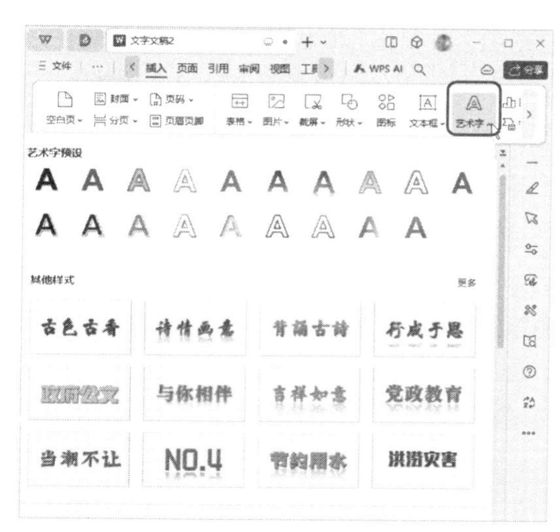

图2-58 【艺术字】下拉列表

> **知识拓展：** 如果对插入的文本框或艺术字效果不满意，可以在选中它的状态下，单击窗口右侧工具栏中的【对象美化】按钮，打开【对象美化】任务窗格，在其中重新选择要使用的样式，快速更改文本框或艺术字效果。

3. 图片

插入图片是WPS文字中非常实用的功能。我们可以在文档中插入各种格式的图片，如JPG、PNG、GIF等，让文档更加生动、有趣。如图2-59所示，在WPS文字中不仅可以插入电脑、手机中的图片，还可以从网络上下载图片并直接插入文档中，只需要在【插入】选项卡中单击【图片】下拉按钮，然后在弹出的下拉列表的搜索框中输入所需图片的关键词进行搜索并选择即可，方便快捷。在插入图片后，还可以轻松调整图片的大小、位置和旋转角度，以获得最佳的视觉效果。

图2-59 【图片】下拉列表

在日常工作和生活中，如果需要对电脑界面或文档内容页面进行截屏，可以使用WPS文字内置的截屏功能快速实现截屏并插入，同时还可以按照选定的范围及设定的图形进行截图。在【插入】选项卡中单击【截屏】下拉按钮，在弹出的下拉列表中可以选择截屏的样式，如图2-60所示。

图2-60 【截屏】下拉列表

4. 形状

WPS文字中提供了各种各样的形状供我们选择，如线条、矩形、椭圆等，只需要在【插入】选项卡中单击【形状】下拉按钮，然后在弹出的下拉列表中进行选择即可，如图2-61所示。插入完成后还可以轻松对形状进行填充和描边，甚至可以将形状与文本进行组合，创作出独具特色的文档内容。

5. 图标

除了简单的几何形状，WPS文字中还提供了更丰富的图标。图标具有言简意赅、简约美观的特性。在制作内容活泼的文档时，添加一些图标可以让内容更有吸引力。在【插入】选项卡中单击【图标】按钮，然后在打开的【图库】对话框中的【图标】选项卡中就可以选择需要的图标样式了，如图2-62所示。在该对话框上方的搜索框中还可以输入要搜索的图标关键字进行搜索，也可以通过选择图标的类型、属性等进行筛选。

图2-61 【形状】下拉列表

图2-62 【图库】对话框中的【图标】选项卡

知识拓展：【图库】对话框中还提供了图片、背景、免抠、人像、插画等类型的图片，同样可以通过搜索和按属性筛选的方式来进行选择。

6. 智能图形

当我们要表达的内容之间具有某种关系时，使用单纯的文字说明可能不容易表达清楚。此时，使用智能图形就可以通过图形结构和文字说明更有效地传递信息。在【插入】选项卡中单击【智能图形】按钮，然后在打开的【智能图形】对话框中可以看到【列表】【循环】【流程】【时间轴】【组织架构】【关系】等多个选项卡，每个选项卡下有多种该类结构的智能图形，选择即可使用，如图2-63所示。

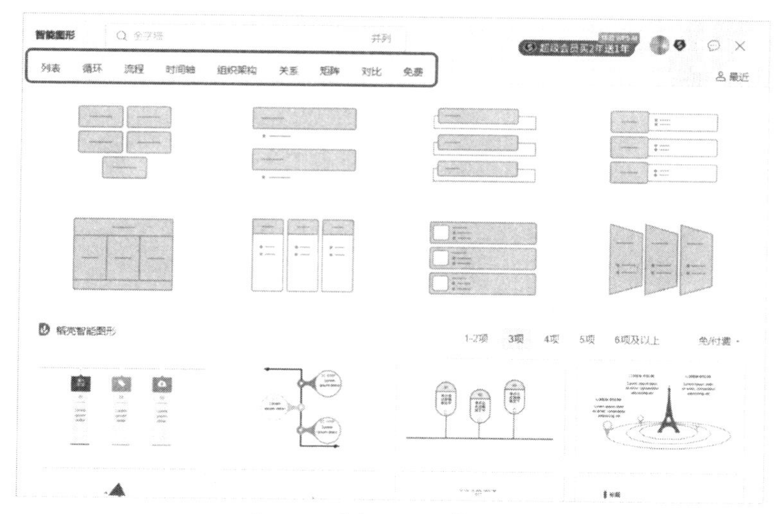

图 2-63 【智能图形】对话框

> 知识拓展：【智能图形】对话框中的【稻壳智能图形】栏中提供的图形效果更为美观，但是其中部分图形的灵活度不足，不能随意增减组成的形状。

7. 流程图

WPS 文字中的流程图功能可以帮助用户创建各种流程图，包括流程图、组织结构图、UML 图等。在【插入】选项卡中单击【流程图】按钮，然后在打开的【流程图】对话框中可以看到一些热门的流程图效果，如图 2-64 所示。用户可以选择类似的流程图进行插入，然后通过拖曳和放置图形来创建流程图，非常方便快捷。

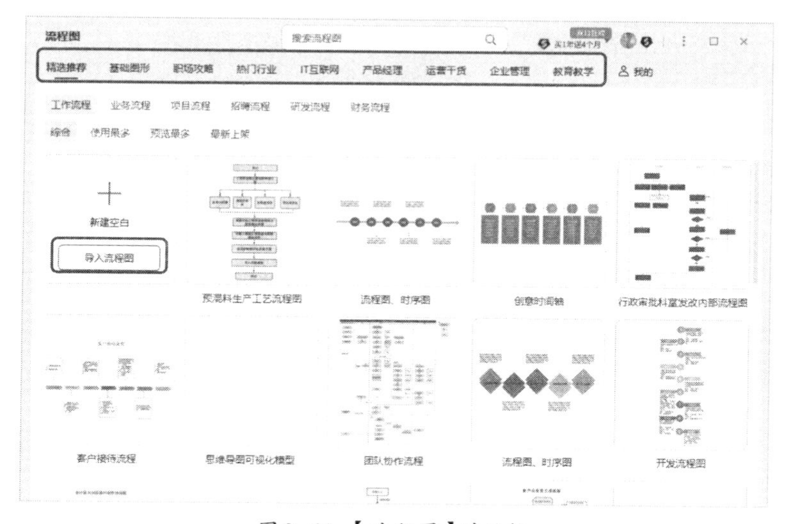

图 2-64 【流程图】对话框

> 知识拓展：WPS 文字还提供了自动布局和格式化功能，可以让用户轻松地调整流程图的布局和样式。

对于一些相对复杂的流程图，也可以在 WPS 流程图中进行制作，制作完成后返回 WPS 文字，打开【流程图】对话框，单击【导入流程图】按钮将其插入文档中。

8. 思维导图

WPS 文字中的思维导图功能可以帮助用户创建各种思维导图，包括脑图、概念图、组织结构图等。在【插入】选项卡中单击【思维导图】按钮，然后在打开的【思维导图】对话框中可以看到一些热门的思维导图效果，如图2-65所示。与流程图的制作方法一样，用户可以选择类似的思维导图进行插入，然后通过拖曳和放置节点来创建思维导图；也可以先在WPS思维导图中进行制作，制作完成后返回WPS文字，打开【思维导图】对话框，单击【导入思维导图】按钮将其插入文档中。

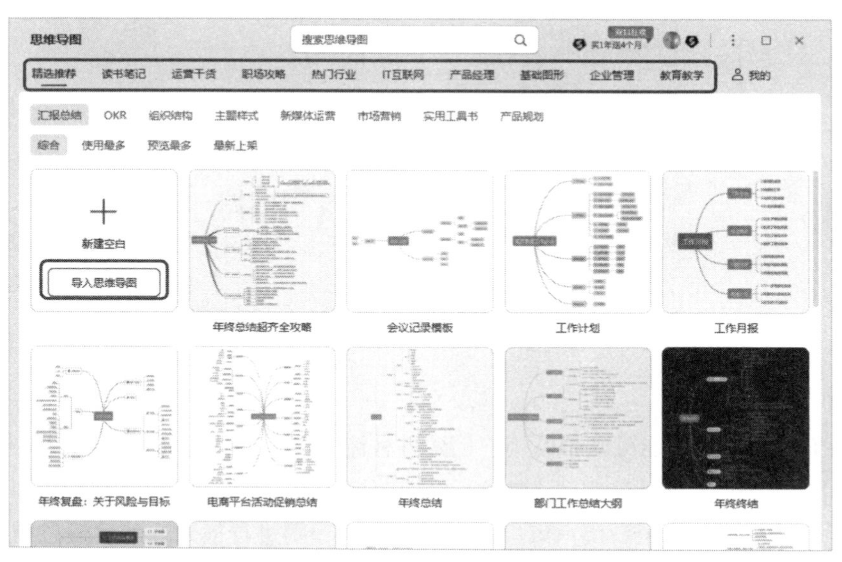

图2-65 【思维导图】对话框

知识拓展：WPS文字还提供了自动布局和格式化功能，可以让用户轻松地调整思维导图的布局和样式。

9. 符号

如果需要在文档中插入特殊符号，如数学符号、希腊字母等，使用WPS文字的符号功能就可以实现。在【插入】选项卡中单击【符号】下拉按钮，在弹出的下拉列表中可以看到各种符号，如图2-66所示，该功能不仅提供日常办公常用的标点符号，还提供颜文字、小众符号。可以通过选择符号类型并输入相应的符号名称或代码来插入特殊符号，以增强文档的表达效果。

10. 公式

在编辑一些专业的数学文档时，经常需要添加复杂的公式。此时使用WPS文字中的公式功能，可以使用内置的公式编辑器来创建和编辑公式。公式编辑器提供了各种数学符号、函数和结构，让用户可以自由地创建复杂的公式。此外，还可以使用预置的公式模板来快速插入常见的公式，无须从零开始编辑。图2-67所示为【公式】下拉列表。

11. 其他文档内容

在日常的工作和生活中，我们经常可以看到条形码、二维码等功能图，其应用十分广泛。功能图以前需要使用专业的工具来制作，现在使用WPS文字也可以方便地制作。在【插入】选项卡中单击【稻壳资源】下拉按钮，弹出的下拉列表如图2-68所示，选择相应的选项即可。

图2-66 【符号】下拉列表

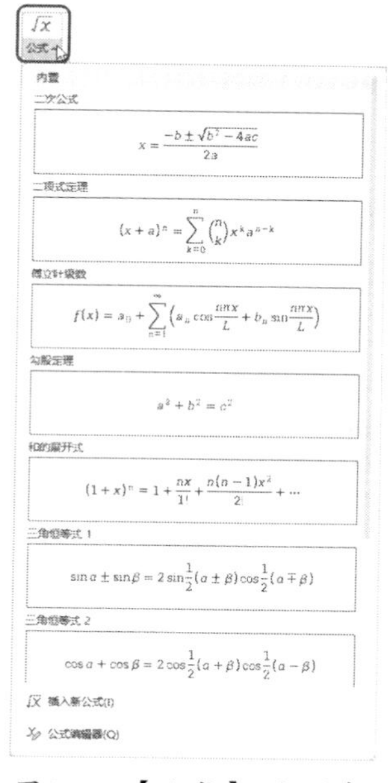

图2-67 【公式】下拉列表

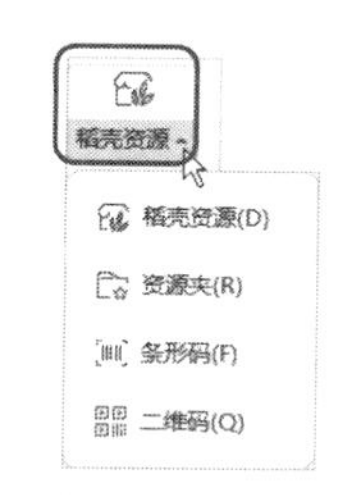

图2-68 【稻壳资源】下拉列表

- 稻壳资源：选择该选项将打开【稻壳资源】对话框，如图2-69所示。稻壳资源是WPS Office提供的模板资源，用户可以在其中找到各种类型的模板，包括文字模板、智能模板、流程图、思维导图、图片等。通过使用稻壳资源，用户可以节省大量时间和精力，快速创建出专业的文档。稻壳资源的AI功能在于其智能推荐功能，可以根据用户的需求和偏好，推荐最合适的模板。
- 资源夹：选择该选项会显示出【资源夹】任务窗格，如图2-70所示。资源夹其实是WPS Office提供的收藏夹功能，用户可以收藏自己常用的文档、图片、图表等资源，将保存在各处的素材统一管理，方便随时使用。资源夹还能智能分类，具有推荐功能，可以根据用户的使用习惯和需求，自动将收藏的资源进行分类和推荐，帮助用户更快地找到所需的资源。

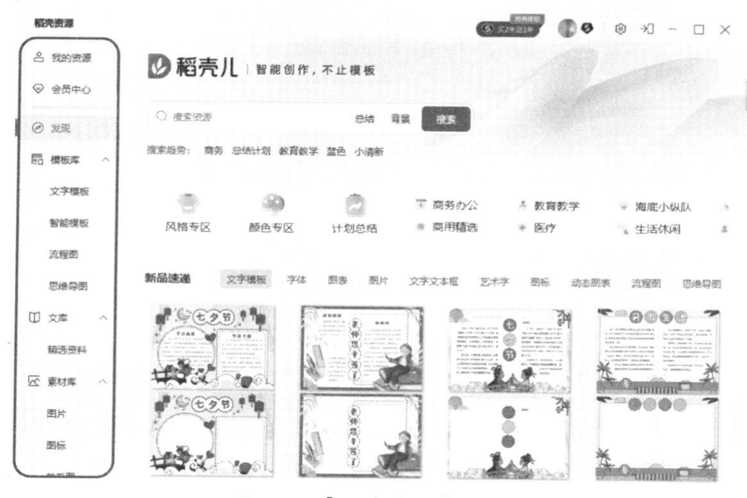

图2-69 【稻壳资源】对话框

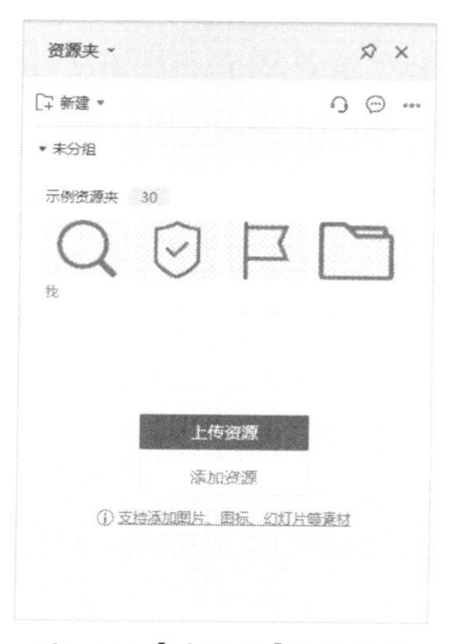

图2-70 【资源夹】任务窗格

> ! **知识拓展：** 资源夹中的内容在各组件中通用，不仅可以一键添加和使用，还支持成员共享，只需要单击【分享】按钮，就可以将链接发送给微信、QQ好友共同打造素材库。资源夹内的资源都会在云端备份，只要登录账号即可同步使用，彻底解决了素材收集、共享和使用方面的问题。

- 条形码：选择该选项会打开【插入条形码】对话框，如图2-71所示。在其中选择编码类型，输入产品的数字代码，单击【插入】按钮就可以快速生成对应的条形码了。条形码是一种用于识别和追踪物品的编码，通过扫描条形码，就可以快速获取物品的信息。
- 二维码：选择该选项会打开【插入二维码】对话框，如图2-72所示。在其中可以选择制作文本、名片、Wi-Fi或电话二维码，只需单击对应的选项卡，并根据提示输入信息即可完成制作。二维码是一种用于存储和传递信息的编码，通过扫描二维码，可以快速获取其中的信息，实现信息的快速传递和共享。

> ! **知识拓展：** 二维码是近几年流行的一种编码方式，相比传统的条形码，二维码能存储更多的信息，也能表示更多的数据类型。

图2-71 【插入条形码】对话框

图2-72 【插入二维码】对话框

12. 页面设置元素

在WPS文字中还可以为页面设置元素，让文档更加规范和专业。例如，在【封面】下拉列表中可以选择要作为封面插入的页面样式，如图2-73所示；在【页码】下拉列表中可以选择需要插入的页码样式，如图2-74所示；单击【插入】选项卡中的【页眉页脚】按钮，进入页眉页脚编辑状态，然后可以在图2-75所示的【页眉页脚】选项卡中进一步设置具体的样式。

例如，可以在【配套组合】下拉列表中选择配套页眉页脚样式，如图2-76所示；在【页眉】下拉列表中选择需要插入的页眉样式，如图2-77所示；在【页脚】下拉列表中选择需要插入的页脚样式，如图2-78所示。还可以在页眉中添加章节标题、公司标志等文本信息和图标等内容，在页脚添加日期等内容。

图 2-73 【封面】下拉列表

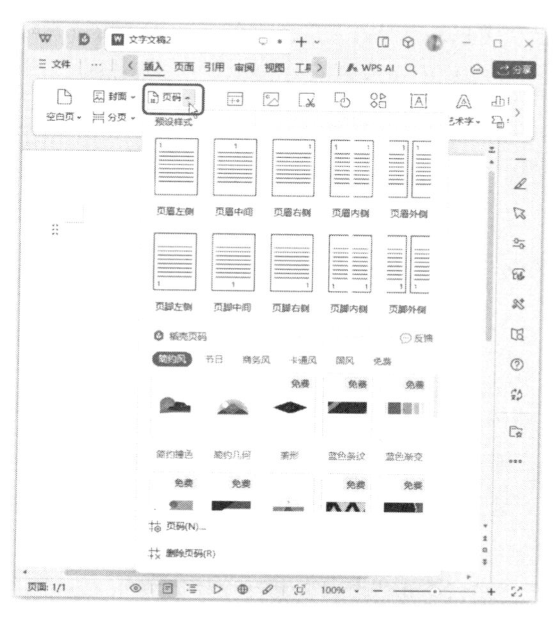

图 2-74 【页码】下拉列表

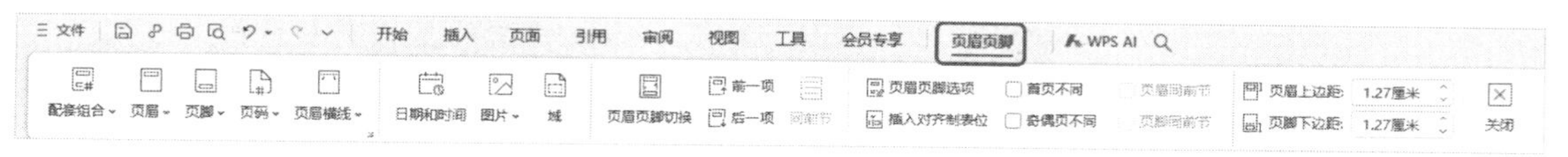

图 2-75 【页眉页脚】选项卡

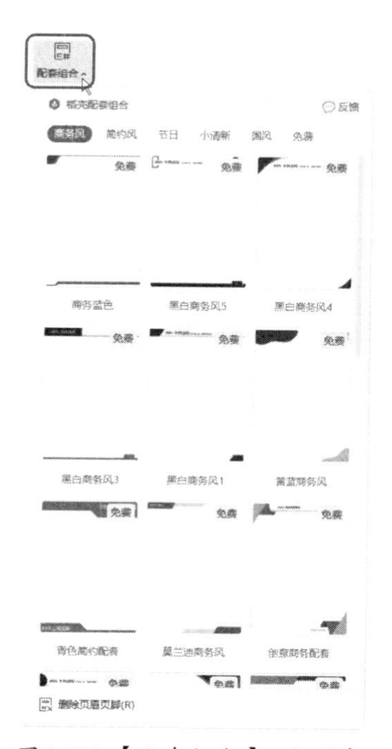

图 2-76 【配套组合】下拉列表

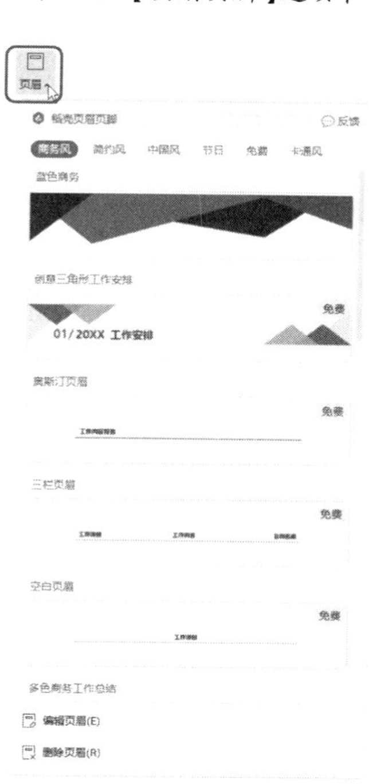

图 2-77 【页眉】下拉列表

图 2-78 【页脚】下拉列表

总的来说，WPS文字中的【插入】选项卡提供了多种实用的功能，可以帮助用户更快地完成工作，提高工作效率。

2.2.3 模板应用：快速排版，让你的文档焕然一新

如今，文档已成为我们工作和生活中不可或缺的一部分。如何高效、准确地创建文档，让我们的文档在众多文档中脱颖而出呢？

1. 选择合适的模板

选择合适的模板是快速创建文档的关键步骤。模板是文档的蓝图，它能够为我们提供一个清晰的结构和统一的样式，使我们在编辑内容时更加高效、便捷。通过使用模板，我们可以节省大量时间，避免重复劳动，同时还能保证文档的专业性和美观性。

WPS Office为用户提供了大量的模板，只需单击【找稻壳模板】标签，就可以在【来稻壳 找模板】页面中看到各种模板了，如图2-79所示。这些模板涵盖了各种类型和用途，包括商务函、报告、简历，以及其他专业文档，用户可以根据自己的实际需求，从中选择最合适的模板，从而快速生成规范的文档。

图2-79 【来稻壳 找模板】页面

在该页面的左侧可以根据要创建的文档类型来选择模板，也可以在右侧系统推荐的类型中选择模板，还可以在上方的搜索框中输入关键词来查找模板。例如，要创建一份简历文档，可以在左侧选择【文字】→【求职简历】→【单页简历】选项，也可以在上方的搜索框中输入"简历"，单击【搜索】按钮进行查找。找到需要使用的模板后，选择即可查看该模板的预览效果，单击右侧的【立即下载】按钮，下载后就会自动根据该模板创建一个新文档，接着修改其中的内容即可。

知识拓展： 稻壳资源中除了文字模板、表格模板、演示模板，还提供了图片库、字体库、图标库，以及在线简历制作、在线合同制作、图片海报设计、脑图制作等功能。

---

2. 使用样式

一般情况下，一篇文档中会有一些需要统一格式的内容。如果依次为文档中的内容设置文本和段落格式，相对来说比较麻烦。通过格式刷可以将指定文本、段落或图形的格式复制到目标文本、

段落或图形上，从而大大提高工作效率。但如果在长文档中使用格式刷来设置格式，不仅会降低长文档的编辑速度，而且对某一个格式进行修改后，还得继续使用格式刷对更改的格式进行复制、应用，非常麻烦。

这时，掌握样式的设置与使用，是提高工作效率的重要手段之一。样式中已经预设了字符和段落的格式，包括字体、字号、行距、颜色等，可以快速美化文档，让文档保持统一的格式。而且，如果对样式进行了更改，那么所有应用该样式的段落都将自动进行更改，从而方便文档版面的管理及后期的调整，以后还可以借助样式实现文档目录的自动生成。

在【开始】选项卡下的【样式】列表框中可以看到系统内置的一些样式，如正文样式、标题样式等，如图2-80所示。当需要为文档中的段落应用样式时，可以将光标定位到段落中，或选择段落，然后在【样式】列表框中选择需要的样式。

通过使用WPS文字中的【样式和格式】任务窗格也可以为某些文本或某个段落快速应用样式。单击窗口右侧工具栏中的【样式和格式】按钮，即可显示出【样式和格式】任务窗格，在其中可以看到样式的预览效果，选择所需样式，即可将该样式应用到所选文本或段落。

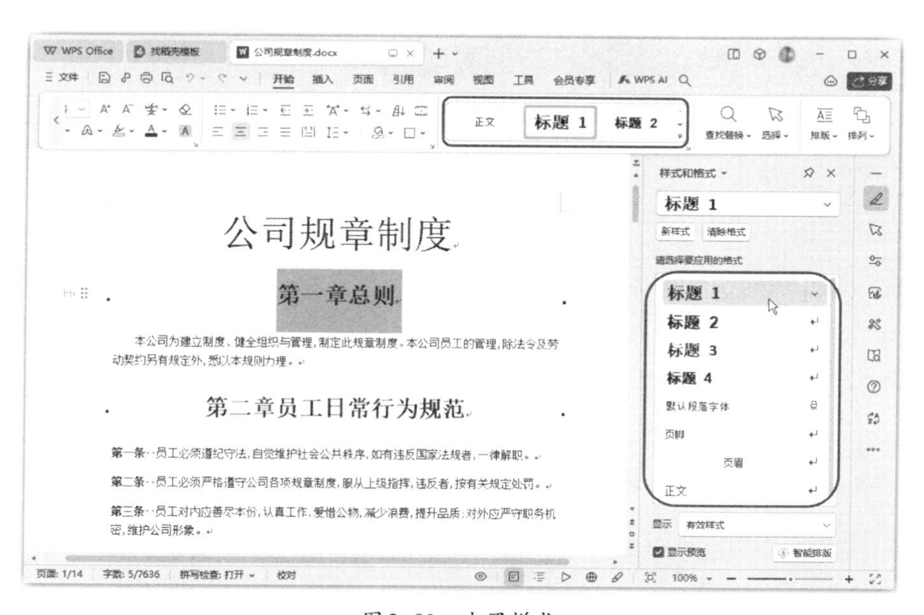

图2-80 内置样式

知识拓展： 如果快捷样式库中的样式无法满足当前文档的需求，可以单击【开始】选项卡下【样式】列表框右下角的按钮，在弹出的下拉菜单中选择【新建样式】命令，然后在打开的对话框中设置新样式的各种格式。要修改样式，可以在【开始】选项卡下【样式】列表框中需要修改的样式上右击，在弹出的快捷菜单中选择【修改样式】命令；或打开【样式和格式】任务窗格，选中需要修改样式的文本，或者将光标定位在需要修改样式的段落中，任务窗格中会显示当前所选文本或定位段落所应用的样式名称，单击名称后面的下拉按钮，在弹出的下拉列表中选择【修改】命令，即会打开【修改样式】对话框。

3. 智能排版

如果文档内容已经输入完成，还可以使用WPS AI的智能排版功能，该功能能够自动识别文档内容，并根据内容推荐合适的排版风格，让文档更加整齐、美观。通过WPS AI的帮助，我们可以在短时间内实现高效的文档排版，进一步提升工作效率。下面举例介绍智能排版的具体操作步骤。

第1步 在WPS 文字中新建一篇空白文档，并按需输入内容，单击【WPS AI】按钮，在弹出的下拉菜单中选择【AI排版】命令，如图2-81所示。

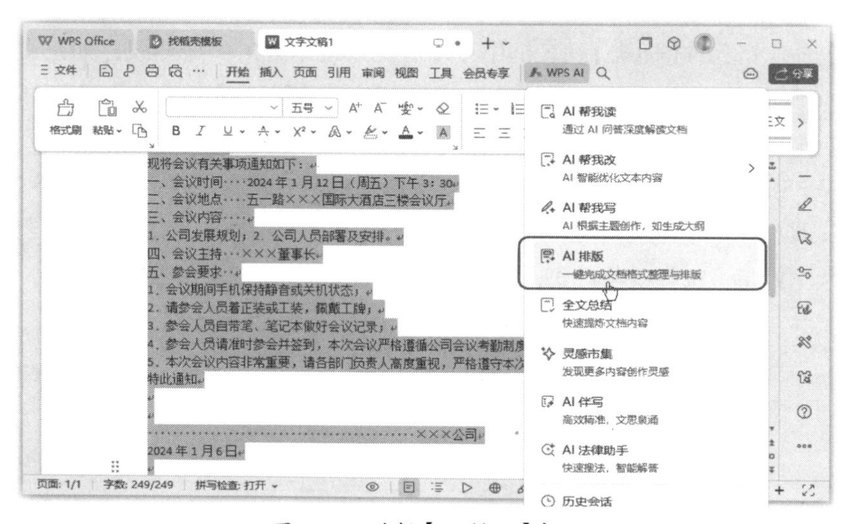

图 2-81　选择【AI排版】命令

第2步 显示【WPS AI】任务窗格，其中显示了系统推荐的排版方案，根据文档内容选择合适的排版方案，这里将鼠标指针移动到要选择的【通用文档】选项上，单击显示出的【开始排版】按钮，如图2-82所示。

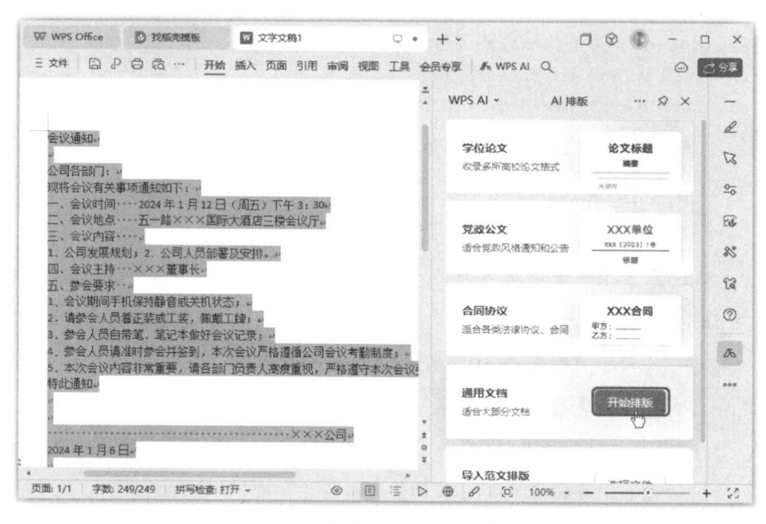

图 2-82　单击【开始排版】按钮

知识拓展： WPS AI的智能排版功能还可以自动识别并纠正格式错误。比如，当用户在文档中设置了错误的段落格式或表格格式时，WPS AI会自动检测并提示用户进行修正。这种智能化的纠错方式，大大减少了用户在排版过程中可能出现的错误。

第3步 稍后，WPS AI就会依照选择的排版方案对文档内容进行排版，完成后如果觉得满意就单击【应用到当前】按钮采用，如图2-83所示。如果不满意可以替换其他排版方案，也可以在采用后进行微调。

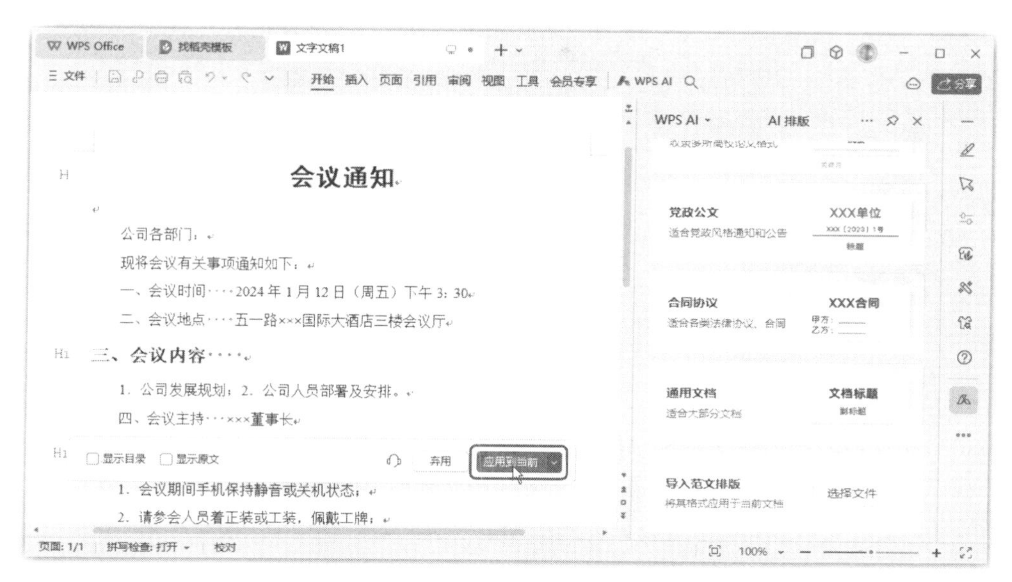

图2-83　应用智能排版效果

2.2.4 图片处理：智能修图，让图片更美观

插入文档中的图片，还可以进一步编辑。在处理图片方面，WPS AI提供了智能裁剪、智能抠图、智能降噪、压缩、优化等功能。通过这些功能，用户可以快速调整图片大小、优化图片质量，以满足文档需求。同时，WPS AI还支持多种图片格式的转换，方便用户进行图片编辑和展示。

1. 智能裁剪

用户可以使用图片裁剪功能，根据需要对图片进行裁剪，以适应文档的布局需求。该功能提供了多种裁剪选项，包括自由裁剪、按形状裁剪、按比例裁剪等，用户可以通过简单的拖曳和调整来定义裁剪区域，使图片更加符合文档的布局需求。

（1）自由裁剪：选择图片后，单击【图片工具】选项卡中的【裁剪】按钮，或者单击工具栏中的【裁剪图片】按钮，即可进入裁剪状态，图片四周将出现8个裁剪控制点，将鼠标指针移动到控制点上并按住鼠标左键拖曳到合适的位置，然后释放鼠标左键，此时，图片中显示为灰色的区域表示要删除的部分，按下【Enter】键或单击文档中的空白位置，即可完成裁剪。

（2）按形状裁剪：进入裁剪状态后，在弹出的扩展面板中单击【按形状裁剪】选项卡，在下方选择需要将图片裁剪为的形状，如椭圆，即可将图片按所选形状裁剪，如图2-84所示。此时还可以拖曳鼠标调整图片中要保留的区域。

（3）按比例裁剪：进入裁剪状态后，在弹出的扩展面板中单击【按比例裁剪】选项卡，在下方选择需要将图片裁剪为的比例，如2:3，如图2-85所示，即可将图片按所选比例裁剪。

图2-84　按形状裁剪

图2-85　按比例裁剪

智能裁剪功能使得用户能够轻松地按照自己的需求对图片进行精准的裁剪，无论是按照比例裁剪还是自由裁剪，都能够实现精确无误。结合使用多种裁剪方式还可以得到更好的效果。例如，先按2:3比例进行裁剪，再按椭圆形进行裁剪，如图2-86所示，就可以在按比例裁剪的基础上按椭圆形裁剪，得到的裁剪后的图片效果如图2-87所示。

图2-86　多种裁剪方式结合

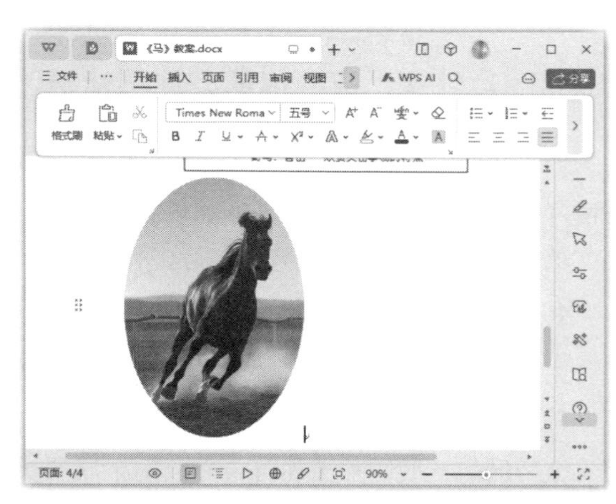

图2-87　裁剪后的图片效果

2. 智能抠图

WPS AI还具备智能抠图功能，它能够自动识别图片中的内容，并根据指令进行处理。选择图片后，单击【图片工具】选项卡中的【抠除背景】下拉按钮，在弹出的下拉列表中有3种抠除方式。

（1）抠除背景：选择该选项后，在打开的【智能抠图】窗口中可以选择手动抠图或自动抠图。手动抠图需要通过单击【保留】按钮来选择需要保留的区域，或单击【去除】按钮来选择需要去除的区域，完成后单击【完成抠图】按钮即可。自动抠图则可以自动识别图片中的主体，并将其从背景中分离出来，实现快速、准确的抠图，如图2-88所示。

[!] **知识拓展：** WPS AI的抠除背景功能需要使用AI技术，因此需要一定的计算资源和时间来处理。同时，该功能的效果也受到图片质量、背景复杂度等因素的影响。

（2）设置透明色：选择该选项后，鼠标指针会变成形状，在需要替换为透明色的颜色处单击，即可将图片中的所有该颜色替换为透明色。这种方式适用于对背景是纯色的图片进行抠图。

（3）消除污点：选择该选项后，在打开的【消除污点】窗口中的图片上涂抹需要消除污点的区域，如图2-89所示，稍等片刻后，可以预览污点被消除的效果。

图2-88 自动抠图

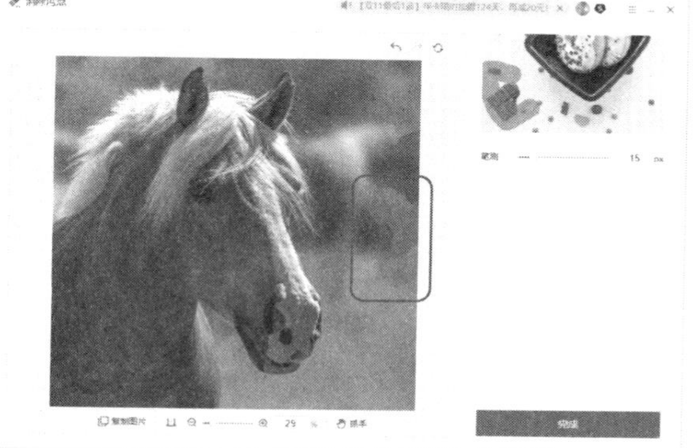

图2-89 消除污点

以上3种方式中，抠除背景和设置透明色主要用于抠除图片的背景，而消除污点主要用于消除图片上的杂质或污渍。具体选择哪种方式取决于需要处理的图片类型和具体需求。

3. 优化图片

在WPS文字中插入图片后，还可以根据需要调整图片的亮度、对比度、色彩效果和边框效果。除了这些简单的图片处理，针对低质量或模糊的图片，WPS AI还提供了图片优化功能，通过应用一系列算法和技术，提高图片的质量和清晰度，使其在文档中更加突出和吸引人。该功能特别适用于需要展示高质量图片的文档。单击【图片工具】选项卡中的【清晰化】下拉按钮，在弹出的下拉列表中有2种优化方式。

（1）图像清晰化：选择该选项后，在打开的【图片清晰化】窗口中，可以通过选择不同的放大倍数来调整图片的清晰度、分辨率等，如图2-90所示。该功能可以改善图片的清晰度和分辨率，对于修复模糊照片非常有用。

[!] **知识拓展：** 图像清晰化的原理是对图片中的噪点进行有效的去除，使得图片更加清晰、细腻。

（2）文字增强：选择该选项后，在打开的【图片清晰化】窗口中，可以通过选择不同的增强方式来优化图片中的文字，如图2-91所示。该功能主要是针对图片中的文字进行优化，让文字更加清晰易读，对于需要从图片中提取文字的情况非常有帮助。

图2-90　图像清晰化　　　　图2-91　文字增强

知识拓展： WPS AI的图像清晰化和文字增强功能需要开通WPS会员才能使用。如果用户没有开通会员，可以尝试使用其他免费工具或手动进行图片处理。为了方便在网络上发布或传输，WPS Office提供了图片压缩功能。用户可以选择压缩图片的质量和大小，以满足文档的上传要求或优化传输速度。

4. 提取图片中的文字

WPS AI可以智能识别并提取出图片中的文字，让图片中的文字信息能够被我们轻松编辑和使用。同时，对于图片中的特定元素，如表格等，WPS AI也能够精准提取，并保留单元格中的颜色、单元格合并等信息，极大地提升了信息的处理效率。

选择图片后，单击【图片工具】选项卡中的【图片转换】下拉按钮，在弹出的下拉列表中选择【图片转文字】选项，如图2-92所示。然后在打开的【图片转文字】窗口右侧就可以预览智能提取的文字，如图2-93所示，单击【开始转换】按钮，就可以将这些文字导出为对应的文件了。

图2-92　选择【图片转文字】选项　　　　图2-93　查看从图片中提取文字的效果

□ **知识拓展：** 如果需要将打印的纸质文档或手写内容转换为可编辑的电子版本，也可以先扫描成图片，再通过提取图片中文字的方法进行识别。需要注意的是，WPS AI只能识别清晰的手写文字，如果手写文字模糊或混乱，识别效果可能会受到影响。同时，对于一些特殊的手写字体或手写风格，WPS AI可能无法完全准确地进行识别。在【图片转换】下拉列表中还可以选择其他选项，将图片转换为PDF、表格或进行翻译等。

5. 批量处理图片

为了方便使用，WPS文字中的很多图片功能都有批量处理能力，可以帮助用户快速对多张图片进行批量处理，包括批量导出图片、批量导出并改格式、批量导出并重命名、批量压缩体积、批量修改尺寸、批量裁剪、批量矫正、批量抠图、批量加文字、批量加水印等。单击【图片工具】选项卡中的【批量处理】按钮，在弹出的下拉列表中就可以选择对应的批量处理选项，如图2-94所示。

进行图片的批量处理时，一般会打开一个窗口，其左侧列表中显示了要进行批量处理的图片，单击【添加】按钮，可以批量添加需要处理的图片。在右侧可以根据需求设置批量处理的具体参数，中间会显示某张图片处理后的效果预览图。例如，在【批量处理】下拉列表中选择【裁剪】选项后，会打开图2-95所示的窗口；选择【抠图】选项后，会打开图2-96所示的窗口。

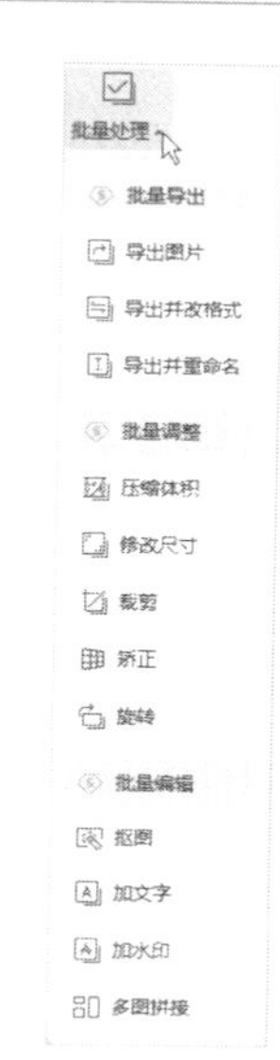

图2-94 【批量处理】下拉列表

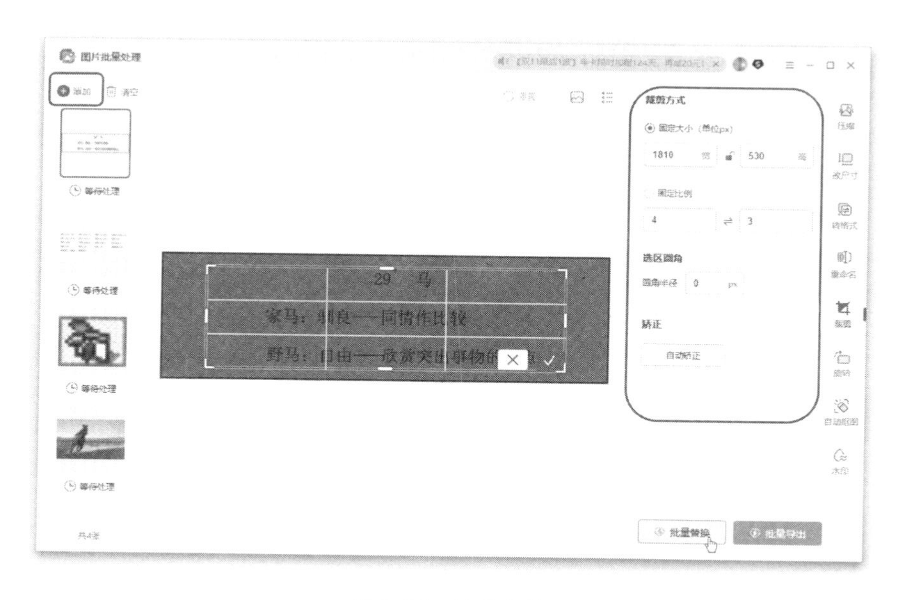

图2-95 批量裁剪

□ **知识拓展：** WPS AI支持多种图片格式的转换。无论是PNG、JPG、BMP格式，还是GIF、TIFF格式，WPS AI都能轻松满足需求。

图 2-96　批量抠图

2.2.5　数据分析：深度挖掘数据，洞悉信息价值

表格在文档中也十分常见，它不仅可以将各种复杂的多列信息简明扼要地表现出来，还能使排版更美观。

WPS 文字中提供了 5 种插入表格的方法，都可以在【插入】选项卡的【表格】下拉列表中实现。

（1）鼠标滑动创建表格：在【表格】下拉列表中使用鼠标滑动虚拟表格选择需要的行数和列数，选择完成后单击鼠标左键即可。

（2）插入内容型表格：WPS 文字中提供了一些已经设置好的表格模板供用户选择使用。在【表格】下拉列表中的【稻壳内容型表格】栏中选择表格模板即可生成对应的表格，如图 2-97 和图 2-98 所示。

（3）使用【插入表格】选项创建表格：在【表格】下拉列表中选择【插入表格】选项，然后在打开的【插入表格】对话框中分别设置【行数】和【列数】，单击【确定】按钮即可生成对应行列数的空白表格。

（4）手动绘制表格：在【表格】下拉列表中选择【绘制表格】选项，此时鼠标指针变为✎形状，在合适的位置按住鼠标左键并拖曳，鼠标指针经过的位置会出现表格的虚框，直到绘制出需要的表格行列数后，释放鼠标左键即可。此后还可以继续拖曳鼠标在需要的位置绘制表格中的其他线条。

（5）将文本转换成表格：在 WPS 文字中输入文本，并在希望分隔的位置输入分隔符。分隔符可以使用空格、逗号、分号等任意符号。每行或每段文本对应一行表格内容，并用分隔符分隔开。然后在【表格】下拉列表中选择【文本转换成表格】选项，在打开的对话框中选择文本中所使用的分隔符类型。通常情况下，WPS 文字就会自动识别所选文本中使用的分隔符，并将文本转换成表格了。

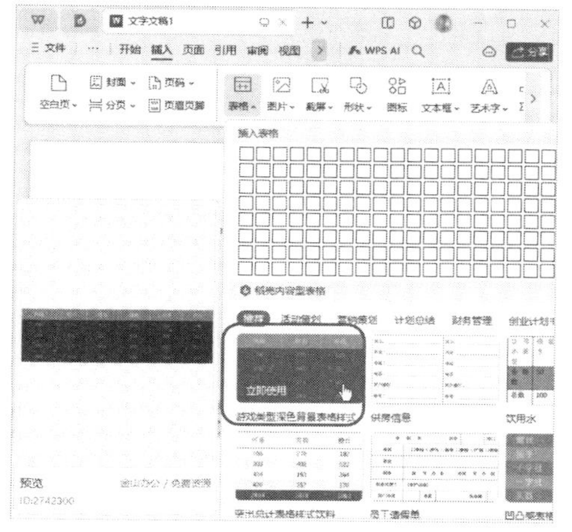
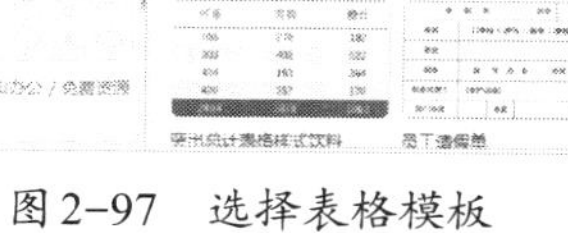

图 2-97 选择表格模板

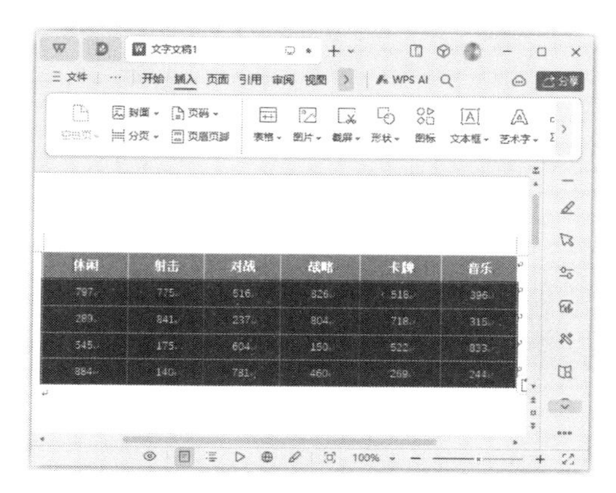

图 2-98 创建的内容型表格

在WPS文字中除了可以插入简单的文本表格，也可以创建复杂的公式表格。插入表格后，还可以轻松地添加、删除行或列，调整单元格的大小，输入数据等。此外，还可以使用内置的公式编辑器来创建和编辑复杂的公式。而且，WPS文字提供了简单的数据分析功能，可以帮助用户快速挖掘数据背后的规律。

例如，要在文档中美化并完善一个成绩表，具体操作步骤如下。

第1步 打开“素材文件 \ 第 2 章 \ 成绩表 .docx”，单击【表格样式】选项卡中样式列表框右侧的下拉按钮，在弹出的下拉列表中选择主题颜色，这里选择蓝色，然后在【预设样式】栏中选择需要使用的表格样式，即可快速为表格套用选择的样式，如图 2-99 所示。

第2步 将光标定位到需要绘制斜线表头的首个单元格中，单击【表格样式】选项卡中的【斜线表头】按钮，如图 2-100 所示。

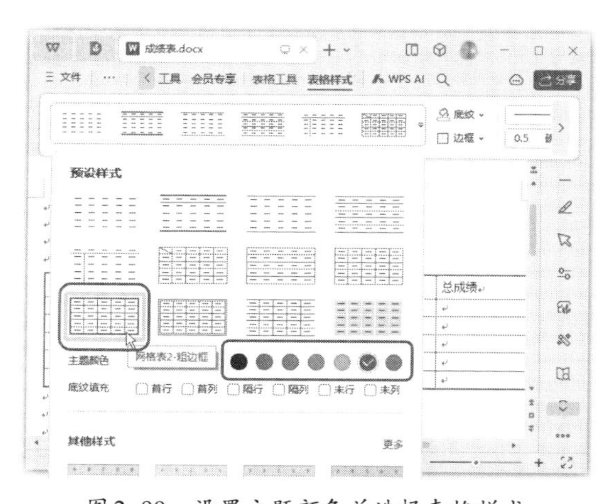

图 2-99 设置主题颜色并选择表格样式

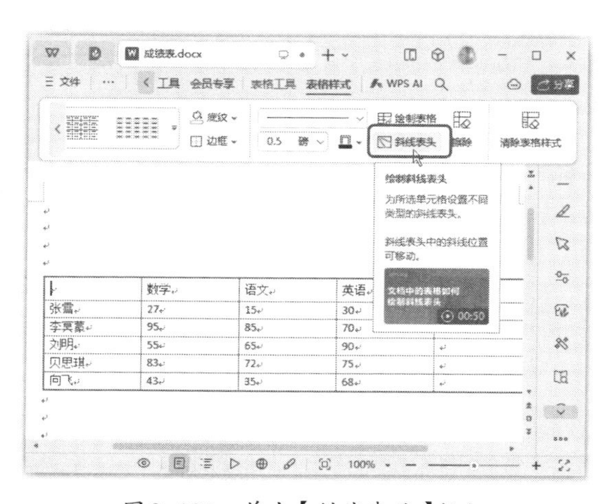

图 2-100 单击【斜线表头】按钮

第3步 打开【斜线单元格类型】对话框，选择一种斜线表头样式，单击【确定】按钮，如图 2-101 所示。

第4步 操作完成后即可看到所选单元格中已经添加了斜线，且该单元格被拆分为两个单元格，可以方便地输入表头，如图2-102所示。

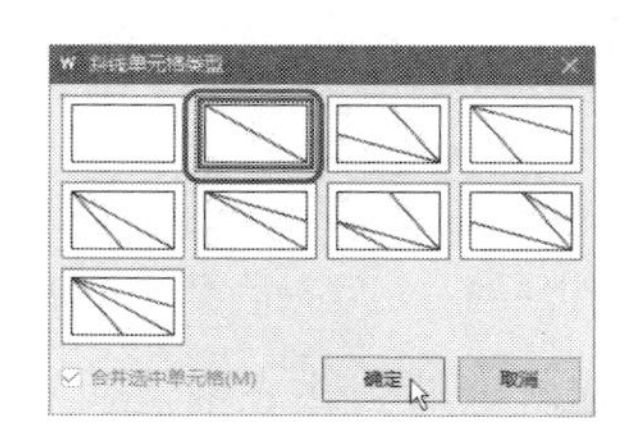

图2-101　选择斜线表头样式

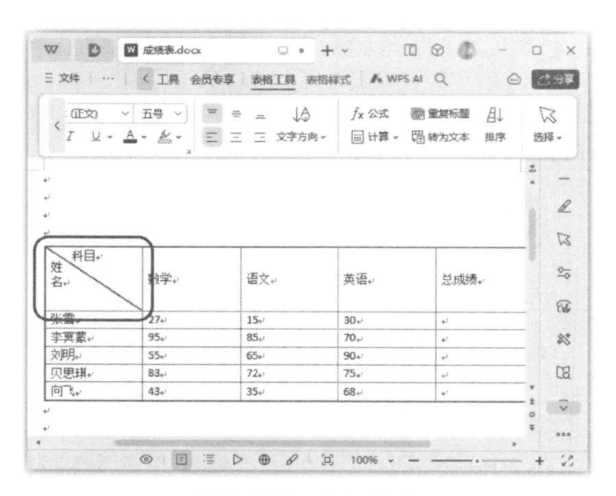

图2-102　输入表头

第5步 选择整个表格，单击【表格工具】选项卡中的【垂直居中】和【水平居中】按钮，如图2-103所示，即可快速改变单元格中内容的对齐方式。

第6步 单击【表格工具】选项卡中的【排序】按钮，如图2-104所示。

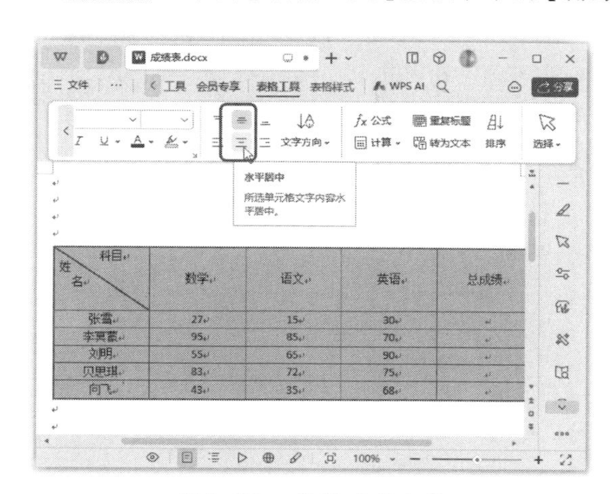

图2-103　设置对齐方式

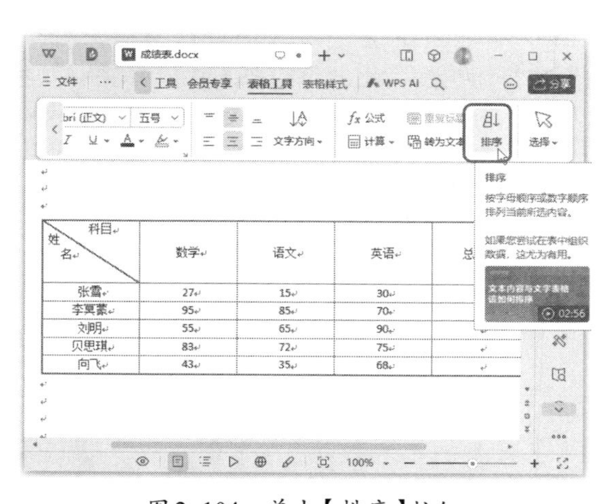

图2-104　单击【排序】按钮

第7步 打开【排序】对话框，设置主要关键字为【数学】，排序方式为【升序】，单击【确定】按钮，如图2-105所示。

第8步 返回文档中即可看到表格中的数据根据数学成绩的高低进行了从低到高的排序。如果要计算多个连续单元格中的数据，可以先选择这些单元格，WPS AI会自动识别并将计算结果放置在合适的位置。例如，这里要计算第一位同学的三科总成绩，可以先选择第一位同学的数学、语文和英语成绩所在的单元格，然后单击【表格工具】选项卡中的【计算】按钮，在弹出的下拉列表中选择【求和】选项，如图2-106所示。

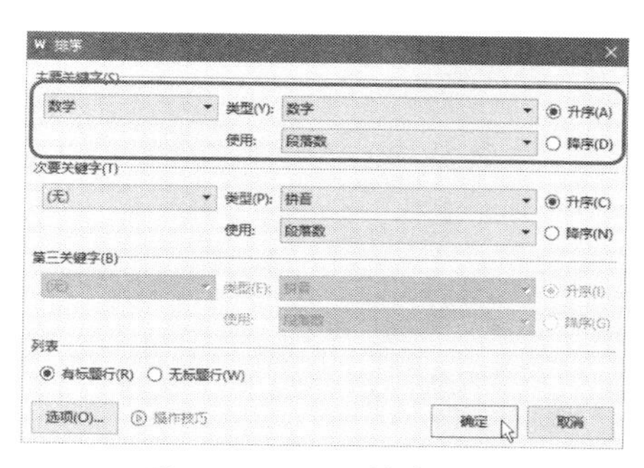

图 2-105　设置排序方式

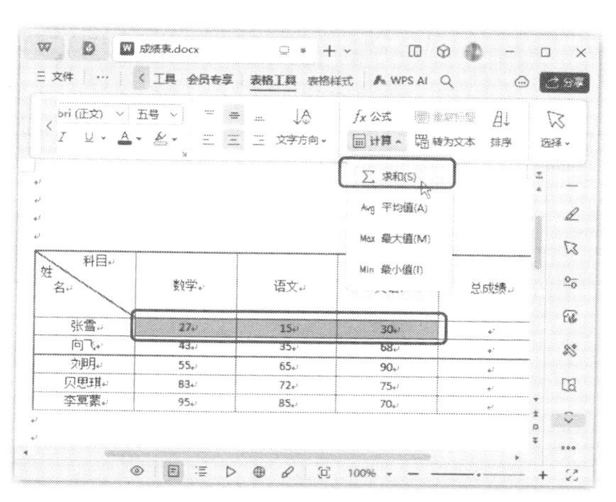

图 2-106　选择【求和】选项

第9步 操作完成后，即可在所选单元格后面的一个单元格中得到所选三个单元格数据的总和。也可以先选择要放置计算结果的单元格，然后设置需要使用的公式。例如，这里可以先选择第二位同学总成绩要放置的单元格，然后单击【表格工具】选项卡中的【公式】按钮，如图2-107所示。

第10步 打开【公式】对话框，在【公式】文本框中输入“=SUM(B3:D3)”，在【数字格式】下拉列表中指定计算结果显示的数字格式，这里选择【0.00】选项，单击【确定】按钮，即可在所选单元格中看到计算结果。使用相同的方法，计算其他同学的总成绩，如图2-108所示。

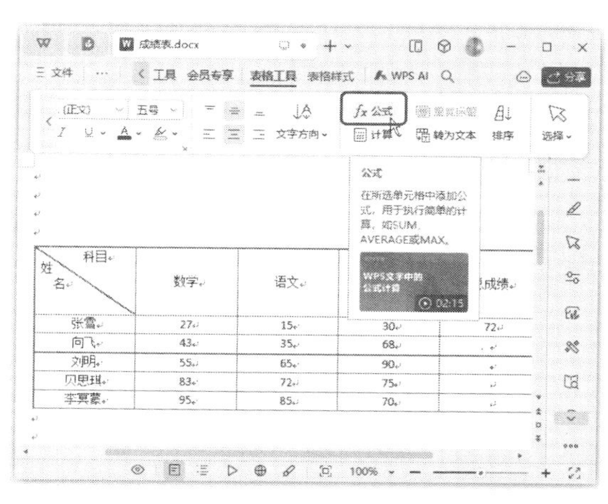

图 2-107　单击【公式】按钮

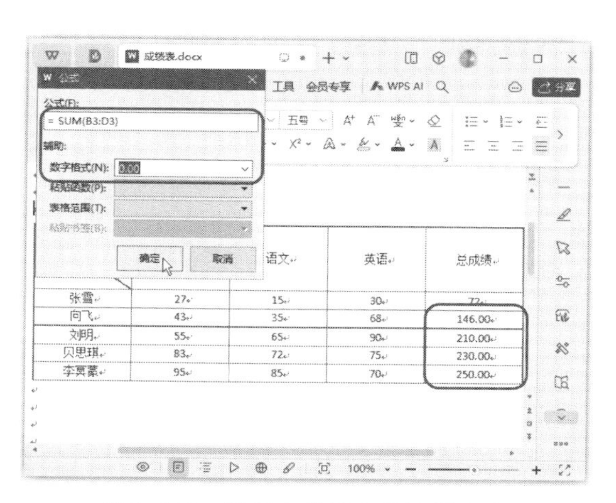

图 2-108　设置公式并查看计算结果

2.2.6 数据可视化：图表展示，数据一目了然

对于包含大量数据的文档，WPS提供了数据可视化功能。通过该功能，用户可以将数据以图表的形式呈现，以便更直观地理解和展示数据。

WPS文字中内置了多种数据可视化工具，如柱形图、折线图、饼图等常规图表类型，还有玫瑰图、玉玦图等比较个性化的图表类型，能够满足用户在各种情况下的数据可视化需求。通过使用这些工具，用户可以轻松地将复杂的数据转化为直观、易理解的图形，从而更好地传达信息和观点。

WPS文字的数据可视化工具不仅操作方式高效便捷，还拥有出色的视觉效果。【图表】对话框如图2-109所示，除了常规的图表，还有设计后的图表。插入图表后，还可以轻松更改图表类型、添加数据、更改颜色和样式等，以获得最佳的视觉效果。

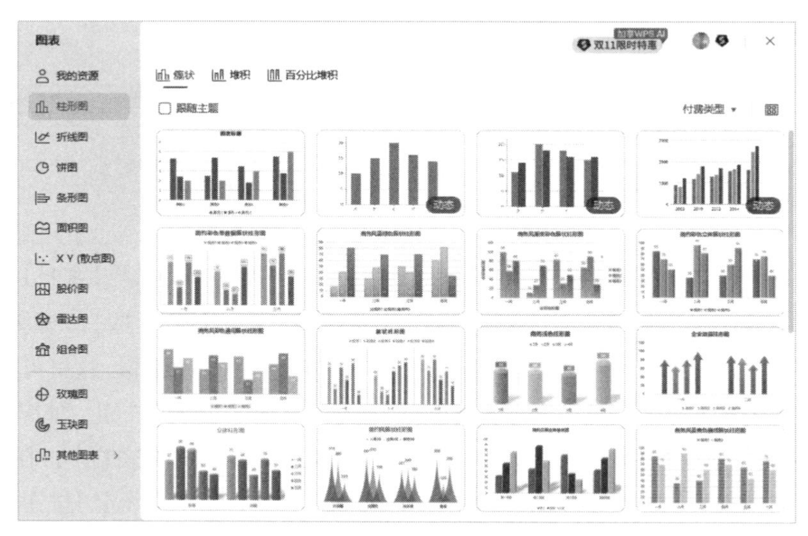

图2-109 【图表】对话框

WPS文字的图表功能不仅简化了图表制作的过程，也解决了用户在数据可视化方面的痛点。通过使用相应功能，用户可以更加高效地进行数据分析和展示。下面以在文档中插入图表并美化为例进行讲解，具体操作步骤如下。

第1步 打开"素材文件\第2章\员工满意度调查报告.docx"，将光标定位到需要插入图表的位置，单击【插入】选项卡中的【图表】按钮，如图2-110所示。

第2步 打开【图表】对话框，在左侧选择图表的类型，这里选择【饼图】，右侧显示出了该类型下的图表，选择一个图表样式，如图2-111所示。

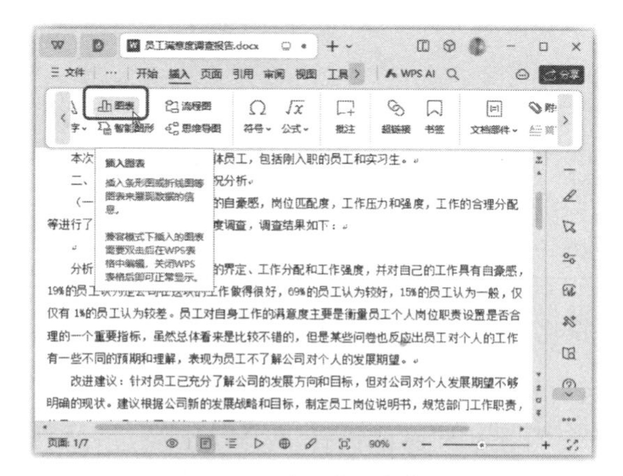

图2-110 单击【图表】按钮

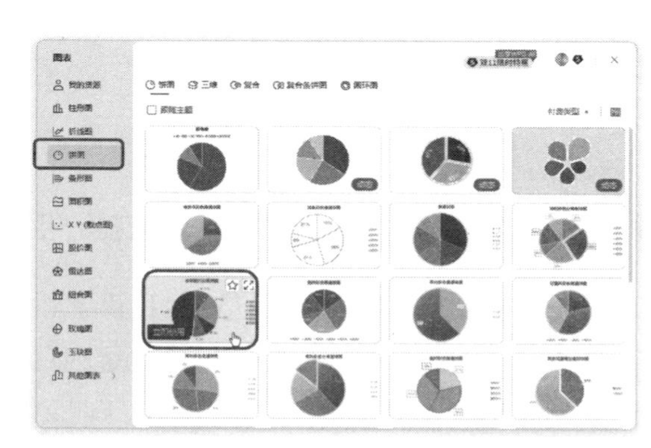

图2-111 选择图表样式

第3步 返回文档中，即可看到已经插入了所选的图表，不过其中的数据还需根据实际需要修改。选择图表后，单击【图表工具】选项卡中的【编辑数据】按钮，如图2-112所示。

第4步 新打开的窗口中显示了该图表对应的数据，并有红、蓝色的线框。修改表格中的数据，将鼠标指针移动到红、蓝色线框的右下角，并拖曳框住需要作为图表数据的区域，完成数据的编辑后可以单击【关闭】按钮，关闭当前窗口，如图2-113所示。

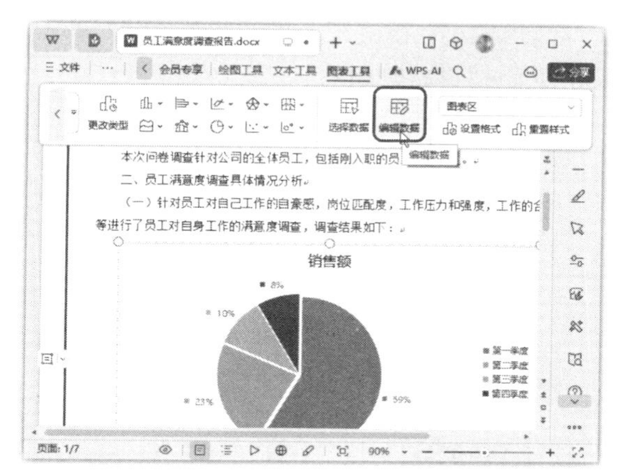

图2-112 单击【编辑数据】按钮

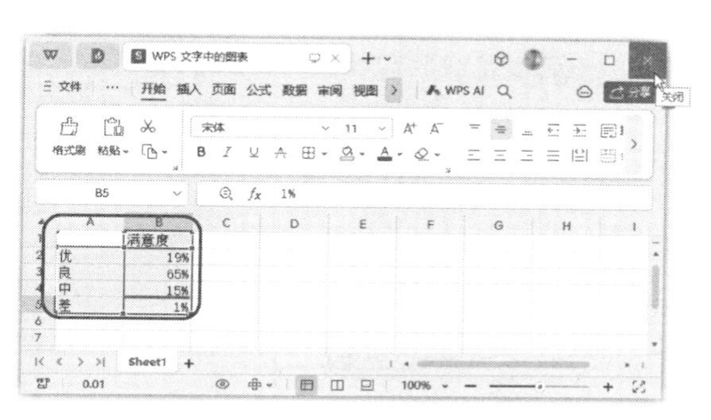

图2-113 编辑图表数据

第5步 返回文档中，就可以看到图表已经根据编辑后的数据进行了修改。在图表标题文本框中输入新的标题，如图2-114所示。

第6步 使用相同的方法在文档其他位置插入图表，也可以通过复制再编辑的方法来完成图表创建。如果复制后需要更改图表类型，可以先选择图表，然后单击【图表工具】选项卡中的【更改类型】按钮，在打开的对话框中进行设置；也可以直接单击对应的图表类型按钮，如这里需要将饼图更改为柱形图，就单击【插入柱形图】按钮 ，在弹出的下拉列表中选择要更改的柱形图样式，如图2-115所示。

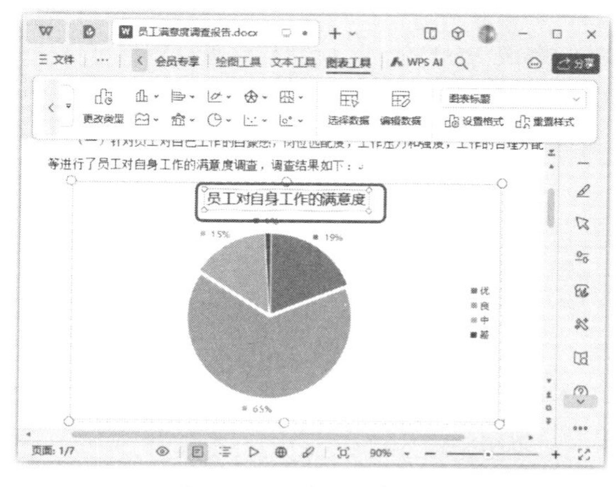

图2-114 修改图表标题

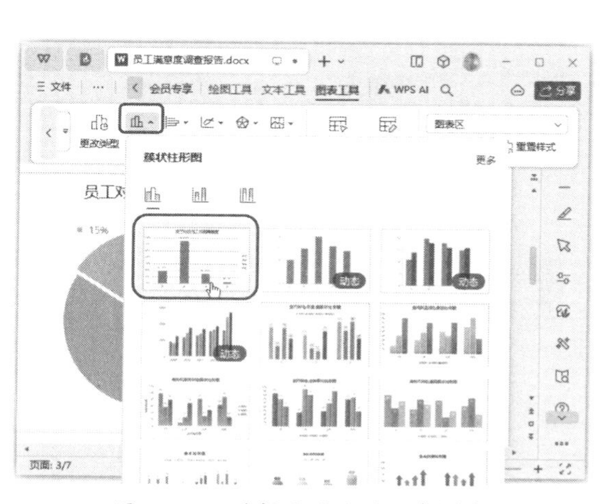

图2-115 选择要更改的图表样式

知识拓展：如果要更改组合图表的图表类型，则需要单击【图表工具】选项卡中的【更改类型】按钮，在打开的对话框中选择【组合图】选项，然后在右侧选择新的图表样式，在【创建组合图表】列表中重新设置组合图中各系列的图表类型。

第7步 返回文档中，即可看到图表已经更改为所选柱形图样式。单击【编辑数据】按钮，并在打开的窗口中编辑图表数据，如图2-116所示。

第8步 更改图表类型和编辑数据后的图表如图2-117所示。图表中还有一些多余的元素，如图表标题和图例，可以直接选择对应的图表元素，按【Delete】键将其删除。

图2-116　编辑图表数据

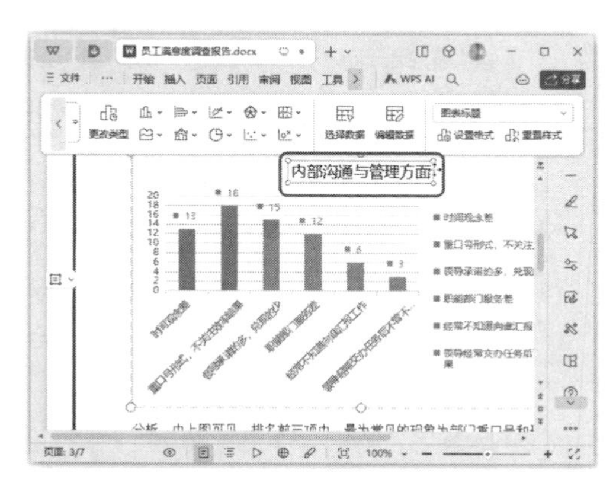

图2-117　调整后的图表

第9步 选择图表，在图表右侧显示出的工具栏中单击【图表元素】按钮，在弹出的下拉菜单中单击【图表元素】选项卡，在下方取消选中【网格线】复选框，即可在图表中取消显示网格线，如图2-118所示。

第10步 再次单击【图表元素】按钮，在弹出的下拉菜单中单击【图表元素】选项卡，在下方选择【坐标轴】选项，然后在弹出的下级子菜单中取消选中【主要纵坐标轴】复选框，即可在图表中取消显示主要纵坐标轴，如图2-119所示。

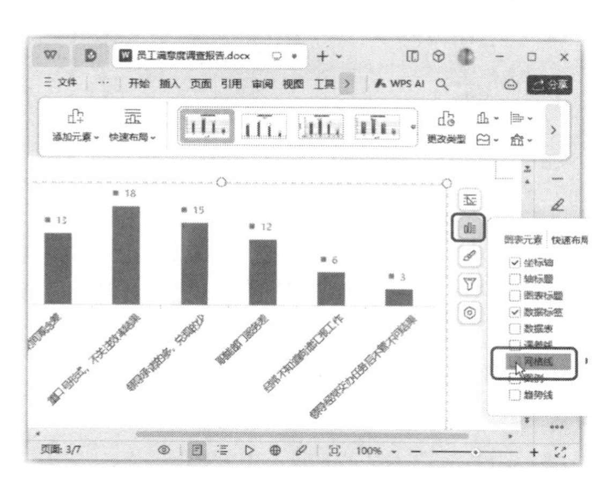

图2-118　取消显示网格线

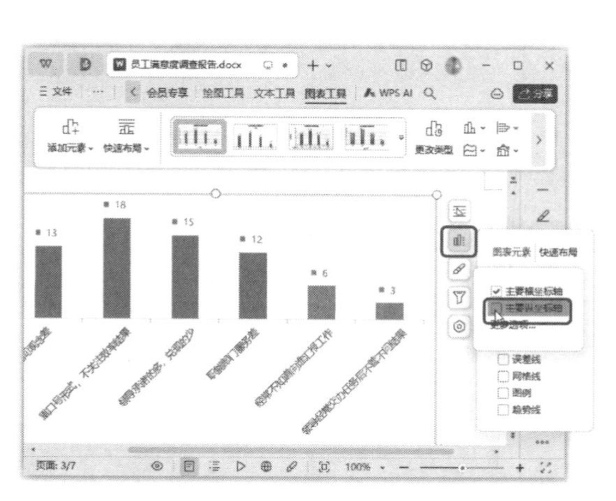

图2-119　取消显示主要纵坐标轴

第11步 选择并双击横向坐标轴，在显示出的【属性】任务窗格中，单击【文本选项】选项卡，在【文本框】栏中设置文字角度为【0°】，文字方向为【垂直方向从左往右】，即可让坐标轴中的文字显示为纵向，如图2-120所示。

第12步 选择另一个柱形图，单击【图表工具】选项卡中的【快速布局】按钮，在弹出的下拉列表中选择一种布局样式，即可快速改变图表的布局效果，如图2-121所示。

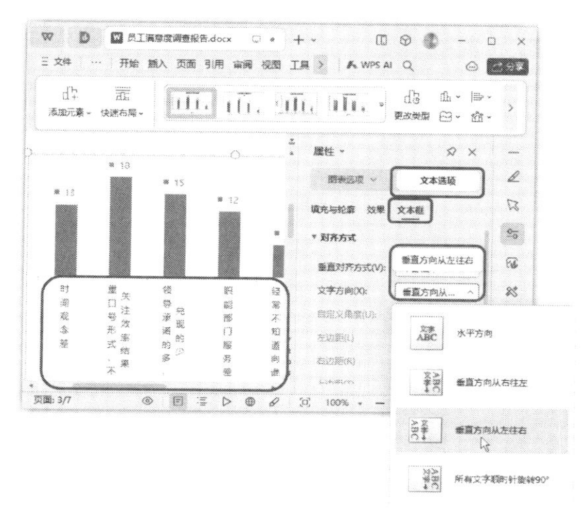

图2-120 设置坐标轴中的文字方向

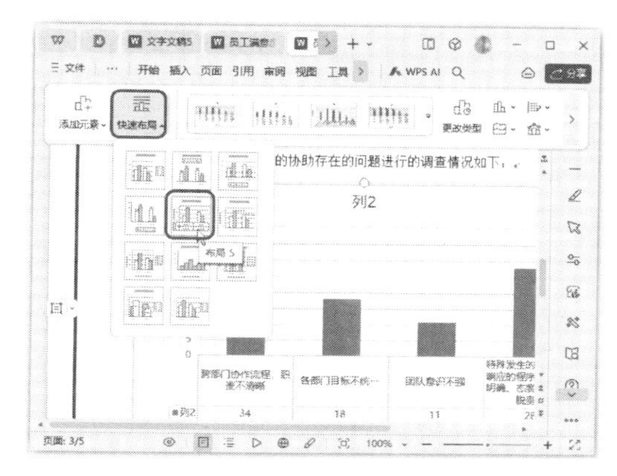

图2-121 改变图表的布局效果

第13步 选择图表，在显示出的工具栏中单击【图表样式】按钮，在弹出的下拉菜单中的【系列颜色】栏中选择要采用的配色方案，即可快速改变图表的配色效果，如图2-122所示。

第14步 选择图表，在显示出的工具栏中单击【图表筛选器】按钮，在弹出的下拉菜单中根据需要设置筛选条件，这里单击【数值】选项卡，在【类别】栏中取消选中不想在图表中显示的类别对应的复选框，单击【应用】按钮即可，如图2-123所示。

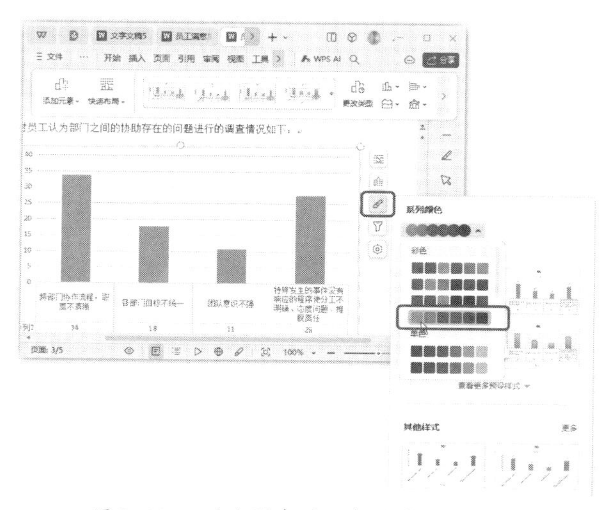

图2-122 改变图表的配色效果

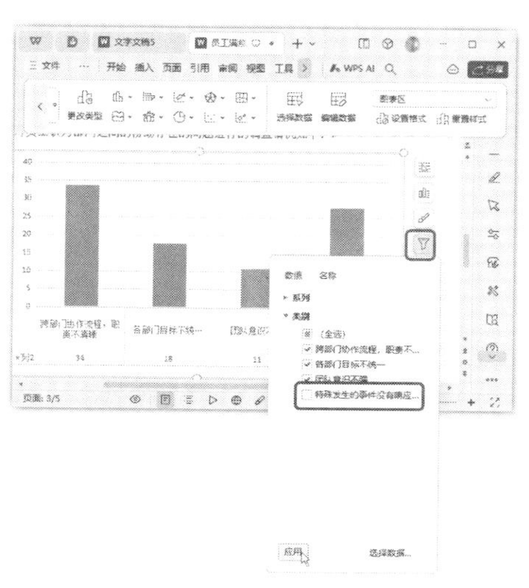

图2-123 筛选数据

2.3 智能校对

智能校对是WPS AI的一项重要功能，它能够自动检查文本中的拼写错误、语法错误、用词错误，甚至可以识别出一些常识性错误，并给出修改或优化的建议，帮助用户更快地完成文本编辑和校对。通过智能校对，用户可以节省大量的时间和精力，同时提高文本的质量和准确性。

2.3.1 拼写检查：自动纠错，让你的文章无错漏

WPS AI的拼写检查功能主要是对英文内容进行检查，是一项非常实用的功能，它能够自动检查文本中的拼写错误，包括单词拼写、字母大小写等。这项功能基于金山办公与合作伙伴共同开发的强大语言模型，采用了先进的AI技术，能够准确识别常见的拼写错误，并且提供修正建议，帮助用户更快地完成文本编辑。

此外，WPS AI的拼写检查功能还具有高度的可靠性和准确性。它不仅能够识别常见的拼写错误，还能够提供多种修正建议，让用户根据自己的需求选择最合适的选项。同时，这项功能还能够不断学习和改进，以适应不同的用户需求和语言环境。

下面以对“英文简历”文档进行拼写检查为例讲解，具体操作步骤如下。

第1步 打开“素材文件\第2章\英文简历.docx”，单击【审阅】选项卡中的【拼写检查】按钮，如图2-124所示。

第2步 如果发现文档中存在拼写错误，将打开【拼写检查】对话框，【检查的段落】列表框中会对存在拼写错误的单词、语句标红处理，如果不需要修改，单击【忽略】按钮，如图2-125所示，即可自动跳转到检测到的下一处错误。

图2-124 单击【拼写检查】按钮

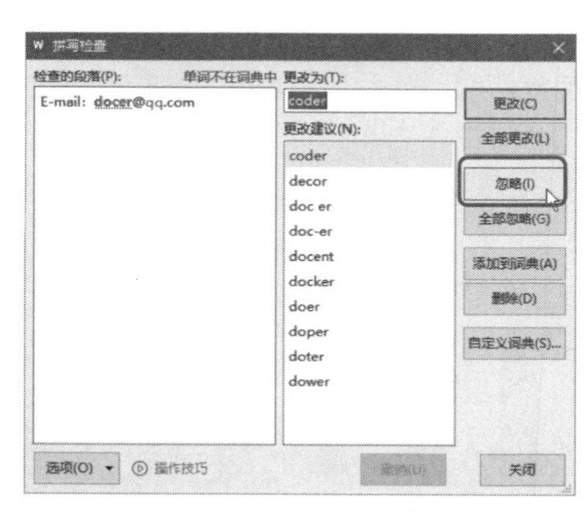

图2-125 单击【忽略】按钮

第3步 检查到的下一处错误依然不需要修改，单击【忽略】按钮，如图2-126所示。

第4步 如果检查到的单词确实存在拼写错误，可以在【更改建议】列表框中选择需要修改为的内容，单击【更改】按钮，如图2-127所示，文档中的内容即会同步更改。

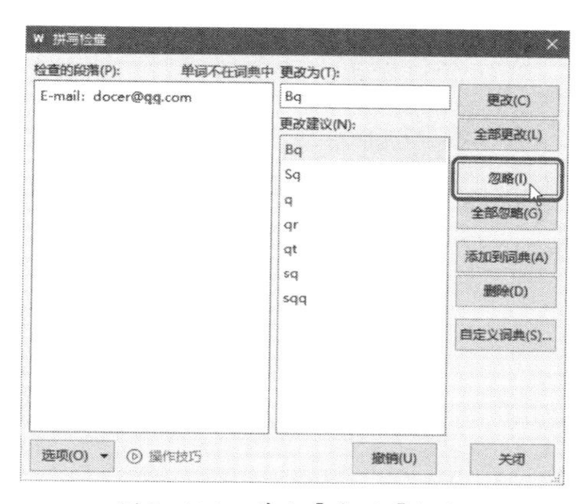

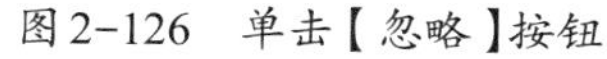
图 2-126 单击【忽略】按钮

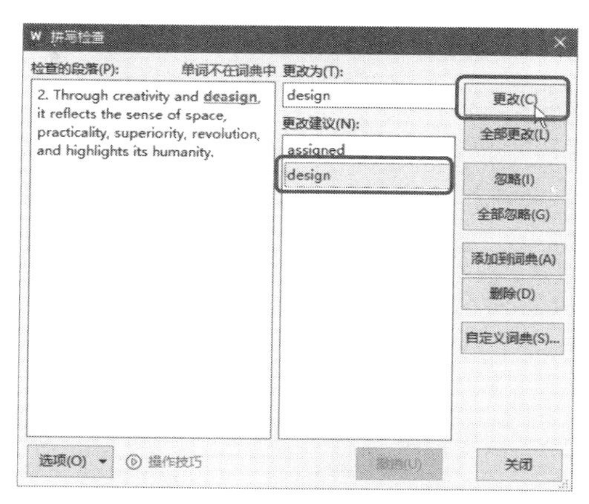

图 2-127 单击【更改】按钮

第5步 如果检查到的单词确实存在拼写错误，而【更改建议】列表框中并没有给出正确的修改选项，也可以直接在【更改为】文本框中手动输入需要修改为的内容，如图2-128所示，单击【更改】按钮，文档中的内容即会同步更改。

第6步 最后一处拼写错误处理完毕后，会打开提示对话框，单击【确定】按钮关闭对话框即可，如图2-129所示。

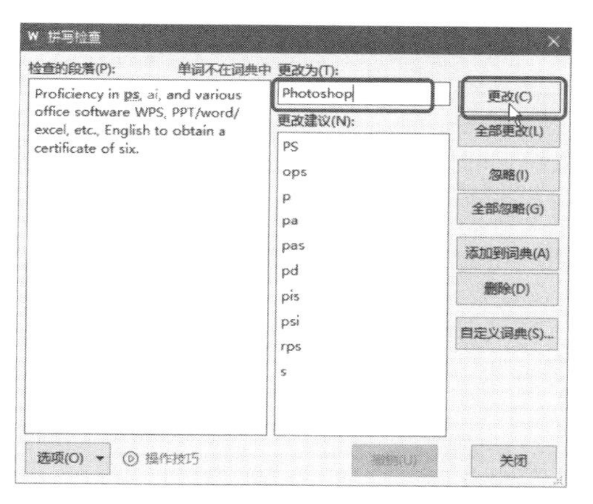

图 2-128 输入需要修改为的内容

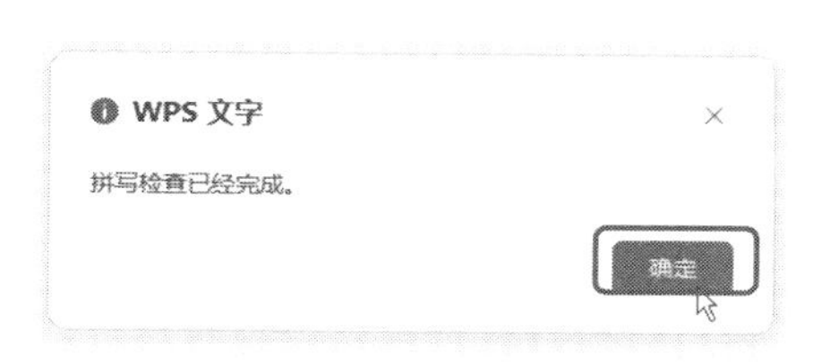

图 2-129 拼写错误处理完毕

2.3.2 文档校对：智能识别错误，提高文章质量

制作的文档除了拼写错误，可能还存在一些其他的错误。所以，文档校对是写作过程中一个重要的环节，它可以帮助用户检查并纠正文章中的错误和不足之处，提高文章的质量和可读性。在过去，文档校对通常需要人工进行，但随着AI技术的发展，现在我们可以使用AI工具来进行自动文档校对。

单击【审阅】选项卡中的【文档校对】按钮，在弹出的下拉列表中可以看到，WPS文字中的文档校对功能有三种方式，分别是文档校对、标准审查和英文批改。

（1）文档校对：文档校对是一款智能辅助工具，旨在帮助用户在文档审阅过程中快速发现并纠正错别字、语法错误、标点符号错误等问题。该功能基于先进的自然语言处理技术，能够自动识别文档中的错误，并提供相应的修改建议。这有助于确保文档的文本内容准确无误，提高文档的质量。

（2）标准审查：标准审查功能的审查范围包括国家标准、行业标准、地方标准（部分）。在开始审查前，需要进行审查授权，如图2-130所示。审查结果分为错误、警告、提示三个类别，如图2-131所示。

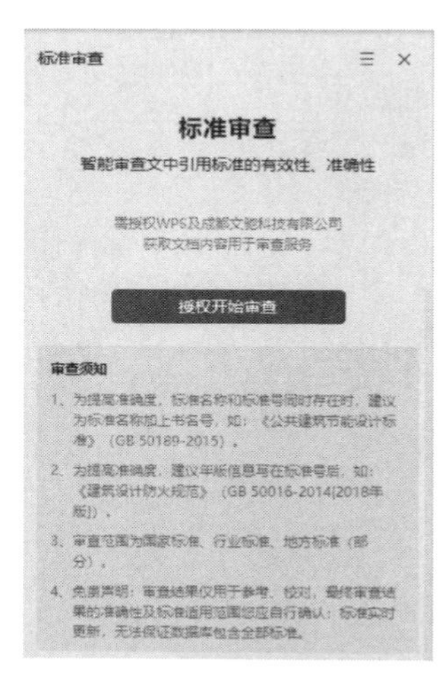

图2-130　审查授权

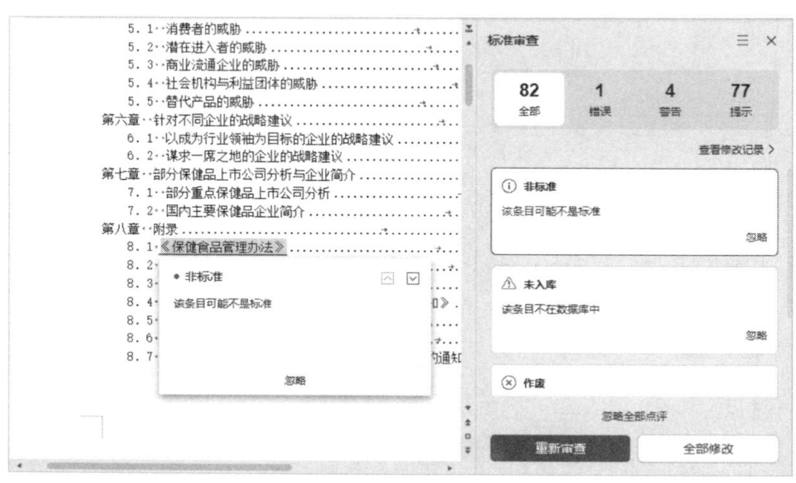

图2-131　审查结果

（3）英文批改：对于英文文档，该功能可以检查文档中的英文语法错误、拼写错误等问题，并给出相应的修改建议或提示。这有助于提高英文文档的准确性和质量，特别适合需要撰写英文报告或论文的用户使用。使用该功能前同样需要授权，如图2-132所示。批改结果也分为错误、警告、提示三个类别，如图2-133所示。

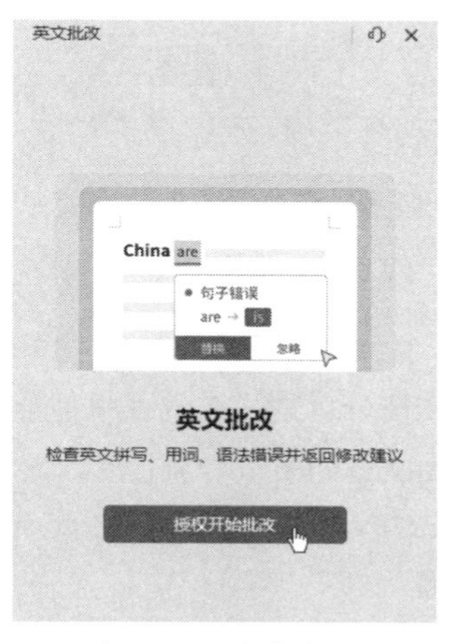

图2-132　授权批改

图2-133　批改结果

WPS AI的智能校对功能不仅准确率高，而且响应速度快，可以大大提高工作效率。三种校对方式的后期处理操作都相同，下面以文档校对功能为例，来讲解具体操作方法。

第1步 打开“素材文件\第2章\智能家居行业分析报告.docx”，单击【审阅】选项卡中的【文档校对】按钮，在弹出的下拉列表中选择【文档校对】选项，如图2-134所示。

第2步 系统开始扫描文档内容，然后打开【文档校对】对话框，其中对文档内容数据进行了统计，如全文页数、字数等，单击【立即校对】按钮，如图2-135所示。

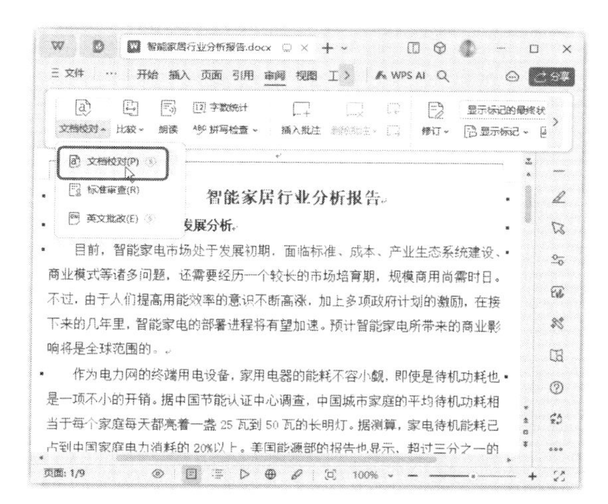

图2-134 选择【文档校对】选项

图2-135 单击【立即校对】按钮

第3步 在新界面中会显示校对结果，包括问题数量和问题类型，单击【开始修改文档】按钮，如图2-136所示。

图2-136 单击【开始修改文档】按钮

> **知识拓展：** WPS AI能够根据作者的写作风格和习惯进行智能化的校对，提供更加个性化和人性化的服务。因此，对于经常需要处理大量文档的用户来说，WPS AI的文档校对功能无疑是一个非常实用的工具。

第4步 返回文档窗口界面，右侧显示了【文档校对】任务窗格，其中列出了问题的数量，并可以切换不同的选项卡单独对字词问题、标点问题进行修改。在下方的列表框中依次审查每一个问题，并作出是否修改的判断即可。这里先来看检查到的第一个问题，下面给出了修改原因和建议，确认需要修改，所以单击【替换】按钮，如图2-137所示。

第5步 操作完成后，系统立刻会将原文中的“提高”修改为建议的内容“增强”，同时取消显示第一个问题。根据需要对第二个问题进行判断，这里确认采用修改建议，单击【替换】按钮，将“项”替换为“笔”，如图2-138所示。

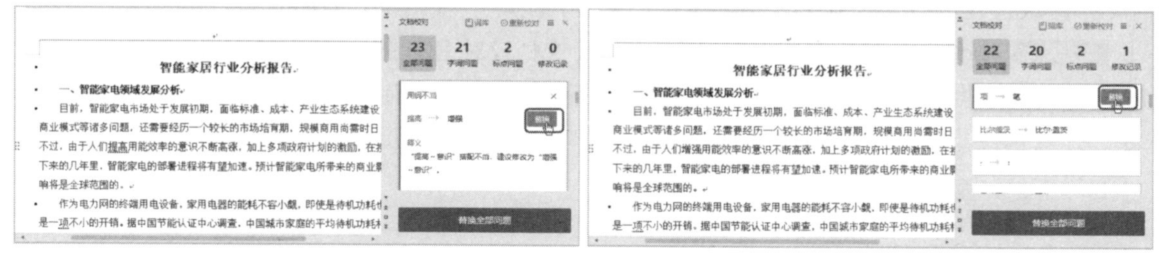

图2-137 单击【替换】按钮　　　　图2-138 采用修改建议

第6步 使用相同的方法依次审查每一个问题，并作出是否修改的判断。在这个过程中选择列表框中的各问题项，会自动跳转到问题段落，问题内容也被用颜色醒目的下划线标明。如果遇到不需要修改的问题，可以单击【忽略】按钮，如图2-139所示。

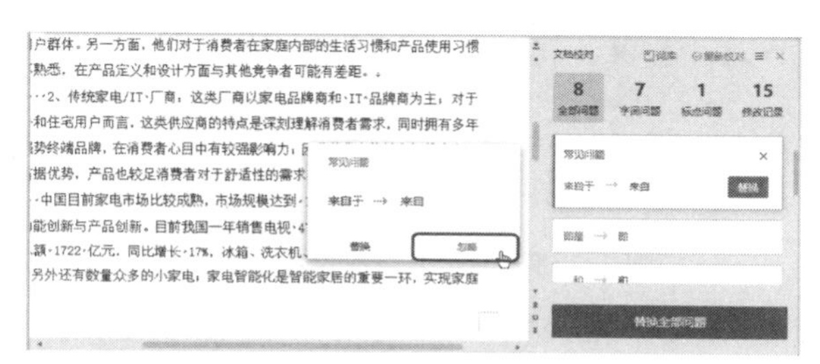

图2-139 忽略修改建议

> **知识拓展：** 文档校对功能极大地减少了我们在编辑文档时可能出现的错误，让我们更加专注于内容创作。

2.3.3 文本分析：全文分析，发现文章潜在问题

WPS AI的全文分析功能可以对整个文档进行全面的分析，包括文档结构、内容质量、语言表达等方面。它能够自动识别文档中的关键信息，并提供相应的建议和指导，帮助用户更好地组织和表达自己的思想。

在分析全文时，WPS AI会从多个角度对文档进行评估。首先，它会分析文档的结构，包括段落、句子和用词等。通过这种方式，WPS AI能够确定文档的逻辑性和连贯性，并识别出可能存在的问题。如果发现文档结构不够清晰或存在逻辑问题，WPS AI会提供相应的建议和指导，帮助用户改进文档的结构和组织方式。

其次，WPS AI会分析文档的内容质量。它会根据文档的主题、论点、论据等进行分析，以确定文档的实用性和价值。如果发现文档存在论点不明确、论据不充分等问题，WPS AI会提供相应的建议和指导，帮助用户提高文档的质量和说服力。

最后，WPS AI还会分析文档的语言表达。它会检查文档中的语法、拼写、标点等，以确保文档语言的准确性和流畅性。如果发现文档存在语言表达问题，WPS AI会提供相应的建议和指导，帮助用户进行修正和改进。

通过这些全面的分析，WPS AI可以帮助用户更好地理解和改进文档。对文档进行全面分析的具体操作步骤如下。

第1步 打开“素材文件\第2章\酒店会议服务流程.docx”，单击【WPS AI】按钮，在弹出的下拉菜单中选择【AI帮我读】命令，如图2-140所示。

第2步 显示出WPS AI的【AI帮我读】任务窗格，在下方的列表框中选择【推荐相关问题】选项，如图2-141所示。

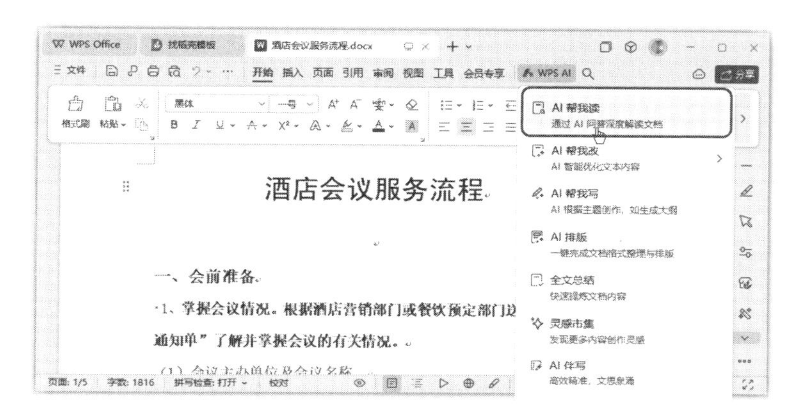

图2-140　选择【AI帮我读】命令

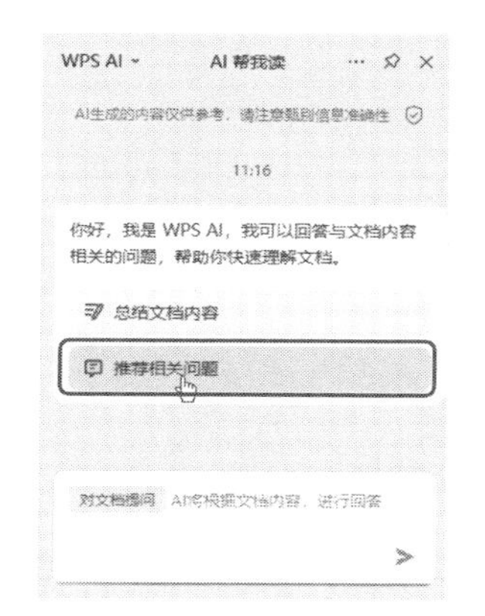

图2-141　选择【推荐相关问题】选项

第3步 WPS AI分析当前文档内容后，会给出几个与主题相关的问题，选择即可快速对WPS AI提出该问题，如图2-142所示。

第4步 稍后便会看到WPS AI根据文档内容给出的回复，并给出重点内容及相关原文页码，单击页码超链接即可跳转至对应页面，并标注出原文内容，如图2-143所示。

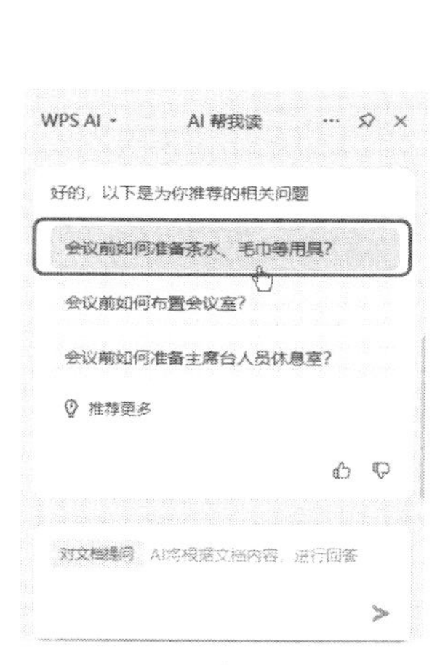

图2-142　选择推荐的问题

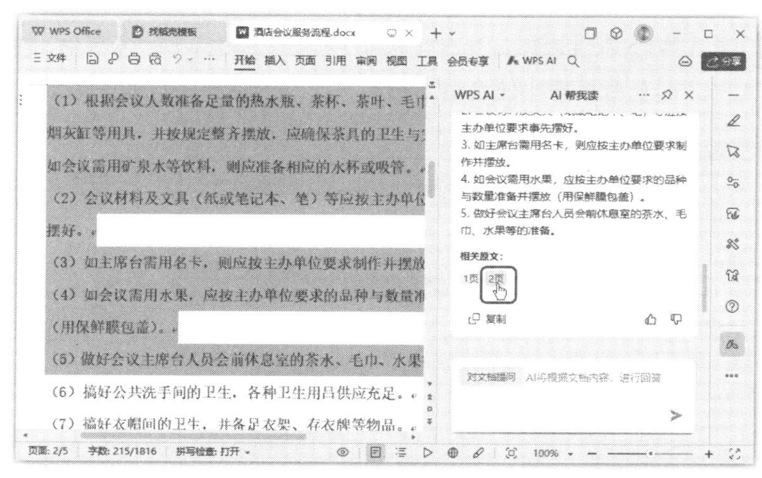

图2-143　单击页码超链接

第5步 在任务窗格下方的【对文档提问】文本框中输入“全文分析”，单击【发送】按钮 >，如图2-144所示。

第6步 稍后便会看到WPS AI根据全文内容做出的分析，以及重点内容和相关原文页码，如图2-145所示。

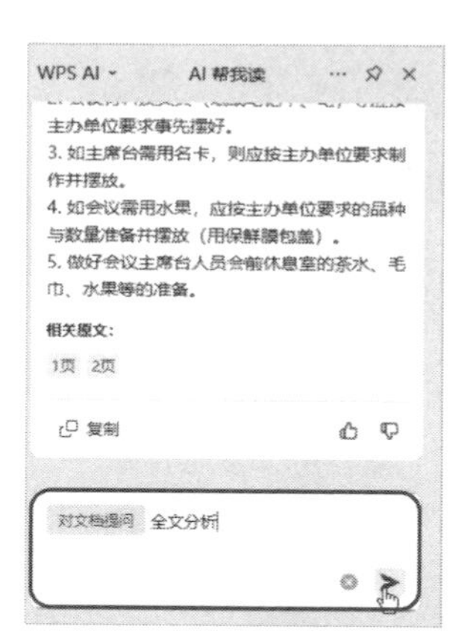

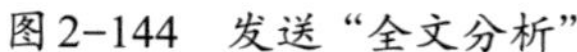
图2-144 发送“全文分析”

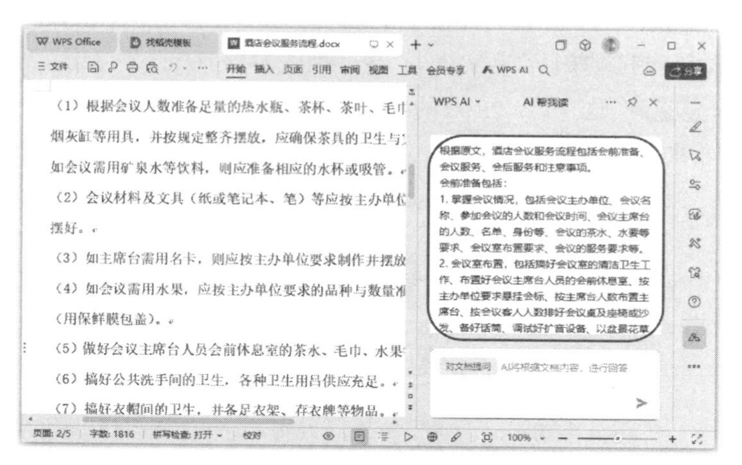

图2-145 查看全文分析结果

2.3.4 精华提取：智能提取长文重点信息，节省阅读时间

对于那些需要阅读长篇文章或需要处理大量文本数据的用户来说，WPS AI提供的全文总结功能无疑是一项非常实用的工具。通过使用WPS AI，用户可以轻松地提炼出文档中的关键信息，并以摘要或列表的形式呈现，从而更快地了解文档的重点内容。

使用全文总结功能主要有以下两种方式。

1. 通过【WPS AI】任务窗格

单击【WPS AI】按钮，在弹出的下拉菜单中选择【全文总结】命令，如图2-146所示，显示出的【WPS AI】任务窗格中便会给出当前文档的内容总结，如图2-147所示。

图2-146 选择【全文总结】命令　　图2-147 查看内容总结

[!] **知识拓展：** 全文总结功能能够帮助用户更高效地阅读和整理文档，节省时间和精力。在处理大量文本数据时，这项功能可以帮助用户快速找到所需的关键信息，并对其进行整理和分析。此外，WPS AI还能够自动对文档进行分类和添加标签，使得用户可以更加方便地管理和查找相关的信息。

2. 通过右键快捷菜单命令

选择全文内容后，在其上右击，然后在弹出的快捷菜单中选择【总结】命令，如图2-148所示。稍后，在弹出的对话框中便会显示WPS AI对当前文档内容的总结，如图2-149所示。

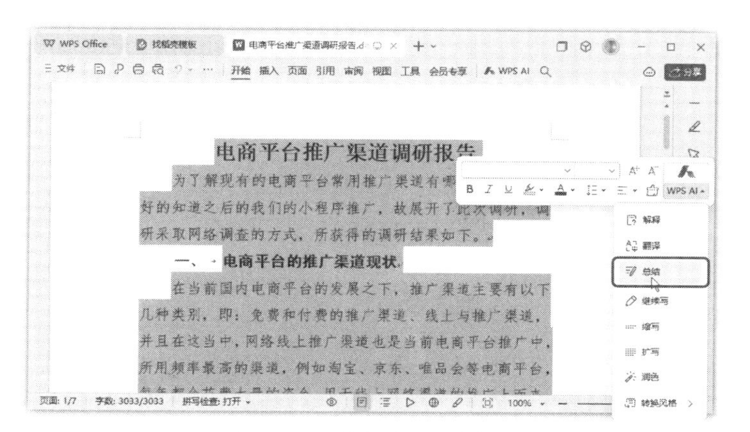

图2-148 选择【总结】命令

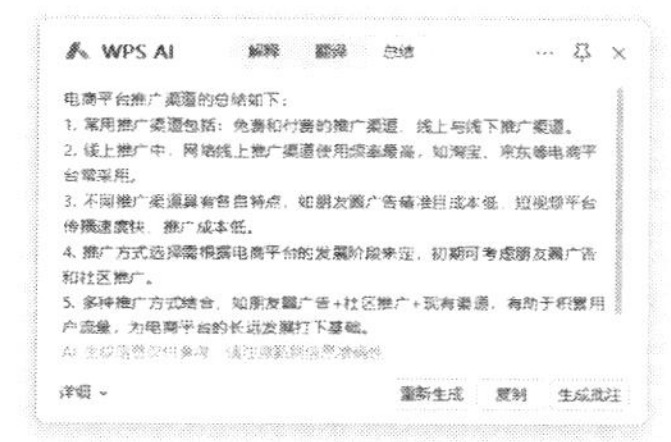

图2-149 查看内容总结

全文总结功能具有广泛的应用场景。例如，在新闻媒体领域，记者需要快速了解大量的新闻报道并整理成文章，通过使用WPS AI，他们可以轻松地提炼出关键信息并将其整理成一篇结构清晰、内容翔实的文章。此外，在法律、医学等领域，用户需要阅读大量的文献和案例来了解相关的法律或医学知识，通过使用WPS AI，他们可以更快地了解文档的重点内容并对其进行分类和整理。

2.3.5 文档翻译：智能翻译，让语言不再是障碍

WPS AI还提供了文档翻译功能，可以帮助用户快速翻译整个文档或其中的特定部分。它支持多种语言之间的翻译，提供了高质量的翻译结果。对于那些需要处理跨国公司的文件、准备国际会议材料，或者经常需要翻译外文文章的用户来说，这项功能无疑是一大福音。无论是从翻译的效率还是从翻译的质量来看，WPS AI的文档翻译功能都堪称行业领先。

1. 全文翻译

如果需要对文档的所有内容进行整体翻译，可以使用全文翻译功能。全文翻译功能又分为普通翻译和AI翻译。

普通翻译是指将文档中的内容翻译成英文或其他语言，但翻译的准确性和流畅性可能不如AI翻译。普通翻译通常需要手动操作，翻译过程比较烦琐，需要用户自行调整翻译结果。

AI翻译是指使用AI技术进行翻译，可以更加准确、流畅地翻译文档内容。AI翻译通常可以自

动完成，无须用户手动调整。此外，AI翻译还可以根据上下文进行翻译，更加准确地表达原文的意思。

因此，如果需要更加准确、流畅的翻译，建议选择AI翻译；如果只是简单地翻译文档中的内容，且对翻译准确性和流畅性要求不高，可以选择普通翻译。下面举例讲解全文翻译的操作步骤，将英文简历全文翻译为中文的具体操作步骤如下。

第1步 打开“素材文件\第2章\英文简历.docx”，单击【会员专享】选项卡中的【全文翻译】按钮，如图2-150所示。

第2步 在显示出的【全文翻译】任务窗格中设置翻译语言和翻译模式，这里选择【英语>中文】选项，选中【AI翻译】单选按钮，单击【开始翻译】按钮，如图2-151所示。

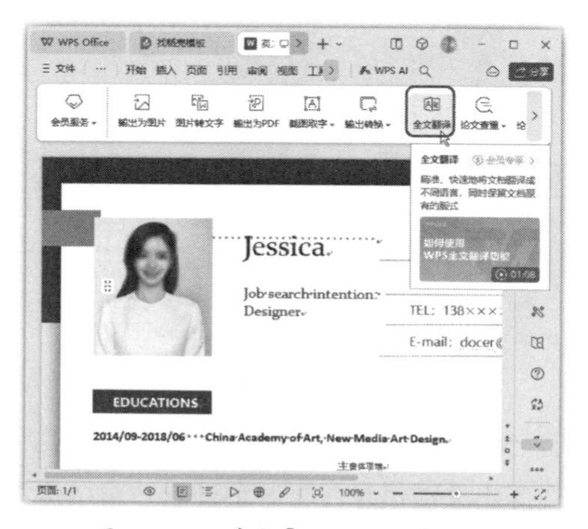

图2-150 单击【全文翻译】按钮

图2-151 设置翻译语言和翻译模式

第3步 稍等片刻后，右侧窗格中即会显示出翻译结果，方便对比翻译前后的内容，可以发现翻译后的内容排版还是保持了原来的形态。如果对翻译结果比较满意，可以单击【保存译文】按钮另存为文件，如图2-152所示。

图2-152 保存翻译结果

2. 选定内容翻译

有时候，我们只需要对文档中的部分内容进行翻译，此时可以让WPS AI将部分内容快速翻译成目标语言，不过该功能只能对文档中的段落内容进行翻译，文本框中的内容无法翻译。

选择要翻译的内容，然后在弹出的工具栏中单击【WPS AI】按钮，再在弹出的下拉菜单中选择【翻译】命令，如图2-153所示。稍后弹出的对话框中会显示翻译结果，如图2-154所示。

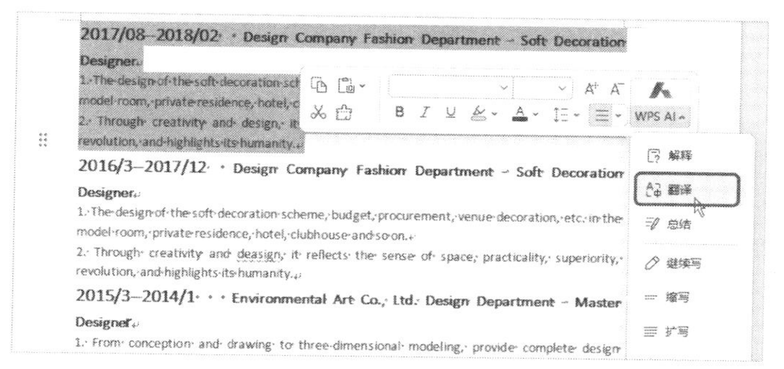

图2-153　选择【翻译】命令

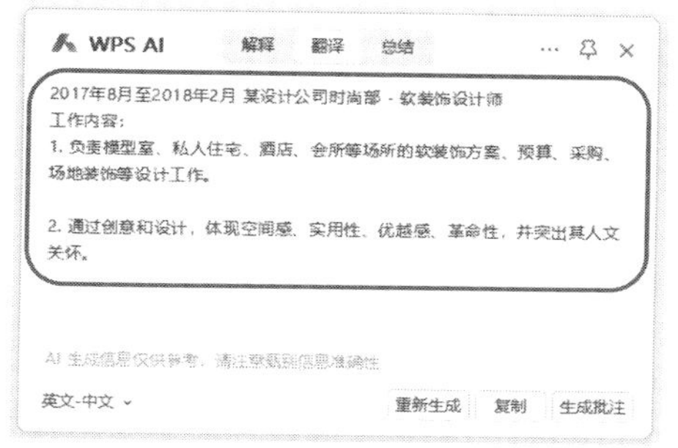

图2-154　查看翻译结果

2.4 内容辅助

无论是在写作、编辑还是校对方面，WPS AI都是一个非常有用的工具。它的自然语言处理技术与生成能力，使得它能够理解文档内容并给出有价值的建议，从而帮助用户提高他们的写作技能和表达能力。此外，它还拥有丰富的知识库和信息源，可快速获取信息。所以，WPS AI还能够为用户提供高效、精准、便捷的内容辅助服务，帮助用户更好地完成工作任务。

2.4.1 智能问答：智能回答问题，解决你的疑惑

WPS AI，这款由金山办公与其合作伙伴共同打造的AI工作助理，展现出了令人瞩目的智能水平。它拥有强大的学习能力和优秀的自然语言处理技术，不仅能够精准地理解用户的指令和需求，还能够根据用户的意图生成相应的回复。

例如，我们在“电商平台推广渠道调研报告”文档的编辑界面中，打开【WPS AI】任务窗格并进入【AI帮我读】界面，在下方的文本框中输入“常见的电商平台有哪些”。WPS AI能够快速理解问题，结合文档内容进行回答，并且还能提供文档溯源，确保回答的准确性、真实性。如图2-155所示，单击回复信息中的页码超链接，就可以在文档中突出显示相关原文内容。

WPS AI还具有丰富的知识库和信息源，可以帮助用户快速获取所需的信息和资料。用户只需要输入问题或关键词，WPS AI就能够自动搜索相关信息并给出答案和建议。如图2-156所示，想要深入了解文档中某个名词的定义，可以直接问WPS AI。

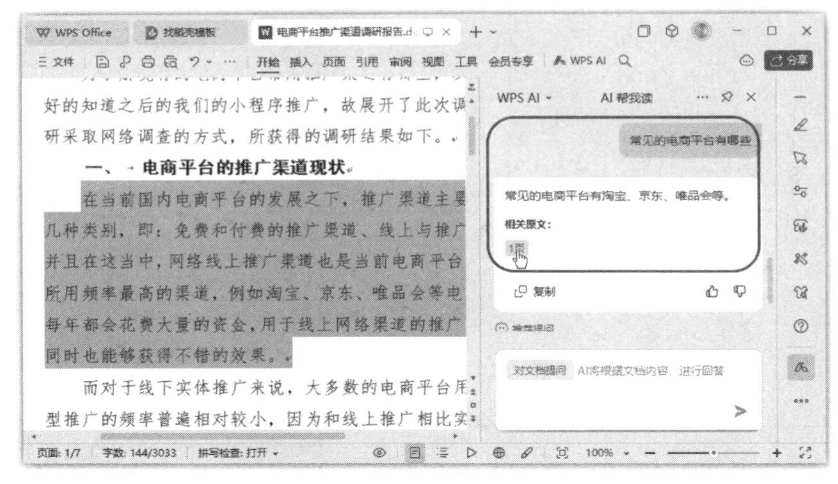

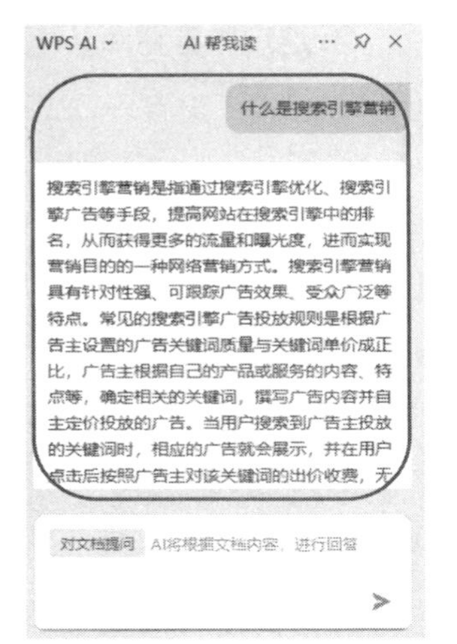

图2-155　WPS AI智能问答的文档溯源功能　　　　图2-156　询问某个名词的定义

WPS AI的智能问答功能虽然不像其他功能一样有针对性，但在WPS AI中扮演着重要的角色，它可以帮助用户快速解决问题，提高工作效率。在处理用户的问题时，WPS AI能够快速分析问题，并从其庞大的知识库中提取相关信息，生成简洁、明了、具有逻辑性的回复，如图2-157所示。

无论是在哪种语境下，WPS AI都能够给出让人满意的回复。例如，在阅读一份合同文档时，可以提问“这份合同有什么风险”，根据WPS AI的回答进行思考，从而进行合理的风险规避；还可以在编辑文档时，输入需求，如输入“我需要一份关于人工智能对产品营销影响的报告”，WPS AI会根据用户的问题，从互联网上搜索相关的资料，并将它们整理成一篇完整的报告，如图2-158所示。这种智能问答功能，不仅提高了用户的工作效率，也让用户在写作过程中得到了很好的帮助。

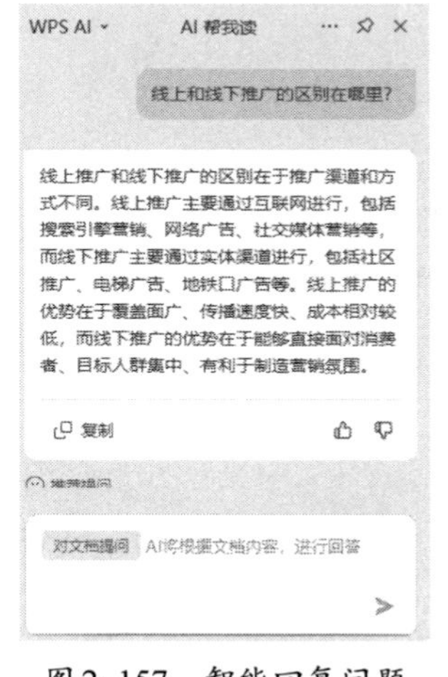

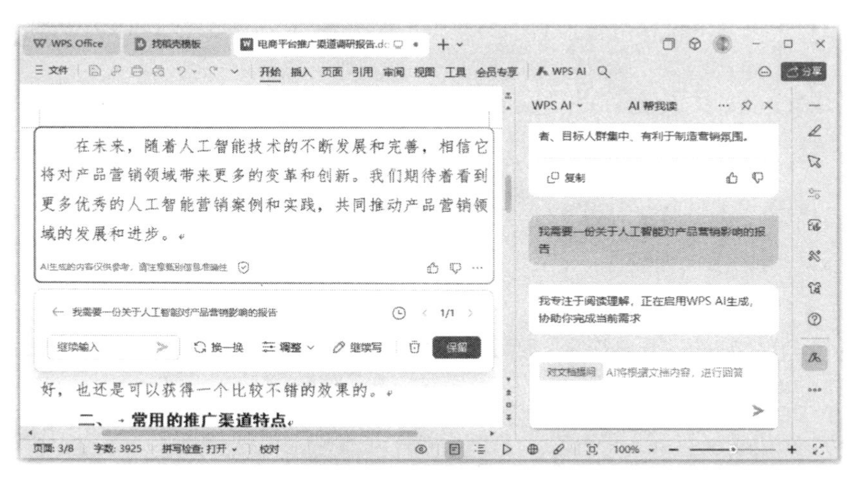

图2-157　智能回复问题　　　　图2-158　向WPS AI输入需求

知识拓展： WPS AI支持多种语言和方言，可以满足不同用户的需求。

WPS AI还具备出色的自主学习能力，它能够通过学习和训练，不断提高自身的智能水平和服务质量。这使得WPS AI不仅能够理解用户的指令，还能够根据用户的需求和偏好来生成更加个性化的内容。

在具体的应用场景中，WPS AI的智能问答功能可以用于处理各种沟通问题。例如，在日常交流中，用户可以通过WPS AI快速获取朋友或同事的反馈或建议；在工作中，用户可以利用WPS AI回复工作邮件或处理其他沟通事务，从而节省时间和精力。

总之，WPS AI的智能问答功能为用户提供了一个高效、智能的沟通解决方案，无论是在处理日常琐碎事务方面，还是在解决复杂问题方面，WPS AI都能以其卓越的智能和高效的响应速度，为用户提供优质、便捷的解决方案，让用户能够更加自信、从容地面对各种工作挑战。

2.4.2 智能推荐：个性化推荐，让你的工作更高效

WPS AI的智能推荐功能表现出了极高的智能性和实用性。它不仅能深入理解用户的需求和偏好，还能根据用户的行为和偏好进行精确的分析，从而为用户提供高度个性化的推荐。这个功能主要依赖WPS AI强大的数据分析能力，可以在短时间内对大量数据进行分析，从而为用户提供有价值的推荐。

这些推荐的内容并没有固定的形式，可能是提供的相关的文档、模板，也可能是特定的功能等。例如，用户经常处理一些教育类的文档或查看孩童相关内容，WPS AI可能会推荐一些类似的模板，或者是一些相关的资料和信息，如图2-159所示。

图2-159 根据常用文档推荐相关文档和模板

同时，WPS AI的智能推荐功能还可以根据用户的使用习惯进行自我学习和优化，不断提高推荐的准确性和相关性。这种自我学习和优化的能力，使得WPS AI的智能推荐功能能够更好地适应用户的需求，提供更加优质的服务。例如，当用户编辑文档时，WPS AI会根据文档内容，为用户推荐一些可能感兴趣的问题。

在WPS文字中，灵感市集功能是一项非常实用的创新功能，它能帮助用户在写作过程中更快速地找到和整理相关的素材和灵感，而其中最令人瞩目的部分，就是智能推荐功能。

智能推荐功能利用先进的算法，对用户输入的内容进行深度分析，然后推荐与用户正在创作的内容相关的素材和灵感。无论是相关的词语、短语、段落，还是图片、音频、视频，只要是与用户创作的内容相关的素材，它都能推荐。

这个功能最大的特点就是个性化。它根据用户的写作习惯、偏好和过去的搜索历史，进行个性化推荐。这样，用户不再需要花费大量时间在海量的素材库中搜索，只需要在灵感市集中输入关键词或短语，就能得到符合自己需求的素材和灵感。

同时，智能推荐功能还能实时更新。只要用户在创作过程中进行更改或添加，它就能立即更新推荐结果，确保用户始终得到最新、最相关的素材和灵感。

例如，要使用灵感市集功能创作一篇新媒体文章，具体操作步骤如下。

第1步 单击【WPS AI】按钮，在弹出的下拉菜单中选择【灵感市集】命令，如图2-160所示。

第2步 打开【灵感市集】对话框，在其中可以看到系统精选了大量的创意提示词，选择与需要创作的文章相关的选项，这里单击【自媒体文章撰写】选项中的【使用】按钮，如图2-161所示。

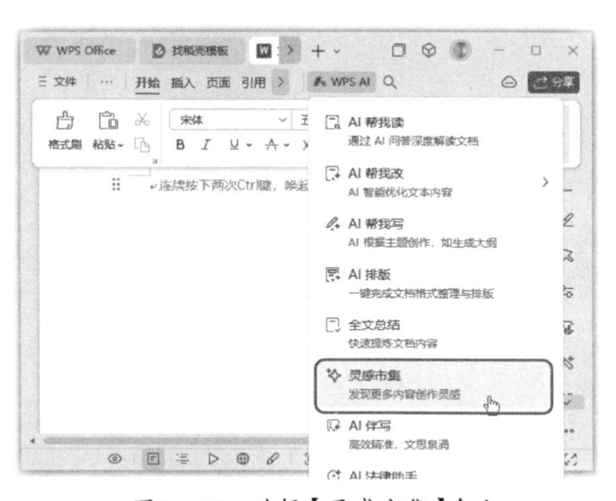

图2-160 选择【灵感市集】命令

图2-161 选择相关的选项

第3步 在文档编辑界面中可以看到指令的大致内容已经编写好，如图2-162所示。

第4步 像使用AI模板一样，根据需求在要填空或选择的位置对指令内容进行完善。在编辑指令时，可以使用自然语言描述指令，或者在弹出的下拉列表中选择相应的选项，编辑完成后，单击【发送】按钮，如图2-163所示。

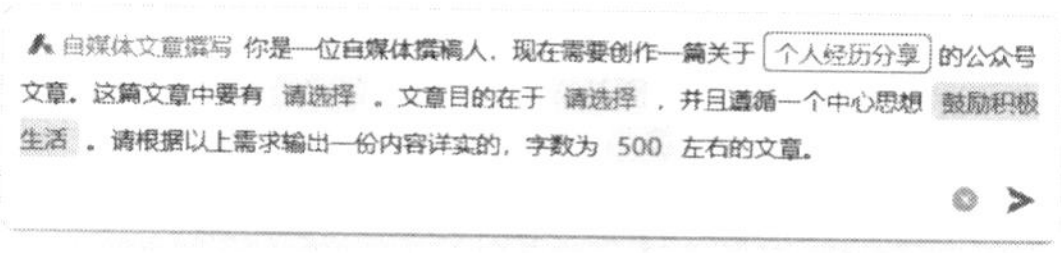

图2-162 查看指令效果

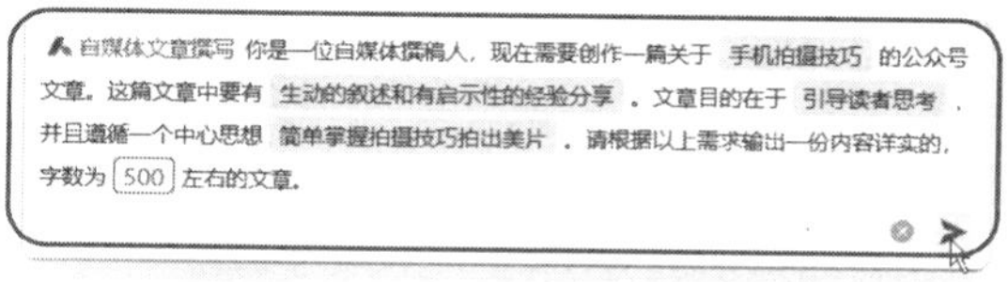

图2-163 编辑指令并发送

第5步 稍后即可看到WPS AI根据指令创作的内容，如图2-164所示，单击【保留】按钮即可。

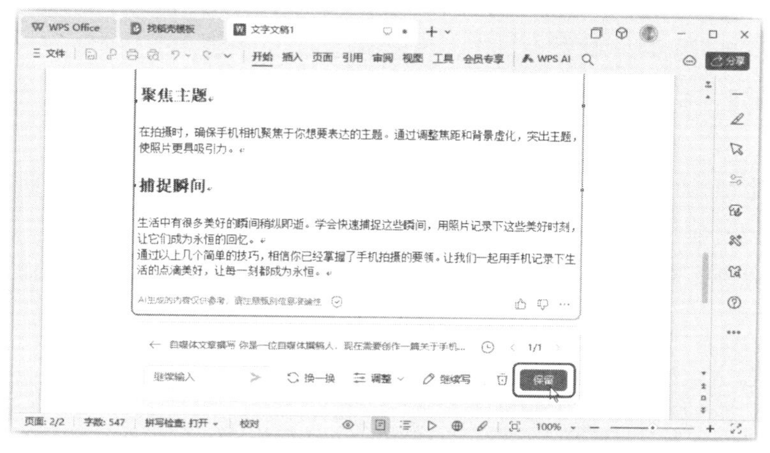

图2-164 根据指令创作的内容

> **知识拓展**：灵感市集功能支持创建个人自定义指令、添加指令到我的收藏等。在【灵感市集】对话框最上方单击 + 按钮，即可创建一个属于自己的指令。

总的来说，WPS AI的智能推荐功能是一项非常实用的功能，它不仅可以提高用户的工作效率，节省用户的时间和精力，还可以根据用户的实际需求进行自我学习和优化。这种智能性和实用性使得WPS AI成为一个强大的AI工作助理，可以帮助用户更好地完成工作任务。

> **知识拓展**：WPS文字【会员专享】选项卡中还有【论文助手】【论文查重】【公文工具】【简历助手】等按钮，它们都是用于创建某一类文档的。例如，单击【论文助手】按钮，在显示出的【论文助手】选项卡中可以看到很多关于论文写作的辅助工具，其中的【文献管理】功能可以自动对文档中的引用进行整理和标注，用户只需要输入引用的文献信息，选择合适的引用样式和模板，即可自动生成一份高质量的参考文献。

2.4.3 法律智囊团：AI法律助手，为你解答法律疑惑

在WPS文字中，还有一项前所未有的写作功能——AI法律助手。这项功能集成了先进的AI技术，旨在帮助用户更快速、更准确地处理法律文档，确保用户的文档既符合法律规范，又具备专业水准。

AI法律助手像是一位专业的法律顾问，时刻在用户身边提供贴心服务。无论是合同撰写、法律文件审核，还是法规查询，它都能提供精准的建议和解决方案。

在合同撰写过程中，AI法律助手能够实时分析文档内容，自动检查可能存在的法律风险和漏洞，并给出相应的修改建议。同时，它还能根据用户需求，快速生成符合法律要求的合同模板，节省用

户的时间和精力。

对于法律文件的审核，AI法律助手同样能够发挥巨大作用。它能够快速识别文档中的法律问题，并给出专业的分析和建议。无论用户是律师、法务人员还是企业法务团队，AI法律助手都能成为不可或缺的得力助手。

此外，AI法律助手还具备强大的法规查询功能。只需输入关键词，它就能迅速呈现相关的法律法规、司法解释和案例判决等信息，让用户在撰写法律文档时能够随时随地查阅权威的法律资料。

例如，在编写仓库租赁协议文档时，想了解相关的法律法规，可以求助AI法律助手，具体操作步骤如下。

第1步 单击【WPS AI】按钮，在弹出的下拉菜单中选择【AI法律助手】命令，如图2-165所示。

第2步 显示出WPS AI的【AI法律助手】任务窗格，在文本框中输入“仓库租赁的相关法律依据”，单击【发送】按钮，如图2-166所示。

第3步 稍后，WPS AI就会将搜索到的相关法律信息呈现出来，便于我们更合理地设置协议内容，如图2-167所示。

图2-165 选择【AI法律助手】命令

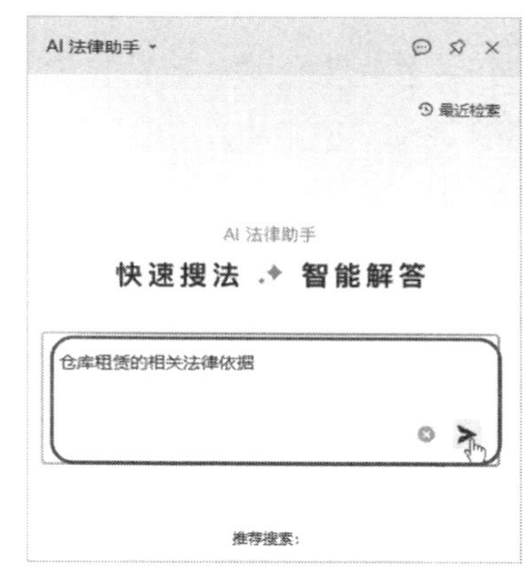

图2-166 输入指令并发送

图2-167 查看WPS AI回复的相关法律信息

2.4.4 对话记忆助手：AI 记录历史操作，随时回溯修改轨迹

在与AI进行多次交互后，你是否担心会遗忘之前的讨论和修改建议？别担心，WPS AI具有历史会话功能。

在【WPS AI】下拉菜单中选择【历史会话】命令，如图2-168所示。在打开的【历史会话】任务窗格中完整记录了用户与AI的每一次对话，如图2-169所示。用户可以随时查看和回溯，方便追踪修改过程或找回之前的灵感，让文档编辑更加便捷。

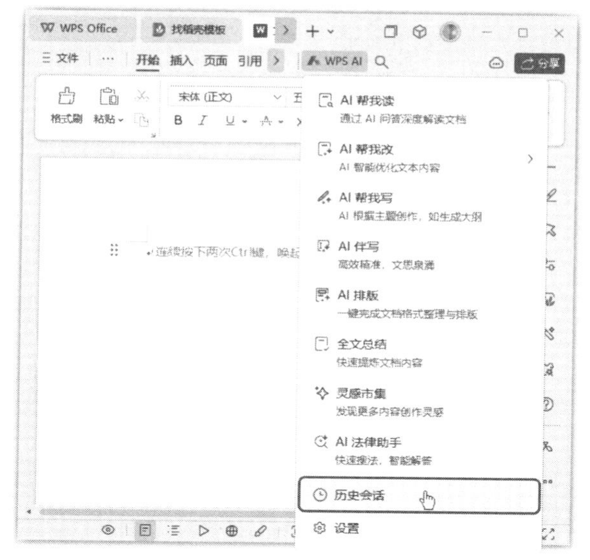

图 2-168　选择【历史会话】命令

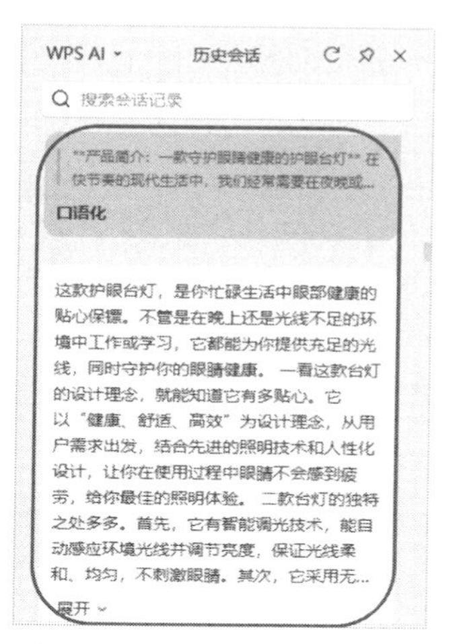

图 2-169　查看历史会话记录

本章小结

WPS 文字作为一款全球广泛使用的办公软件，其AI功能已经成为我们日常办公中不可或缺的一部分。本章我们从智能写作、智能排版、智能校对和内容辅助四大方面分别介绍了WPS文字的AI功能，这些功能提高了我们处理文档的效率，为我们带来了全新的工作体验。未来，我们可以期待更多的AI功能融入WPS文字中，为我们带来更多的便利和惊喜。

资源下载码：FAI240507

第3章

WPS AI 表格智能化：高效处理与分析数据

在数字化时代，AI已经深入各个领域，帮助我们更高效地完成工作。WPS表格作为办公套件中的核心组件，自然也不甘落后。本章将带你了解WPS表格如何与AI技术相结合，为你的工作带来前所未有的便利。

3.1 数据智能处理

在信息时代，数据已成为企业、政府及个人在决策、创新和提升竞争力方面的重要资源。数据分析的第一步是对数据进行处理，保证数据的真实性和准确性。以前，对数据进行处理也是一项庞大的工程，随着大数据、云计算、AI等技术的飞速发展，数据智能处理逐渐成为各类组织关注的核心话题。

本节将探讨如何使用WPS表格进行智能填充、数据验证、数据合并和拆分、数据转换、数据校对、数据提取，以及智能调整数据位置等关键技术，帮助你更好地理解和应用数据处理的各项功能。

3.1.1 智能填充：智能识别数据模式，自动填充单元格内容

在工作中，我们经常需要处理大量的数据，其中数据填充是一项烦琐且容易出错的任务。在WPS表格中，深度学习技术发挥了重要作用，使得智能填充成为可能。智能填充功能可以根据已有数据、公式、条件或时间线自动填充表格中的其他单元格，减少用户的重复操作。

知识拓展： 智能填充功能可以使一些不太复杂但需要重复操作的字符串处理工作变得简单，除了可以实现字符串的分列与合并，还可以提取身份证出生日期、分段显示手机号码等。

智能填充功能必须在数据区域的相邻列内使用，不支持横向填充。使用该功能并不一定能得到期望的正确结果，所以使用后必须非常认真地检查数据。提供更多的初始示例数据，可以在一定程度上提升智能填充的准确性。

例如，当用户需要将一份表格文件中的收货地址拆分成省市信息和详细地址信息时，可以使用AI自动推断并填充省市信息和详细地址信息，具体操作步骤如下。

第1步 在WPS表格中打开需要处理的表格文件，这里打开“素材文件\第3章\收货地址.xlsx”，先在需要填充的数据列中输入几个数据作为示范，让AI能够进行参考，然后选择包含示范数据在内的要填充数据的单元格区域，再单击【开始】选项卡中的【填充】按钮，在弹出的下拉列表中选择【智能填充】选项，如图3-1所示。

第2步 稍等片刻后，系统便会自动填充所选单元格区域。使用相同的方法填充C列的数据，完成后的效果如图3-2所示。不过，请注意，智能填充的效果并不完美，可能还需要根据实际情况进行调整。

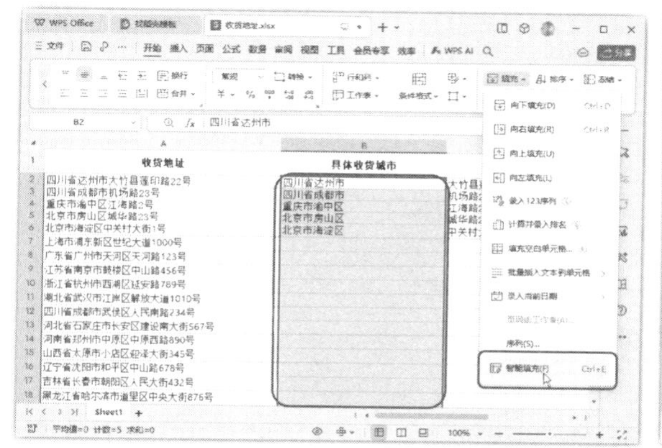

图3-1 选择【智能填充】选项

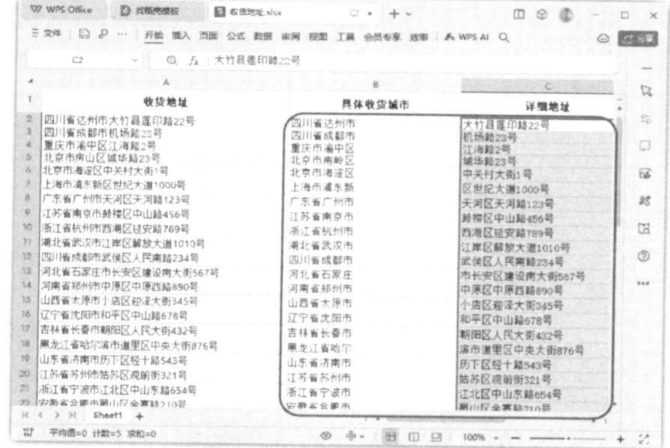

图3-2 查看智能填充效果

知识拓展： 在需要填充的数据列中输入几个数据作为示范后，选择这些包含示范数据的单元格区域，将鼠标指针移动到该单元格区域的右下角，变为+形状时，按住鼠标左键并向下拖曳选择需要填充的所有单元格后释放鼠标左键，即可在选择的单元格内填充相同的内容。单击显示出的【自动填充选项】按钮，在弹出的下拉列表中选中【智能填充】单选按钮，也可以智能填充这些单元格。

3.1.2 数据验证：自动检测数据有效性，确保数据准确性和完整性

在工作中，数据的重要性不言而喻。无论是制作报告、撰写文档，还是处理表格，数据都是支撑整个工作的基石。但数据的准确性和完整性又常常是我们在处理数据时面临的一大挑战。

为了确保数据的准确性和完整性，WPS AI配备了自动检测数据有效性的功能。该功能可以用来验证用户在单元格中输入的数据是否有效，以及限制输入数据的类型、范围和格式等，并依靠系统自动检查输入的数据是否符合约束，有助于提高数据的质量，为后续的数据分析提供基础。

1. 设置数据有效性条件

在工作表中编辑内容前，为了提高输入数据的准确性，可以设置单元格中允许输入的数据类型和范围。常见的有限制单元格中输入的文本长度、文本内容、数值范围等。

若要在单元格或单元格区域中设置数据有效性条件，先选择这些单元格或单元格区域，然后在【数据】选项卡中单击【有效性】按钮，打开【数据有效性】对话框，在【设置】选项卡的【允许】下拉列表中可以设置有效性条件，包括数据类型、范围和格式，如图3-3所示。设置完成后，单击【确定】按钮即可。

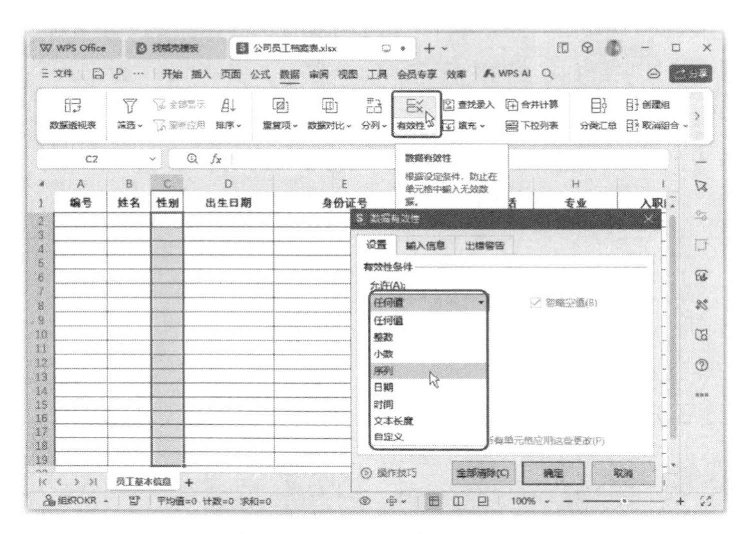

图3-3 设置数据有效性条件

【允许】下拉列表中各选项的作用如下。

- 任何值：默认允许输入的数据为任何值，表示单元格内可以输入任意数据。
- 整数、小数、日期、时间：常用于将输入数据限制为指定的数值范围，如某个范围内的整数或小数、某时间段内的日期或时间。选择这些选项后，需要进一步指定具体的数值，图3-4所示为设置有效性为指定时间段（1900/01/01～2010/01/01）内的日期。
- 序列：用于将输入数据限制为指定序列的值，可以在单元格或单元格区域中制作下拉列表，以实现快速且准确的数据输入，序列来源允许直接引用工作表中已经存在的数据序列，或者手动输入以半角逗号分隔元素的数据序列，图3-5所示为设置有效性为“男,女”序列。
- 文本长度：用于将输入数据限制为指定长度的文本，以防止输入身份证号或产品编号等长数字时在字符数量上出错，图3-6所示为限制输入身份证号的文本长度为18位。
- 自定义：允许用户应用公式和函数来表达更加复杂的有效性条件，如要在A列中设置拒绝输入重复项，则可以输入自定义公式“=COUNTIF($A:$A,A1)<2”。

知识拓展：对同一数据区域多次设置有效性条件时，旧的有效性条件会被新的覆盖，若想要同时应用多个有效性条件，必须使用包含“&关系”的自定义公式。

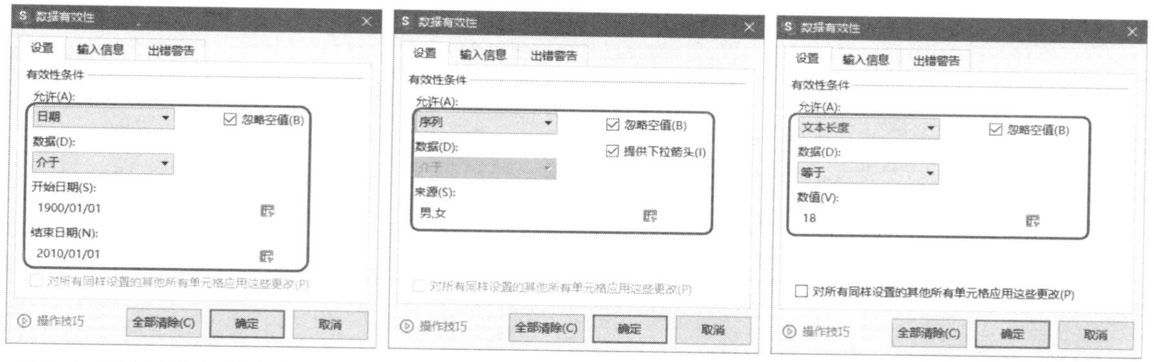

图3-4 设置有效性为某时间段内　图3-5 设置有效性为“男，女”序列　图3-6 限制输入文本长度

2. 设置输入信息提示

在工作表中编辑数据时，使用数据有效性功能还可以为单元格设置输入信息提示，提醒单元格中应该输入的内容，提高数据输入的准确性。只需要在【数据有效性】对话框中单击【输入信息】选项卡，在【标题】文本框中输入选中单元格时显示的提示信息标题（可省略），在【输入信息】文本框中输入具体的提示信息，然后单击【确定】按钮即可，如图3-7所示。此后，选中设置了数据有效性的单元格时，就会显示设置的输入信息提示，如图3-8所示。

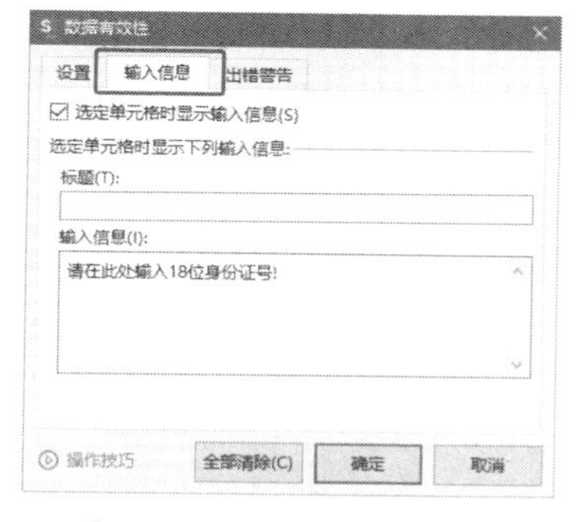

图3-7 设置输入信息提示

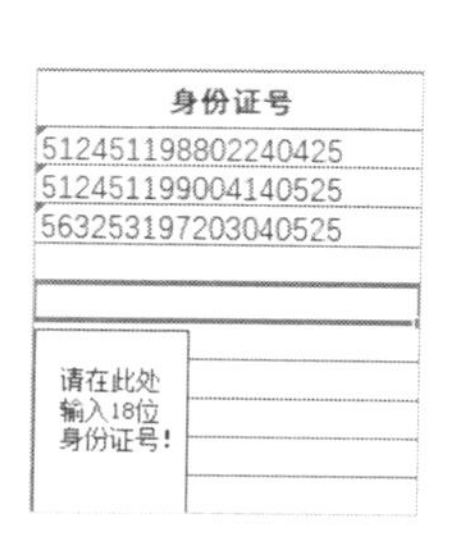

图3-8 输入信息提示效果

3. 设置出错警告提示

数据有效性功能不仅可以防止用户输入无效数据，还可以在输入无效数据时自动发出警告。设置数据有效性后，就可以自动检测数据的准确性，避免因人为失误而导致的错误。例如，当用户在单元格中输入了不符合规定的日期数据时，系统就会即时提醒用户进行修正，确保数据的准确性，如图3-9所示。

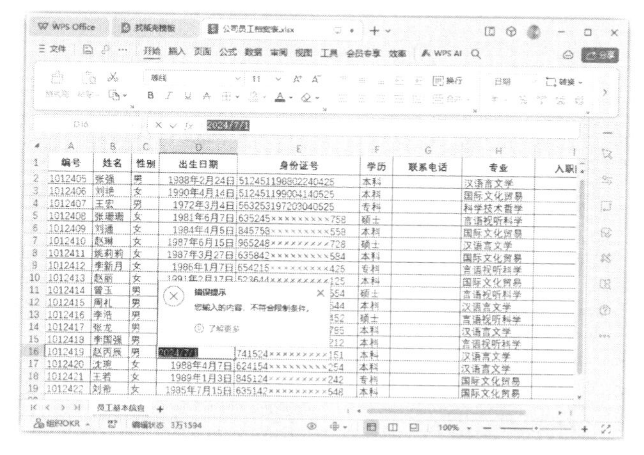

图3-9 默认的出错警告提示

出错警告提示的内容也是可以自定义的，只需要在【数据有效性】对话框中单击【出错警告】选项卡，在其中的【样式】下拉列表中选择出错警告样式，在【标题】文本框中输入警告信息的标题，在【错误信息】文本框

中输入具体的提示信息，单击【确定】按钮即可，如图3-10所示。此后，若在设置了数据有效性的单元格中输入了不符合有效性条件的数据，就会显示出设置的出错警告提示，如图3-11所示。

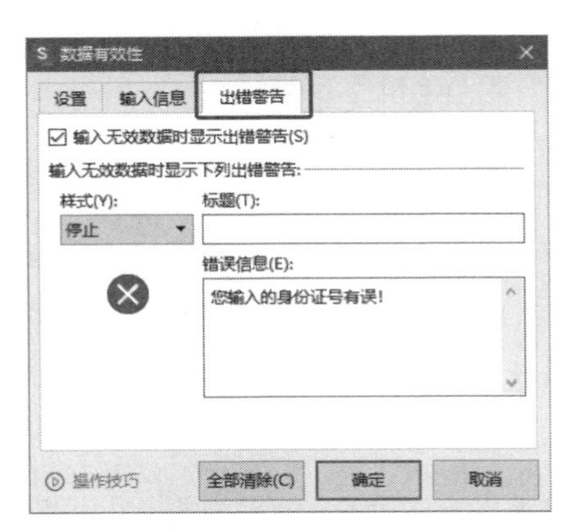

图3-10　设置出错警告

图3-11　出错警告效果

出错警告样式有3种可选，【停止】代表完全禁止输入无效数据，【警告】代表提示出错警告并允许按【Enter】键强制输入无效数据，【信息】代表仅给出提示信息但完全不影响输入无效数据。

4. 圈释无效数据

在已经制作好的包含大量数据的工作表中，可以通过设置数据有效性来区分有效数据和无效数据，无效数据还可以通过设置被圈释出来。选择已经设置了数据有效性的单元格区域，单击【有效性】按钮，在弹出的下拉列表中选择【圈释无效数据】选项，就可以标记出工作表中已有的数据不符合有效性条件的单元格。

知识拓展：若要清除单元格或单元格区域中应用的数据有效性条件，可以打开【数据有效性】对话框，单击左下角的【全部清除】按钮。

3.1.3 数据合并和拆分：智能合并和拆分数据，简化数据整理流程

在工作中，数据的合并与拆分是一项常见的操作。传统的方法是手动操作，数据整理流程十分烦琐。那么，有没有一种简单、高效的方法来智能地合并和拆分数据呢？答案是肯定的！WPS表格可以智能地合并和拆分数据，简化数据整理流程，让用户更专注于数据处理和分析。

1. 合并工作表

在工作中，我们经常需要处理大量的数据，这些数据可能有不同的来源或保存在不同的表格中，需要整合到一起。传统的方法是手动复制粘贴或使用复杂的公式，既耗时又容易出错，而WPS AI的智能数据合并功能，可以自动识别不同数据源的结构，将它们整合在一起，大大提高了工作效率。

单击【开始】选项卡下的【工作表】按钮，在弹出的下拉列表中选择【合并表格】选项，在弹出的下级子菜单中有5种不同的合并方式，如图3-12所示。

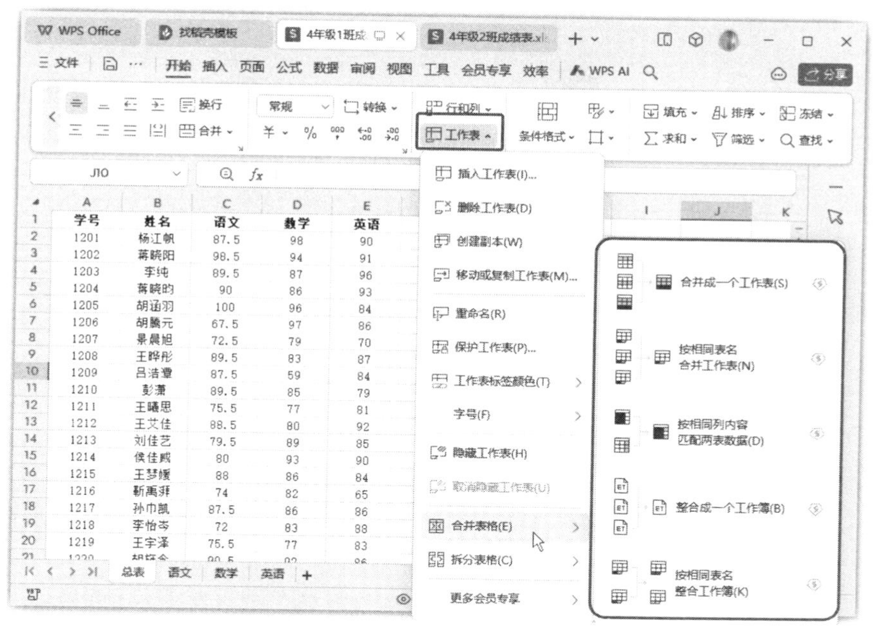

图3-12 【合并表格】子菜单

• 合并成一个工作表：这个选项允许将不同工作簿中的多个工作表中的数据合并到一个工作表中。用户只需选择要合并的工作簿，然后选择要合并的工作表，系统即可快速将它们合并成一个新的工作表。

• 按相同表名合并工作表：这个选项用于将具有相同名称的工作表合并成一个工作表。只需添加要合并的工作簿，选择要合并的同名工作表，系统就会根据工作表的名称进行匹配，并将它们的内容合并在一起。

• 按相同列内容匹配两表数据：这个选项用于将两个工作表中的数据按照相同列的内容进行匹配和合并。用户需要选择两个工作表，系统会根据指定的列内容将它们的数据进行匹配和合并。

• 整合成一个工作簿：这个选项可以将多个工作簿中的数据整合到一个工作簿中。用户可以选择需要整合的工作簿，然后将它们整合到一个新的工作簿中。

• 按相同表名整合工作簿：这个选项用于将具有相同名称的工作簿整合到一个工作簿中。系统会根据工作簿的名称进行匹配，并将它们的内容整合在一起。

2. 拆分工作表

有时候，我们需要将一个大的数据表拆分成多个部分进行分析和处理。WPS表格的智能数据拆分功能可以根据指定的条件或规则，快速地将数据表拆分成多个部分，使得数据更加清晰和易于管理。

单击【开始】选项卡下的【工作表】按钮，在弹出的下拉列表中选择【拆分表格】选项，在弹出的下级子菜单中有2种不同的拆分工作表方式，如图3-13所示。

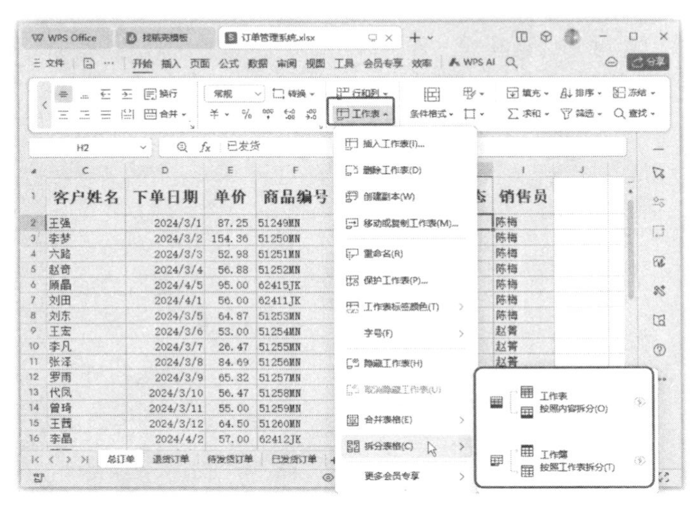

图 3-13 【拆分表格】子菜单

- 按照内容拆分：选择该选项后，可以在弹出的对话框中设置待拆分区域、拆分的依据、保存路径，如图3-14所示。拆分后的表格可以选择另存为新工作簿，或者在当前工作簿中添加新工作表。单击【开始拆分】按钮，即可智能拆分表格中的同类内容。
- 按照工作表拆分：该选项可以将包含多个工作表的工作簿拆分成一个个独立的工作簿。选择保存路径，如图3-15所示，单击【开始拆分】按钮，工作簿就会自动拆分成多个工作簿。

图 3-14　按照内容拆分

图 3-15　按照工作表拆分

3. 合并和拆分单元格

为了使制作的表格更加专业和美观，往往需要将一些单元格合并成一个单元格或将合并后的一个单元格拆分成多个单元格。

合并单元格是将两个或多个连续区域内的单元格合并为一个占有多个单元格空间的大型单元格，操作很简单：选中要合并的单元格区域，在【开始】选项卡中单击【合并】按钮右侧的下拉按钮，在弹出的下拉列表中选择单元格合并方式即可，如图3-16所示。

合并单元格后，如果不满意还可以再次单击【合并】按钮右侧的下拉按钮，在弹出的下拉列表中就可以看到出现了拆分单元格的相关选项，如图3-17所示（选择不同的合并单元格出现的拆分单元格选项可能会有所不同，如只有选中存在于多列中的单元格后才会出现【跨列居中】选项），根据需要选择合适的拆分方式即可。

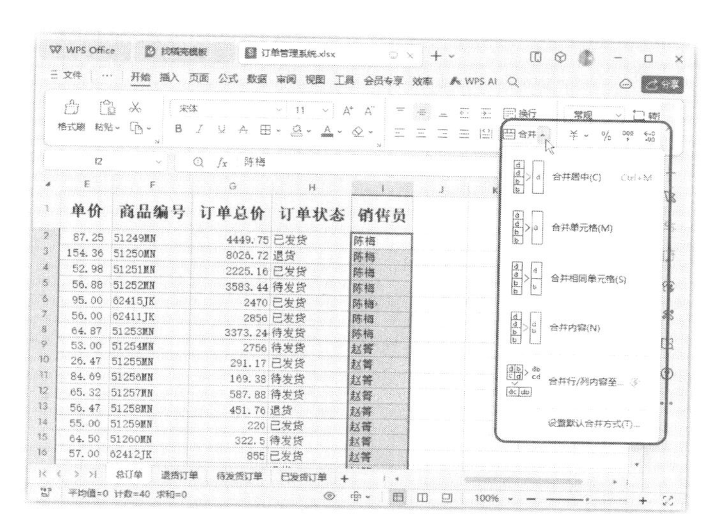

图3-16　合并单元格

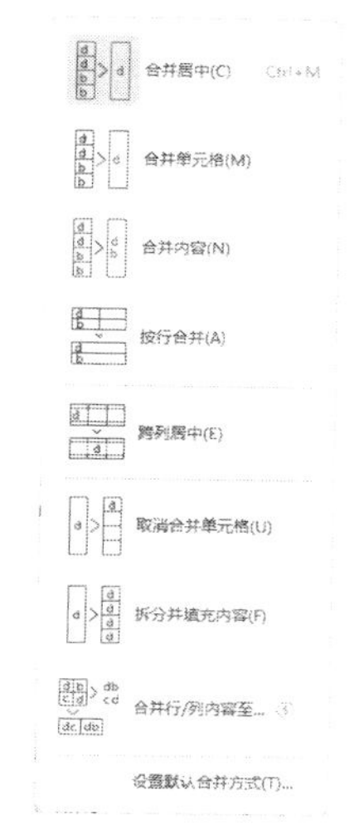

图3-17　拆分单元格

WPS表格中提供了多种单元格合并与拆分方式，包括常规合并、合并相同单元格、合并内容、拆分并填充内容等。【合并】下拉列表中各合并拆分方式作用介绍如下。

（1）合并居中：将选中的多个单元格合并为一个较大的单元格，新单元格中仅保留第一个单元格中的内容且设置为居中对齐。按【Ctrl+M】组合键或直接单击【合并】按钮将默认采用此方式。

（2）合并单元格：将选中的多个单元格合并为一个较大的单元格，新单元格中仅保留第一个单元格中的内容且保持对齐方式不变。

（3）合并相同单元格：自动识别并分别合并内容相同的单元格，形成若干个新单元格。

（4）合并内容：将所有选中单元格中的内容汇总至新单元格并强制换行显示。

（5）按行合并：将所选区域中的同行单元格分别进行合并，仅保留第一列中的内容。

（6）跨列居中：将所选区域中的单元格按行分别进行跨列居中对齐，显示效果类似于按行合并居中，但实际上并未进行合并单元格操作，各单元格仍然互相独立。

（7）取消合并单元格：将内容仅填充至拆分后的左上角单元格，其他单元格留空。按【Ctrl+M】组合键或直接单击【合并】按钮将默认采用此方式拆分单元格。

（8）拆分并填充内容：将内容填充至所有拆分后的单元格。对于按行合并的多列区域，则分别按行填充内容。

4. 使用 WPS AI 合并和拆分数据

除了前面介绍的方法，还可以通过WPS AI来实现数据的合并与拆分。WPS AI能够智能地合并和拆分数据，简化数据整理流程，如将多个单元格的内容合并为一个单元格，或将一个单元格的内容拆分到多个单元格。这使得数据处理变得更加高效，减轻了用户的工作负担。

在WPS表格中可以通过单击选项卡最右侧的【WPS AI】按钮，或者在单元格中输入“=”，然后单击出现的【WPS AI】按钮两种方式来唤起WPS AI。

下面就以拆分数据为例，介绍在WPS表格中使用WPS AI的具体操作步骤。

第1步 在WPS表格中打开需要处理的表格文件，单击选项卡最右侧的【WPS AI】按钮，在弹出的下拉菜单中选择【AI操作表格】命令，如图3-18所示。

第2步 显示出【WPS AI】任务窗格，在下方的对话框中输入“总订单工作表中第一行为标题行，请将总订单工作表按订单状态拆分”，单击【发送】按钮 ➤，如图3-19所示。

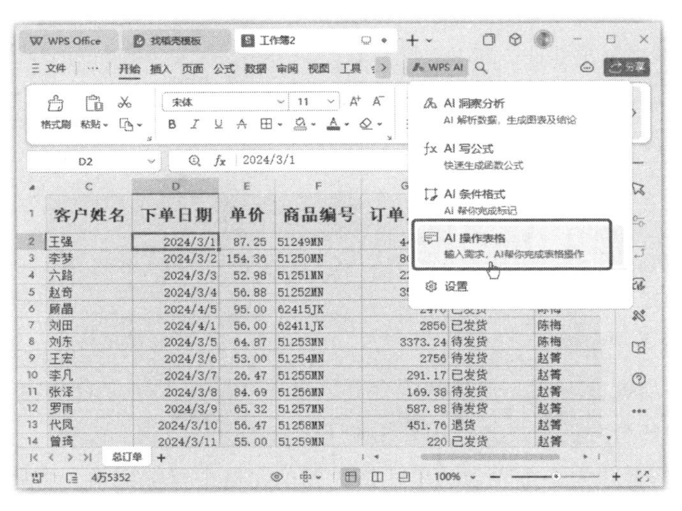

图3-18 选择【AI操作表格】命令

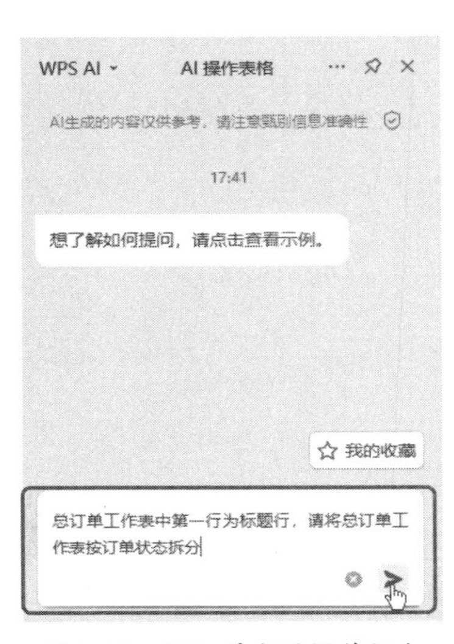

图3-19 输入并发送操作指令

知识拓展：如果不清楚如何与WPS AI对话，可以在【WPS AI】任务窗格的【AI操作表格】界面中单击【查看示例】超链接，系统会根据当前表格中的数据给出一些提问的示范语句，方便用户掌握与WPS AI对话的技巧。

第3步 WPS AI接收到用户指令后，会自动解析并执行，操作起来非常便捷。但是，有时候WPS AI并不能完全正确地识别我们输入的指令，还需要调试。例如，这里WPS AI根据订单状态将总订单工作表中的数据拆分成了三个工作簿，如图3-20所示，这不是我们需要的，于是对指令进行了多次修改，最终改为“将不同订单状态的数据单独保存在一个工作表中，有多少种状态就生成多少个工作表”，再按要求对“总订单”

图3-20 查看拆分效果

工作表进行拆分，拆分依据为订单状态，最后拆分成该工作簿中的其他工作表，同时，WPS AI还将以订单状态为名称，对拆分后的工作表进行命名，如图3-21所示。

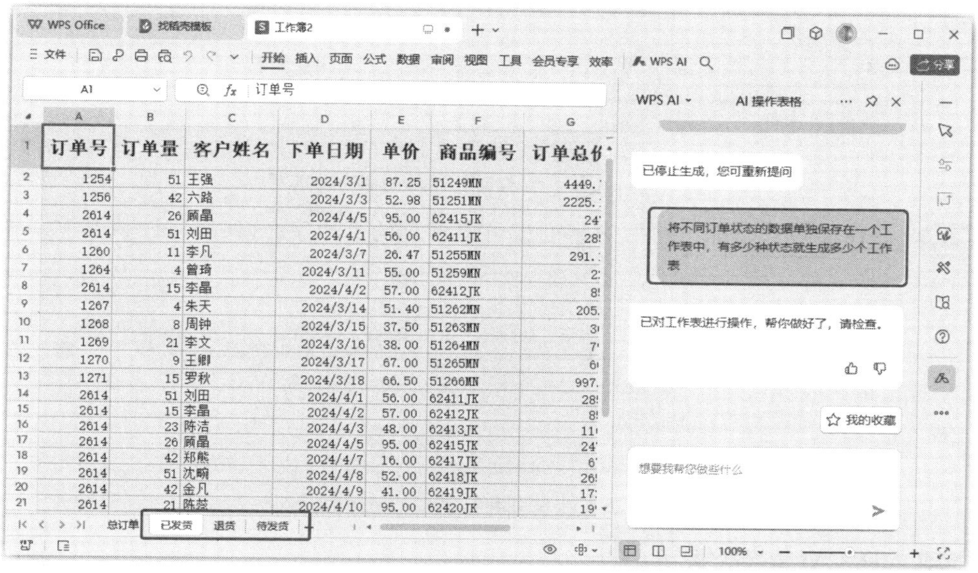

	订单号	订单量	客户姓名	下单日期	单价	商品编号	订单总价
2	1254	51	王强	2024/3/1	87.25	51249MN	4449.
3	1256	42	六路	2024/3/3	52.98	51251MN	2225.
4	2614	26	顾晶	2024/4/5	95.00	62415JK	24
5	2614	51	刘田	2024/4/1	56.00	62411JK	28
6	1260	11	李凡	2024/3/7	26.47	51255MN	291.
7	1264	4	曾琦	2024/3/11	55.00	51259MN	2
8	2614	15	李晶	2024/4/2	57.00	62412JK	8
9	1267	4	朱天	2024/3/14	51.40	51262MN	205.
10	1268	8	周钟	2024/3/15	37.50	51263MN	3
11	1269	21	李文	2024/3/16	38.00	51264MN	7
12	1270	9	王卿	2024/3/17	67.00	51265MN	6
13	1271	15	罗秋	2024/3/18	66.50	51266MN	997.
14	2614	51	刘田	2024/4/1	56.00	62411JK	28
15	2614	15	李晶	2024/4/2	57.00	62412JK	8
16	2614	23	陈洁	2024/4/3	48.00	62413JK	11
17	2614	26	顾晶	2024/4/5	95.00	62415JK	24
18	2614	42	郑熊	2024/4/7	16.00	62417JK	6
19	2614	51	沈畹	2024/4/8	52.00	62418JK	26
20	2614	42	金凡	2024/4/9	41.00	62419JK	17
21	2614	21	陈蕊	2024/4/10	95.00	62420JK	19

图3-21 修改指令后再次查看拆分效果

3.1.4 数据转换：自动转换数据格式，适配不同需求

在日常办公中，我们经常需要处理各种数据，如Excel表格、Word文档、PDF文件等。由于不同软件之间可能存在不兼容的情况，导入数据后常常需要手动调整格式才能使用。尤其是在导入外部数据时，经常会产生一些不能计算的"假数字"，导致统计出错。所以，在进行数据分析前，通常需要对数据的格式进行检查。

为了满足用户在不同场景下的需求，WPS表格提供了自动转换数据格式的功能，帮助用户快速将数据转换为所需的格式。WPS表格可以根据用户的需求，为选中的内容转换数据格式，如日期格式、货币格式等。这使得数据可以适配不同的应用场景，提高了数据的可读性和可用性。下面以将文本数据转换为数字数据为例，来具体讲解数据转换功能的使用。

1. 通过选择命令实现数据转换

WPS表格将常用的数据转换功能的相关命令集中到了【转换】下拉列表中，通过选择即可快速让所选数据实现对应的数据转换，如将文本数据转换为数字数据，或者将文本数据转换为公式等。将文本数据转换为数字数据，把假数字变成可以计算的真数字的具体操作步骤如下。

第1步 在WPS表格中打开"素材文件\第3章\网站运营数据.xlsx"，选择需要调整数据格式的B2:H3单元格区域，单击【开始】选项卡中的【转换】按钮，在弹出的下拉列表中选择【文本型数字转为数字】选项，如图3-22所示。

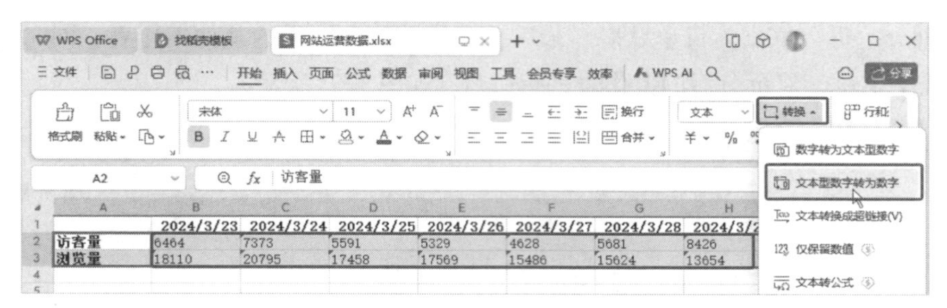

图 3-22　选择【文本型数字转为数字】选项

第2步 操作完成后，即可将假数字变成可以计算的真数字，I列的总计数据也正确了，如图3-23所示。

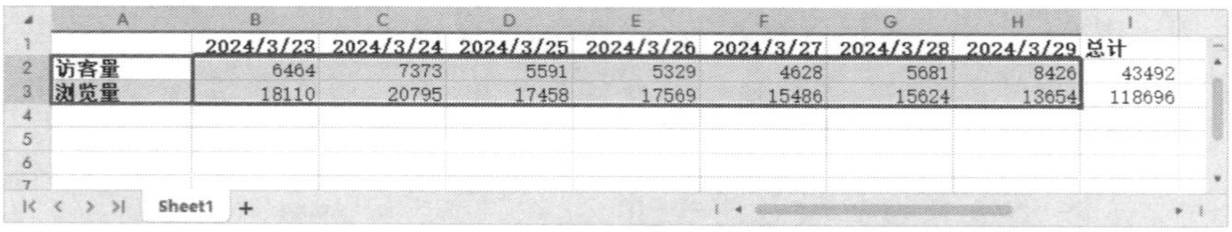

	A	B	C	D	E	F	G	H	I
1		2024/3/23	2024/3/24	2024/3/25	2024/3/26	2024/3/27	2024/3/28	2024/3/29	总计
2	访客量	6464	7373	5591	5329	4628	5681	8426	43492
3	浏览量	18110	20795	17458	17569	15486	15624	13654	118696

图 3-23　转换成真数字后的计算结果

2. 使用 WPS AI 转换数据

随着数字化时代的来临，数据格式的转换已经成为办公中不可或缺的一部分。所以，WPS AI也学习了先进的转换技术，可以理解相关指令，自动完成数据的转换操作，如将文本数据转换为数字数据，可以给出如下指令。

第1步 打开"素材文件\第3章\网站运营数据.xlsx"，单击选项卡最右侧的【WPS AI】按钮，在弹出的下拉菜单中选择【AI操作表格】命令。在WPS AI对话框中输入"请检查数字格式"，然后单击【发送】按钮 ➤，如图3-24所示。

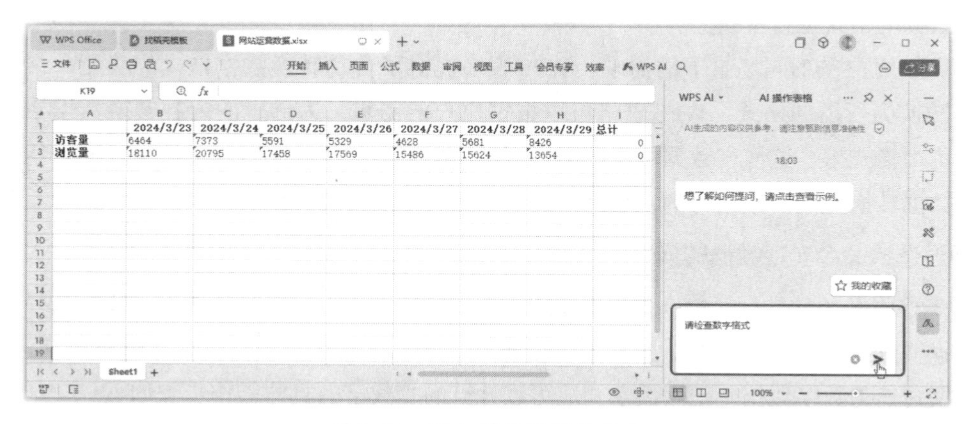

图 3-24　输入并发送操作指令

第2步 WPS AI接收到用户指令后，会自动检查表格中需要调整格式的数据并进行调整，在对话框中单击【完成】按钮即可，如图3-25所示。

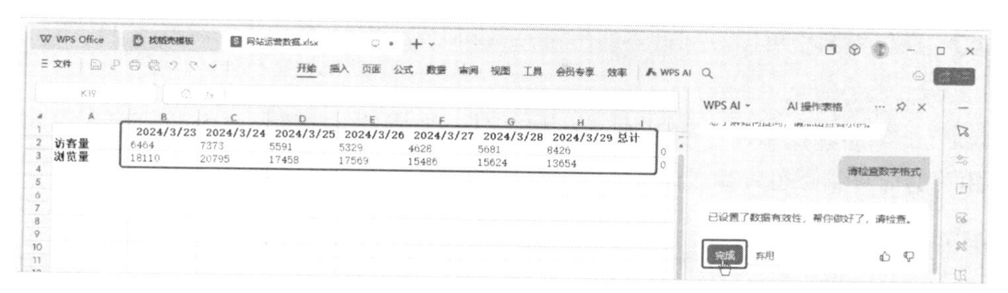

图 3-25　查看数据转换结果

3.1.5 数据校对：智能核对数据，保证数据的正确性

在工作中，数据错误是一个常见的问题。无论是手动输入错误、数据传输错误还是系统本身的错误，都可能导致数据不准确。而数据不准确将直接影响工作成果的质量，甚至导致错误的决策产生。因此，数据校对成为确保数据准确性的重要一环。在WPS表格中可以结合以下两种方式来进行数据校对，快速发现并纠正数据错误，提高工作效率和准确性。

1. 通过单击按钮校对数据

WPS表格的数据校对功能，采用业内领先的技术，实时监控数据变化，一旦发现可能的错误，就会立即进行提醒。常见的数字格式错误、文本长度超出范围等，WPS表格都能准确识别，确保数据的准确性。

使用WPS表格进行数据校对非常简单。下面，就让我们一起开启WPS表格的数据校对之旅，享受精准无误的数据处理体验！

第1步 打开需要处理的表格文件，这里打开“素材文件\第3章\员工考评成绩表.et”，单击【数据】选项卡下的【数据校对】按钮，如图3-26所示。

第2步【数据校对】任务窗格中会显示出校对结果，包括各类型问题数量，单击【查看问题】按钮，如图3-27所示。

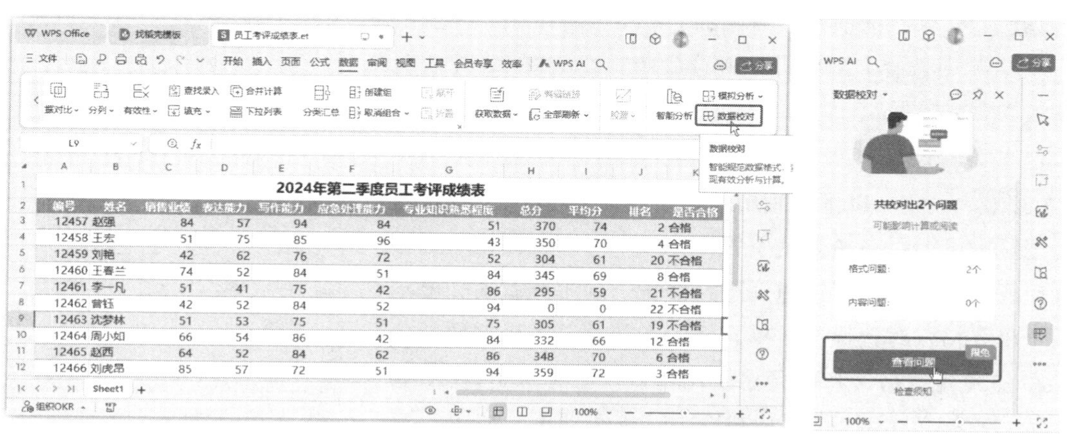

图 3-26　单击【数据校对】按钮　　图 3-27　单击【查看问题】按钮

第3步 在新界面中可以看到具体的出错位置和出错原因，单击【一键修改】按钮，如图3-28所示。

第4步 系统修改数据后，效果如图3-29所示，原来第8行单元格中的数据从文本型变成了数值型，相关的计算结果也发生了改变。

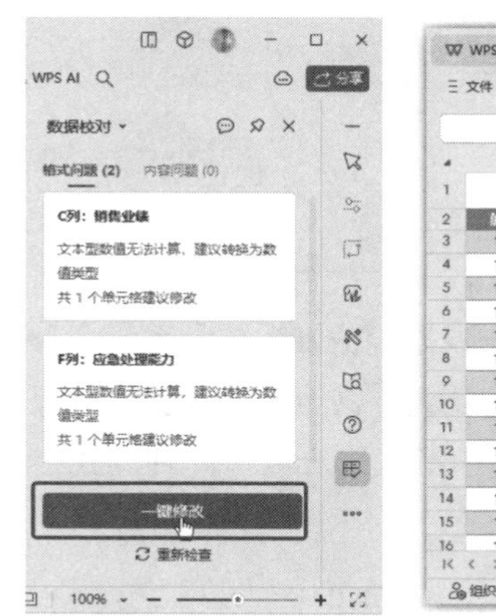

图3-28 单击【一键修改】按钮

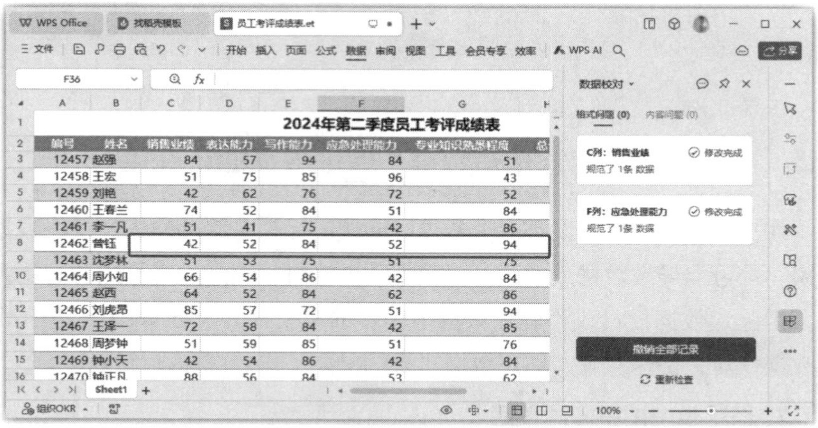

2024年第二季度员工考评成绩表

编号	姓名	销售业绩	表达能力	写作能力	应急处理能力	专业知识熟悉程度
12457	赵强	84	57	94	84	51
12458	王宏	51	75	85	96	43
12459	刘艳	42	62	76	72	52
12460	王春兰	74	52	84	51	84
12461	李一凡	51	41	75	42	86
12462	曾钰	42	52	84	52	94
12463	沈梦林	51	53	75	51	75
12464	周小如	66	54	86	42	84
12465	赵西	64	52	84	62	86
12466	刘虎昂	85	57	72	51	94
12467	王泽一	72	58	84	42	85
12468	周梦钟	51	59	85	51	76
12469	钟小天	42	54	86	42	84
12470	[illegible]	88	56	84	53	62

图3-29 查看修改效果

2. 使用 WPS AI 检查数据

WPS表格的数据校对功能目前还不是特别完善，部分错误系统还是无法检查出来，如单元格引用错误、公式编写错误等。这类错误，除了人工进行检查，还可以使用WPS AI来进行检查。

WPS AI具备智能数据校对功能，能够自动检测和纠正数据错误。它能够通过自然语言处理和机器学习技术，理解数据的含义和上下文，从而更准确地发现和纠正错误。无论是格式错误、文本错误、公式错误还是逻辑错误，WPS AI都能帮助用户快速识别并纠正。

例如，前面的案例中有部分错误并没有被发现，使用WPS AI进行智能数据校对发现识别错误，具体操作步骤如下。

第1步 单击选项卡最右侧的【WPS AI】按钮，在弹出的下拉菜单中选择【AI操作表格】命令。在WPS AI对话框中输入“检查数据”，然后单击【发送】按钮 ➤，如图3-30所示。

第2步 WPS AI接收到用户指令后，会自动扫描数据，并高亮显示可能存在错误的单元格。用户可以根据提示进行修改，或者使用智能纠错建议进行修正。这里查看高亮显示的两个单元格，对比检查前单元格中的数据，发现这两处分别存在公式编写错误和单元格引用错误，已经被WPS AI修改正确，直接单击对话框中的【完成】按钮即可，如图3-31所示。

图3-30 输入并发送检查指令

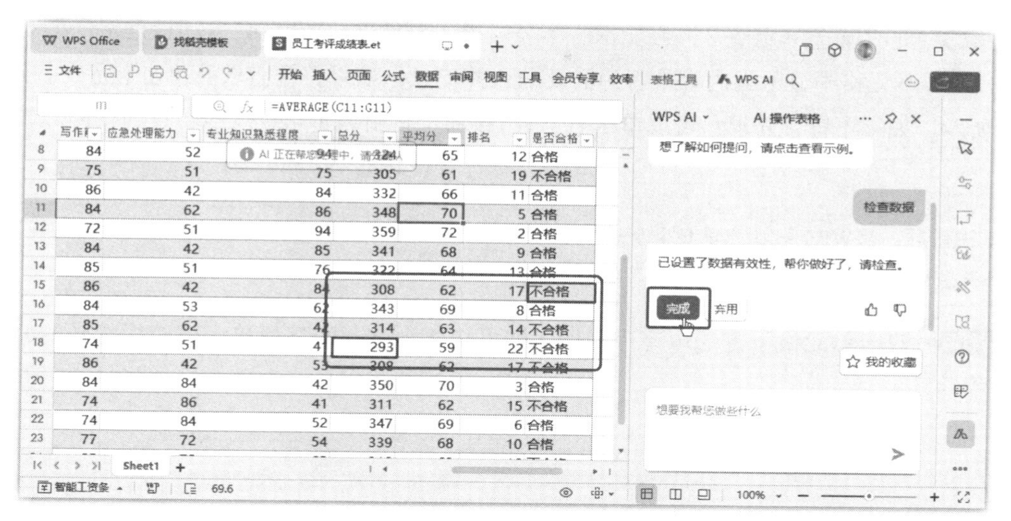

图 3-31 查看检查结果并修改

3.1.6 数据提取：智能提取目标数据，提高数据提取效率

从海量数据中快速、准确地提取所需内容，不仅考验着我们的工作效率，更直接影响着决策的准确性和时效性。那么，如何才能快速提高数据提取效率呢？WPS AI的数据提取功能或许能给你答案。

WPS AI的数据提取功能，旨在通过先进的智能技术，自动识别和提取目标数据，大大减少人工筛选和整理的时间。这一功能结合了自然语言处理和机器学习技术，可以根据用户需求，自动从文件中提取数据。这一功能的应用场景十分广泛，下面主要以数据处理过程中最常见的合并、拆分字符串为例介绍具体的数据提取操作方法。

1. 快速实现字符串合并

我们在处理大量数据时，一般会严格按照二维表的制作要求，让表格中的每一列数据都仅显示一个属性，这样有利于后期的数据分析。但某些情况下，我们要提取信息并进行有意义的整合，这时，掌握相关的数据整合技巧是非常关键的。下面将探讨如何使用WPS AI快速实现字符串合并，轻松管理数据并生成所需的信息。

例如，“销售数据”表格中分别记录了所销售产品的大类、品牌、产品类型和产品型号，现在需要按照我们常规描述产品的顺序，即“品牌、产品类型、大类、产品型号”来生成具体的产品描述语句，使用WPS AI来完成字符串合并的具体操作步骤如下。

第1步 打开“素材文件\第3章\销售数据.xlsx”，选择要放置合并数据的第一个单元格，单击选项卡最右侧的【WPS AI】按钮，在弹出的下拉菜单中选择【AI操作表格】命令。在WPS AI对话框中输入“将品牌、产品类型、大类、产品型号数据合并连接在一起，并填充到E列”，然后单击【发送】按钮 ➤ ，如图3-32所示。

第2步 此时所选单元格下方会显示一个公式提示对话框，WPS AI自动根据指令编写了相应的公式。查看单元格中显示的内容是否为需要的合并信息，如果符合需求就单击【完成】按钮，如图3-33所示，如果不符合需求，可以单击【弃用】按钮，重新编辑指令内容，直到获得需要的合并信息。

知识拓展： 让WPS AI按照该指令合并的字符串之间包含多个连接符，如果不需要这些连接符，可以修改指令，或者生成后再给出指令进行调整。

第3步 双击单元格下方的填充控制柄，即可快速为该列的其他单元格应用相同的公式，如图3-34所示。

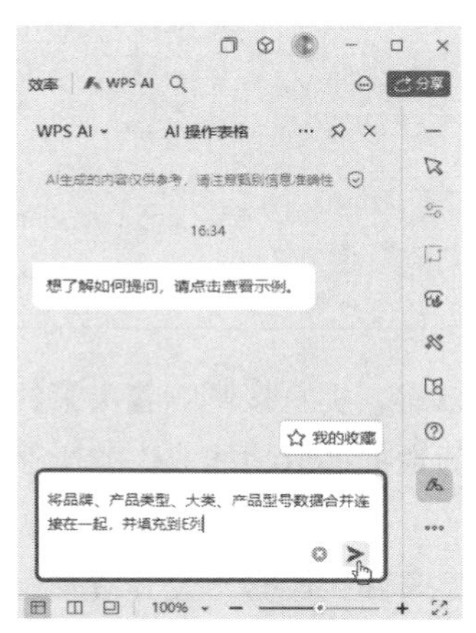

图3-32 输入并发送合并指令

图3-33 确认使用智能编写的公式

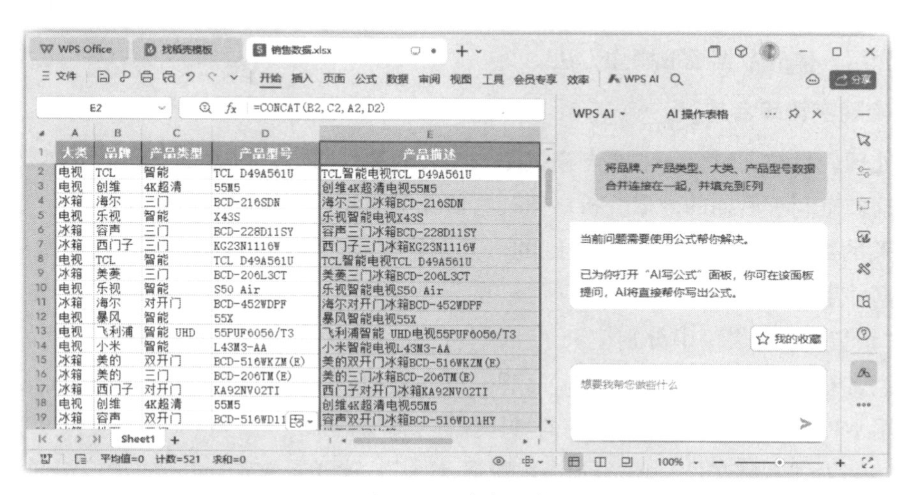

图3-34 填充公式

2. 快速实现字符串拆分

接下来将进一步探索如何快速实现字符串拆分，更灵活地处理和组织数据。

例如，“收货地址”表格中记录了完整的详细地址，但是派发给物流公司时，需要根据具体的省市进行细分。这时，就需要对收货地址信息进行合理的拆分。如果通过人工操作或编写公式的方式来实现，需要耗费一些时间。下面使用WPS AI来完成字符串拆分，具体操作步骤如下。

第1步 打开“素材文件\第3章\收货地址.xlsx”，选择要放置拆分后数据的第一个单元格，单击选项卡最右侧的【WPS AI】按钮，在弹出的下拉菜单中选择【AI操作表格】命令，在WPS AI对话框中输入“将A2单元格收货地址信息中的省市信息提取出来”，然后单击【发送】按钮 ➤，如图3-35所示。

第2步 此时所选单元格下方会显示一个公式提示对话框，WPS AI自动根据指令编写了相应的公式。查看单元格中显示的内容是否为需要的拆分信息，如果符合需求就单击【完成】按钮，如图3-36所示。

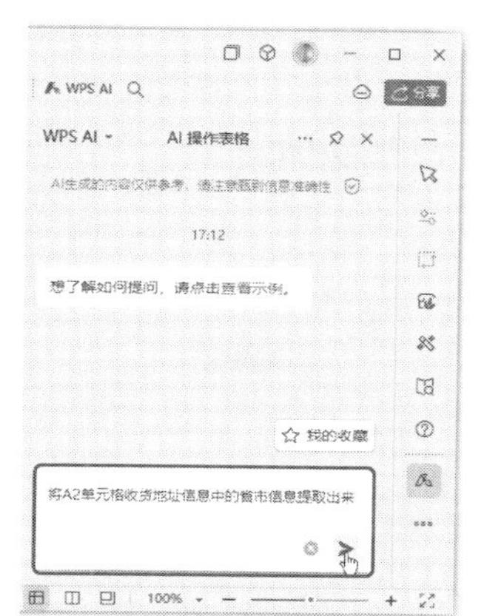

图 3-35　输入并发送拆分指令

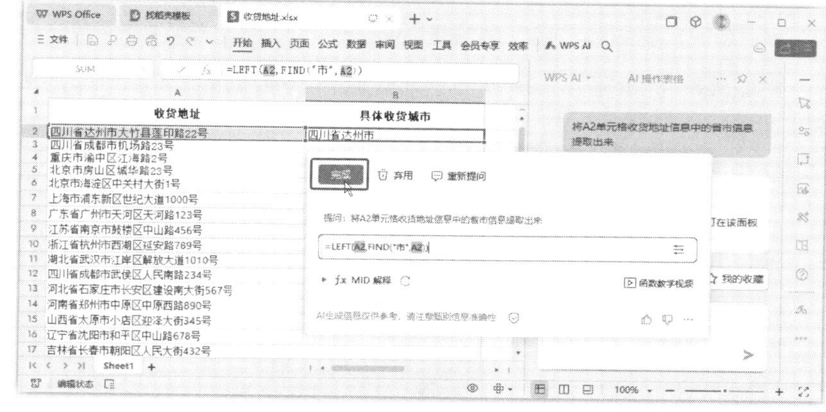

图 3-36　确认使用智能编写的公式

第3步 双击单元格下方的填充控制柄，快速为该列其他单元格应用相同的公式。选择要放置另一列拆分后数据的第一个单元格，在WPS AI对话框中输入“将A列中的数据减掉B列数据后剩余的文字显示在C列”，单击【发送】按钮 ➤，如图3-37所示。

第4步 此时所选单元格下方会显示一个公式提示对话框，WPS AI自动根据指令编写了相应的公式。查看单元格中显示的内容是否为需要的拆分信息，如果符合需求就单击【完成】按钮，如图3-38所示。如果不符合需求，可以单击【弃用】按钮，重新编辑指令内容，直到获得需要的拆分信息。

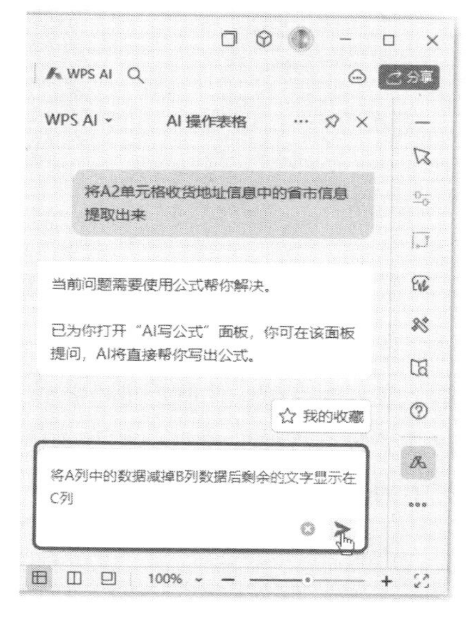

图 3-37　输入并发送拆分指令

图 3-38　调试指令并确认使用智能编写的公式

第5步 双击单元格下方的填充控制柄，即可快速为该列的其他单元格应用相同的公式，如图3-39所示。

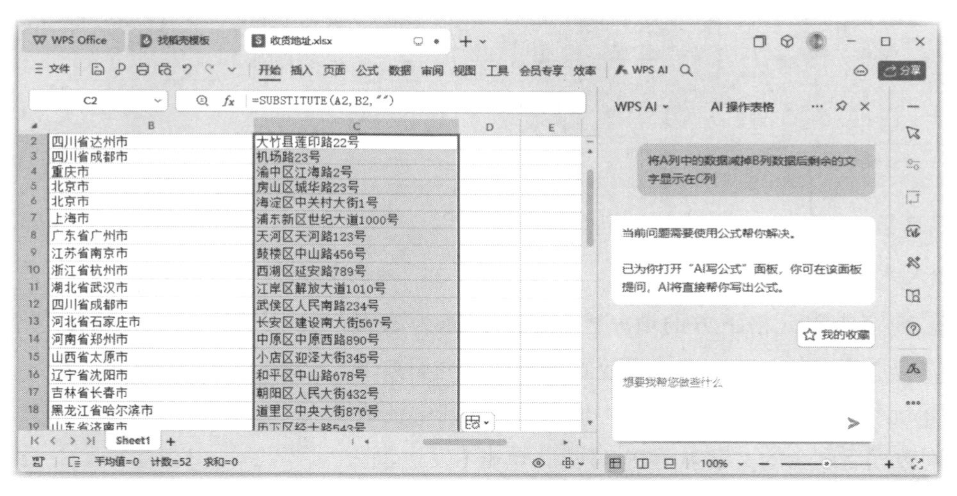

图 3-39　填充公式

3. 快速提取字符串中的同类数据

在数据处理过程中，我们有时需要从复杂的字符串中提取出具有相同特征的数据。WPS AI提供了强大的支持，让我们能够快速提取字符串中的同类数据。例如，一个表格的一列单元格中同时记录了各科成绩的科目名称和具体分值，想要单独提取出其中的文字，使用WPS AI来完成提取字符串的具体操作步骤如下。

第1步 打开"素材文件\第3章\成绩表.xlsx"，选择要放置提取数据的第一个单元格，单击选项卡最右侧的【WPS AI】按钮，在弹出的下拉菜单中选择【AI操作表格】命令，在WPS AI对话框中输入"提取C1单元格中的汉字"，然后单击【发送】按钮 ➤，如图3-40所示。

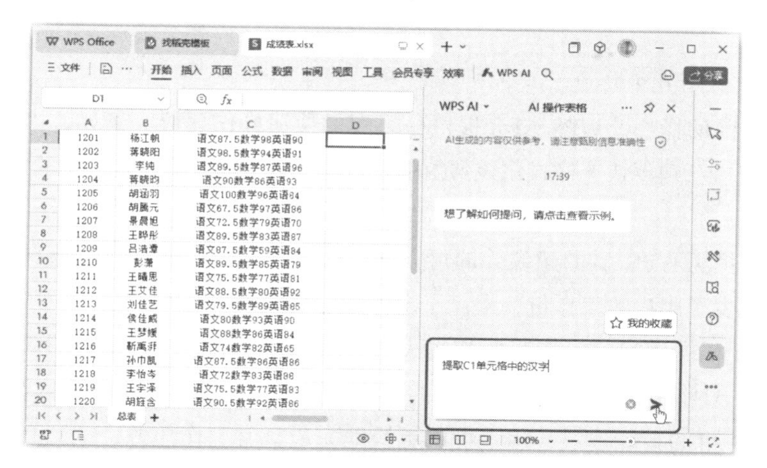

图3-40　输入并发送提取指令

> **知识拓展：** 本例C列中的数据包含小数位，让WPS AI直接合并数字容易出错，如果数据全部是整数，则使用“提取C列数据中的数字并连接，填充到对应的行”指令也可以快速提取并合并C列单元格中的数字。

第2步 此时所选单元格下方会显示一个公式提示对话框，WPS AI根据指令自动编写了相应的公式。查看单元格中显示的内容是否为需要的提取信息，如果符合需求就单击【完成】按钮，如图3-41所示。

第3步 双击单元格下方的填充控制柄，即可快速为该列的其他单元格应用相同的公式，如图3-42所示。

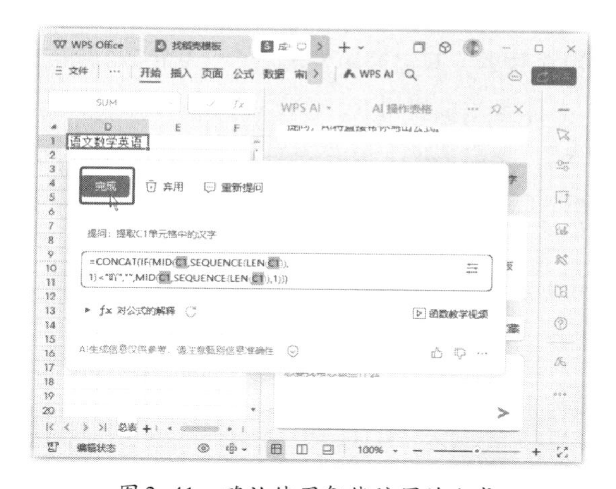

图3-41　确认使用智能编写的公式

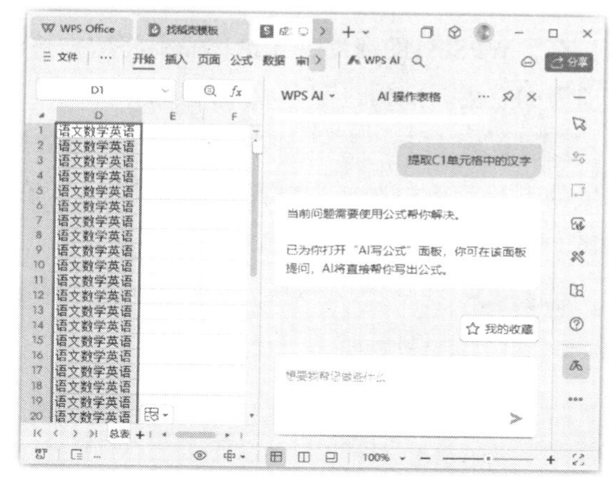

图3-42　填充公式

使用WPS表格的AI功能进行数据的智能提取，可以提高数据提取的效率和准确性。请注意，具体操作时，要对数据提取结果进行检查，避免部分数据提取出错。WPS AI的数据提取功能凭借其高效、准确和灵活的特点，未来一定会成为现代办公不可或缺的得力助手。

3.1.7 快捷调整数据位置：发出命令，让WPS AI高效管理你的数据

在快节奏的工作中，高效的数据管理显得尤为重要。通过前面讲解的内容可以知道，在WPS AI对话框中输入指令，就可以快速完成很多数据处理与分析工作。而WPS AI的快捷操作功能更强

大，可以提高用户的工作效率。

WPS AI的快捷操作功能具有以下几个特点。

（1）智能建议：根据用户当前的操作，WPS AI会提供一系列的快捷操作建议。例如，当用户在表格中输入数据时，WPS AI可能会建议快速格式化该列的单元格，或者自动完成某些常见的操作，如数据筛选或排序。

（2）快速执行：一旦用户选择了WPS AI的建议，即可立即执行相关操作，无须手动选择多个菜单命令或单击按钮。这大大减少了用户的工作量，提高了操作的流畅性。

（3）学习与记忆：WPS AI会根据用户的操作习惯和模式进行学习，逐渐优化其提供的快捷操作建议。随着时间的推移，WPS AI将更加精准地预测用户的意图，并提供更个性化的快捷操作。

（4）高效工作流：通过WPS AI的智能建议，用户可以更快地完成日常工作任务，从而有更多时间专注于更有价值的工作。此外，WPS AI的记忆功能还可以帮助用户在未来的工作中更快地进入状态。

（5）降低错误率：WPS AI的建议通常基于最佳实践和用户习惯，因此可以有效减少手动操作中可能出现的错误。同时，WPS AI还能及时提醒用户可能的错误或遗漏，帮助用户提高工作质量。

总的来说，WPS AI的快捷操作功能利用AI技术为用户提供了一个高效、智能的工作环境，使用户能够更快地完成任务，减少错误，并提高整体的工作效率。

举个例子，你是否经常遇到需要快速调整数据位置的情况，却因为烦琐的操作而感到困扰？现在，有了WPS AI的帮助，无论你需要将数据移动到哪个位置，只需简单发出命令，WPS AI都可以自动为你完成。例如，要完成两列数据的位置互换，具体操作步骤如下。

第1步 打开“素材文件\第3章\销售数据.xlsx”，单击选项卡最右侧的【WPS AI】按钮，在弹出的下拉菜单中选择【AI操作表格】命令，在WPS AI对话框中单击，然后在弹出的下拉菜单中选择【快捷操作】命令，如图3-43所示。

第2步 在WPS AI对话框中根据需求输入“把A列和B列交换位置”，然后单击【发送】按钮 ➤，如图3-44所示。

图3-43　选择【快捷操作】命令

图3-44　输入并发送交换位置指令

第3步 稍等片刻后，WPS AI自动根据指令完成了A、B列单元格数据的位置交换，单击【完成】按钮即可，如图3-45所示。

图 3-45　确认交换A、B列单元格数据位置

> ! **知识拓展：**WPS AI的快捷操作功能利用AI技术为用户提供了一个高效、智能的工作环境，它还可以实现很多操作，大家可以多尝试使用该功能，让数据处理变得简单、快捷，让工作效率实现飞跃。

3.2 数据计算

在工作中，我们经常需要处理从简单的加减乘除到复杂的统计分析的数据计算问题。数据计算是现代办公的核心技能，WPS表格的强项也是数据计算，之前我们需要手动编写公式或函数来完成计算，现在WPS 表格提供了更多智能化的功能，无须记忆函数的相关知识和公式编写方法就能快速进行数据计算了。

3.2.1 数据搜索和引用：智能搜索和引用数据，提高数据查找效率

我们经常需要处理大量的数据，如何在海量数据中快速找到所需信息，是提高工作效率的关键。WPS表格的智能数据搜索和引用功能，正是为了解决这一问题而生。

WPS表格借助AI技术，能够智能地搜索和引用数据。使用WPS表格中的查找功能，只需输入关键词或条件，WPS AI就能迅速找到精确匹配的数据。而数据引用功能更是强大，我们不再需要手动复制粘贴或使用复杂的公式，WPS AI能自动为我们完成数据引用的操作。这不仅减少了出错的可能性，还大大提高了工作效率。

1. 快速实现单条件录入

数据引用功能是通过【查找录入】按钮开启的，它可以将一个表格中的数据根据表头匹配到另一个表格中。通常情况下，我们需要根据某个条件返回符合该条件的其他数据。例如，在成绩表中，可以根据学生姓名返回其各科的成绩。使用数据引用功能解决该需求的具体操作步骤如下。

第1步 打开“素材文件\第3章\4年级3班成绩表.xlsx”，新建一个工作表，并根据需要查询的数据，制作表格框架，单击【数据】选项卡下的【查找录入】按钮，如图3-46所示。

第2步 打开【查找录入】对话框，单击【查找表区域】文本框右侧的 按钮，如图3-47所示。

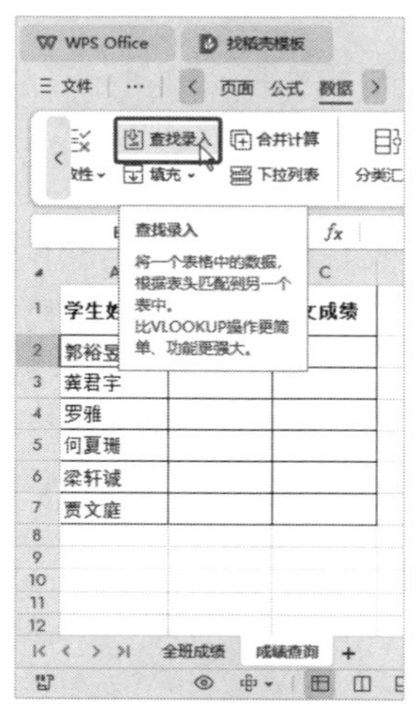

图3-46 单击【查找录入】按钮

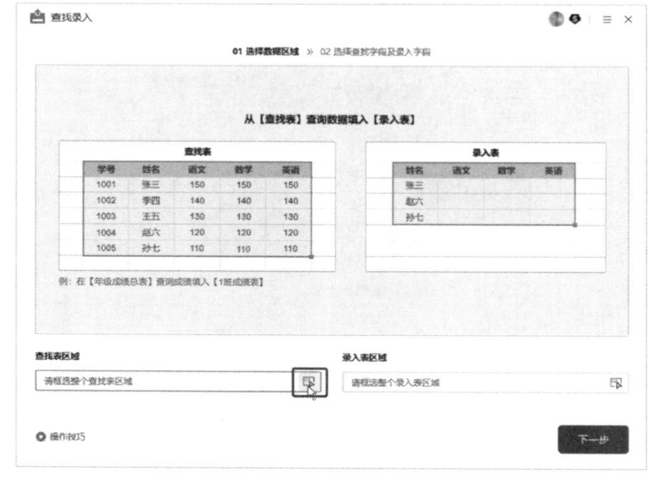

图3-47 单击折叠按钮

> **知识拓展**：查找录入功能支持多种查找方式，如按行、列或范围查找，也支持按单元格格式、数值、文本等条件查找。用户可以根据实际需要选择不同的查找方式，以满足不同的数据录入需求。

第3步 选择“全班成绩”工作表中的A1:E42单元格区域，作为查找录入的数据源表区域，单击折叠对话框中的 按钮，如图3-48所示。

第4步 返回【查找录入】对话框后，单击【录入表区域】文本框右侧的 按钮，然后选择“成绩查询”工作表中的A1:C7单元格区域，作为录入数据的区域，单击折叠对话框中的 按钮，如图3-49所示。

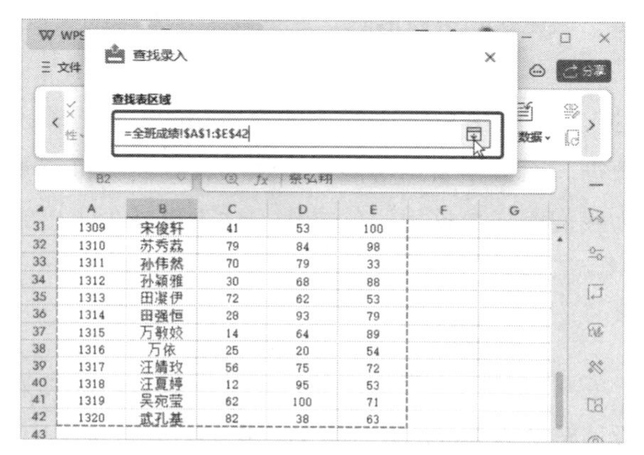

图3-48 设置查找表区域

图3-49 设置录入表区域

第5步 返回【查找录入】对话框，单击【下一步】按钮，如图3-50所示。

第6步 在新界面中，如果需要录入的表格和被查询的表格中要匹配的行标题是相同的，则系统会自动进行匹配，如果两个表格中需要匹配的行标题是不同的，则需要手动进行设置。这里在【查找字段】列表框中设置查找依据，即设置【查找表】为“姓名”字段，【录入表】为“学生姓名”字段，如图3-51所示。

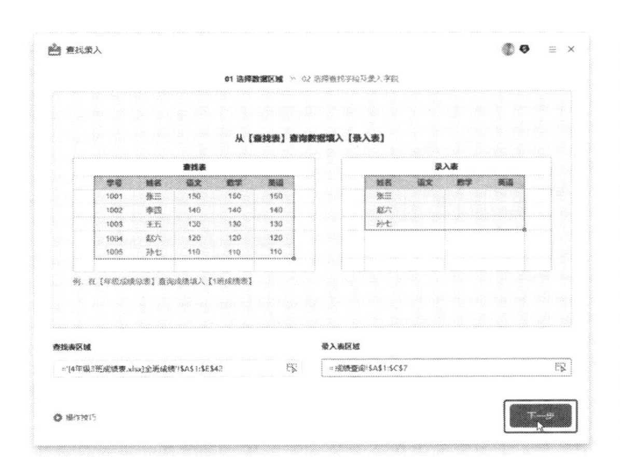

图 3-50 单击【下一步】按钮

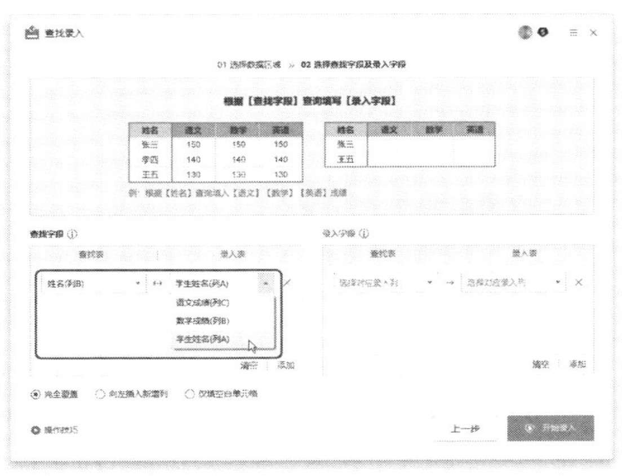

图 3-51 设置查找字段

第7步 在【录入字段】列表框中设置【查找表】为“数学”字段，【录入表】为“数学成绩”字段，本例需要返回两项数据，因此单击【录入字段】列表框下方的【添加】按钮，如图3-52所示。

第8步 使用相同的方法在【录入字段】列表框中设置第二条需要录入的数据，即设置【查找表】为“语文”字段，【录入表】为“语文成绩”字段，单击【开始录入】按钮，如图3-53所示。

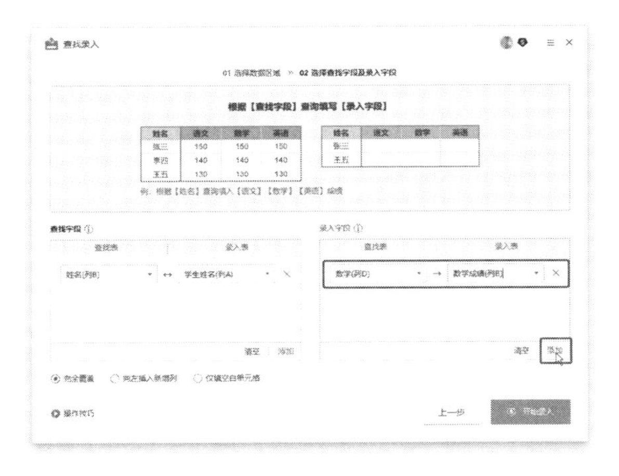

图 3-52 设置录入字段

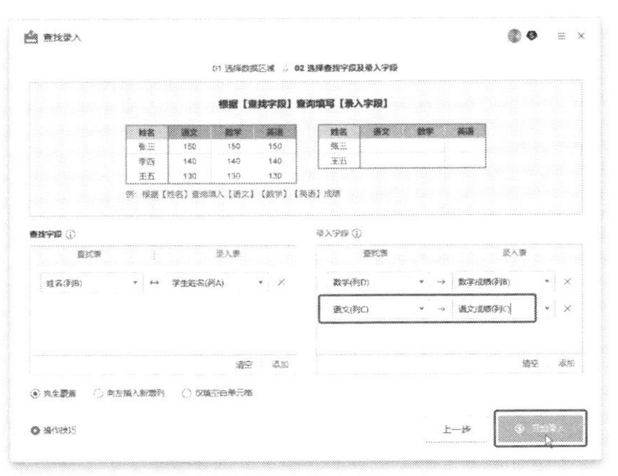

图 3-53 单击【开始录入】按钮

第9步 稍后会弹出【录入完成】对话框，其中显示已经录入的数据项数，单击【确定】按钮，如图3-54所示，然后关闭【查找录入】对话框。

第10步 返回工作表，选择“成绩查询”工作表，即可看到已经根据“全班成绩”工作表中的数据录入了学生对应的数学和语文成绩，如图3-55所示。

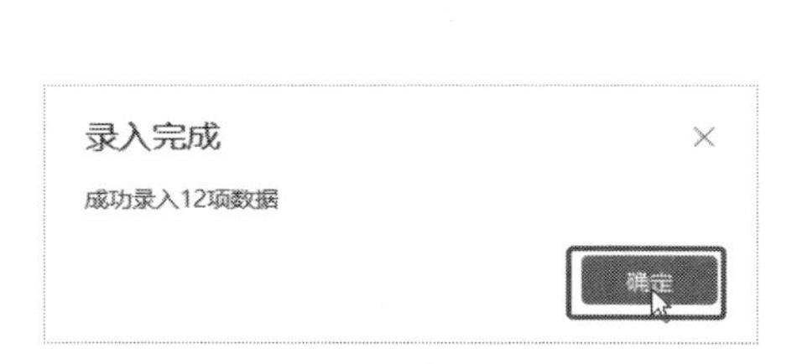

图3-54 单击【确定】按钮

	A	B	C	D
1	学生姓名	数学成绩	语文成绩	
2	郭裕罡	73	87	
3	龚君宇	82	36	
4	罗雅	22	51	
5	何夏珊	99	11	
6	梁轩诚	100	33	
7	贾文庭	65	41	
8				

图3-55 查看录入结果

2. 快速实现多条件录入

我们还可以使用查找录入功能进行多条件录入。例如，在销售数据表中，要根据销售日期、品牌和型号，返回对应的销量数据，通过查找录入功能来解决该需求的具体操作步骤如下。

第1步 打开“素材文件\第3章\卖场12月数据汇总.xlsx”，新建一个工作表，并根据需要查询的数据，制作表格框架，单击【数据】选项卡下的【查找录入】按钮，打开【查找录入】对话框，按照前面介绍的方法设置【查找表区域】和【录入表区域】，完成后单击【下一步】按钮，如图3-56所示。

第2步 在新界面中，使用前面介绍的方法在【查找字段】列表框中设置要查找的字段，在【录入字段】列表框中设置要录入的字段，如图3-57所示，单击【开始录入】按钮。

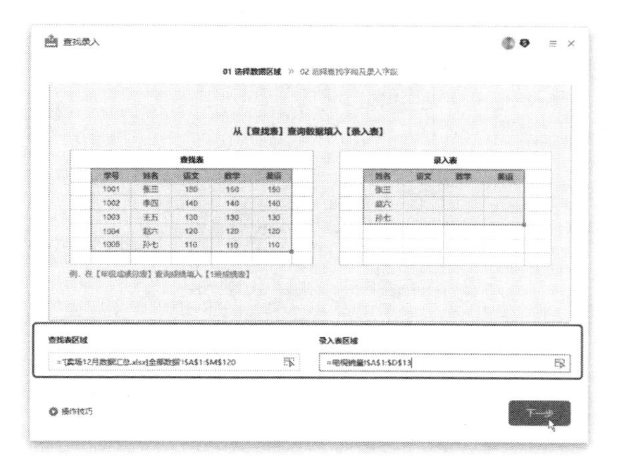

图3-56 设置查找表区域和录入表区域

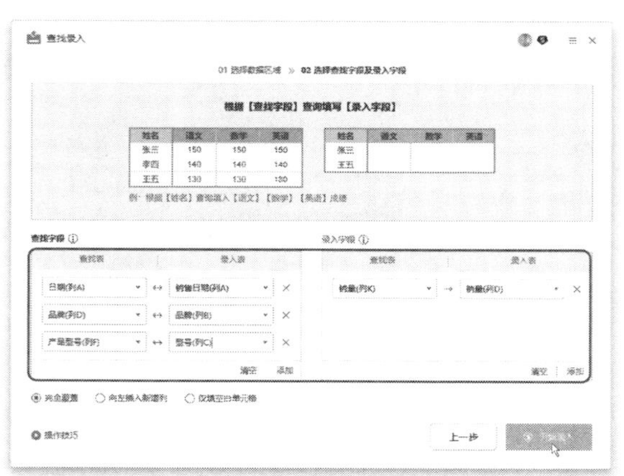

图3-57 设置查找字段和录入字段

第3步 稍后会弹出【录入完成】对话框，其中显示已经录入的数据项数，单击【确定】按钮，如图3-58所示，然后关闭【查找录入】对话框。

第4步 返回工作表，选择“电视销量”工作表，即可看到已经根据“全部数据”工作表中的数据录入了销售日期、品牌和型号对应的销量数据，如图3-59所示。

图3-58　单击【确定】按钮

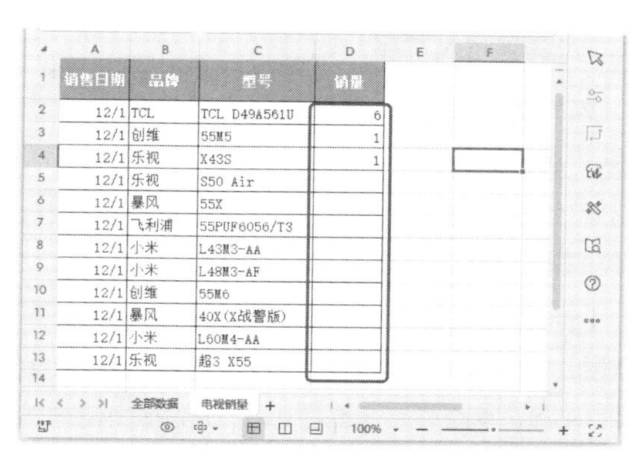

销售日期	品牌	型号	销量
12/1	TCL	TCL D49A561U	6
12/1	创维	55M5	1
12/1	乐视	X43S	1
12/1	乐视	S50 Air	
12/1	暴风	55X	
12/1	飞利浦	55PUF6056/T3	
12/1	小米	L43M3-AA	
12/1	小米	L48M3-AF	
12/1	创维	55M6	
12/1	暴风	40X(X战警版)	
12/1	小米	L60M4-AA	
12/1	乐视	超3 X55	

图3-59　查看引用结果

3.2.2　公式提示和生成：智能提示和生成公式，简化复杂计算

在工作中，我们经常需要处理各种复杂的函数和公式。对于许多用户来说，这是一项十分容易出错的任务。为了解决这一问题，WPS表格提供了强大的公式提示和生成功能，让复杂计算变得简单、高效。

1. 输入函数时智能提示

WPS表格的函数提示功能可以根据用户输入的内容，智能地提供相应的建议。无论是基本的算术运算还是复杂的函数公式，WPS表格都能在关键时刻给出提示，帮助用户更快地完成计算。这一功能对于不熟悉某些函数或忘记了特定公式的职场人士来说，无疑是一大福音。

对于复杂的函数，用户只需输入部分函数内容，WPS表格即可提供完整的函数供用户选择和使用，简化操作过程。例如，当我们输入等号“=”，然后输入函数的首字母后，会自动显示相应的函数列表，如图3-60所示，按上下方向键就可以从函数列表中选定所需函数，双击鼠标、按【Tab】键或按【Enter】键都可以将该函数快速添加到当前编辑位置。

函数编辑过程中会自动出现【函数语法结构提示】浮动工具条，如图3-61所示，可以帮助用户了解函数语法中的参数名称、必需或可选参数等，并且单击其中的某个参数名称时，编辑栏中还会自动选中并高亮显示该参数所在的字段。某些函数参数在输入前还会自动出现【函数参数智能提示】扩展菜单，可以帮助用户快速、准确地输入参数。

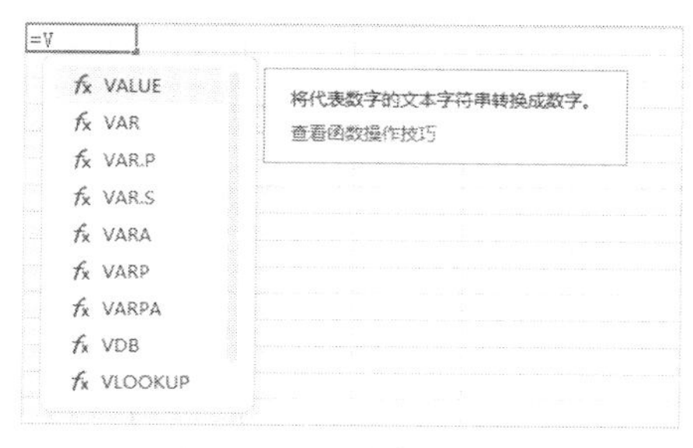

图3-60　函数智能提示

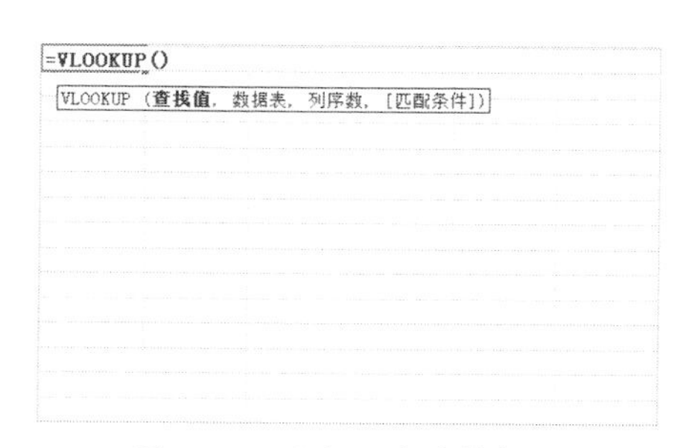

图3-61　函数语法结构提示

2. 快速插入常用公式

WPS表格内置了多种函数和公式，可以进行数据分析和计算。例如，可以使用SUM函数对数据进行求和，使用AVERAGE函数对数据进行平均值计算，使用IF函数对数据进行条件判断等。如果不熟悉要使用的函数，可以通过【插入函数】对话框搜索需要的函数，再根据提示一步一步完成函数的输入。

【插入函数】对话框中还有一个【常用公式】选项卡，其中提供了计算个人所得税、提取身份证生日等公式，这些公式极大地简化了日常的数据计算和数据处理工作。当然，通过单击【公式】选项卡中的【便捷公式】按钮也可以快速调用相关公式。

例如，人力资源、社会保障等部门，经常需要通过身份证号这一关键信息，高效地获取出生日期、年龄和性别等个人信息，以便于招聘、考核及退休等事项的管理。下面就教大家如何高效地通过身份证号精准地提取出生日期、年龄及性别，具体操作方法如下。

第1步 打开“素材文件\第3章\员工信息表.xlsx”，选中要显示性别数据的C2单元格，然后单击【公式】选项卡中的【插入】按钮，如图3-62所示。

第2步 打开【插入函数】对话框，单击【常用公式】选项卡，在【公式列表】列表框中选择要使用的公式，这里选择【提取身份证性别】选项，在【参数输入】栏中单击【身份证号码】后的按钮，如图3-63所示。

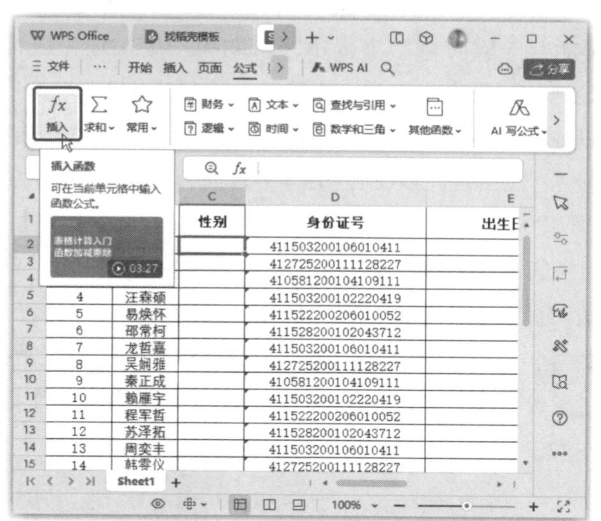

图3-62 单击【插入】按钮

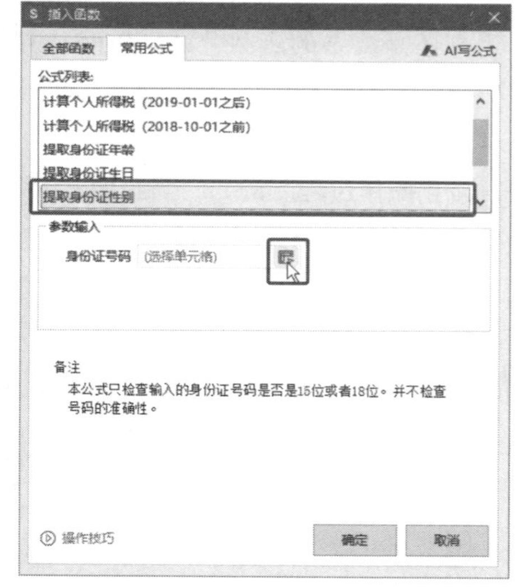

图3-63 选择要使用的公式

第3步 选择工作表中身份证号所在单元格，这里选择D2单元格，然后单击折叠对话框中的按钮，如图3-64所示。

第4步 返回【插入函数】对话框，单击【确定】按钮，如图3-65所示。

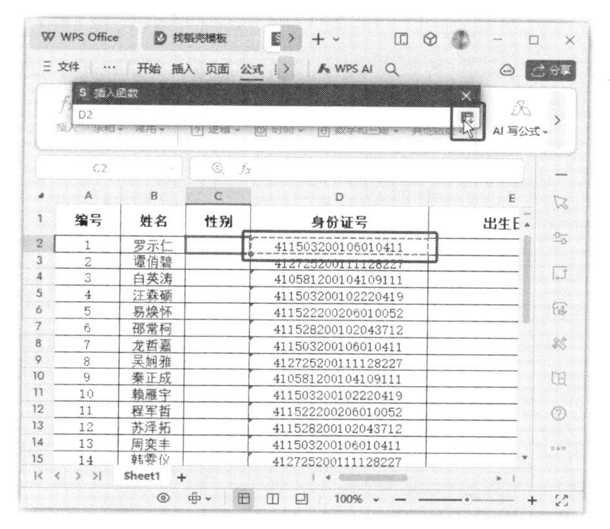

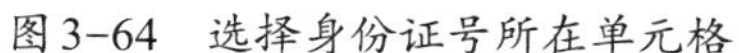
图3-64 选择身份证号所在单元格

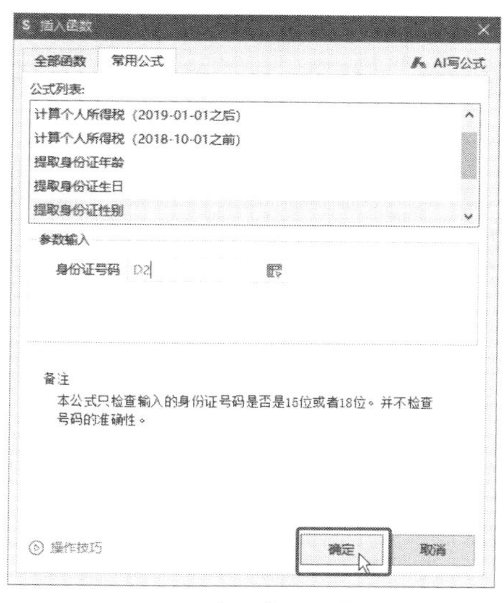

图3-65 单击【确定】按钮

第5步 返回工作表，即可在C2单元格中看到显示的性别数据，双击该单元格的填充控制柄，为该列其他单元格填充公式。选中要显示出生日期数据的E2单元格，然后单击编辑栏中的【插入函数】按钮 *fx*，如图3-66所示。

第6步 打开【插入函数】对话框，单击【常用公式】选项卡，在【公式列表】列表框中选择【提取身份证生日】选项，在【参数输入】栏中设置【身份证号码】为D2单元格，单击【确定】按钮，如图3-67所示。

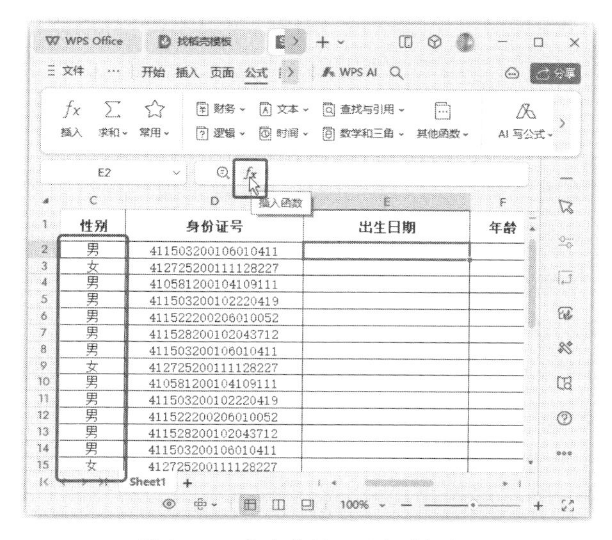
图3-66 单击【插入函数】按钮

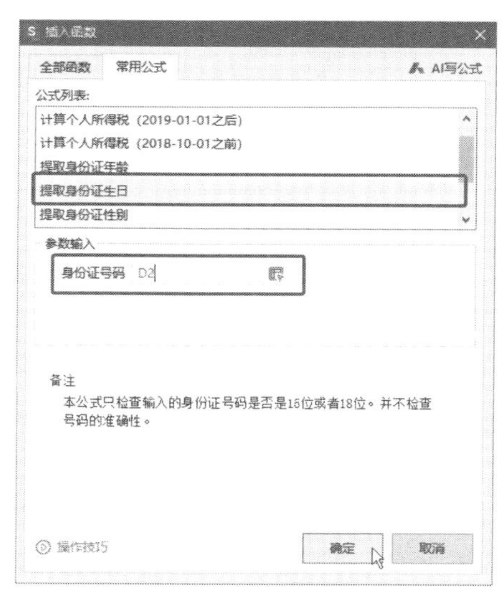

图3-67 选择要使用的公式

第7步 选择F2单元格，然后用相同的方法打开【插入函数】对话框，在【常用公式】选项卡的【公式列表】列表框中选择【提取身份证年龄】选项，在【参数输入】栏中设置【身份证号码】为

D2单元格，单击【确定】按钮，如图3-68所示。

第8步 返回工作表，即可看到E2、F2单元格中显示的数据，双击填充控制柄，提取出其他员工的出生日期和年龄，如图3-69所示。在编辑栏中可以看到所选单元格中使用的公式。

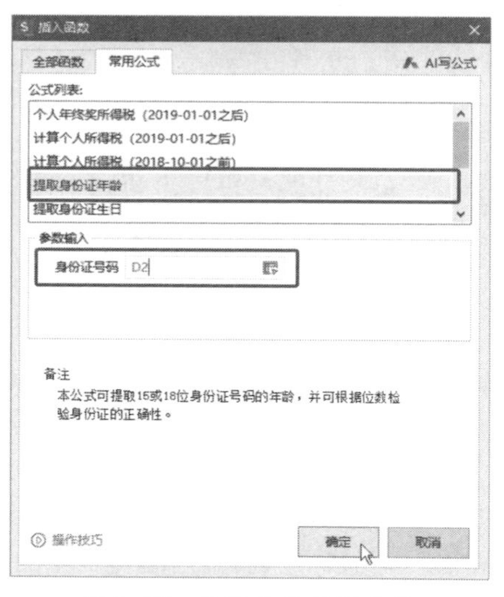

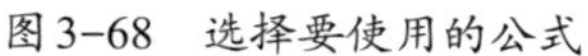
图3-68 选择要使用的公式

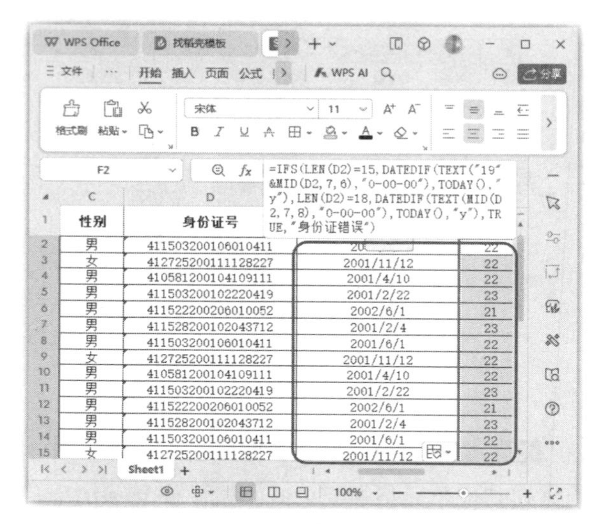

图3-69 填充公式

知识拓展：【插入函数】对话框的【常用公式】选项卡中提供了多种计算个人所得税的公式，通过选择，可以按照不同的规定快速计算出应缴纳的个人所得税。只需输入税前收入，即可自动计算出结果，省去了手动计算的烦琐过程，并确保了计算的准确性。

此外，【常用公式】选项卡中还提供了多条件求和、查找其他表格数据、条件统计、条件判断、排名计算等常用公式，可广泛应用于诸多领域。

3. 使用 WPS AI 快速生成公式

在处理复杂的数据计算任务时，我们常常需要使用各种公式，编写公式一直是一项比较费时费力的工作。现在，WPS表格的AI功能可以自动分析数据关系，并推荐合适的公式。我们输入描述问题的文字或简单的计算过程后，WPS AI能自动生成相应的公式，省去了手动推导和验证的烦琐过程。这不仅大大提高了工作效率，还降低了在复杂计算中出错的可能性。

在3.1.6小节中，我们向WPS AI提问，可以看到它也是通过编写公式来解决问题的。上面案例中从身份证号中提取信息的操作，也可以让WPS AI来完成，例如，在WPS AI对话框中输入“根据D列身份证号提取出生日期，出生日期的格式为：0000年00月00日”指令，即可返回相应的公式，如图3-70所示，对照前面通过插入公式得到的出生日期，可以看到返回的结果是正确的。

知识拓展：在WPS AI对话框中输入“根据身份证号计算年龄，年龄的格式为：00岁”指令，可以快速通过身份证号计算出年龄并指定格式为××岁；输入“根据身份证号计算性别”指令，可以用身份证号计算性别。

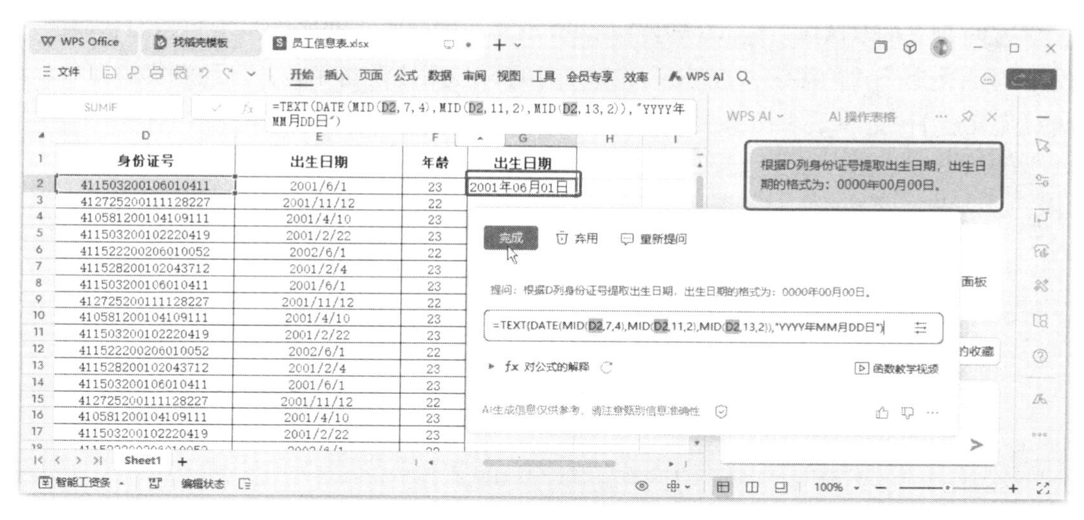

图3-70 让WPS AI从身份证号中提取信息

通过本例可以看出，在没有AI协助的情况下，我们手动编写公式解决需求用时较长，且需要对使用函数公式具备一定的基础及熟练度。而通过【插入函数】对话框的【常用公式】选项卡则比较快捷，而且即使用户不具备熟练操作WPS表格的技能，只要会输入正确的AI指令，就可以获得正确的结果。可以说，智能生成公式功能，就是WPS AI的又一亮点。

下面再举一个例子，帮助读者熟悉使用WPS AI快速生成公式的操作。假设在“订单管理系统”表格中要统计某月由某个销售员销售并且已经发货的订单总价，即对符合多个条件的某项数据进行统计，使用WPS AI快速生成公式的具体操作步骤如下。

第1步 打开“素材文件\第3章\订单管理系统.xlsx”，选中要放置计算结果的空白单元格，输入“=”，然后单击右侧出现的【AI写公式】按钮，如图3-71所示。

订单号	订单量	客户姓名	下单日期	单价	商品编号	订单总价	订单状态	销售员
1254	51	王强	2024/3/1	87.25	51249MN	4449.75	已发货	陈梅
1255	52	李梦	2024/3/2	154.36	51250MN	8026.72	退货	陈梅
1256	42	六路	2024/3/3	52.98	51251MN	2225.16	已发货	陈梅
1257	63	赵奇	2024/3/4	56.88	51252MN	3583.44	待发货	陈梅
2614	26	顾晶	2024/4/5	95.00	62415JK	2470	已发货	陈梅
2614	51	刘田	2024/4/1	56.00	62411JK	2856	已发货	陈梅
1258	52	刘东	2024/3/5	64.87	51253MN	3373.24	待发货	陈梅
1259	52	王宏	2024/3/6	53.00	51254MN	2756	待发货	赵菁
1260	11	李凡	2024/3/7	26.47	51255MN	291.17	已发货	赵菁
1261	2	张泽	2024/3/8	84.69	51256MN	169.38	待发货	赵菁
1262	9	罗雨	2024/3/9	65.32	51257MN	587.88	待发货	赵菁
1263	8	代凤	2024/3/10	56.47	51258MN	451.76	退货	赵菁
1264	4	曾琦	2024/3/11	55.00	51259MN	220	已发货	赵菁
1265	5	王茜	2024/3/12	64.50	51260MN	322.5	待发货	赵菁

AI写公式
输入描述，AI帮你快速生成公式

图3-71 输入“=”，单击【AI写公式】按钮

第2步 展开的对话框中显示了曾经向WPS AI提出的问题，以及一些向WPS AI提问的示例。根据需要输入使用公式的需求，这里输入“统计2024年3月由陈梅销售并已经发货的订单总价”，然后单击【发送】按钮 ➤ ，如图3-72所示。

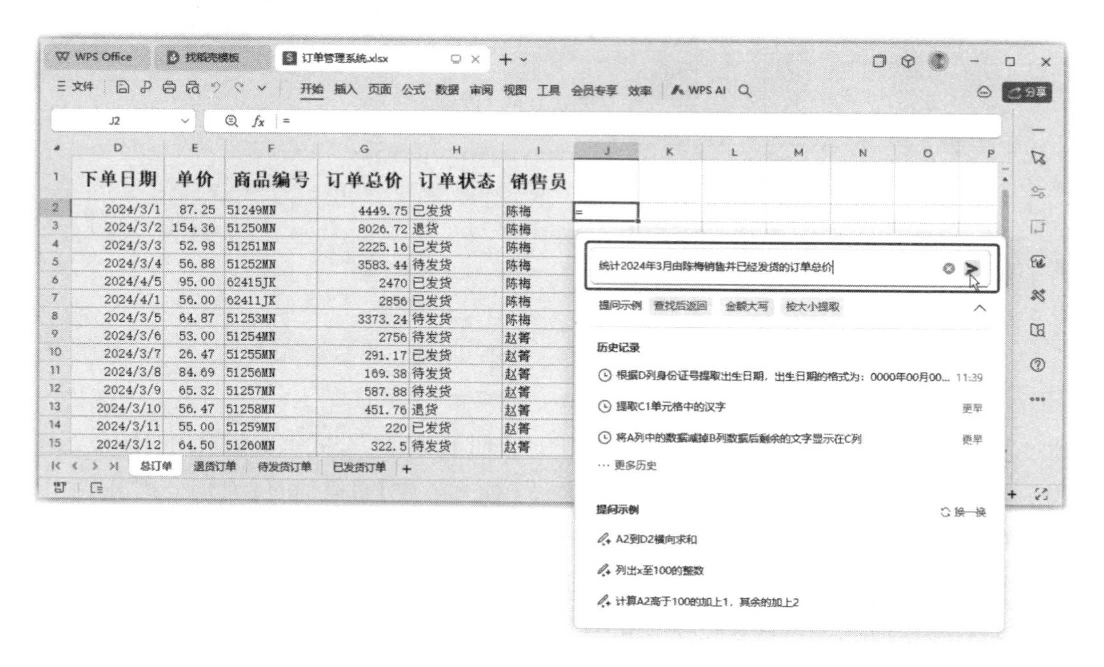

图3-72 向WPS AI提出使用公式需求指令

第3步 稍后可以看到WPS AI返回的答复，这里给出的公式很长，要查看公式编写逻辑，可以单击【对公式的解释】超链接，如图3-73所示。

WPS Office 找稻壳模板 订单管理系统.xlsx

文件 开始 插入 页面 公式 数据 审阅 视图 工具 会员专享 效率 WPS AI

SUMIF =SUMIFS(G2:G41, D2:D41, ">=2024/3/1", D2:D41, "<=2024/3/31", I2:I41, "陈梅", H2:H41, "已发货")

下单日期	单价	商品编号	订单总价	订单状态	销售员
2024/3/1	87.25	51249MN	4449.75	已发货	陈梅
2024/3/2	154.36	51250MN	8026.72	退货	陈梅
2024/3/3	52.98	51251MN	2225.16	已发货	陈梅
2024/3/4	56.88	51252MN	3583.44	待发货	陈梅
2024/4/5	95.00	62415JK	2470	已发货	陈梅
2024/4/1	56.00	62411JK	2856	已发货	陈梅
2024/3/5	64.87	51253MN	3373.24	待发货	陈梅
2024/3/6	53.00	51254MN	2756	待发货	赵菁
2024/3/7	26.47	51255MN	291.17	已发货	赵菁
2024/3/8	84.69	51256MN	169.38	待发货	赵菁
2024/3/9	65.32	51257MN	587.88	待发货	赵菁
2024/3/10	56.47	51258MN	451.76	退货	赵菁
2024/3/11	55.00	51259MN	220	已发货	赵菁
2024/3/12	64.50	51260MN	322.5	待发货	赵菁

6674.91

完成 弃用 重新提问

提问：统计2024年3月由陈梅销售并已经发货的订单总价

=SUMIFS(G2:G41,D2:D41,">=2024/3/1",D2:D41,"<=2024/3/31",I2:I41,"陈梅",H2:H41,"已发货")

fx 对公式的解释 函数教学视频

AI生成信息仅供参考，请注意甄别信息准确性

总订单 退货订单 待发货订单 已发货订单 编辑状态 100%

图3-73 查看对公式的解释

第4步 展开详细的说明，在其中可以看到公式意义、函数解释、参数解释等，方便我们对

照查看公式编写的逻辑，如图3-74所示。确认公式编写无误，单击【完成】按钮，即可使用该公式计算出结果。

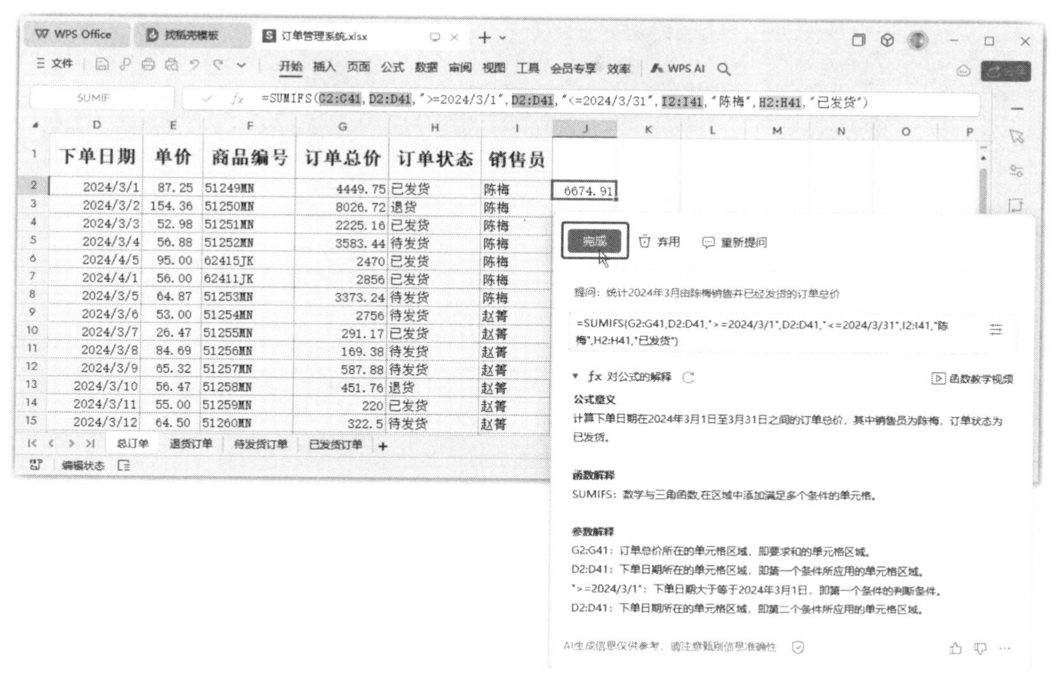

图3-74 公式的详细说明

知识拓展：在【WPS AI】下拉菜单中选择【AI写公式】命令，或者单击【公式】选项卡中的【AI写公式】按钮，也可以快速启动AI写公式功能。单击【AI写公式】下拉按钮，在弹出的下拉菜单中选择【AI公式设置】命令，在弹出的对话框中还可以查看WPS AI的使用指南、对表格公式的调用功能进行设置等。

3.2.3 计算器：内置计算器，快速进行简单计算

结合实际情况和工作需求，当我们在处理大量数据或制作专业报告时，使用WPS AI的公式提示和生成功能，能够快速解决计算难题，使我们的工作成果更加精确可靠。但如果只是需要进行一些简单的常规计算，则不需要这么麻烦。

WPS表格中内置了计算器，可以让我们处理数据更加高效。只需选择需要计算的数据，计算结果将立即显示在状态栏上，如图3-75所示。在状态栏上右击，在弹出的快捷菜单中还可以选择在状态栏上显示其他计算结果。这可以免去我们打开外部计算器的烦琐操作，帮助我们快速获得计算结果。

内置计算器是WPS表格中不可或缺的一部分，它使数据计算变得简单、直观。无论是进行日常的数据计算，还是处理大型数据分析项目，WPS表格的内置计算器都能提供稳定、可靠的支持。

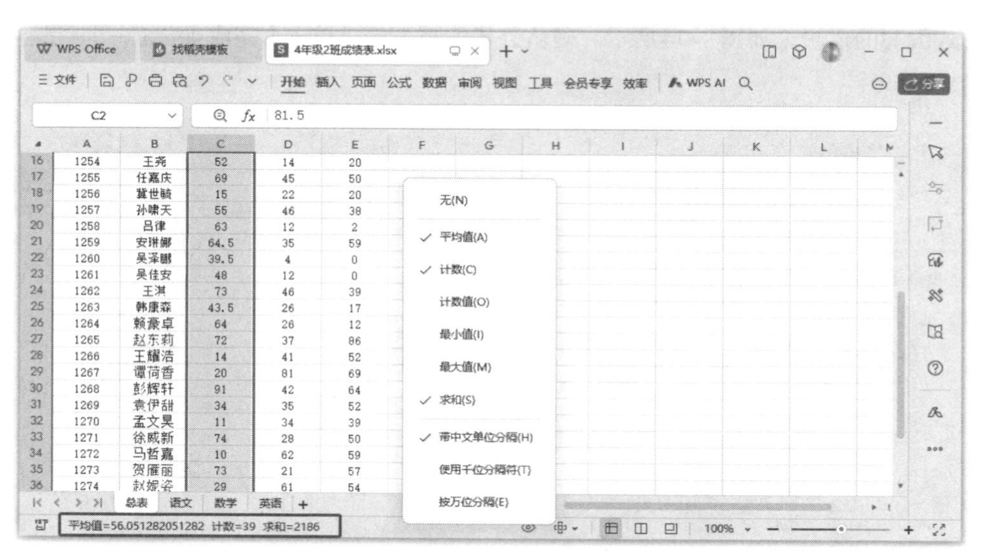

图3-75　查看显示的计算结果

3.3 数据分析

在办公场景中，数据分析发挥着重要作用。例如，通过销售数据分析，我们可以发现哪些产品或服务最受客户欢迎，哪些市场推广策略最有效；通过员工绩效数据分析，我们可以了解员工的工作效率和工作满意度，为人力资源调配提供依据。可以说，数据分析是现代办公的必备技能之一。

WPS表格是管理数据的利器，在数据处理与分析的过程中，WPS 表格中的AI功能也发挥着越来越重要的作用。它可以根据你的需求，自动识别数据类型，并自动对数据进行分类、排序和筛选，让你更方便地查找和使用数据。无论你需要处理的数据量有多大，WPS AI都能轻松应对，让你的工作更加高效。

3.3.1 数据查找和标记：智能查找和标记数据，便于数据分析

在庞大的数据集中，快速准确地找到所需数据是至关重要的。以前，我们可以通过WPS表格中的查找功能来查找数据，或者通过条件格式功能来快速识别特定类型的数据，并自动为满足条件的数据应用指定的格式标识。

条件格式功能可以为单元格区域、表格或数据透视表设置条件格式，而且，当单元格中的数据发生变化时，会自动评估并应用指定的格式。

条件格式功能常用于标记某个范围的数据、快速找到重复项目、使用图形增加数据可读性等。WPS表格中提供了非常丰富的内置条件格式规则，在选定工作表中要设置条件格式的单元格区域后，单击【开始】选项卡中的【条件格式】按钮，弹出的下拉列表中提供了【突出显示单元格规则】【项目选取规则】【数据条】【色阶】【图标集】5类内置条件格式规则，根据需要选择合适的条件格式规

则即可，如图3-76所示。图3-77所示为相应列数据应用不同内置条件格式规则后的效果。

条件格式
突出显示单元格规则(H)
项目选取规则(T)
数据条(D)
色阶(S)
图标集(I)
新建规则(N)...
清除规则(C)
管理规则(R)...
AI 条件格式(A)...

图3-76 【条件格式】下拉列表

员工编号	所属分区	员工姓名	累计业绩	第一季度	第二季度	第三季度	第四季度
0001	一分区	李海	¥132,900	¥27,000	¥70,000	¥27,000	¥8,900
0002	二分区	苏杨	¥825,000	¥250,000	¥290,000	¥250,000	¥35,000
0003	三分区	陈霞	¥139,000	¥23,000	¥55,000	¥23,000	¥38,000
0004	四分区	武海	¥153,000	¥20,000	¥13,000	¥20,000	¥100,000
0005	三分区	刘繁	¥148,450	¥78,000	¥23,450	¥27,000	¥20,000
0006	一分区	袁锦辉	¥296,000	¥5,000	¥21,000	¥250,000	¥20,000
0007	二分区	贺华	¥137,000	¥24,000	¥80,000	¥23,000	¥10,000
0008	三分区	钟兵	¥202,000	¥87,000	¥90,000	¥21,000	¥4,000
0009	四分区	丁芬	¥136,900	¥8,900	¥23,000	¥80,000	¥25,000
0010	一分区	程静	¥171,000	¥35,000	¥19,000	¥90,000	¥27,000
0011	二分区	刘健	¥351,000	¥38,000	¥40,000	¥23,000	¥250,000
0012	三分区	苏江	¥322,000	¥100,000	¥170,000	¥29,000	¥23,000
0013	四分区	廖嘉	¥133,000	¥20,000	¥50,000	¥40,000	¥23,000
0014	四分区	刘佳	¥221,000	¥20,000	¥11,000	¥170,000	¥20,000
0015	二分区	陈永	¥89,000	¥10,000	¥19,000	¥50,000	¥10,000
0016	一分区	周繁	¥83,000	¥4,000	¥64,000	¥11,000	¥4,000
0017	二分区	周波	¥149,000	¥25,000	¥80,000	¥19,000	¥25,000
0018	三分区	熊亮	¥389,000	¥100,000	¥12,000	¥27,000	¥250,000
0019	四分区	吴娜	¥322,000	¥19,000	¥30,000	¥250,000	¥23,000
0020	一分区	丁琴	¥74,030	¥21,030	¥10,000	¥23,000	¥20,000
0021	三分区	宋沛	¥355,900	¥209,000	¥118,000	¥20,000	¥8,900

图3-77 应用内置的条件格式规则标记数据

WPS表格中的条件格式功能允许用户定制条件格式以实现高级格式化，包括定义自己的规则和格式。在【条件格式】下拉列表中选择【新建规则】选项，在打开的【新建格式规则】对话框中就可以新建条件格式规则了，如图3-78所示。

【新建格式规则】对话框中的【选择规则类型】列表框中包含6种可选的规则类型，可选择基于不同的筛选条件设置新的规则。选择不同的规则类型，下方的【编辑规则说明】区域中将显示不同的选项，用于设置不同的参数。

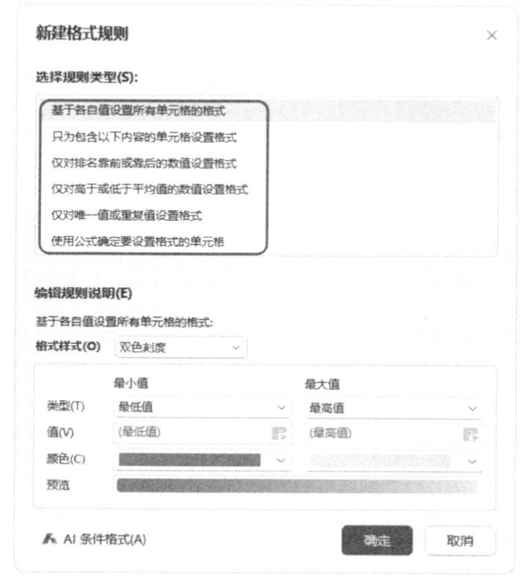

图3-78 【新建格式规则】对话框

知识拓展： 选择【使用公式确定要设置格式的单元格】规则类型，当公式结果为TRUE或不等于0时，则返回用户指定的单元格格式；当公式结果为FALSE或等于0时，则不应用指定格式。公式的引用方式一般以选中区域的活动单元格为参照进行设置，设置完成后，即可将条件格式规则应用到所选区域的每一个单元格。

在【条件格式】下拉列表中选择【管理规则】选项，可以打开【条件格式规则管理器】对话框，如图3-79所示。在其中可以查看当前所选单元格或当前工作表中应用的条件格式。在【显示其格式规则】下拉列表中可以选择相应的工作表或数据透视表，以显示出需要进行编辑的条件格式；选中规则并单击【编辑规则】按钮，可以在打开的【编辑规则】对话框中对选择的条件格式进行编辑；选中规则并单击【删除规则】按钮，即可删除指定的条件格式。

知识拓展： WPS表格允许对同一单元格区域同时设置多个条件格式规则，这些条件格式规则按照在【条件格式规则管理器】对话框中列出的顺序依次执行。处于上方的条件格式规则拥有更高的优先级，多个规则之间如果没有冲突，则规则全部生效；如果发生冲突，则只执行优先级较高的规则。默认情况下，新规则总是添加到列表的顶部，即拥有最高优先级。

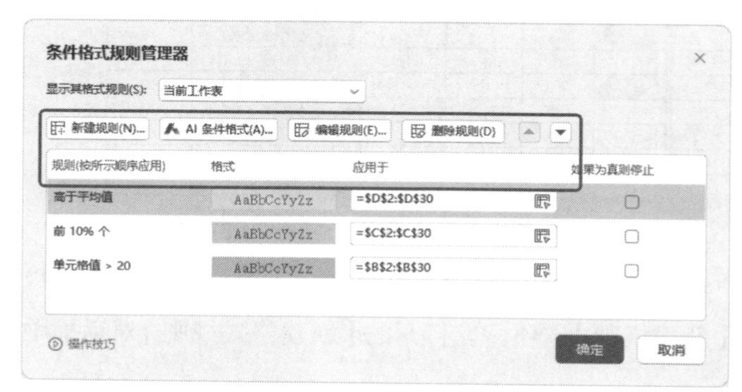

图3-79 【条件格式规则管理器】对话框

知识拓展： 标记表格中的某些特殊数据时，也可以通过设置数据有效性，然后圈释无效数据来进行标识。

当需要处理的数据量很大时，手动查找和标记关键信息既耗时又容易出错。现在，有了WPS AI，只需单击几下鼠标，描述我们想要标记的效果，WPS AI的数据查找和标记功能就能迅速定位到所需数据，并对其进行智能标记。这不仅大大减少了我们的工作量，更确保了数据的准确性和完整性。

不仅如此，数据查找和标记功能还能助我们一臂之力，在数据分析中脱颖而出。通过快速定位关键数据，我们可以更加便捷地构建数据模型、生成可视化报告，从而更清晰地洞察业务趋势，做出更明智的决策。

下面介绍三种常见的数据标记需求的操作步骤。

1. 简单标记单元格数据

针对某列数据的特征标记出符合某个条件的数据，是最常见也是最简单的数据标记需求。例如，在订货数据中，要标记订货数量超过500的数据，只需要跟WPS AI简单对话，就可以完成智能标记，具体操作步骤如下。

第1步 打开“素材文件\第3章\订货数据.xlsx”，单击【开始】选项卡中的【条件格式】按钮，在弹出的下拉列表中选择【AI条件格式】选项，如图3-80所示。

第2步 弹出【AI条件格式】对话框，其中给出了一些提问示例，选择比较符合需求的提问示例【把A列的空单元格标记为黄色】，如图3-81所示。

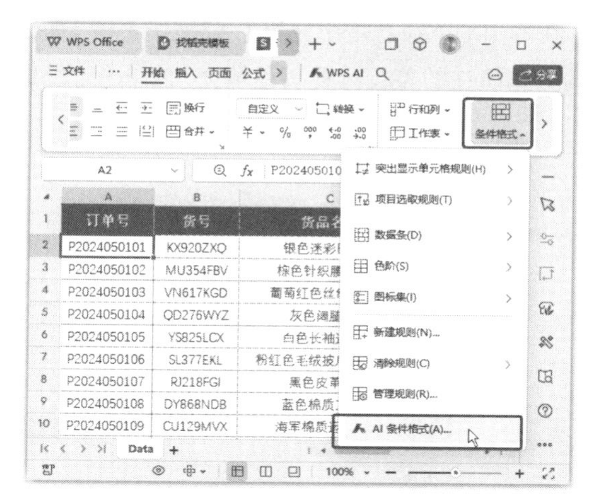

图 3-80　选择【AI 条件格式】选项

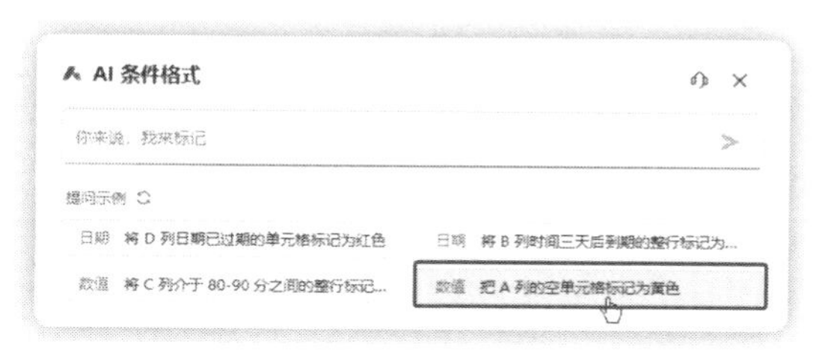

图 3-81　选择比较符合需求的提问示例

! **知识拓展：** 单击选项卡最右侧的【WPS AI】按钮，在弹出的下拉菜单中选择【AI 条件格式】命令，也可以打开【AI 条件格式】对话框。

第3步 此时，选择的提问示例内容就出现在上方的输入框中了，根据需要修改指令的具体内容，然后单击【发送】按钮 ➤ ，如图 3-82 所示。

第4步 WPS AI 接收到用户指令后，会自动检查表格中的数据并根据指令生成对应的条件格式规则，同时在表格中标记出符合需求的单元格，这里 H 列中数值超过 500 的单元格被设置为黄色填充，如图 3-83 所示，在对话框中单击【完成】按钮，即可完成标记操作。

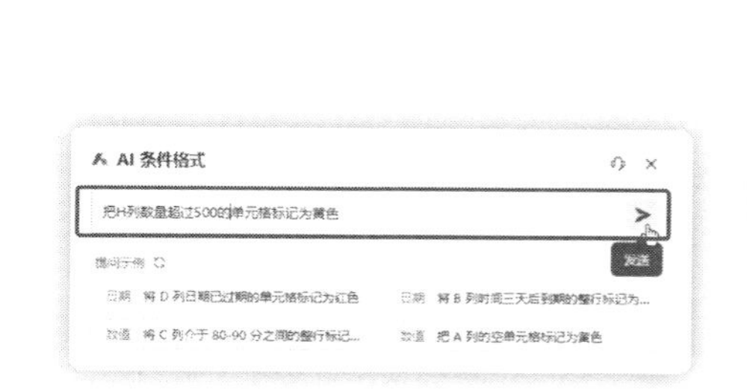

图 3-82　根据需要修改指令

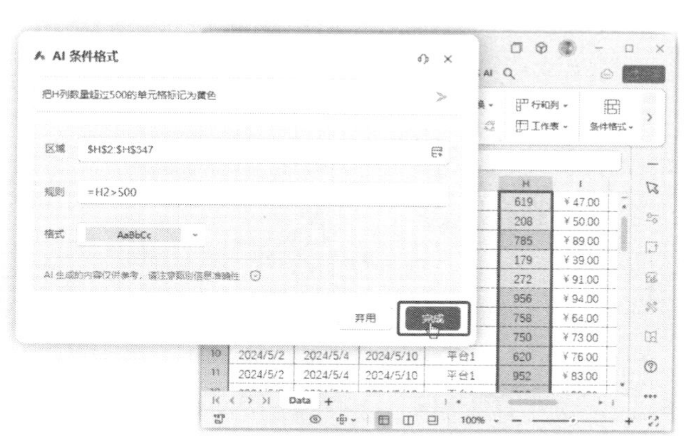

图 3-83　查看标记效果并应用

2. 按条件标记整行数据

有时我们并不是仅需要对符合条件的单元格设置格式，而是需要将符合条件的整条数据标记出来，即为符合条件的单元格所在的这一行都设置单元格格式。例如，在订货数据中，要标记出订货平台为平台 2 的所有数据，使用 WPS AI 完成标记的具体操作步骤如下。

第1步 单击选项卡最右侧的【WPS AI】按钮，在弹出的下拉菜单中选择【AI操作表格】命令，然后在WPS AI对话框中输入“把订货平台是平台2的数据所在的整行设置灰色填充”，单击【发送】按钮 ➤ ，如图3-84所示。

	D	E	F	G	H	I	J	K
2	2024/5/1	2024/5/3	2024/5/9	平台1	619	¥47.00	¥89.30	S
3	2024/5/1	2024/5/3	2024/5/9	平台1	208	¥50.00	¥95.00	L
4	2024/5/1	2024/5/3	2024/5/9	平台1	785	¥89.00	¥169.10	XL
5	2024/5/1	2024/5/3	2024/5/9	平台1	179	¥39.00	¥74.10	XXL
6	2024/5/1	2024/5/3	2024/5/9	平台1	272	¥91.00	¥172.90	XS
7	2024/5/1	2024/5/3	2024/5/9	平台1	956	¥94.00	¥178.60	M
8	2024/5/1	2024/5/3	2024/5/9	平台1	758	¥64.00	¥121.60	36
9	2024/5/1	2024/5/3	2024/5/9	平台1	750	¥73.00	¥138.70	38
10	2024/5/2	2024/5/4	2024/5/10	平台1	620	¥76.00	¥144.40	40
11	2024/5/2	2024/5/4	2024/5/10	平台1	952	¥83.00	¥157.70	42
12	2024/5/2	2024/5/4	2024/5/10	平台1	696	¥99.00	¥188.10	44
13	2024/5/2	2024/5/4	2024/5/10	平台1	413	¥61.00	¥115.90	46
14	2024/5/2	2024/5/4	2024/5/10	平台2	878	¥53.00	¥100.70	48

WPS AI　AI操作表格
想了解如何提问，请点击查看示例。
把订货平台是平台2的数据所在的整行设置灰色填充
平均值=548.97976878613　计数=346　求和=18万9947

图3-84　向WPS AI发送指令

第2步 WPS AI接收到用户指令后，会自动检查表格中的数据并根据指令生成对应的条件格式规则，同时在表格中标记出符合需求的单元格，如图3-85所示，通过观察发现，WPS AI仅仅将订货平台是平台2的数据对应的A列单元格设置了灰色填充的单元格格式，并不是我们需要的效果。

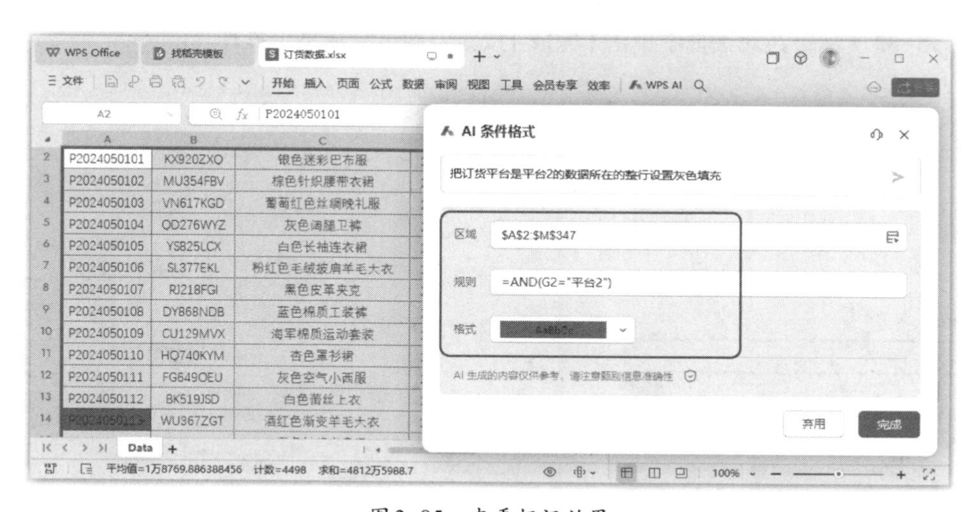

图3-85　查看标记效果

第3步 在【AI条件格式】对话框中修改指令为“把订货平台是平台2的数据整行设置灰色填充”，单击【发送】按钮 ➤ 。WPS AI根据新的用户指令重新生成对应的条件格式规则，同时在表格中标记出符合需求的单元格，如图3-86所示，通过观察发现，这次标记的效果是我们需要的效果。在对话框中单击【完成】按钮，即可完成标记操作。

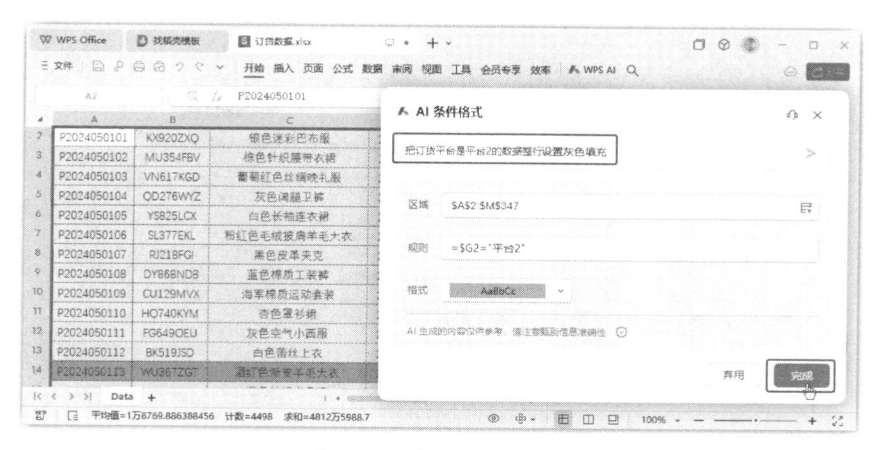

图3-86 修改指令并应用

3. 按多条件标记具体数据

有时我们需要为符合多个条件的单元格设置单元格格式。例如，在订货数据中，要标记出订货日期为2024/5/11并且订货数量大于500的货号，使用WPS AI完成标记的具体操作步骤如下。

第1步 在WPS AI对话框中输入"请将订货日期为2024/5/11并且订货数量大于500的货号列单元格标记为绿色"，单击【发送】按钮 ➤，如图3-87所示。

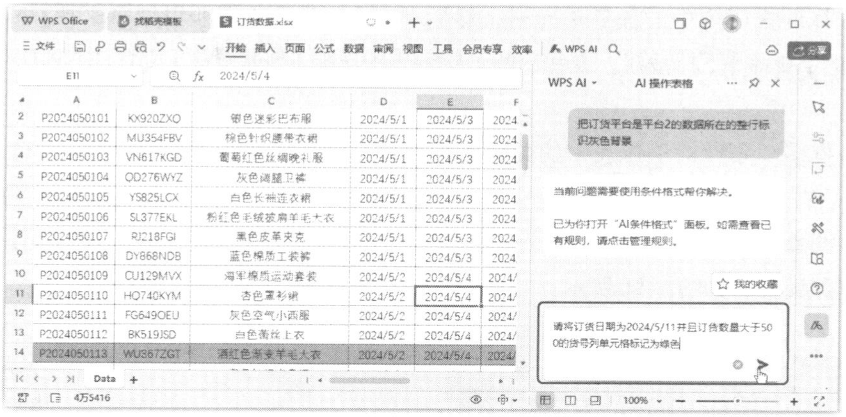

图3-87 向WPS AI发送指令

第2步 WPS AI接收到用户指令后，会自动检查表格中的数据并根据指令生成对应的条件格式规则，同时在表格中标记出符合需求的单元格，如图3-88所示，通过观察发现，WPS AI将符合条件的数据对应的B列单元格设置了绿色填充，正是我们需要的效果。在对话框中单击【完成】按钮即可。

知识拓展：除了这里提到的3种标记方法，WPS表格结合AI技术，还能够智能地查找和标记指定区间或时间范围、重复值等数据。向WPS AI发送标识指令的一般格式为：请将[列名/字段]为[列名/字段]并且[列名/字段]大于/等于/小于/大于等于/小于等于[指定区间]的标记成[颜色]填充[颜色]文本。

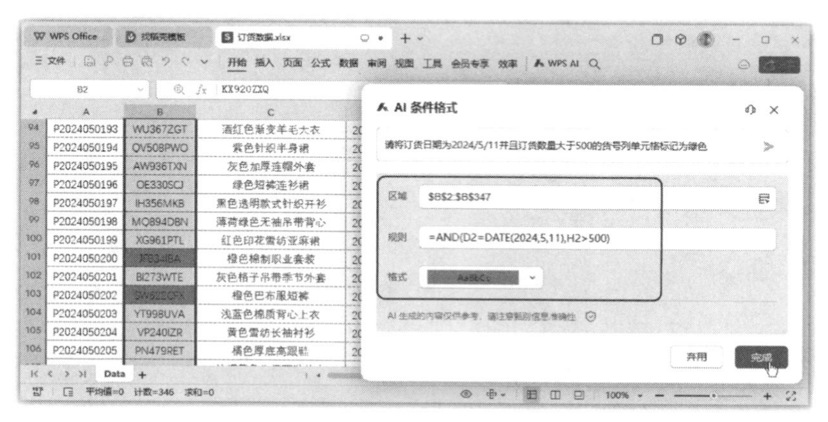

图 3-88　查看标记效果并应用

3.3.2　排序：智能排序数据，便于数据整理和分析

在日常工作中，我们经常会遇到大量的数据，需要按照一定的规则进行排序，从而直观地组织数据列表并快速查找所需数据。

对 WPS 表格中的数据进行分析时，最常见的操作就是根据某个条件对数据进行升序或降序排序。其中升序是对选择的数据按从小到大的顺序排序，“降序”是对选择的数据按从大到小的顺序排序。操作时，先选择要排序列中的任意单元格，然后单击【开始】选项卡中的【排序】下拉按钮或【数据】选项卡中的【排序】下拉按钮，在弹出的下拉列表中选择【升序】或【降序】选项即可，如图 3-89 所示。

如果想根据多个条件对工作表中的数据进行排序，则可在【排序】下拉列表中选择【自定义排序】选项，然后在打开的【排序】对话框中，在【主要关键字】下拉列表中选择字段，设置排序依据并设置次序，再单击【添加条件】按钮，在【次要关键字】下拉列表中选择字段，设置排序依据并设置次序，以此类推，如图 3-90 所示。

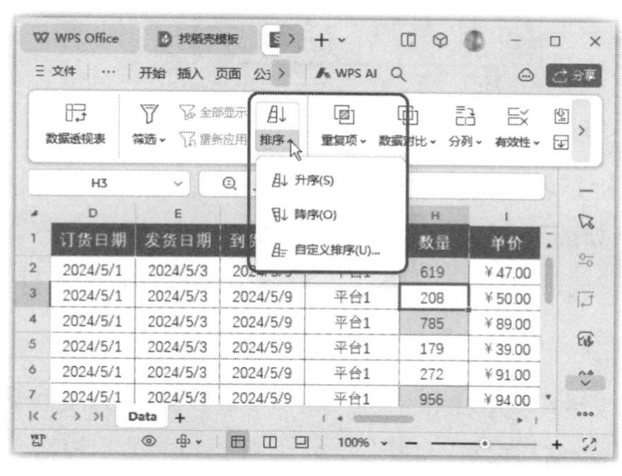

图 3-89　【排序】下拉列表

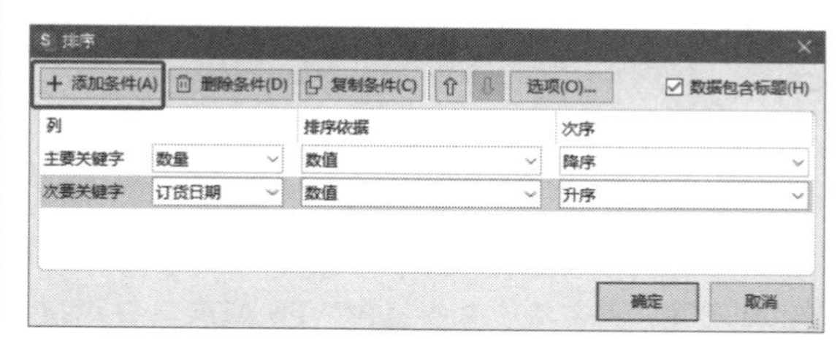

图 3-90　添加排序条件

对于一些特殊的排序需求，在设置排序方式时，可以单击【排序】对话框中的【选项】按钮，然后在打开的【排序选项】对话框中进行设置，如图3-91所示。除了使用WPS表格中内置的排序方式，用户还可以使用自定义序列来对数据进行排序。在相应字段后的【次序】下拉列表中选择【自定义序列】选项，如图3-92所示，然后在打开的【自定义序列】对话框的【输入序列】文本框中输入自定义序列，单击【添加】按钮并应用即可。

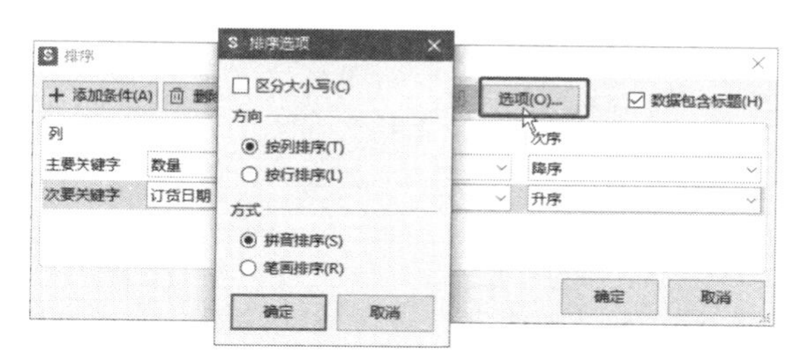

图3-91　设置排序方式

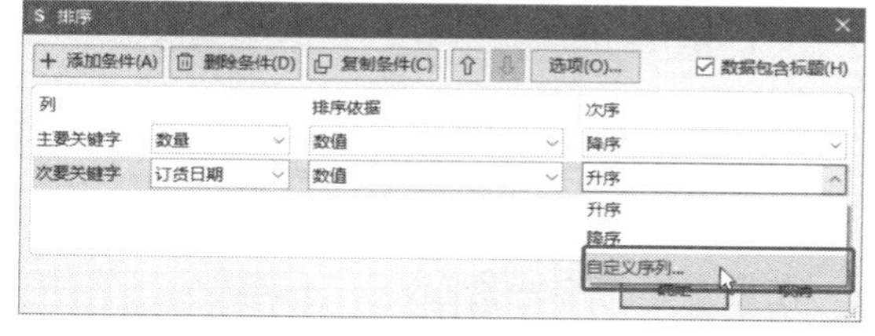

图3-92　选择【自定义序列】选项

WPS AI也能够根据用户的需求，自动对数据进行智能排序，无论是按照数值大小、时间先后还是其他标准，都能迅速完成。例如，要将订货数据按照数量的多少进行升序排序，可以向WPS AI提问“根据数量多少升序排序”，如图3-93所示。

稍后就可以看到智能排序后的效果，如图3-94所示。不过，这种针对单一条件进行简单排序的需求，使用传统的排序方法可能更便捷。

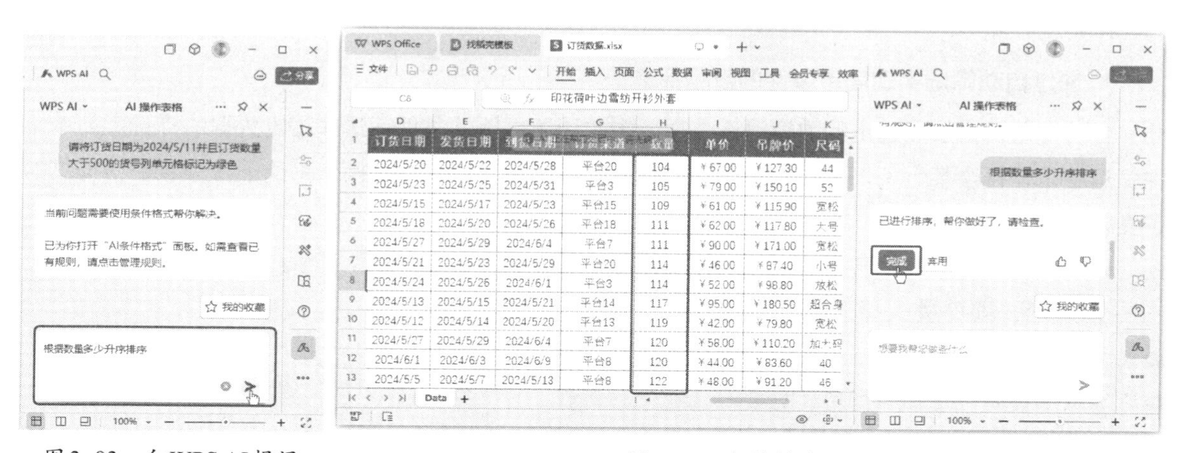

图3-93　向WPS AI提问

图3-94　智能排序效果

使用WPS AI针对多条件进行排序更合适，只需要输入一句话就可以完成传统排序方法中几步的操作。例如，要让订货数据根据订货日期的先后排序，如果订货日期相同，继续根据发货日期和到货日期的先后来进行多条件排序，使用传统排序方法需要添加两个排序条件，并分别设置三个排序条件的具体排序方式，而使用WPS AI，只需要告诉它“根据订货日期、发货日期和到货日期的先后顺序排序”即可完成，如图3-95所示。

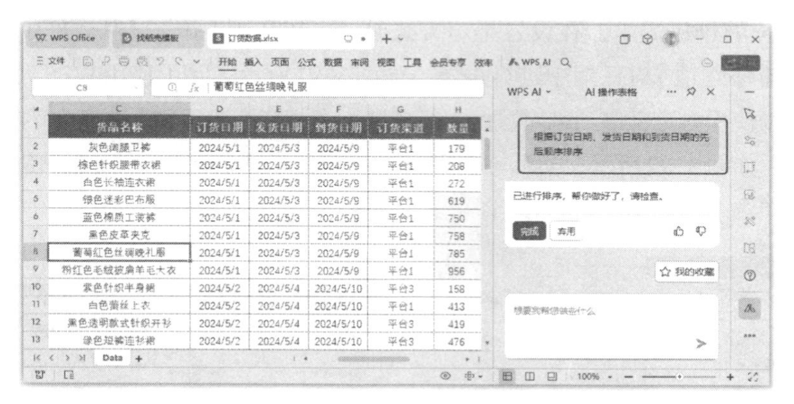

图3-95　让WPS AI针对多条件进行排序

在日常工作中，我们需要根据具体的排序需求来选择采用哪种方式进行操作。统一使用WPS AI来排序也是很快的，毕竟这一功能不仅适用于简单的数据表格，还适用于复杂的数据表格。只是，如果表格中有很多公式产生的数据，使用WPS AI来排序时，记得仔细检查，避免出错。

3.3.3 智能筛选：智能筛选数据，便于数据筛选和分析

在管理表格数据时，将符合条件的数据显示出来，不符合条件的数据隐藏起来，更便于查看重要的数据。这就需要掌握数据筛选的相关知识。在WPS表格中，用户可以根据实际需要选择筛选的具体实现方式。

1. 通过自动筛选实现简单条件的数据筛选

自动筛选是指按照选定的内容筛选数据，主要用于简单的条件筛选和指定数据的筛选。简单条件筛选就是将符合某个条件或某几个条件的数据筛选出来，一般通过操作筛选下拉列表框中提供的各复选框即可完成。

单击【数据】选项卡中的【筛选】按钮，如图3-96所示，即可进入筛选状态。此时只要单击需要进行筛选的字段右侧的下拉按钮，然后在弹出的下拉列表框中设置筛选项目即可，想要筛选哪些项目就选中对应的复选框。WPS表格还提供了仅筛选此项功能，单击某复选框后面的【仅筛选此项】命令，就可以快速筛选仅符合该筛选条件的数据，如图3-97所示。

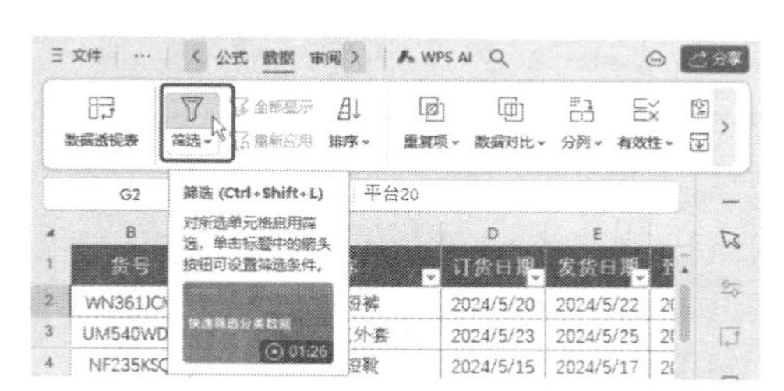

图3-96　单击【筛选】按钮

例如，仅对订货数据中的平台10数据进行筛选，就单击“订货渠道”字段右侧的下拉按钮，然后在弹出的下拉列表框中单击“平台10”复选框后面的【仅筛选此项】命令，筛选完成后的效果如图3-98所示，可以看到其中只显示出了符合筛选条件的数据，且“订货渠道”字段右侧的下拉按钮变为了▣，表示“订货渠道”为当前数据区域的筛选条件。

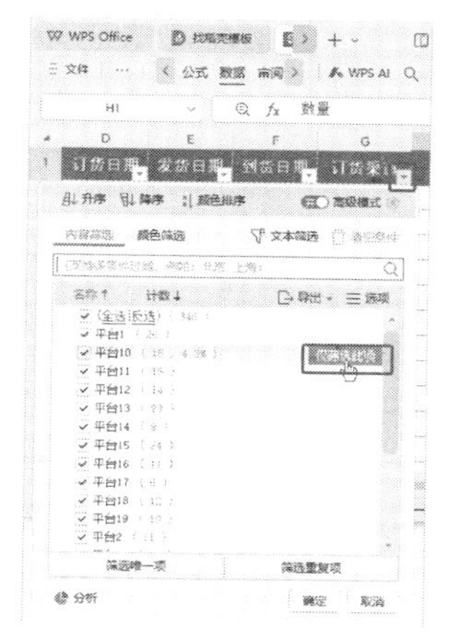
图 3-97　仅筛选此项

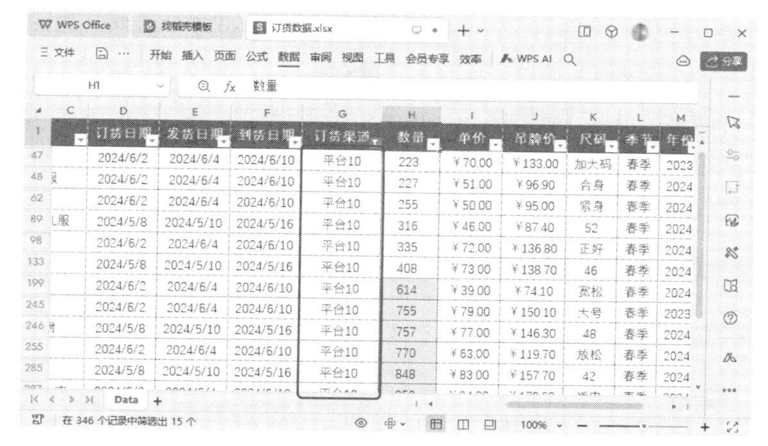
图 3-98　查看数据筛选效果

知识拓展： 筛选下拉列表框中，每个项目后面显示了该项目的统计个数，方便用户一目了然地看到数据的整体情况，同时还支持导出计数。

如果要对同一列数据进行多条件筛选，可以在筛选下拉列表框中选中需要筛选项目前的复选框，然后单击【确定】按钮。如果要在多列数据中设置筛选条件，可按顺序多次进行类似的操作。

除了简单的内容筛选，WPS 表格还支持按不同数据类型的数据特征进行筛选。

在筛选下拉列表框中，不同数据类型的字段所能够使用的筛选选项也不同。对于文本型数据字段，将显示【文本筛选】的相关选项，如图 3-99 所示；对于数字型数据字段，将显示【数字筛选】的相关选项，如图 3-100 所示；对于日期型数据字段，将显示【日期筛选】的相关选项，如图 3-101 所示。

图 3-99 【文本筛选】的相关选项

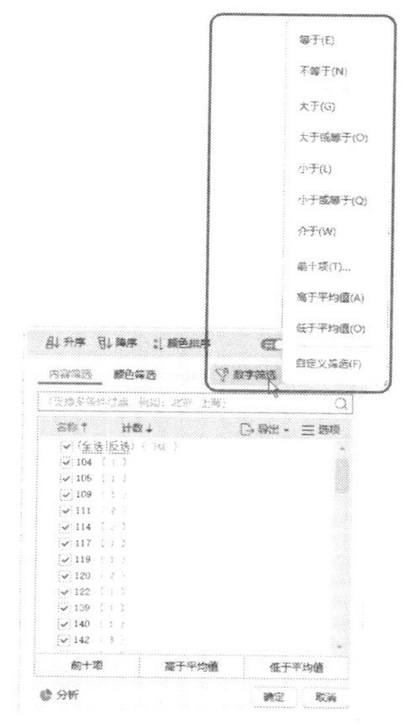
图 3-100 【数字筛选】的相关选项

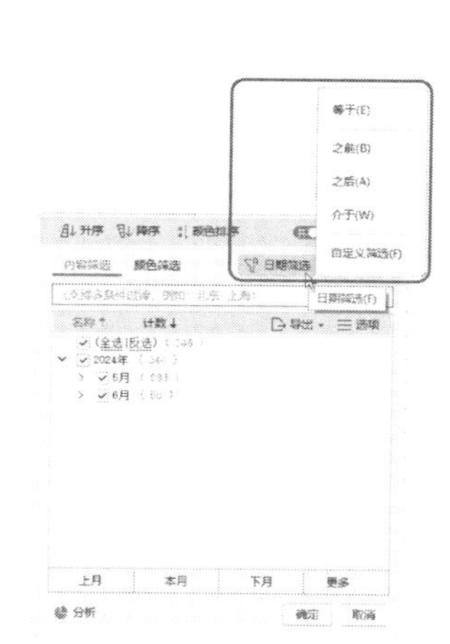
图 3-101 【日期筛选】的相关选项

这些选项最终都将打开【自定义自动筛选方式】对话框，如图3-102所示，通过选择逻辑条件和输入具体条件值，即可完成自定义筛选。在该对话框中设置的条件不区分字母大小写。可以在【自定义自动筛选方式】对话框和筛选下拉列表框的搜索框中使用通配符进行模糊筛选，“?”匹配任意单个字符，“*”匹配任意多个连续字符（可以为0个），筛选问号或星号本身需在字符前输入“~”。通配符仅能用于文本型数据，对数字和日期型数据无效。

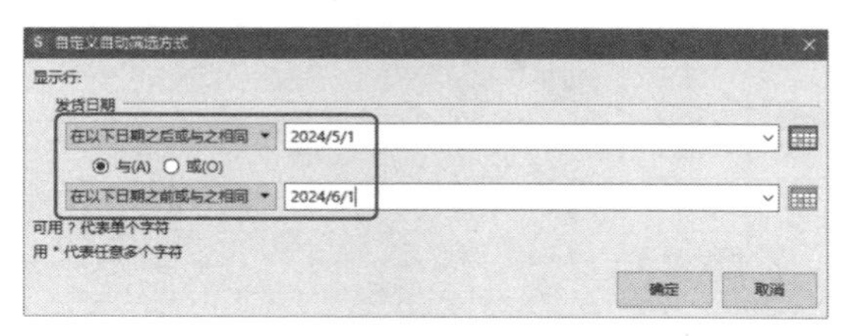

图3-102 【自定义自动筛选方式】对话框

> **知识拓展：** 若设置了单元格背景颜色、字体颜色或条件格式等格式，还可以按照颜色对数据进行筛选。只需要在筛选下拉列表框中单击【颜色筛选】按钮，然后在下方的列表框中选择要筛选的颜色即可。

2. 通过快捷筛选命令快速实现数据的筛选

如果仅需要按单条件筛选表格数据，还可以先在表格中选择任意符合筛选条件的单元格，然后单击【数据】选项卡中的【筛选】下拉按钮，在弹出的下拉列表中选择【快捷筛选】选项。例如，筛选订货数据中的平台10数据，如图3-103所示。

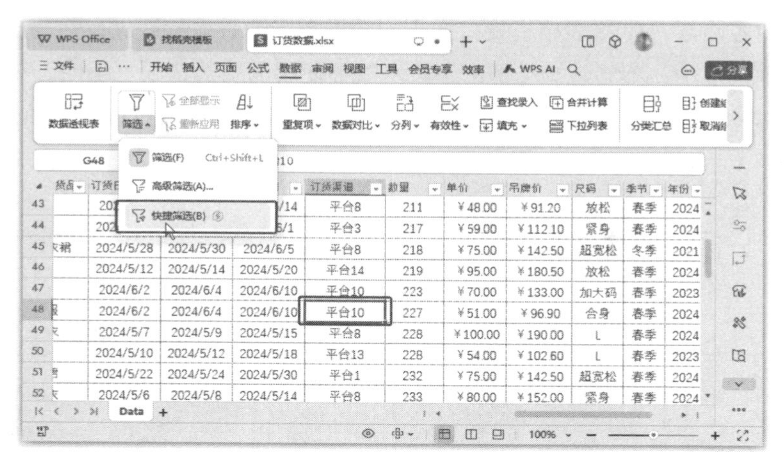

图3-103 筛选订货数据中的平台10数据

3. 通过高级筛选命令实现复杂条件的数据筛选

高级筛选功能是自动筛选的进阶，可以将自动筛选的定制条件改为自定义设置，功能更加灵活。在实际工作中遇到需要筛选的数据区域中数据信息很多，又要针对多个条件进行一次性筛选的情况时，使用高级筛选将提高工作效率。例如，要在订货数据中筛选出2024/5/10发货的通过平台10订货且数量超过500的数据时，使用高级筛选的操作方法如下。

第1步 在空白单元格区域建立一个输入筛选约束条件的区域，在其中输入字段名和筛选的条件，注意输入的字段名应该与数据区域的字段名相同。在【筛选】下拉列表中选择【高级筛选】

选项，如图3-104所示。

第2步 打开【高级筛选】对话框，在【列表区域】输入框中引用工作表中的数据区域，在【条件区域】输入框中引用刚刚创建的筛选约束条件区域，单击【确定】按钮，如图3-105所示。

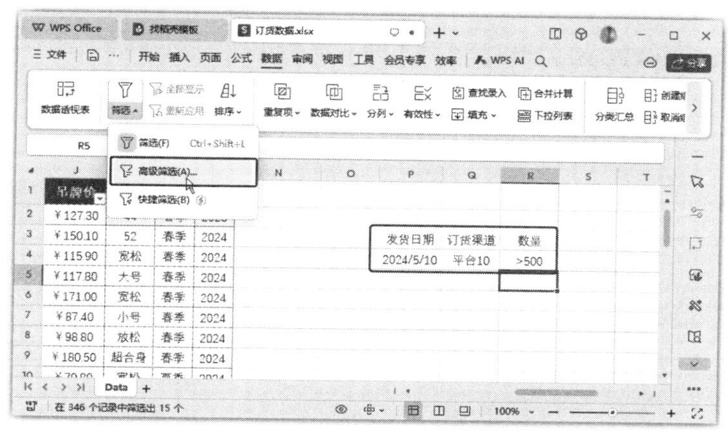

图3-104 选择【高级筛选】选项

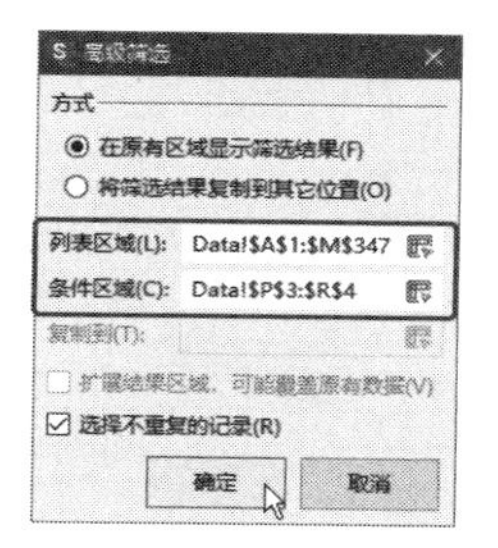

图3-105 设置筛选条件

第3步 返回工作表，即可看到筛选结果，如图3-106所示。

	货号	货品名称	订货日期	发货日期	到货日期	订货渠道	数量	单
246	DJ381EXQ	白色清新碎花连衣裙	2024/5/8	2024/5/10	2024/5/16	平台10	757	¥77
285	ZR713NSC	谷绿色提花半身裙	2024/5/8	2024/5/10	2024/5/16	平台10	848	¥83
306	IY377NCZ	浅灰色小脚休闲裤	2024/5/8	2024/5/10	2024/5/16	平台10	905	¥73
327	PS400KYT	玫瑰红色拼接针织衫外套	2024/5/8	2024/5/10	2024/5/16	平台10	960	¥52
331	PU886DKT	蓝色丝绒短袖上衣	2024/5/8	2024/5/10	2024/5/16	平台10	970	¥85

在 346 个记录中筛选出 5 个

图3-106 查看筛选结果

通过高级筛选功能还可以在筛选的同时对工作表中的数据进行过滤，保证字段或工作表中没有重复的数据项。只要在【高级筛选】对话框中选中【选择不重复的记录】复选框即可。

知识拓展： 创建筛选约束条件区域时，标题行下方为筛选条件值的描述区，可以设置多个筛选条件，筛选条件遵循“同行为与、异行为或”，即同一行之间为AND连接的条件（交集），不同行之间为OR连接的条件（并集）。筛选条件行允许使用带比较运算符（=、>、<、>=、<=、<>）的表达式（如“>100”）。

4. 通过WPS AI实现智能筛选

WPS AI的智能筛选功能能够根据用户设定的条件，自动筛选出符合条件的数据，从而大大减少了手动筛选的烦琐操作。智能筛选功能不仅提高了工作效率，还使得数据分析更加精确和有针对性。

例如，要从订货数据中筛选出通过平台20订货的连衣裙的数据，无须逐一手动勾选。在WPS AI对话框中输入需求描述即可，具体操作步骤如下。

第1步 在数据区域中选择任意单元格，单击【数据】选项卡下的【筛选】按钮，如图3-107所示，即可清除筛选状态，显示出所有数据。

第2步 单击选项卡最右侧的【WPS AI】按钮，在弹出的下拉菜单中选择【AI操作表格】命令，然后在WPS AI对话框中单击并选择【筛选排序】选项，如图3-108所示。

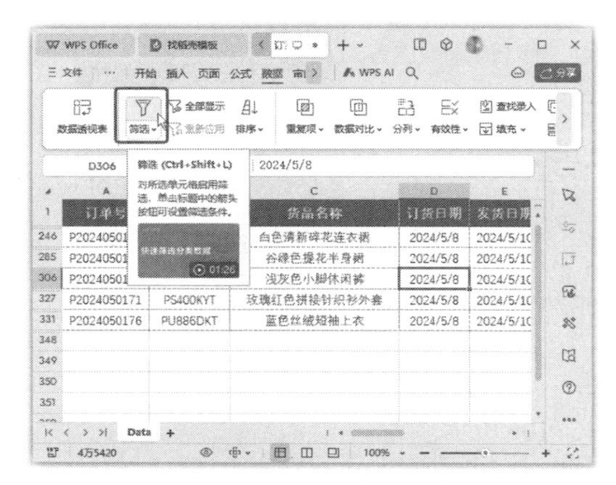

图3-107 清除筛选状态

图3-108 选择【筛选排序】选项

知识拓展： 筛选数据后，如果需要重新显示出工作表中被隐藏的数据，同时退出筛选状态，还可以单击【数据】选项卡中的【全部显示】按钮。如果只想清空某字段的筛选状态，可以单击筛选字段右侧的按钮，在弹出的下拉列表框中单击【清空条件】按钮。

第3步 根据筛选需求输入"筛选货品名称中包含'连衣裙'，订货渠道为'平台20'的数据"，单击【发送】按钮，如图3-109所示。

第4步 稍后就可以看到智能筛选后的效果，如图3-110所示，单击【完成】按钮应用筛选即可。

图3-109 向WPS AI发送筛选指令

图3-110 查看并应用智能筛选

3.3.4　智能分类：自动分类数据，便于数据管理和分析

随着大数据时代的来临，我们每天都需要处理大量的数据，这些数据种类繁多，来源广泛，如果没有进行有效的分类和管理，将很难进行数据分析和挖掘。合理地使用WPS表格中的分类功能就可以帮助我们解决这个问题。

利用WPS表格中的分类汇总功能，可以将表格中的数据按指定字段和项目进行分类，然后再对性质相同的数据自动汇总计算并插入小计和合计，分类汇总的结果将分级显示，即以类似目录树的结构显示不同层次级别的数据，可以展开某个级别以查看明细数据，也可以收起某个级别只查看该级别的汇总数据，更便于用户查找数据。

为了达到预期的效果，在进行分类汇总前，应先以需要进行分类汇总的字段为关键字进行排序，方便将同类数据排列在相邻的行中。例如，在订货数据中，要分类汇总各订货渠道的销售总量，具体操作步骤如下。

第1步 单击【数据】选项卡下的【全部显示】按钮，显示出所有数据。再选择要作为分类依据的“订货渠道”列中的任意单元格，单击【排序】按钮，如图3-111所示，可将“订货渠道”列按升序排序，这里按降序排序也可以，主要是让同类数据排列在相邻的行中。

第2步 单击【数据】选项卡中的【分类汇总】按钮，在打开的【分类汇总】对话框的【分类字段】下拉列表中选择【订货渠道】选项，在【汇总方式】下拉列表中选择【求和】选项，在【选定汇总项】列表框中选中要汇总数据的【数量】复选框，单击【确定】按钮，如图3-112所示。

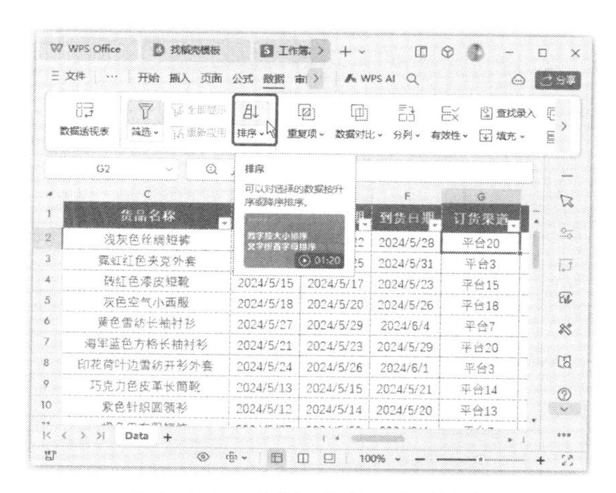

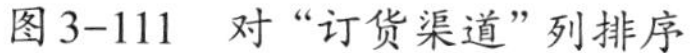
图3-111　对“订货渠道”列排序

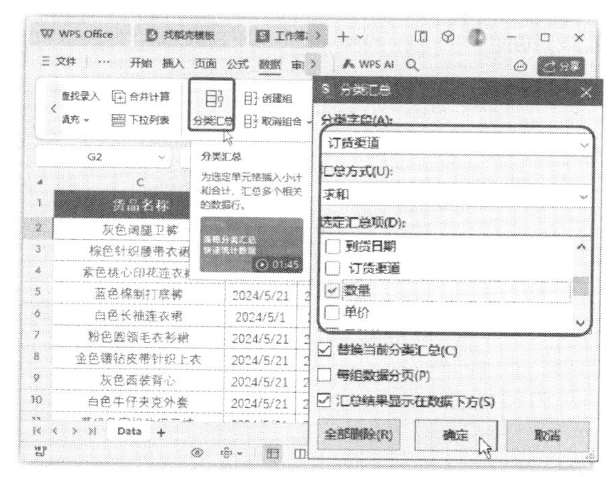

图3-112　设置分类汇总条件

第3步 返回工作表，即可看到表中的数据按照设置进行了分类汇总，并分组显示出分类汇总的数据信息，如图3-113所示。

第4步 在分类汇总页面数据区域的左侧还有一个操作区，显示着一些分级显示按钮 - ，单击这些按钮可以隐藏相应的汇总数据，同时按钮会变成 + 形状，而单击 + 按钮即可重新显示其控制的汇总数据。操作区的顶部还显示了一行数据等级按钮 1 2 3 4 ，它们将分类汇总结果自动分

为几个等级，如本例分为3级，若单击 2 按钮，数据区域中将只显示前两级分类汇总的结果，如图3-114所示。

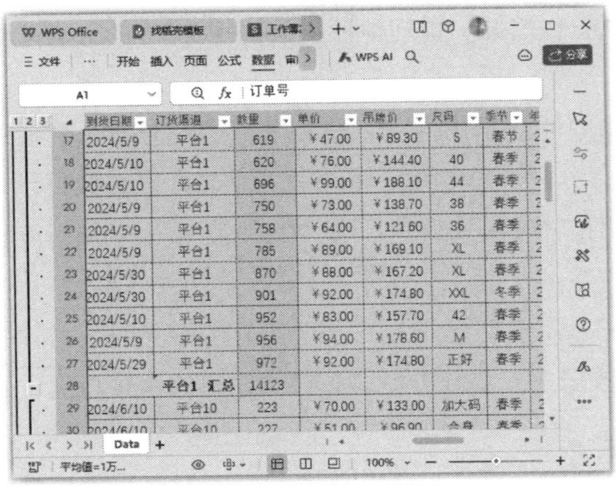

图3-113　查看分类汇总结果

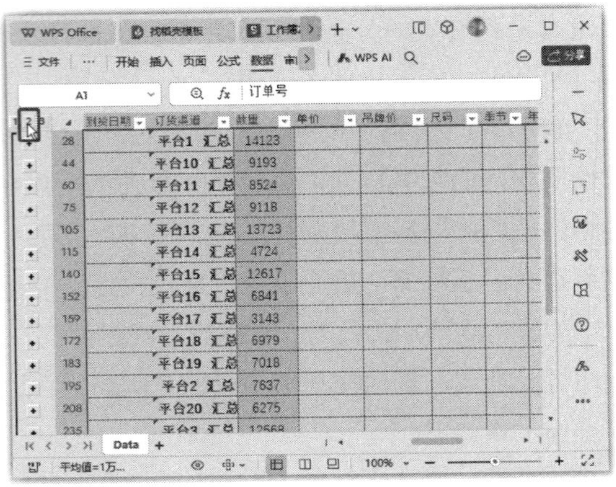

图3-114　前两级分类汇总结果

如果想对表格中的多列进行分类，并计算各分类数据的汇总值，可通过嵌套分类汇总的方式实现。在分类汇总前仍然需要对关键字段进行排序，而且需要按分类汇总的先后顺序对数据进行多条件排序，然后依次执行分类汇总，只是在执行非第一次的分类汇总时，要在【分类汇总】对话框中取消勾选【替换当前分类汇总】复选框，这样得到的分类汇总结果才是嵌套的，否则会替换上一次的分类汇总结果。

例如，在订货数据中，要分类汇总各订货渠道的不同年份产品的销售总量。可以先以【订货渠道】为主要关键字、【年份】为次要关键字进行排序，排序条件如图3-115所示。然后按图3-116所示设置第一层级的分类汇总条件，针对订货渠道进行分类汇总。接着按如图3-117所示设置第二层级的分类汇总条件，针对年份进行分类汇总。返回工作表，即可看到数据区域的嵌套汇总结果，在各订货渠道汇总数据中还对不同年份的总销售量数据进行了汇总。为了方便查看，可以单击 3 按钮，如图3-118所示，这样汇总数据的层级关系就更清楚了。

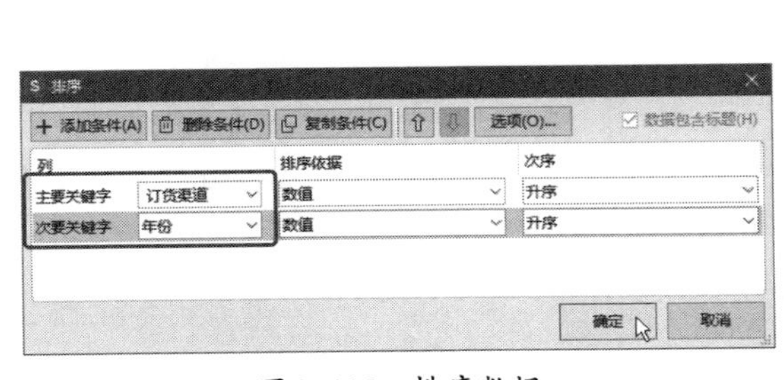

图3-115　排序数据

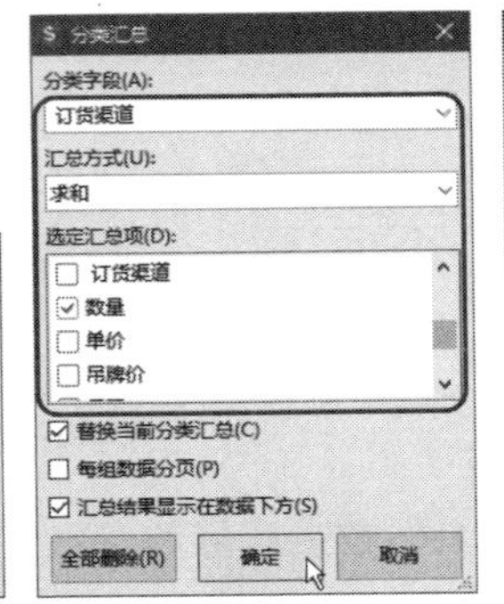

图3-116　设置第一层级的分类汇总条件

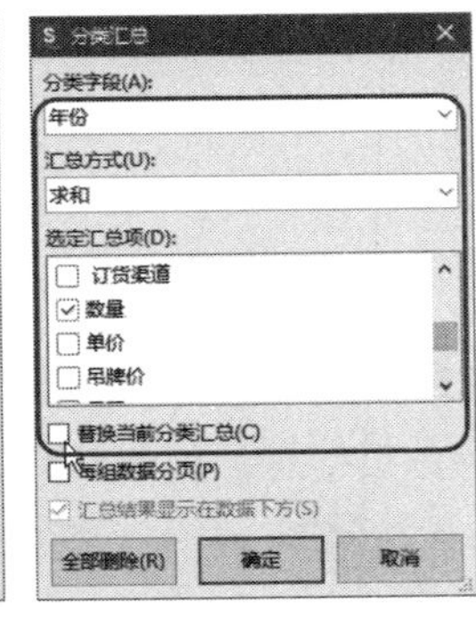

图3-117　设置第二层级的分类汇总条件

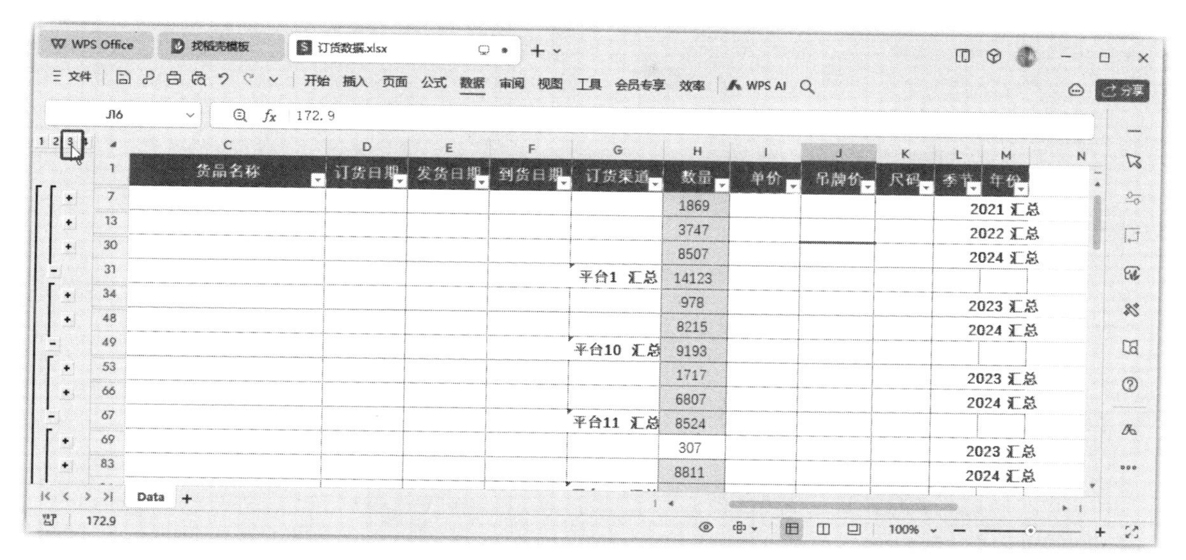

图 3-118　查看最终嵌套汇总结果

> 知识拓展：如果要删除分类汇总，选择数据区域中的任意单元格，打开【分类汇总】对话框，单击【全部删除】按钮即可。

3.4 图表生成与美化

在数据分析与报告工作中，图表扮演着至关重要的角色。它们不仅能够直观地展示数据，还可以帮助用户更好地理解复杂的信息。使用WPS表格就可以根据数据创建图表，并根据用户的需求进行自定义设置。

WPS表格中内置了大量的图表类型，如柱形图、折线图、饼图、条形图、面积图、XY（散点图）、股价图和雷达图等。此外，WPS表格中提供了一些在线图表，都是设计好的图表模板，创建后修改数据源就可以快速得到专业的图表效果。

3.4.1 智能图表生成：利用 AI 技术快速生成各类图表

在WPS表格中，用户可以很轻松地创建各种类型的专业图表。如果清楚要创建的图表类型，在选择要创建为图表的数据区域后可以直接选择需要的图表类型。常见的图表类型都可以用这种方法来创建。

例如，要为员工业绩统计数据创建一个常见的柱形图，先选择要用来创建图表的部分单元格区域，然后单击【插入】选项卡中图表类型对应的按钮，这里单击【插入柱形图】按钮，在弹出的下拉列表中选择需要的柱形图样式，如图3-119所示，即可创建如图3-120所示的柱形图。

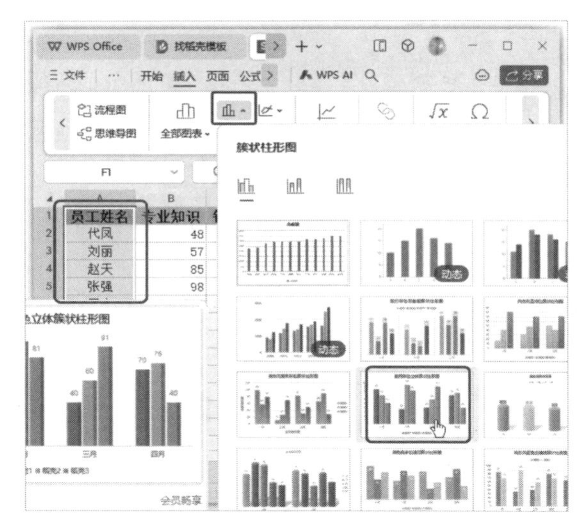

图 3-119 选择数据区域和图表样式

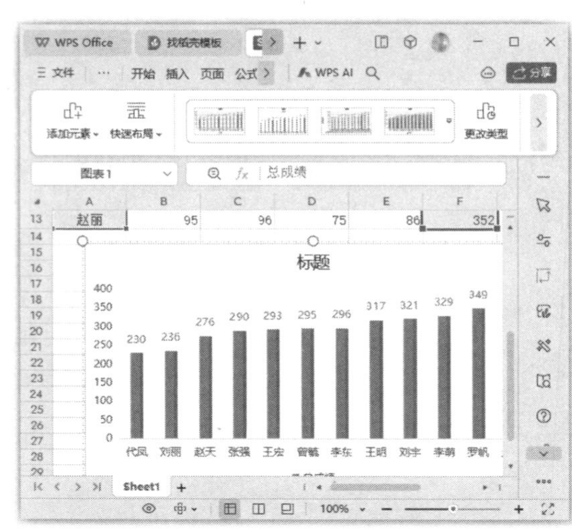

图 3-120 查看创建的图表

如果我们对图表类型的选择没有把握，可以单击【插入】选项卡中的【图表】按钮，如图3-121所示，然后在打开的【图表】对话框中选择不同的图表类型，在预览框中查看对应的图表效果，选择合适的图表类型进行创建。

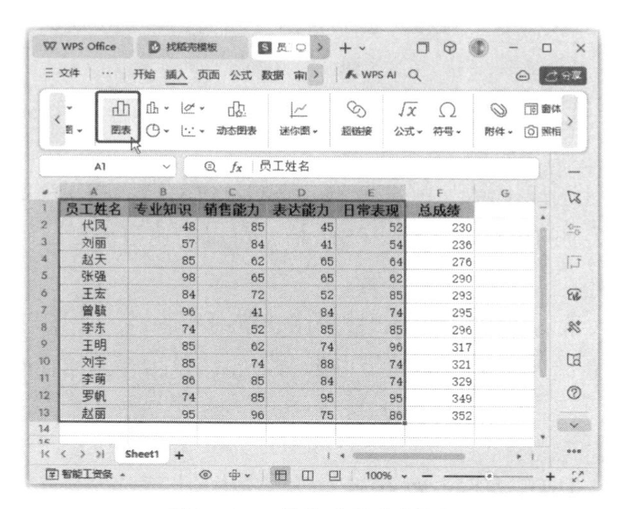

图 3-121 单击【图表】按钮

知识拓展： 在选择创建图表的数据区域时，可以选择整个数据区域，也可以只选择部分数据区域（可以是连续的，也可以是不连续的）。在WPS表格中，默认的图表类型为簇状柱形图，选中用来创建图表的数据区域，然后按【Alt+F1】组合键，即可快速创建柱形图。

【图表】对话框中提供了一个名为【智能推荐】的选项卡，该选项卡中会根据所选数据的类型和关系自动推荐合适的图表模板，并显示对应的图表效果预览图，如图3-122所示。这里的图表效果会根据所选数据的变化而自动更新。选择合适的图表模板就可以快速套用数据生成相应的图表了。

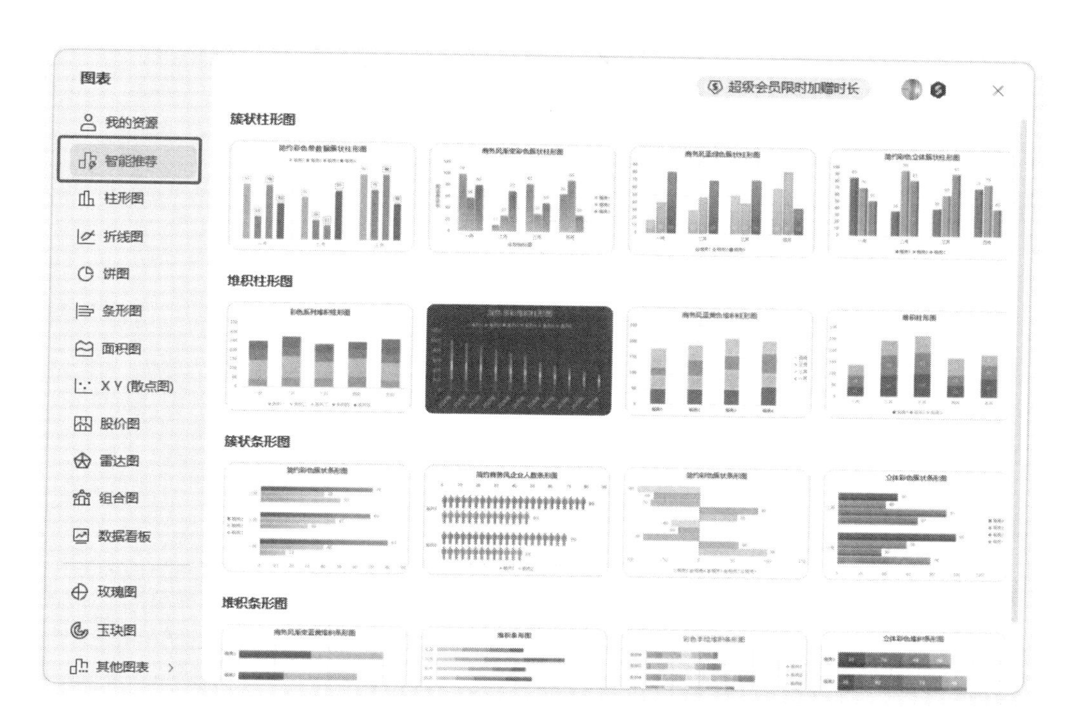

图 3-122 智能图表推荐

此外，还可以单击【插入】选项卡中的【动态图表】按钮，如图3-123所示，在打开的【动态图表】对话框中，可以根据自己的需求和数据特点选择合适的图表类型来展示数据，如图3-124所示。动态图表可以轻松地将数据转化为生动的图表，图表随着数据的变化而实时更新，如图3-125所示。

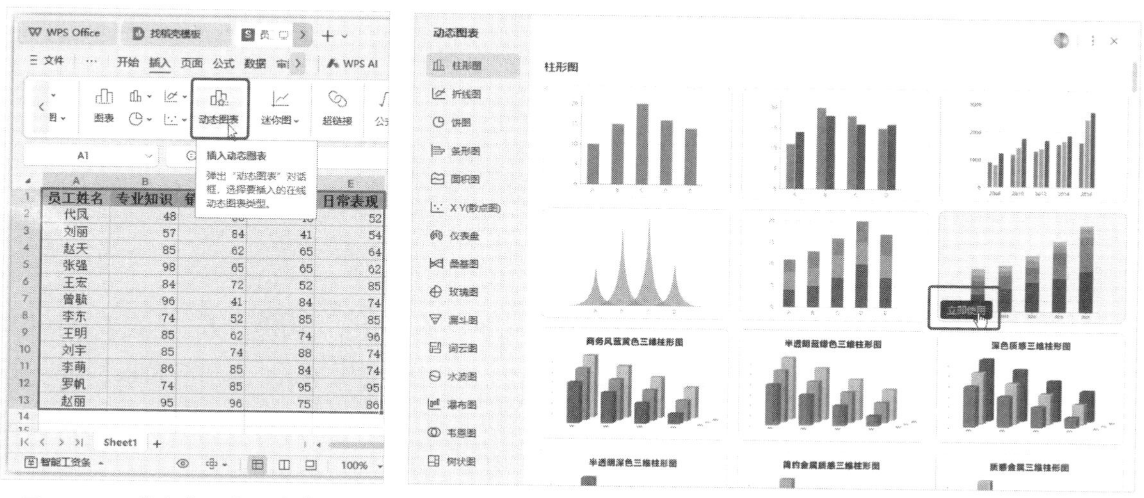

图 3-123 单击【动态图表】按钮

图 3-124 选择图表类型

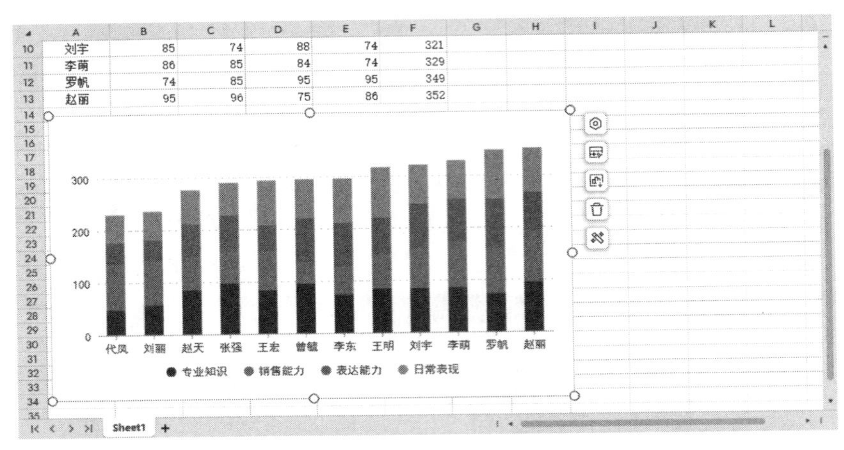

图 3–125 更新的动态图表效果

3.4.2 图表美化：美化图表，提升视觉效果

创建图表后，若发现表格中数据存在错误可及时更改或删除。需要注意的是，图表与单元格中的数据是同步的，即修改单元格中的数据，其图表上的图形也会同步发生变化。

如果发现数据源选择错误，可以在选择图表后，单击【图表工具】选项卡中的【选择数据】按钮，然后在打开的对话框中重新选择数据区域作为数据源，或者调整图表中的系列或类别，如图 3–126 所示，此时图表中的相应数据系列会自动发生变化。

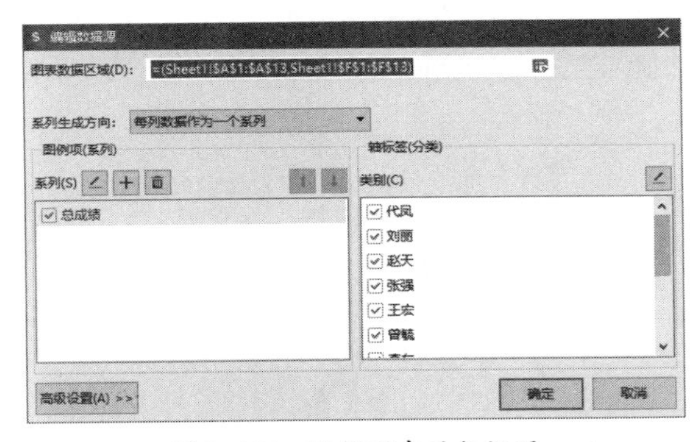

图 3–126 编辑图表的数据源

知识拓展： 创建图表后，若发现图表不能准确表现出数据关系，还可以单击【图表工具】选项卡中的【更改类型】按钮，然后在打开的对话框中更改图表的类型。具体操作与新建图表相同。

通过美化图表，可以使数据更加直观、生动，从而更好地吸引观者的注意力。在美化图表时，可以考虑调整图表的配色方案、字体大小和样式、数据标签的显示方式等。此外，还可以添加背景、边框和阴影等视觉效果来增强图表的吸引力。通过这些美化技巧，我们可以将枯燥的数据转化为富有吸引力和艺术性的图表，使观者更愿意深入了解和分析数据。

美化图表时，我们一般会先设计图表的整体效果，如改变图表类型、调整图表的配色方案、布局方式和图表样式等；然后根据需求确定图表的组成元素，并自定义图表各组成元素的效果，包括对显示方式、字体大小、线条粗细等。

1. 使用内置样式快速设置图表效果

通过WPS表格提供的内置图表样式，可以快速对图表进行美化。选择图表后，单击【图表工具】选项卡中的样式下拉按钮，在弹出的下拉列表中可以选择预设的系列配色和图表样式。单击右侧显示出的快捷按钮组中的【对象美化】按钮，在弹出的下拉列表中也可以选择需要的图表样式，如图3-127所示。

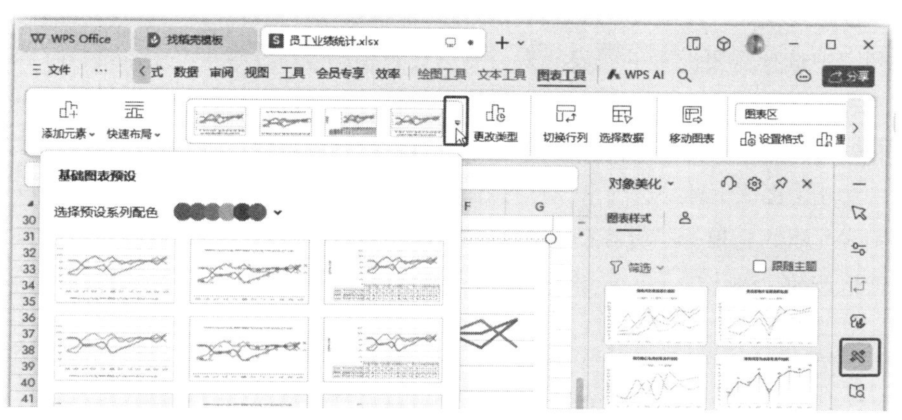

图3-127　内置的图表样式

通过WPS表格提供的内置布局样式，可以快速对图表进行布局。选择图表后，单击【图表工具】选项卡中的【快速布局】按钮，在弹出的下拉列表中可以选择需要的布局样式。在选择图表后，单击右侧显示出的快捷按钮组中的【图表元素】按钮，在弹出的下拉列表中单击【快速布局】选项卡，也可以选择布局样式，如图3-128所示。

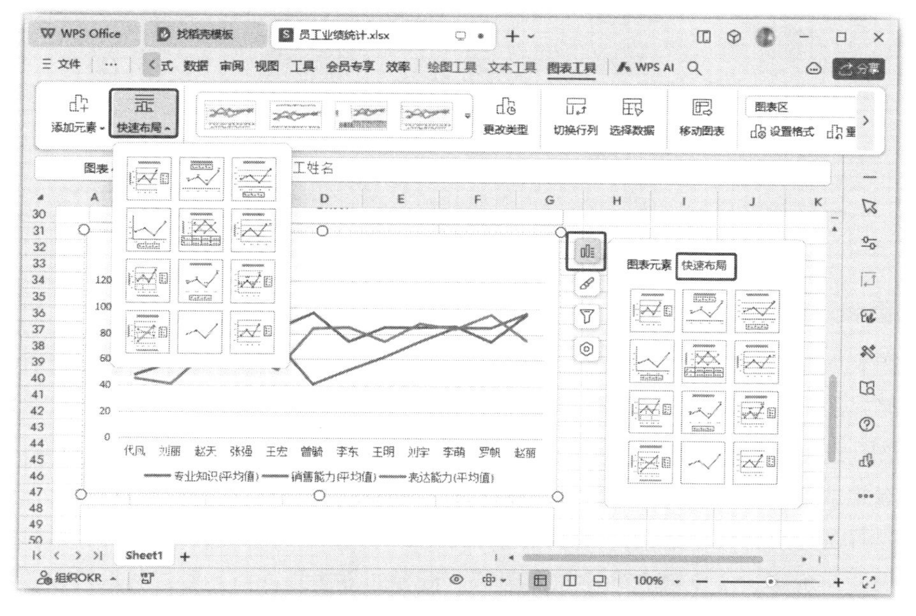

图3-128　内置的图表布局样式

2. 自定义图表布局

一个完整的图表通常包含图表标题、图例、数据标签、坐标轴和网格线等元素，但并不是每一个图表都必须显示出所有的图表元素，只有合理布局这些元素才能使图表更加美观。

创建图表后，用户可以根据需要对图表布局进行自定义设置。图表中的每一种元素（有些元素只在某些特定的图表类型中可用）都可以自定义显示或隐藏。自定义图表布局的方法主要有以下两种。

（1）通过选项卡布局图表元素：选中图表，单击【图表工具】选项卡中的【添加元素】按钮，在弹出的下拉列表中选择需要设置的图表元素，然后在弹出的下级子菜单中选择【无】选项隐藏当前图表元素，或者选择其他选项，设置该元素的显示效果或位置。

（2）使用快捷按钮布局图表元素：选中图表，单击右侧显示出的【图表元素】按钮，在弹出的下拉列表中单击【图表元素】选项卡，然后在下方勾选复选框即可添加图表元素，取消勾选复选框即可隐藏图表元素，将鼠标指针指向某个图表元素选项时，该选项将高亮显示并在其右侧出现下拉按钮，单击该按钮，弹出的下拉菜单中包含了更多的设置命令，如图3-129所示。

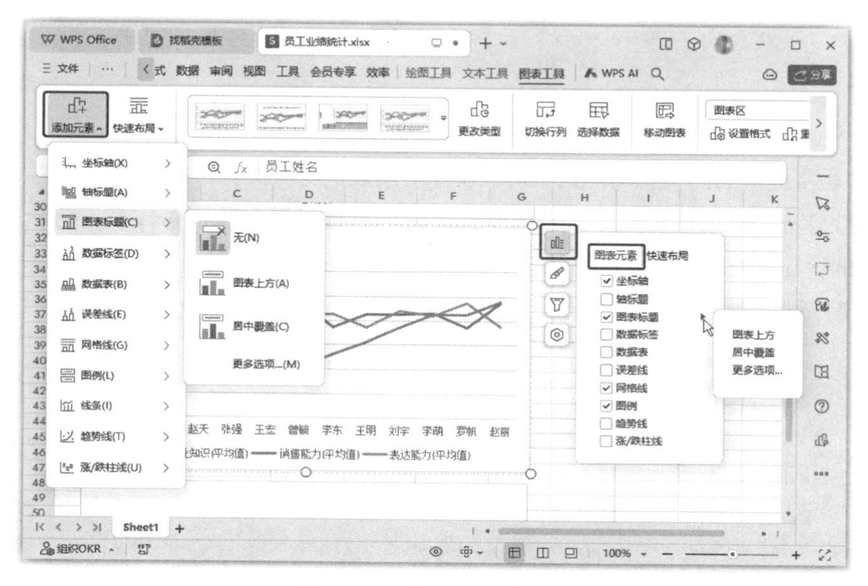

图3-129 自定义图表布局

3. 设置图表元素格式

调整好图表中要显示的图表元素后，还可以对各元素的格式进行设置，包括调整各元素的摆放位置、文字格式、形状格式等。

（1）调整图表元素的摆放位置：在自定义图表布局时可以选择图表元素的常规摆放位置，另外，图表中的所有组成元素还可以通过鼠标拖曳的方式来调整位置。

（2）设置图表元素的文字格式：对图表进行美化操作时，所有由文字组成的元素，都可以根据实际需要设置文字大小、文字颜色和字符间距等。设置的方法是选择元素，然后按设置普通文字格式的方法进行设置。

（3）设置图表元素的形状格式：图表中的图形也是可以设置形状格式的。选择元素，然后按设置普通图形的形状格式的方法进行设置即可。

（4）设置图表元素的其他属性：每一种图表元素都有专属的属性设置。虽然不同图表元素的属性可设置的具体内容不同，但基本都是在【属性】任务窗格中进行的。图3-130所示是设置图例属性的【属性】任务窗格，图3-131所示是设置坐标轴属性的【属性】任务窗格。

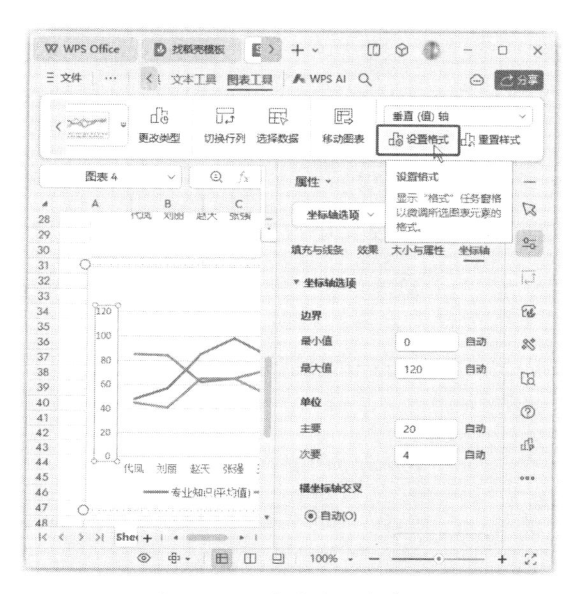

图3-130 设置图例的属性

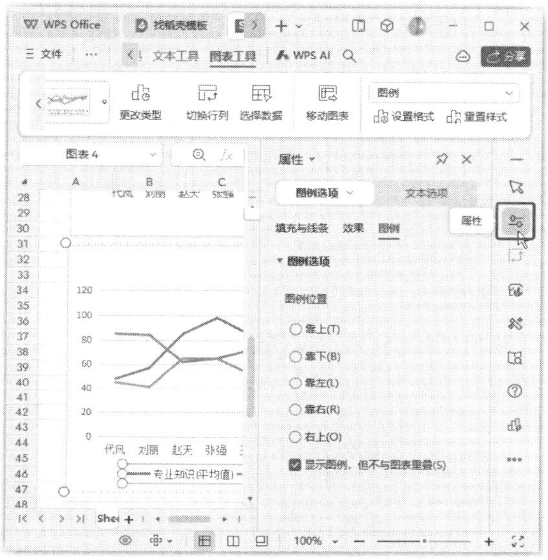

图3-131 设置坐标轴的属性

知识拓展：选择需要设置属性的图表元素，然后单击图表右侧显示出的【设置图表区域格式】按钮，或者单击窗口右侧侧边栏中的【属性】按钮，或者单击【图表工具】选项卡中的【设置格式】按钮，都可以显示出【属性】任务窗格。

选择图表后，在【图表工具】选项卡中的【添加元素】下拉列表中选择需要设置的图表元素，然后在弹出的下级子菜单中选择【更多选项】命令，或者单击图表右侧显示出的【图表元素】快捷按钮，在弹出的下拉列表中的【图表元素】选项卡中单击要设置的图表元素选项后的下拉按钮，在弹出的下拉菜单中选择【更多选项】命令，也可以显示出【属性】任务窗格。

选择需要设置属性的图表元素后在其上右击，在弹出的快捷菜单中选择【设置××格式】命令，同样可以显示出【属性】任务窗格。

3.5 数据透视表与数据透视图

数据透视表与数据透视图是数据分析中常用的工具，它们能够帮助用户从不同角度和层次快速整理和分析大量数据。

3.5.1 数据透视表：利用 AI 技术创建和编辑数据透视表，直观展示数据

数据透视表是一种基于数据透视技术的表格，它可以根据用户指定的行、列和值字段，将原始数据重新组织成易于理解和分析的表格形式。

一个完整的数据透视表主要由数据库、行字段、列字段、求值项和汇总项等部分组成，而其“透视”功能，以前主要通过【数据透视表字段】任务窗格实现，为数据透视表添加需要显示的字段时，系统会根据所选字段的名称和内容，自动判断将该字段以何种方式添加到数据透视表中，但默认的设置不一定适合实际分析需求，可以再用鼠标拖曳字段位置（如指定放置到行、列或报表筛选器）重新布局，变换出各种类型的报表。

下面用一个具体的例子来介绍数据透视表的创建，具体操作步骤如下。

第1步 打开“素材文件\第3章\网店销售数据.xlsx”，选择要作为数据透视表数据源的单元格区域中的任意单元格，单击【插入】选项卡中的【数据透视表】按钮，如图3-132所示。

第2步 打开【创建数据透视表】对话框，此时【请选择要分析的数据】栏中自动设置了所选单元格所处的整个数据区域。在【请选择放置数据透视表的位置】栏中选择数据透视表要放置的位置，这里选择【新工作表】单选按钮，单击【确定】按钮，如图3-133所示。

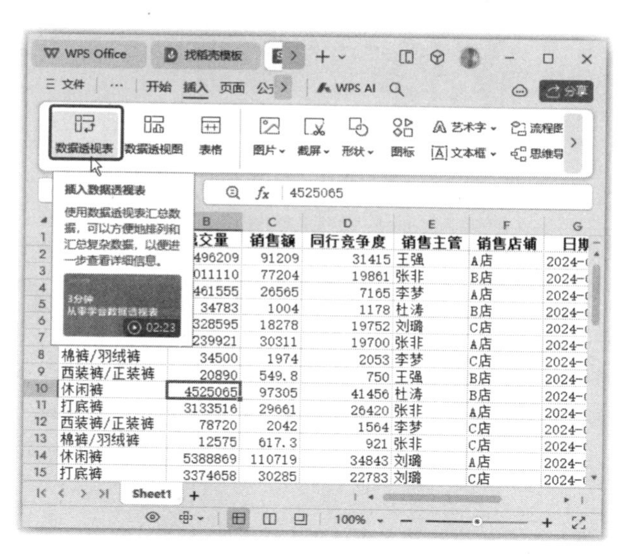

图3-132 单击【数据透视表】按钮

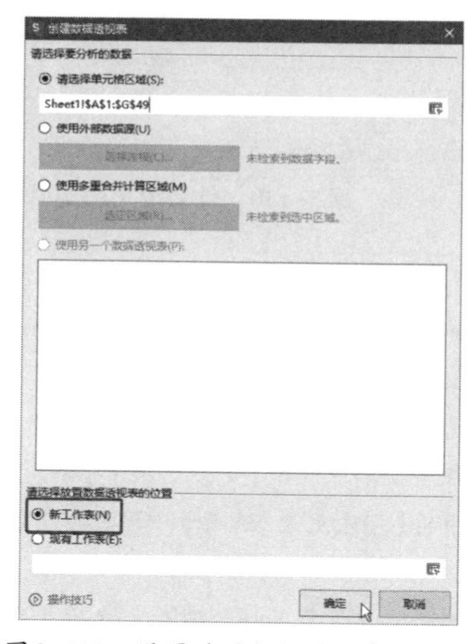

图3-133 设置放置数据透视表的位置

第3步 此时将在新工作表中创建一个空白数据透视表，并自动打开【数据透视表】任务窗格。在【字段列表】栏中的列表框中选择需要添加的字段，选中某字段名称的复选框，所选字段就会自动添加到数据透视表中，此时系统会根据字段的名称和内容，判断将该字段以何种方式添加到数据透视表中，这里选中如图3-134所示的复选框。

第4步 展开【数据透视表】任务窗格的【数据透视表区域】栏，选择【行】列表框中的【销售店铺】字段，按住鼠标左键并将其拖曳到【筛选器】列表框中后释放鼠标，如图3-135所示，即可

将【销售店铺】字段调整为筛选器，同时整个数据透视表的效果也会随之改变。完成数据透视表的创建后，在数据透视表外单击任意空白单元格，即可退出数据透视表的编辑状态。

图3-134 添加字段

图3-135 调整字段

> [!] **知识拓展：** 筛选器是一种大的分类依据和筛选条件，将一些字段放置到筛选器中，可以更加方便地查看数据。

从上面的操作过程中可以看出，使用传统方法创建数据透视表时，不仅要厘清数据透视表的透视规律，还要掌握排列数据和设置字段属性的方法，才能得到我们想要的透视结果。

现在，利用WPS AI就可以创建和编辑数据透视表了，用户可以轻松地对数据进行筛选、排序、分组和汇总，从而发现数据中的规律和趋势。此外，数据透视表还支持多种数据聚合方式，如求和、平均值、最大值、最小值等，以满足用户不同的分析需求。

下面通过WPS AI推出的智能分类功能来创建数据透视表，具体操作步骤如下。

第1步 打开“素材文件\第3章\订货数据（2）.xlsx”，单击选项卡最右侧的【WPS AI】按钮，在弹出的下拉菜单中选择【AI操作表格】命令，然后在WPS AI对话框中单击并选择【分类计算】选项，如图3-136所示。

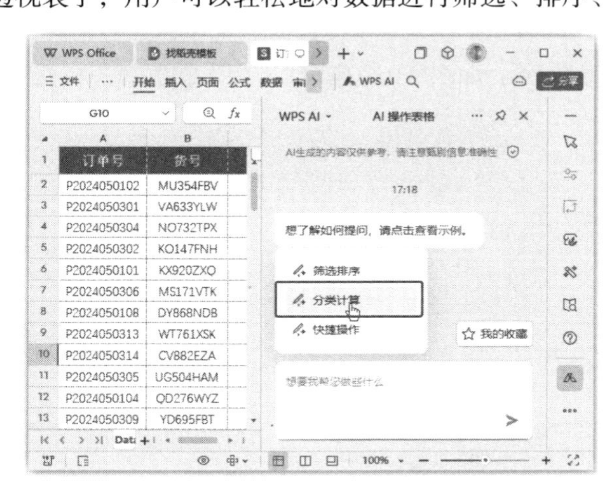

图3-136 选择【分类计算】选项

第2步 在WPS AI对话框中输入“分别统计各平台各月的总销量”，单击【发送】按钮 ➤ ，如图3-137所示。

> [!] **知识拓展：** 分类计算功能可以根据数据的属性、特征、来源等不同的标准进行分类，也可以自定义分类规则，让智能分类更加符合实际需求。

第3步 此时将在新工作表中创建图3-138所示的数据透视表，并自动打开【数据透视表】任务窗格。在【字段列表】栏中的列表框中可以看到当前选择的字段，在【数据透视表区域】栏中可以看到各字段的具体设置情况，如图3-139所示。

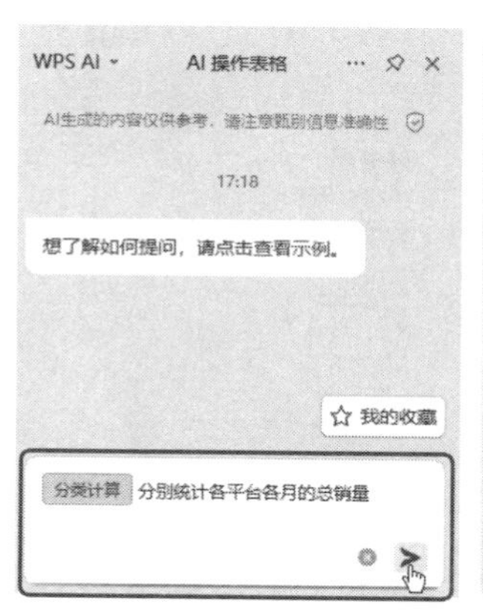

图3-137 向WPS AI发送指令

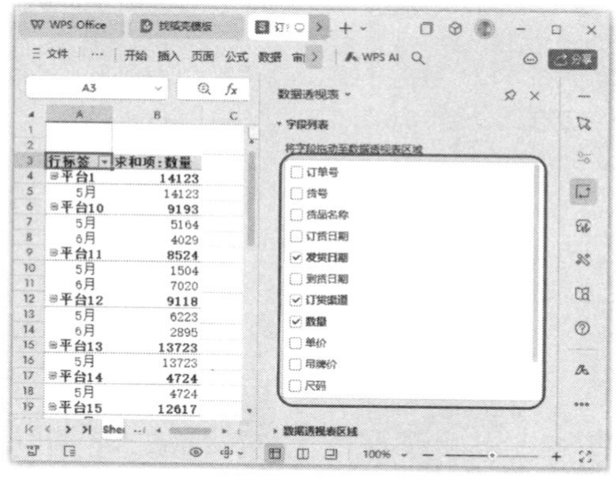

图3-138 查看创建的数据透视表

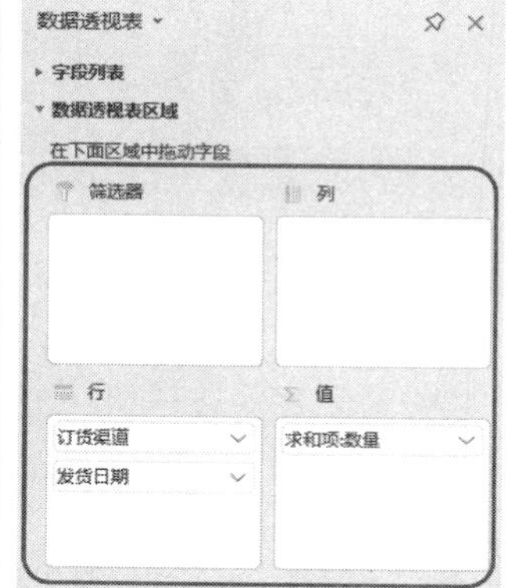

图3-139 查看各字段的具体设置情况

面对复杂的数据，WPS AI能进行分类统计，结果一目了然。其实，直接在WPS AI对话框中输入指令，也可以快速创建和编辑数据透视表。例如，要在网店销售数据中透视不同销售店铺各商品的成交量和销售额，具体操作步骤如下。

第1步 打开“素材文件\第3章\网店销售数据.xlsx”，选择数据源所在的Sheet1工作表，单击选项卡最右侧的【WPS AI】按钮，在弹出的下拉菜单中选择【AI操作表格】命令，然后在WPS AI对话框中输入“通过数据透视表，分析不同销售店铺各商品的成交量和销售额”，单击【发送】按钮 ➤，如图3-140所示。

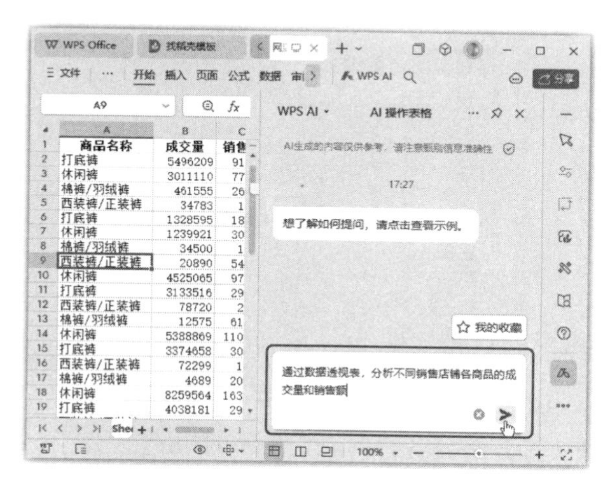

图3-140 向WPS AI发送指令

> **知识拓展：** 使用WPS AI创建和编辑数据透视表，可以使数据展示更加直观和清晰。用户可以通过调整发送给WPS AI的指令内容，或者在创建数据透视表后再进行简单的拖曳和设置操作，来调整数据透视表中的字段和布局、汇总方式，快速生成各种复杂的数据透视表，从而更好地挖掘数据中的潜在价值。

第2步 此时将在新工作表中创建图3-141所示的数据透视表，并自动打开【数据透视表】任务窗格。在【字段列表】栏中的列表框中可以看到当前选择的字段，在【数据透视表区域】栏中可以看到各字段的具体设置情况，如图3-142所示。

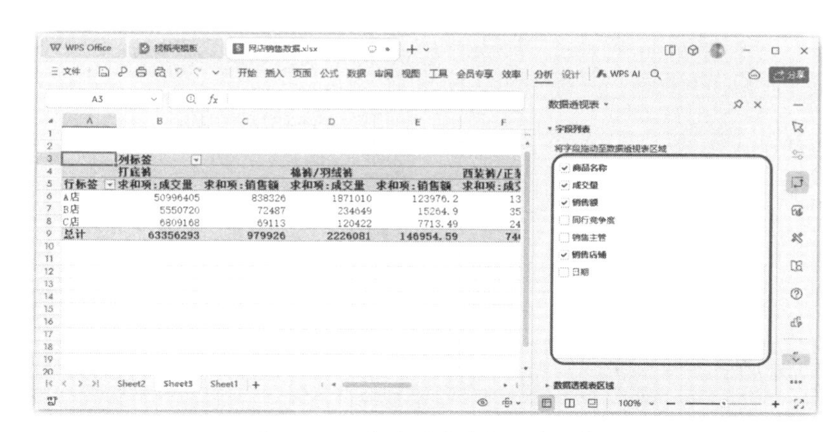

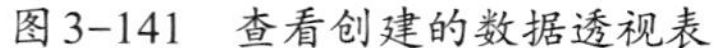
图3-141 查看创建的数据透视表

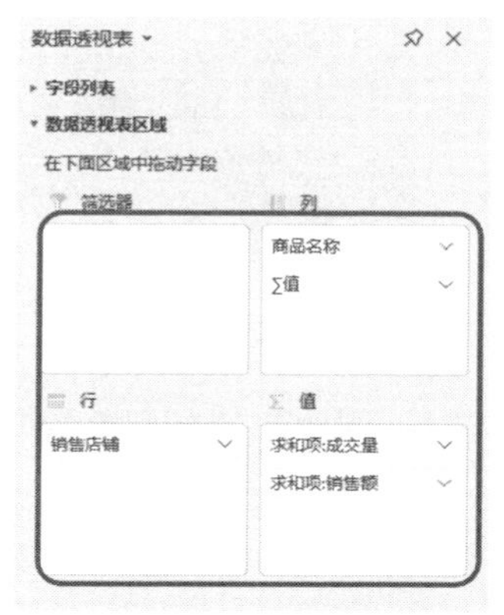

图3-142 查看各字段的具体设置情况

3.5.2 数据透视图：通过数据透视图更直观地展示数据

数据透视图是一种基于图表的数据分析工具，可以更直观地展示数据之间的关系和趋势。例如，用户可以使用柱状图、折线图或饼图等不同类型的图表来展示数据透视表中的数据。另外，和数据透视表一样，用户可以更改数据透视图的布局和显示的数据。这种可视化的展示方式不仅可以帮助用户更好地理解和分析数据，还可以增强报告的可读性和说服力。

单击【插入】选项卡中的【数据透视图】按钮，如图3-143所示，可以创建数据透视图，选择要分析的数据，并设置放置数据透视图的位置，如图3-144所示，然后添加需要显示的字段，并调整字段属性即可，如图3-145所示。

图3-143 单击【数据透视图】按钮

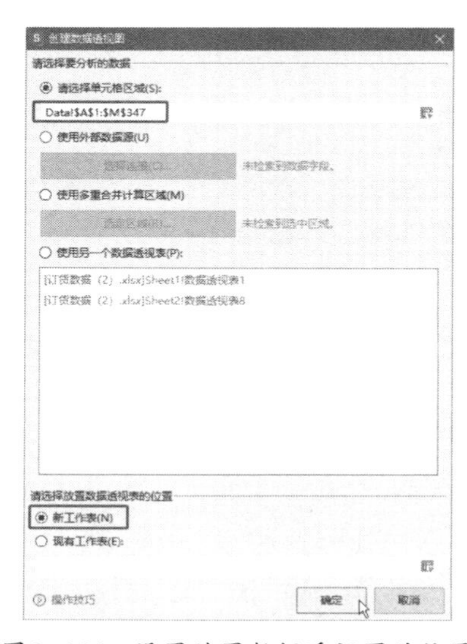

图3-144 设置放置数据透视图的位置

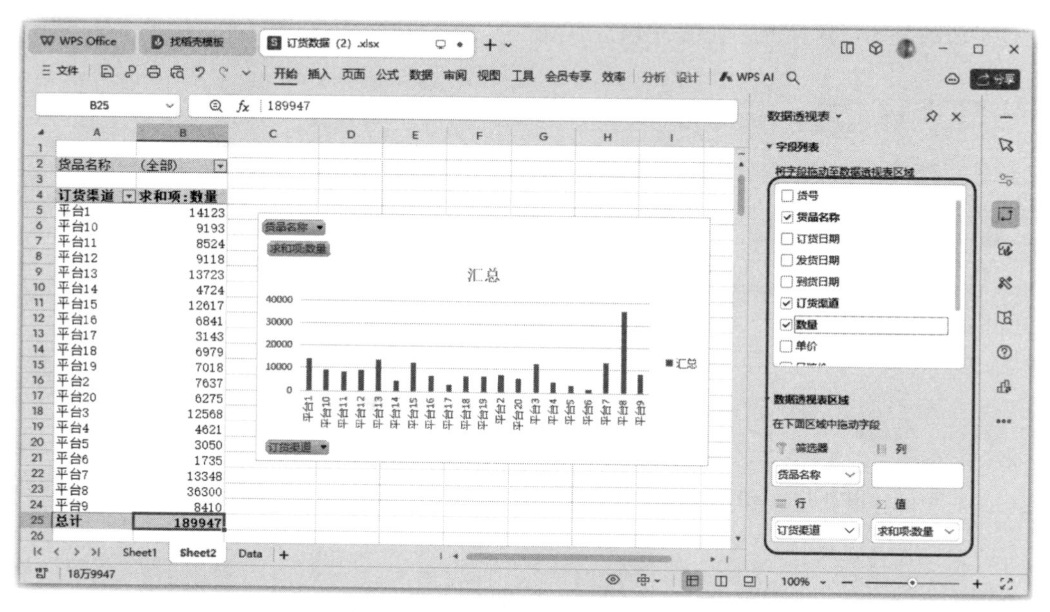

图 3-145　添加字段并调整字段属性

☐ **知识拓展：** 数据透视图中一般包含很多按钮，部分按钮右侧有一个下拉按钮▼，单击该按钮，即可在弹出的下拉列表中对该字段的数据进行筛选。

为了更直观地表达数据关系，可以利用现有的数据透视表创建对应的数据透视图。只需要先选择数据透视表中的任意单元格，单击【分析】选项卡中的【数据透视图】按钮，如图3-146所示，然后在打开的【图表】对话框中选择需要的图表类型并插入即可。

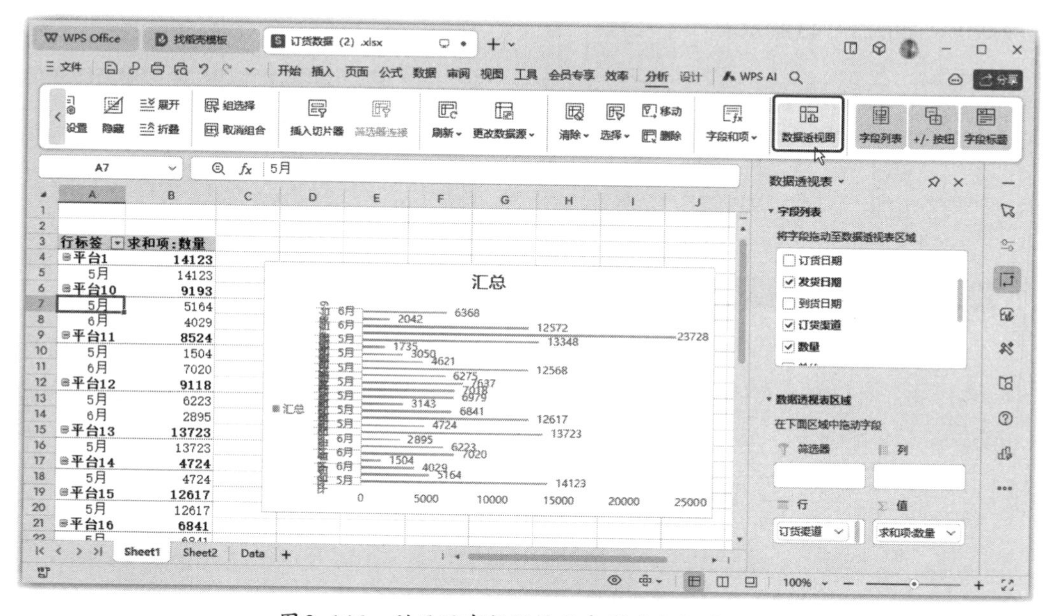

图 3-146　利用现有数据透视表创建数据透视图

3.6 数据的深度剖析

前面介绍的数据分析只是浅层分析，在数字化时代，数据是一种重要的资源，只有对大量数据进行深度剖析才可以更好地理解和利用这些数据。WPS AI在数据深度剖析方面主要提供了两个功能：数据智能分析和数据洞察分析。

3.6.1 数据智能分析：智能识别与深度分析，助力高效决策

智能分析主要是基于WPS表格的数据内容，通过智能算法帮助用户快速识别数据中的规律和趋势，提供数据洞察和决策支持。

智能分析功能的具体作用就是可以自动识别数据类型，并根据数据的特点，进行智能分类、推荐合适的图表类型、数据透视表、图谱等，帮助用户更好地理解和分析数据。例如，系统能够自动识别销售数据，并生成相应的柱状图、折线图等，让用户一眼看出数据的趋势和特点。

下面通过具体案例进行讲解，具体操作如下。

第1步 打开“素材文件\第3章\网店销售数据.xlsx”，选择要分析的数据所在的任意单元格，单击【数据】选项卡中的【智能分析】按钮，如图3-147所示。

第2步 在显示出的【数据解读】任务窗格中可以看到系统根据所选单元格所在的数据区域中的数据提供了多个图表解读方式，查看并选择需要的解读方式，单击下方的【插入】按钮，然后在弹出的下拉列表中选择【插入到新建工作表】选项，如图3-148所示。

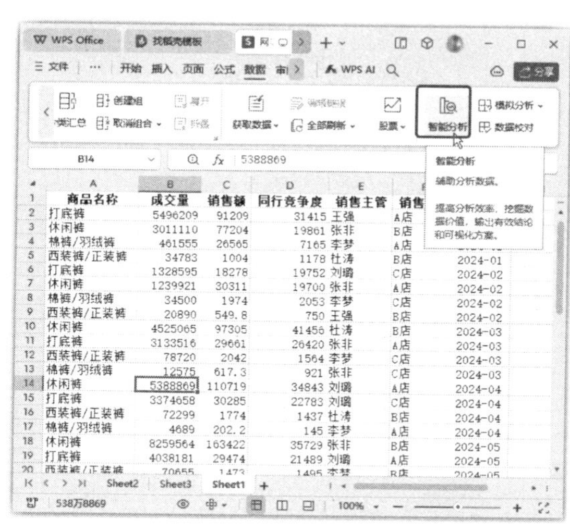

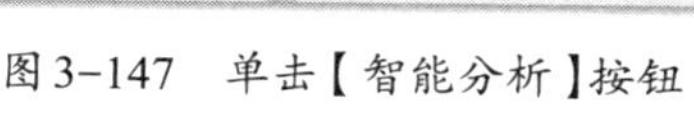

图3-147 单击【智能分析】按钮

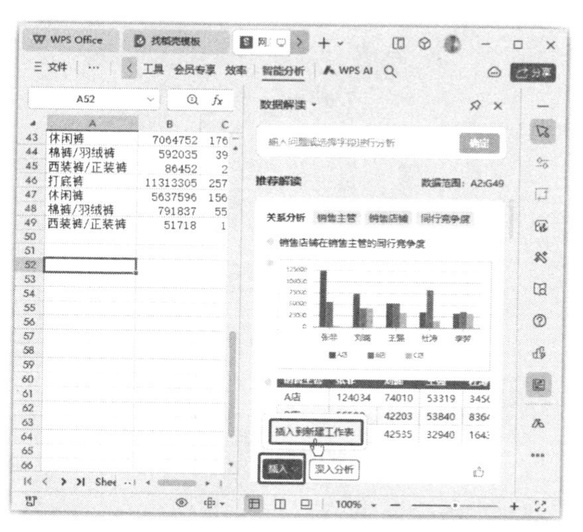

图3-148 选择需要的解读方式并插入工作表

第3步 稍后，我们就能看到新增的“关系分析”工作表，其中展示了所选解读方式的详细解读信息，如图3-149所示。

第4步 返回数据源表中，在【数据解读】任务窗格中单击感兴趣的图表或表格左侧的【点击

插入】按钮，即可在空白单元格中插入该图表，如图3-150所示。

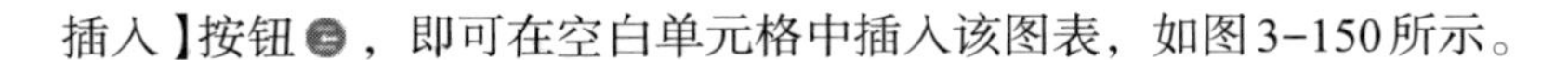

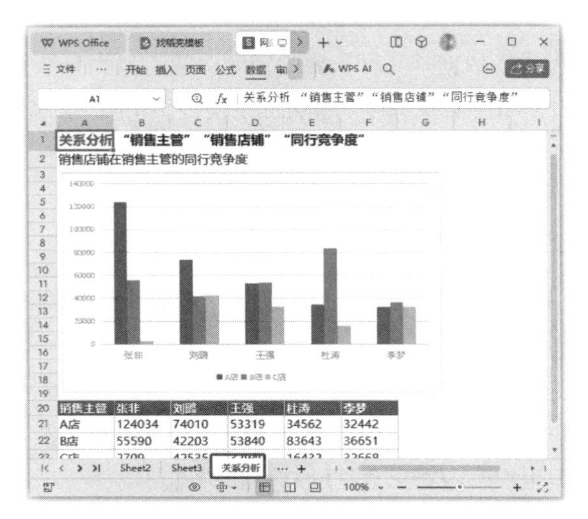

图3-149 查看新建的数据解读工作表

图3-150 插入感兴趣的图表

第5步 单击某个数据解读方式下方的【深入分析】按钮，如图3-151所示。

第6步 可以看到该数据解读方式的详细数据分析，在上方的列表框中单击，还可以重新选择要分析的字段，然后单击【确定】按钮，如图3-152所示。

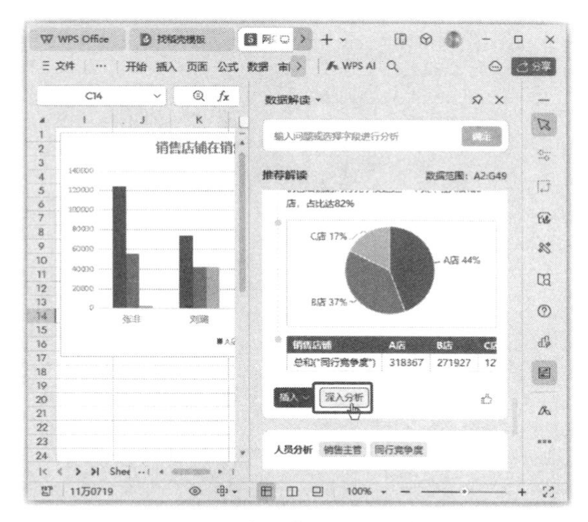

图3-151 单击【深入分析】按钮

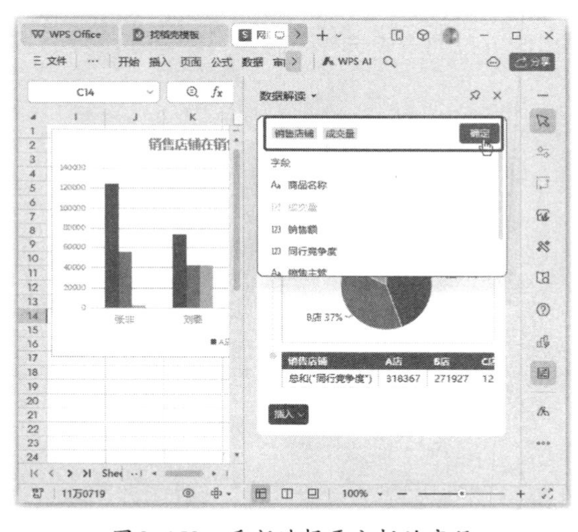

图3-152 重新选择要分析的字段

第7步 此时就可以看到根据新字段进行数据分析的结果了。单击【智能分析】选项卡中的【字段列表】按钮，如图3-153所示。

第8步 打开【字段列表】对话框，其中显示了目前包含的7个字段，单击上方的【添加字段】按钮可以添加其他字段。下方的部分字段名称右侧提供了一个 按钮，单击该按钮，可以在弹出的下拉列表中选择对该字段进行升序或降序排序。这里单击【商品名称】字段右侧的 按钮，然后选择【降序】选项，如图3-154所示。

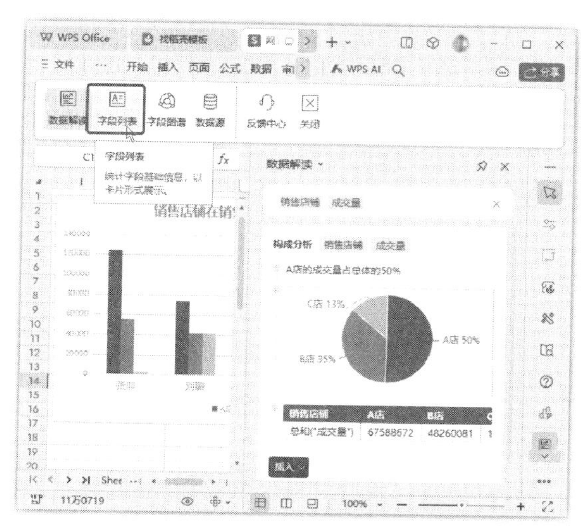

图3-153 单击【字段列表】按钮

> **知识拓展：** 智能分析功能涉及智能识别技术和深度分析技术。
>
> 智能识别技术可以自动识别数据中的关键信息，如从大量的文本数据中提取出关键词、主题、情感等信息。这些关键信息可以帮助我们更好地理解数据的内在含义，进一步挖掘数据的价值。
>
> 深度分析技术则是对数据进行更加深入的分析和挖掘，如通过时间序列分析、聚类分析、关联规则挖掘等方法，揭示数据之间的内在关系、趋势和规律。这些分析结果可以为我们的决策提供更为准确、全面的数据支持。

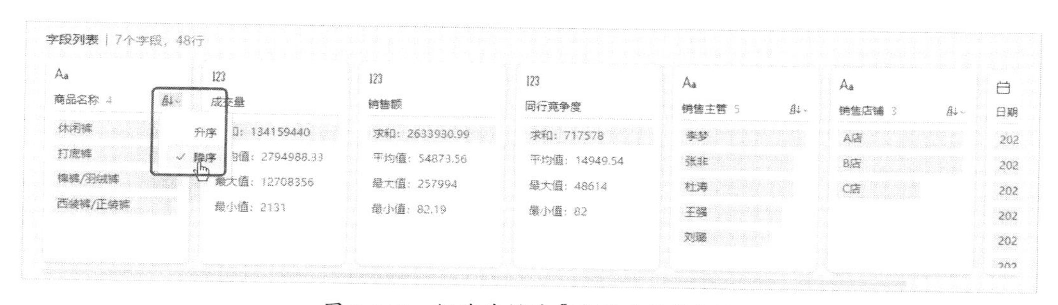

图3-154 按降序排序【商品名称】字段

第9步 根据需要分析的字段，单击对应字段的【添加字段】按钮，将其添加为分析字段，如图3-155所示。

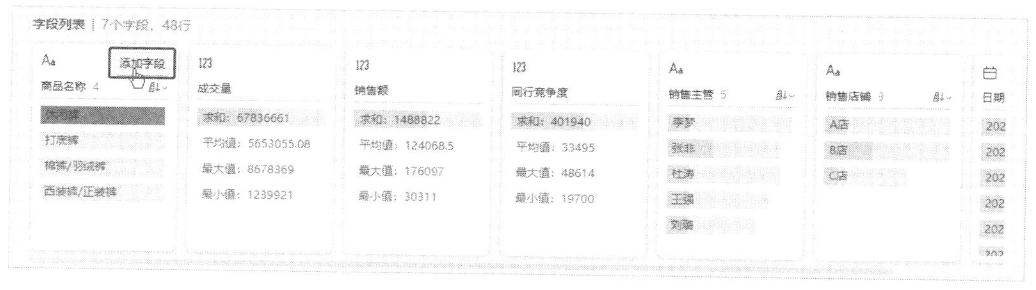

图3-155 添加分析字段

第10步 使用相同的方法，继续添加其他需要分析的字段，同时可以在上方看到目前所添加的字段的数据汇总效果和图表效果（有时候没有合适的图表推荐）。添加字段后会以默认的方式对数据进行汇总，如果需要对部分字段的汇总方式进行修改，可以在下方的字段列表中的对应字段中选择汇总方式选项。例如，这里在【成交量】和【销售额】字段中选择了【平均值】选项，如图3-156

所示。

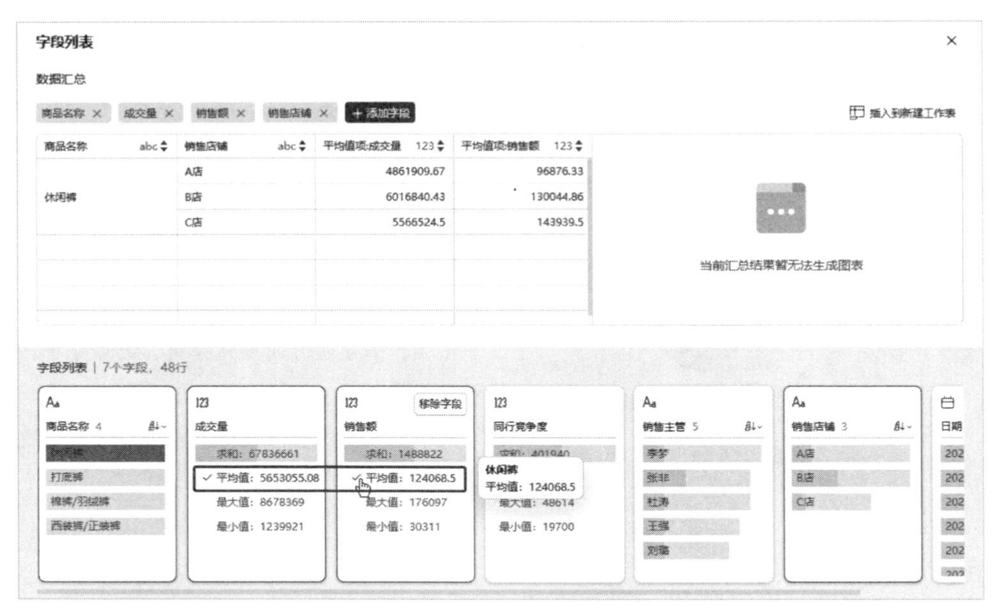

图3-156 设置字段的汇总方式

第11步 查看数据汇总效果后，如果满意，可以单击对话框右上方的【插入到新建工作表】按钮，如图3-157所示。

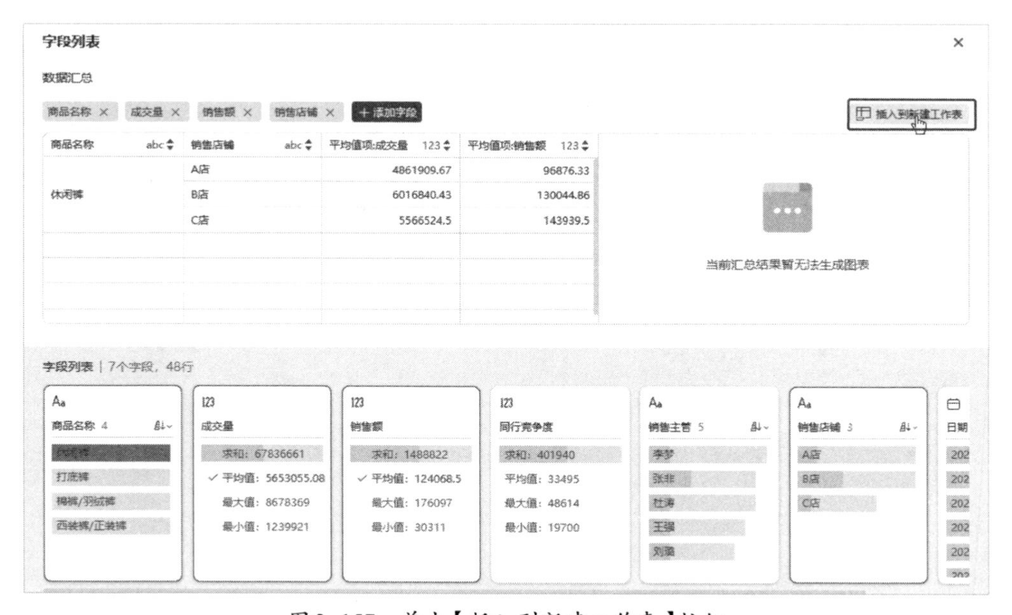

图3-157 单击【插入到新建工作表】按钮

第12步 此时会新建一个名为“汇总表”的工作表，其中显示了刚刚通过设置字段列表自定义的数据分析结果，如图3-158所示。

第13步 切换到数据源表格中，单击【智能分析】选项卡中的【字段图谱】按钮，如图3-159所示。

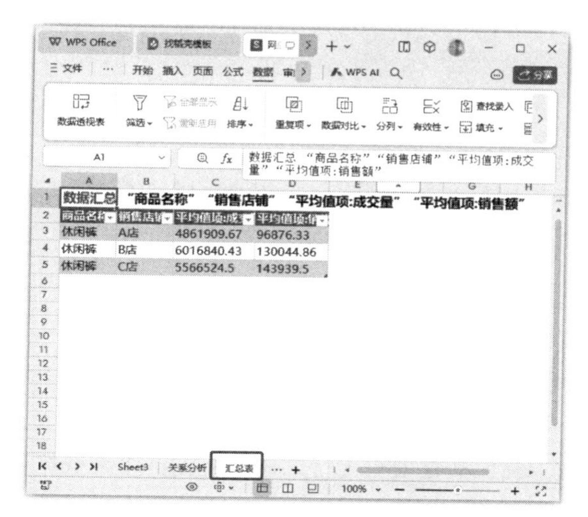
图3-158 查看自定义的数据分析结果

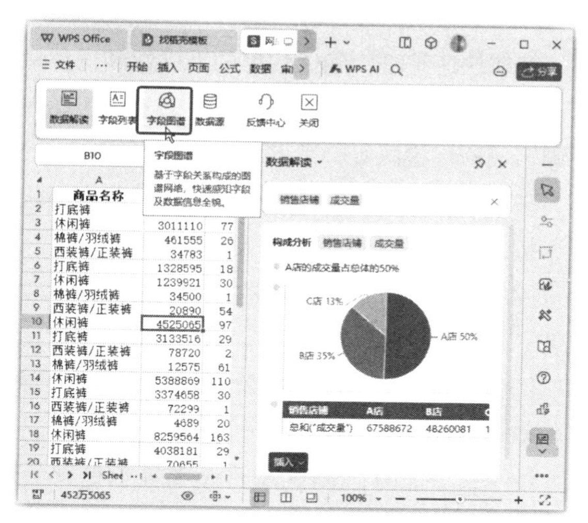
图3-159 单击【字段图谱】按钮

第14步 此时会显示【字段图谱】界面，我们可以选择数据中的不同字段名称对应的圆形，此后WPS表格会基于这些字段之间的关系生成一个可视化的图谱，这个图谱可以展示字段之间的关联性、分布情况及可能存在的模式或趋势。例如，图3-160所示为选择【同行竞争度】圆形后的效果，图谱中会添加线条显示与该字段有关联的字段，右侧的【数据解读】任务窗格中会显示与【同行竞争度】字段有关的分析结果。

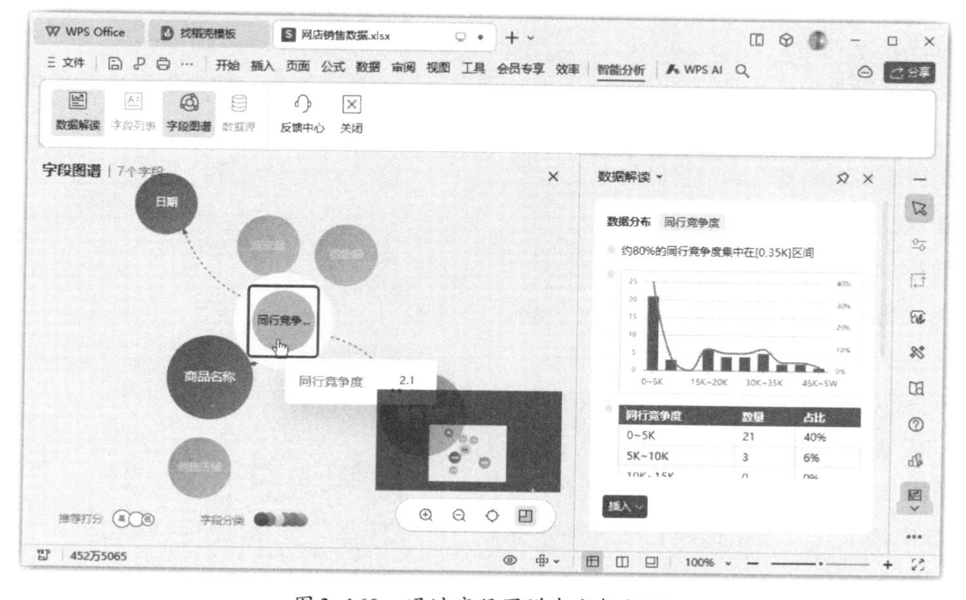
图3-160 通过字段图谱来分析数据

通过上面的案例，我们可以发现，智能分析与前面介绍的数据分析作用确实不同，主要是它有以下6个方面的优势。

（1）智能识别与整理：WPS AI具备强大的数据自动识别能力，无论是标准表格还是复杂的数据集，都能快速整理，确保数据的准确性和完整性。

（2）深度数据分析：通过内置的AI算法，WPS AI可以对表格数据进行多维度分析，包括趋势预测、关联性检测等，帮助用户深入了解数据的特征和规律。

（3）可视化呈现：将数据以直观的图表形式展示，使用户一眼就能洞悉数据变化。无论是柱状图、折线图还是饼图，WPS AI都能轻松创建。

（4）预测分析：利用机器学习技术，WPS AI可对未来数据进行预测，为用户的决策提供有力支持。

（5）快速生成报表：无须复杂的操作，只需一键，WPS AI即可根据数据生成各类报表，提升工作效率。

（6）安全保障：WPS AI严格遵守数据安全标准，确保数据安全无忧。同时，支持多种数据导出格式，方便与其他软件共享数据。

3.6.2 数据洞察分析：多维透视与可视化展现，洞悉数据内在价值

WPS表格中的洞察分析功能，可以通过多维透视和可视化展现的方式，将复杂的数据转化为易于理解的图形和图表，帮助用户更加直观地了解数据的内在价值。

多维透视是指从多个角度、多个维度对数据进行剖析，如从时间、地域、产品等多个维度分析销售数据，从而发现不同维度之间的关联和趋势。这种分析方式可以帮助我们更加全面地了解数据的特征和规律。

可视化展现则是将多维透视的结果以图形、图表等形式展示出来，使得数据更加直观、易于理解。例如，通过柱状图、折线图、饼图等展示销售数据，可以更加清晰地看到销售额的变化趋势、各产品销售额的比例关系等信息。

通过数据洞察分析，我们可以更加深入地了解数据的内在价值，发现数据中隐藏的规律和趋势，从而为我们的决策提供有力的数据支持。

下面还是以上一个案例为例，实操数据洞察分析功能，看看具体效果。

第1步 单击选项卡最右侧的【WPS AI】按钮，在弹出的下拉菜单中选择【AI洞察分析】命令，如图3-161所示。

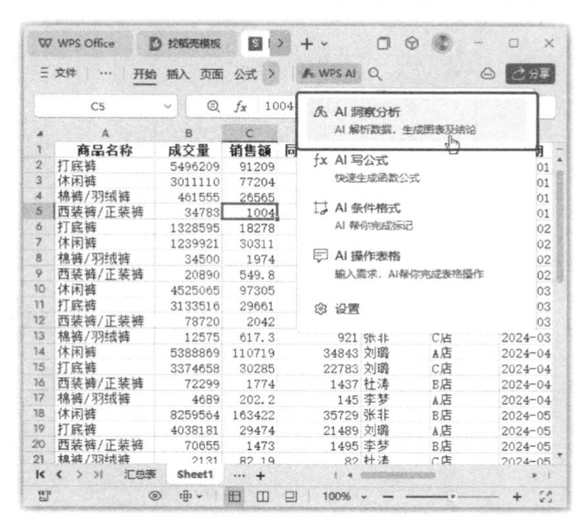

图3-161 选择【AI洞察分析】命令

第2步 在新界面中，可以看到系统自动

根据表格中的数据进行了分析，有对数据扫描后的简单汇总结果，还有简单的关系分析探索及对应的图表，单击【更多分析】按钮，如图3-162所示。

第3步 弹出【分析探索】对话框，其中给出了更多当前表格数据的分析结论和图表，如图3-163所示。

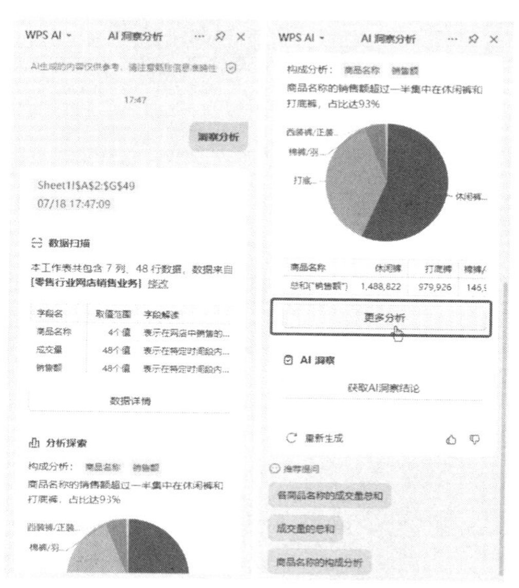

图3-162 单击【更多分析】按钮

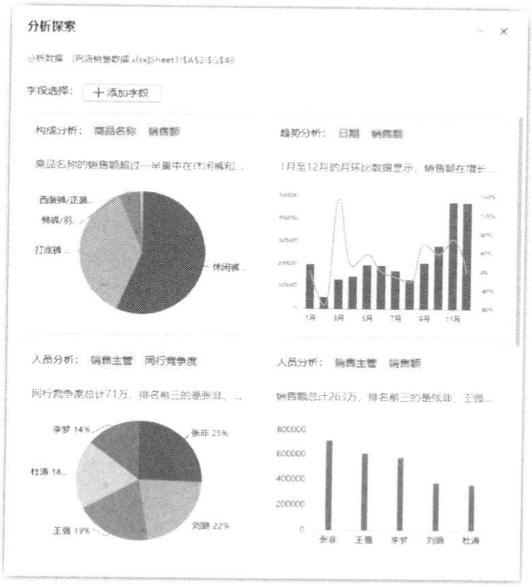

图3-163 查看更多分析结论和图表

第4步 单击【添加字段】按钮，在弹出的下拉列表中选择要自定义分析的字段，如选择【同行竞争度】字段，如图3-164所示。

第5步 即可在下方显示与【同行竞争度】字段对应的分析结论，如图3-165所示。

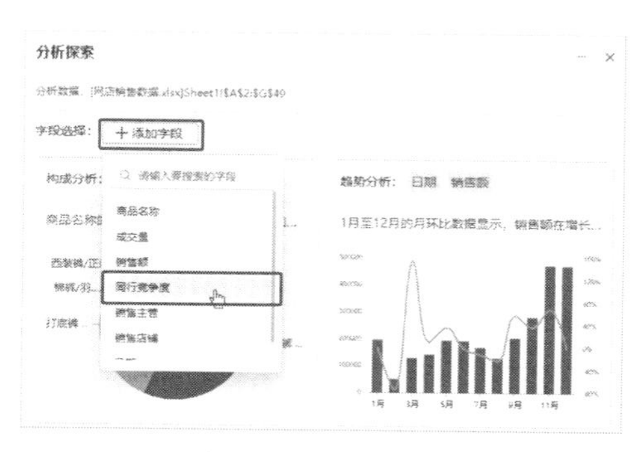

图3-164 选择字段

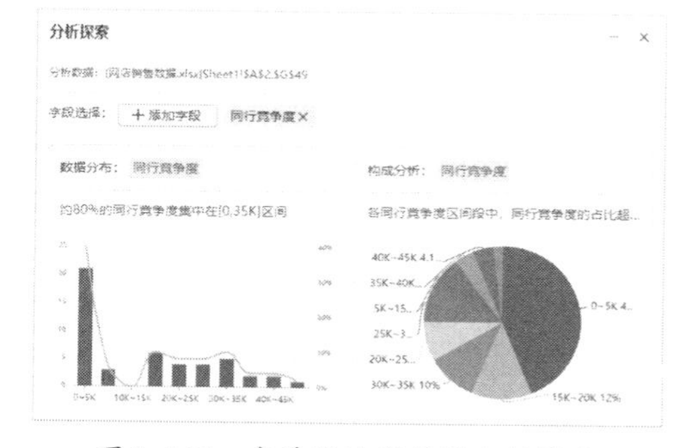

图3-165 查看所选字段的分析结论

第6步 使用相同的方法，在【添加字段】下拉列表中选择要自定义分析的字段，所选字段会在【添加字段】按钮右侧显示出来，同时会在下方立即显示与这些自定义字段对应的分析结论，如图3-166所示。

第7步 在【AI洞察分析】任务窗格中单击【AI洞察】栏中的【获取AI洞察结论】按钮，如图3-167所示。

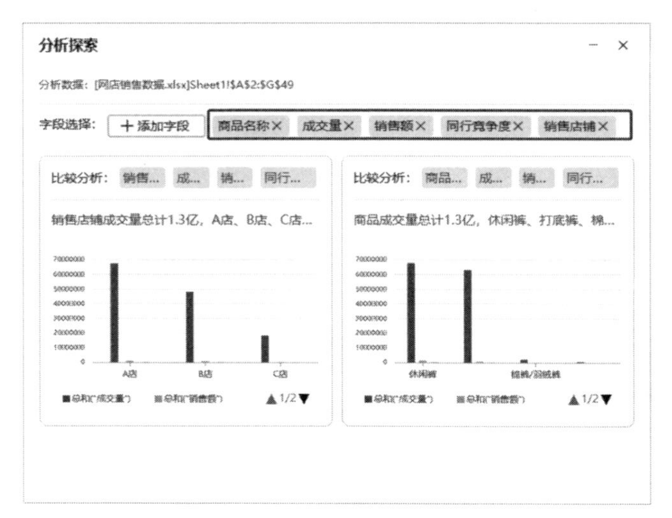

图 3-166　自定义字段分析

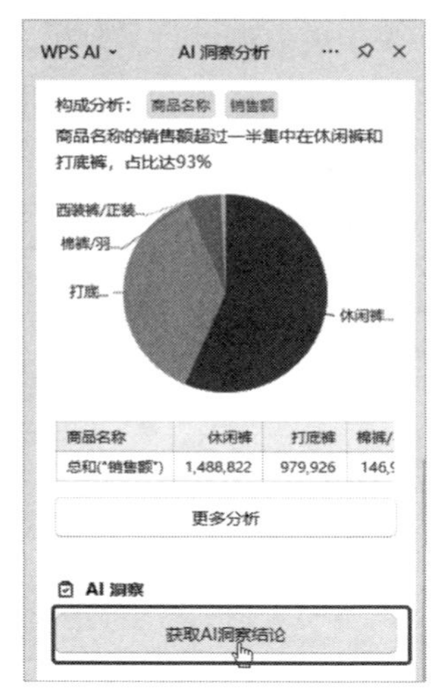

图 3-167　单击【获取AI洞察结论】按钮

第8步 稍后可以看到系统给出的文字分析结论，如图 3-168 所示。

图 3-168　查看 AI 洞察结论

由此可知，智能分析和洞察分析是两种不同的功能，洞察分析更注重对数据的深入探索和分析。它提供了更多的数据处理和分析工具，如数据清洗、数据转换、数据聚合等，帮助用户对数据进行预处理和整理，以便更好地进行后续的分析。洞察分析还提供了丰富的统计分析方法和模型，如回归分析、方差分析、聚类分析等，帮助用户深入挖掘数据中的关系和规律，发现隐藏在数据中的价值。

总的来说，智能分析更注重快速的数据洞察和决策支持，而洞察分析则更注重深入的数据探索和分析。用户可以根据具体的需求和场景选择合适的功能来进行分析和处理。

3.7 表格数据与其他应用的互通

为了更好地满足用户的个性化需求，智能工具还支持与其他应用和扩展插件的互通。这意味着用户可以将表格数据与其他应用进行无缝对接，实现数据共享和协同工作。这种互通性不仅提高了工作效率，还为用户提供了更加丰富的数据分析和处理工具。

通常情况下，WPS 是将这些功能融合到对应的选项卡中的，通过查看各选项卡就可以找到并使用这些功能了。

1. 快速获取其他渠道的数据

WPS 表格的获取数据功能非常强大，它允许用户从不同的来源导入数据到 WPS 表格中，从而方便地进行数据分析和处理。单击【数据】选项卡中的【获取数据】按钮，在弹出的下拉列表中可以选择具体的获取途径，如图 3-169 所示。

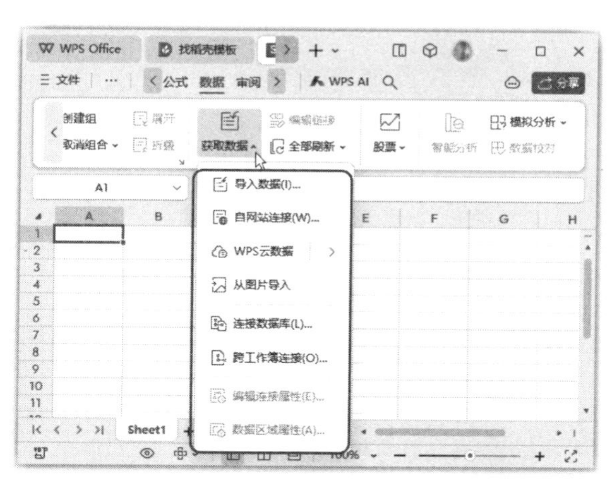

图 3-169 【获取数据】下拉列表

> **知识拓展：**【WPS 云数据】选项允许用户直接从 WPS 云端获取和同步数据。用户可以将自己的数据存储在 WPS 云端，这样无论身处何地，只要有网络，就可以随时访问和编辑这些数据。这对于需要频繁切换工作设备的用户来说非常方便。当云端的数据发生变化时，WPS 表格会自动更新显示的数据，确保用户看到的始终是最新的数据。这对于需要实时跟踪数据变化的用户来说非常有用。

通过获取数据功能来获取数据主要有以下特点。

（1）多种导入方式：该功能提供了多种导入数据的方式，包括从文件、数据库、网络等位置导入数据。用户可以根据自己的需求选择合适的导入方式。

（2）文件导入：用户可以从本地选择各种格式的文件（如 Excel、CSV、TXT 等）进行导入。导入过程中，WPS 表格会自动识别文件格式，并将其转换为可编辑的表格数据。

（3）数据库连接：WPS表格支持连接各种数据库（如MySQL、SQL Server等），用户可以直接从数据库中查询数据并导入表格中。这为用户提供了与数据库交互的便利方式。

（4）网络数据源：WPS表格还支持从网络数据源导入数据，如从网页API、在线数据库等获取数据。用户只需提供正确的URL或数据源地址，WPS表格就会自动从网络中抓取数据并导入表格中。

（5）数据转换和清洗：在导入数据的过程中，WPS表格还提供了一些数据转换和清洗的功能。用户可以对导入的数据进行排序、筛选、去重、填充缺失值等操作，以确保数据的准确性和完整性。

2. 股票类数据直接导入

WPS表格中融合了一些金融函数功能，可以根据单元格中的内容，获取股票、基金、企业、地域、期货、指数、宏观、外汇等相关信息。无论是进行个人投资分析还是进行商业决策，该功能都是一个有力的工具。

例如，要想插入金山办公股票的相关信息，具体操作步骤如下。

第1步 新建一个空白工作表，根据需要了解的股票信息输入对应的企业名称、股票名称或股票代码等数据，这里输入图3-170所示的内容。选择输入了企业名称“金山办公”的单元格，单击【数据】选项卡中的【股票】按钮，在弹出的下拉列表中选择【股票】选项。

第2步 首次使用该功能会弹出【用户协议】对话框，查看具体的协议内容后，单击【同意】按钮，如图3-171所示。

图3-170　输入股票信息并单击【股票】按钮

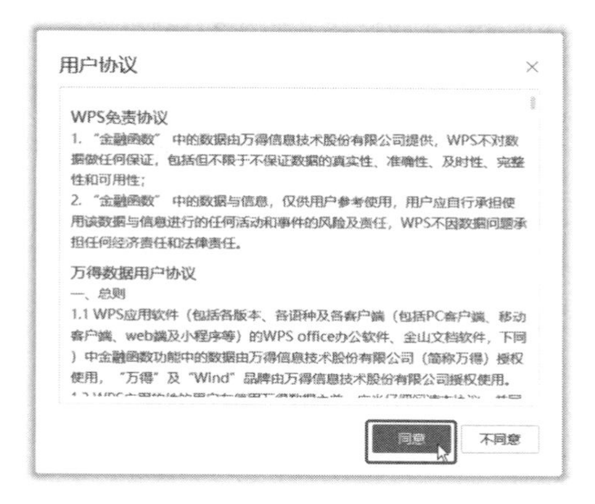

图3-171　查看协议内容并同意

第3步 此后会弹出【新手引导】对话框，其中对该功能的主要操作进行了图解，单击【立即体验】按钮，如图3-172所示。

知识拓展： 金融函数功能会根据关键字联想匹配相关的公司信息。每种数据类型的金融信息每个月只提供5次免费转换的权益。当单元格内输入的企业名称、股票名称或股票代码错误时，会在单元格前以问号的样式标记出来。

图 3-172　单击【立即体验】按钮

第4步 此时会自动连接用户的微信等信息，选择使用后，所选单元格的左侧会显示 图标，说明该单元格已经变成了股票样式，同时会显示出【金融函数】任务窗格，其中推荐显示了更多与所选单元格类似的股票信息，如图 3-173 所示。

第5步 单击单元格右上角出现的【插入数据】按钮，在弹出的下拉列表中就可以选择插入所选单元格内容对应的相关股票信息了。这里依次选择【开盘价】【收盘价】【最高价】【最低价】选项，如图 3-174 所示。

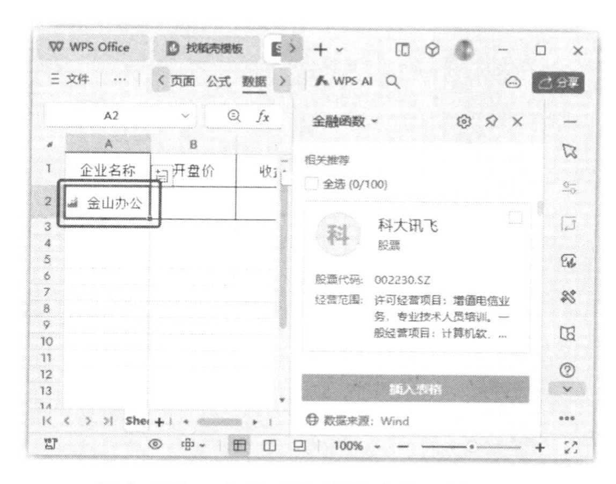

图 3-173　变成股票样式的单元格效果

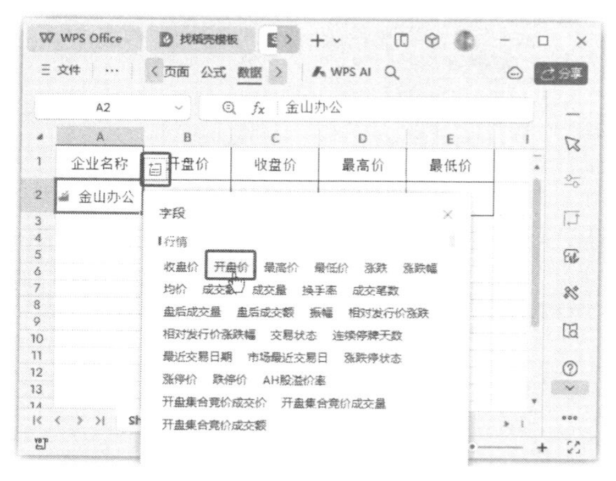

图 3-174　选择要插入的股票信息

第6步 此时系统会自动从实时股票数据库中获取与输入名称或代码对应的股票信息，并填充到所选单元格后面的单元格中，效果如图 3-175 所示。

第7步 单击单元格中的 图标，可以查看当前单元格中企业的详细股票信息，这些信息通常包括股价、涨跌幅、成交量等关键数据，如图 3-176 所示。

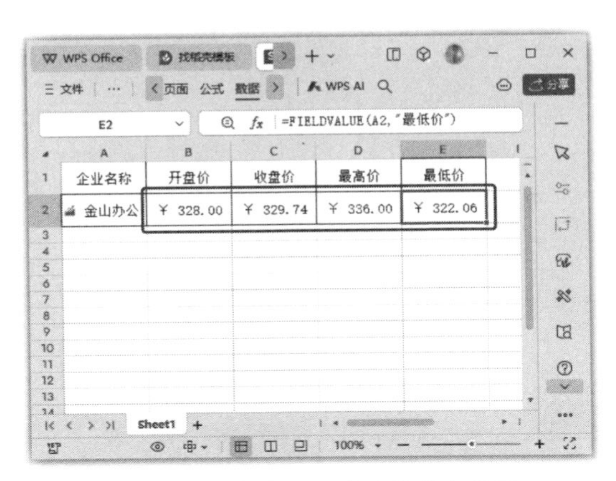

图3-175　查看插入的股票信息效果

图3-176　查看详细股票信息

第8步 在股票详细信息界面中单击 按钮还可以设置需要查看的时间段。这里单击【收盘价】后的 按钮，在弹出的界面中设置要查看的起始和终止日期，然后单击【导出】按钮，如图3-177所示。

第9步 此时会新建一个工作表，其中显示的就是导出的指定时间段的股票信息，方便进行进一步的数据分析和处理，如图3-178所示。

图3-177　设置时间段并单击【导出】按钮

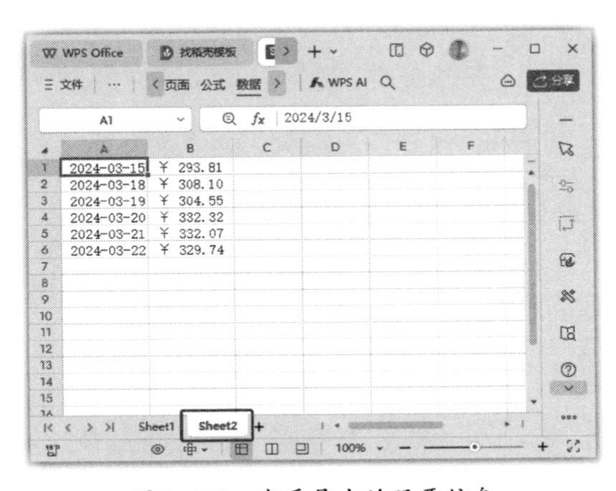

图3-178　查看导出的股票信息

知识拓展： 将鼠标指针移动到企业名称、股票名称或股票代码所在的单元格上并右击，在弹出的快捷菜单中选择【数据类型】命令，可以对当前的股票信息进行刷新、更改、转换为文本等操作。若表格中包含了多个股票的数据、公式，则可以单击【数据】选项卡中的【全部刷新】按钮，一次性对表格中的数据进行全部刷新。

3. 智能工具箱助力高效完成日常工作

WPS 表格中的智能工具箱中集成了多种实用功能，旨在帮助用户更高效地完成日常工作。单击【会员专享】选项卡中的【智能工具箱】按钮，会显示出【智能工具箱】选项卡，如图 3-179 所示。

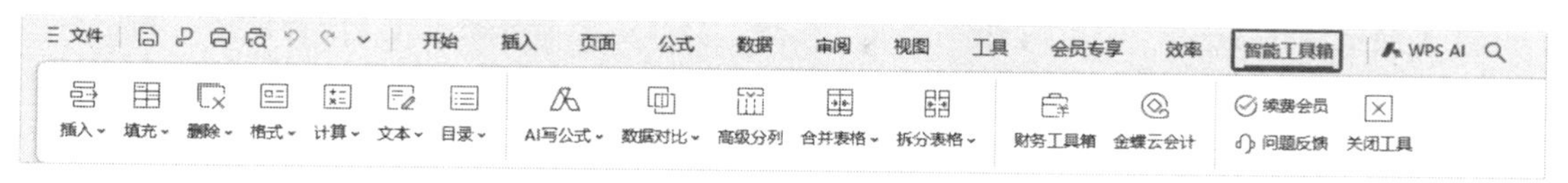

图 3-179 【智能工具箱】选项卡

在【智能工具箱】选项卡中，用户可以快速访问一系列功能，这些功能可以大大提高工作效率。下面简单介绍智能工具箱的主要功能。

（1）快速填充和录入：用户可以利用智能工具箱快速填充序列、录入日期或填充空白单元格。这省去了手动输入的烦琐过程，特别是在处理大量数据时，可以大大节省时间。

（2）工作表管理：智能工具箱允许用户快速创建、删除、截取、转换或重命名工作表。此外，用户还可以对工作表进行排序、创建表格目录，以及其他与工作表相关的操作。

（3）表格编辑：用户可以通过智能工具箱快速合并或拆分表格，以及一键对比数据。这对于整理和分析数据非常有用。

（4）数据录入与处理：除了基本的数据录入功能，智能工具箱还支持批量处理单元格，如保留或去除内容、多区域复制粘贴及进行加减乘除等数学运算。

（5）文本处理：在文本处理方面，智能工具箱提供了多种功能，如将小写英文字母批量转换成大写，以及批量提取、截取或修改文本的开头、中间或结尾部分。这些功能在处理文本数据时非常实用。

4. 批量操作也有对应工具

单击【会员专享】选项卡中的【批量工具箱】按钮，在弹出的下拉列表中可以看到集成的许多可以帮助用户更高效地处理大量数据的功能。下面简单介绍一些主要功能。

（1）批量处理数据：用户可以通过批量工具箱对大量数据进行快速处理，如批量删除、批量修改、批量替换等。

（2）数据提取：批量工具箱可以帮助用户从大量数据中快速提取需要的信息。用户可以选择提取特定列或行的数据，或者根据特定条件提取数据。

（3）数据填充：用户可以使用批量工具箱进行数据的批量填充。例如，用户可以选择一列或一行，然后填充相同的值，或者根据序列填充值，如数字序列、字母序列等。

（4）合并和拆分单元格：批量工具箱可以帮助用户快速合并或拆分单元格。例如，用户可以选择多个单元格，然后使用批量工具箱将它们合并为一个单元格，或者将一个单元格拆分为多个单元格。

（5）条件格式化：用户可以通过批量工具箱对满足特定条件的数据进行格式化。例如，用户可以选择所有大于某个值的单元格，然后将它们的背景颜色更改为特定颜色。

（6）数据排序和筛选：批量工具箱可以帮助用户根据特定条件对数据进行排序和筛选。例如，按照升序或降序排序。

5. 美化表格轻松掌握

单击【会员专享】选项卡中的【表格美化】按钮，会显示出【对象美化】任务窗格，其中有多种预设的表格样式供用户选择。这些样式通常包括不同的颜色、字体、边框和填充效果等，用户可以根据自己的需求选择合适的样式。用户选择喜欢的样式，单击【立即使用】按钮，WPS表格会自动应用到所选的表格区域，使表格的外观和格式得到快速美化，如图3-180所示。

此外，在预设的表格样式列表上方，还提供了【适中】【紧凑】【宽松】【适屏】4个用于调整表格排列方式的按钮，单击即可快速调整表格中各单元格的大小。图3-181所示为选择【宽松】排列方式的表格效果。有了这些功能，用户就可以更加专注于表格的内容和数据，而不必花费太多时间在表格的排版和格式设置上。

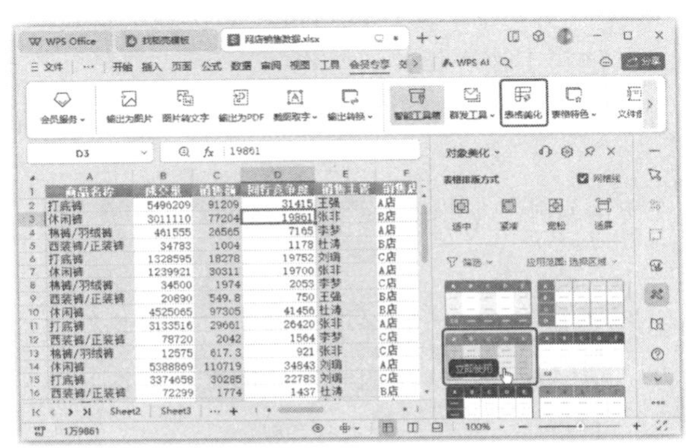

图3-180　选择表格样式

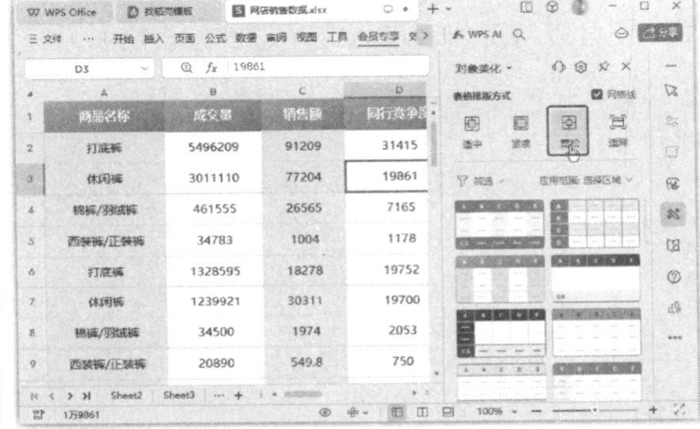

图3-181　宽松排列表格效果

6. 各行常用操作集成的效率工具

WPS表格的【效率】选项卡中包含一系列与企业和组织日常运营相关的工具和功能，旨在提高用户的工作效率和实现业务流程的自动化，如图3-182所示。

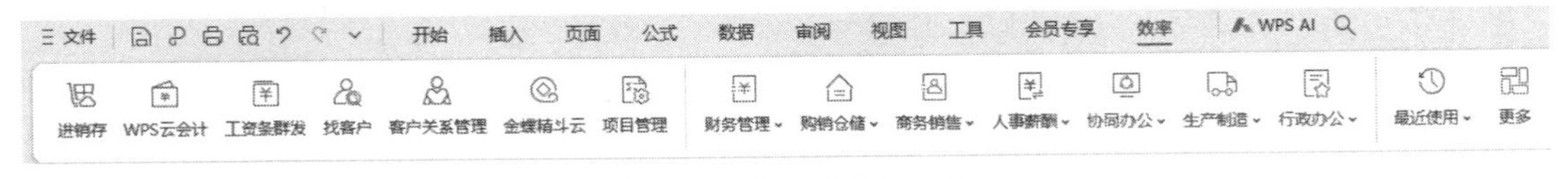

图3-182　【效率】选项卡

下面对【效率】选项卡中的常用按钮及其功能进行介绍。

（1）进销存：进销存管理是企业对产品进、出、存的管理，主要包括进货、销售、库存查询等。通过该功能，用户可以轻松跟踪和管理产品的进货、销售和库存情况。

（2）WPS云会计：WPS云会计基于云计算，可以帮助企业快速完成日常财务处理，如凭证录入、报表生成等。

（3）工资条群发：通过该功能，可以批量生成工资条，并通过电子邮件或短信等方式发送给员工，大大提高工资条发放的效率。

（4）找客户：这是一个客户关系管理工具，可以帮助企业搜索和整理潜在客户的信息，以便进行后续的营销活动。

（5）客户关系管理：客户关系管理（CRM）系统用于跟踪和管理企业的客户信息，包括客户的基本信息、购买历史、沟通记录等，以提高客户满意度和忠诚度。

（6）金蝶精斗云：金蝶精斗云是金蝶软件推出的一款云服务平台，提供财务管理、供应链管理、人力资源管理等一体化解决方案。

（7）项目管理：通过项目管理工具，用户可以规划、跟踪和管理企业的各类项目，包括项目进度、资源分配等。

（8）财务管理：财务管理模块涵盖了企业日常的财务活动，如预算制定、成本控制、财务分析等，帮助企业实现财务的精细化和高效管理。

（9）购销仓储：购销仓储模块主要管理企业的采购、销售和仓储活动，包括订单管理、库存管理、发货跟踪等。

（10）商务销售：商务销售模块提供销售管理功能，如销售预测、销售订单管理、销售分析等，帮助企业提升销售业绩和客户满意度。

（11）人事薪酬：人事薪酬模块用于管理企业的人事信息和薪酬体系，包括员工档案、薪资计算、社保福利等。

（12）协同办公：协同办公模块提供了一系列与日常办公相关的功能，如文档管理、流程审批、会议管理等，以提高企业的办公效率。

（13）生产制造：生产制造模块主要管理企业的生产计划和制造过程，包括物料需求计划、生产排程、质量控制等。

（14）行政办公：行政办公模块涵盖了与行政工作相关的功能，如资产管理、车辆管理、行政事务处理等，以提高行政工作的效率和质量。

这些按钮提供了丰富的功能和工具，可以帮助企业实现业务流程的数字化和自动化，提高工作效率，降低成本，增强企业的竞争力。

7. 群发数据一键搞定

WPS表格中的群发工具是一个方便用户将表格数据快速发送给多个人的实用工具。具体来说，这个工具允许用户将表格数据通过电子邮件、短信、二维码等方式群发给指定的接收者。

使用群发工具，用户需要先准备好包含必要信息的表格，如员工基本信息、联系方式等；然后，单击【会员专享】选项卡中的【群发工具】按钮，并在弹出的下拉列表中选择群发方式。在打开的界面中，用户可以上传已准备好的表格文件，并设置接收表格的人员名单（如果使用群发工具中的群发工资条功能，非会员用户单次最多发送3条工资条，而开通会员则可以享有单次群发上千条工资条的权益）。设置好接收人员和相关信息后，单击【预览】按钮就可以进入设置及预览界面，编写群发信息模板了。

完成信息设置和模板编写后，单击【立即发送】按钮，WPS表格就会快速将表格数据发送给选定的接收者。发送的数据可以通过二维码或链接的形式进行分享，接收者可以通过扫描二维码或单击链接来查看、下载和编辑表格内容。

本章小结

本章根据数据处理的过程，介绍了WPS表格的AI功能，包括数据智能处理、数据计算、数据分析、图表生成与美化、数据透视表与数据透视图、数据深度剖析等，以及表格数据与其他应用的互通。无论是数据清洗、数据分析、公式选择、模板匹配、数据预测，还是可视化展示，WPS表格的AI功能都能让复杂的数据处理变得简单易行，为用户提供了更智能、高效的表格制作体验。

第4章

WPS AI 演示智能化：高效设计与制作 PPT

随着AI技术的飞速发展，WPS Office套件中的WPS演示也迎来了前所未有的变革，不仅继承了传统的PPT制作功能，更通过AI技术的融入，实现了从内容创作到演示效果的全方位提升。在本章中，我们将深入探索WPS演示的AI功能，看看它如何为我们的工作和学习带来更加智能、高效的体验。

4.1 智能创作 PPT

在内容创作方面，WPS演示利用AI技术，提供了从模板推荐到一键生成完整PPT的全方位服务。用户只需通过简单的操作，即可快速生成高质量的PPT。同时，AI还能帮助用户润色、扩写或缩写正文内容，自动生成图表，极大地提升了创作效率。WPS演示的AI功能无疑为用户提供了强大的全方位创作支持。

4.1.1 演示模板推荐：根据主题和内容自动推荐合适的演示模板

在快节奏的商务环境中，有效的沟通至关重要。作为职场人士，我们经常需要制作PPT来展示项目、汇报工作，或者分享创意。然而，一个普通、缺乏美感的PPT可能会让我们的努力付诸东流。那么，如何让我们的PPT从众多PPT中脱颖而出，吸引观众的眼球呢？答案就是，为PPT套用合适的模板进行美化。

一部分用户习惯在创作之初，就选择合适的模板作为起点，随后在模板的基础上进行细致的内容编辑与加工。这种方式犹如画家在精美的画布上挥洒色彩，既保证了PPT整体的风格统一，又能让内容更加贴合模板的设计初衷。对于这部分用户来说，模板是他们创作的基石，为他们提供了一个清晰、美观的框架，使得他们能够更加专注于内容的创作与表达。

而另一部分用户则喜欢先根据自身的需求，详细罗列出要表达的具体内容，形成一份完整的内容大纲，然后仔细挑选出能够最好地展现这些内容的模板进行美化。这种方法类似于建筑师在设计之初就明确建筑的功能与需求，再选择最适合的建筑风格进行设计。这部分用户往往更加注重内容的逻辑性与完整性，他们认为只有内容本身足够扎实，才能更好地呈现给外界。

两种方法各有千秋，并没有绝对的优劣之分。选择哪种方法更多地取决于个人的操作习惯与创作风格。对于用户而言，最重要的是根据自己的需求与喜好，灵活地选择最适合自己的方法。只有这样，才能在创作的过程中既保证效率，又确保最终作品的质量。

WPS演示中针对这两种方法提供了不同的选用模板的路径。

1. 选择合适的模板并修改内容创建 PPT

在制作PPT的过程中，常常会遇到缺乏灵感、无法找到设计的思路等问题。这时我们可以利用模板来解决这些问题，提高效率并激发创意灵感。

模板作为PPT的“外衣”，不仅为PPT提供了统一的风格和布局，还能增强内容的可读性和吸引力。选择合适的模板至关重要。

在选择模板时，我们要结合实际需求和办公场景。例如，如果是公司年度总结报告，可以选择简洁大方、色彩稳重的模板；而如果是展示创意产品的发布会，则可以选择更具创意、色彩鲜明的模板。此外，我们还需要考虑模板的可编辑性，确保能够轻松添加和修改内容。

WPS Office为用户提供了大量的模板，单击【找稻壳模板】选项卡，在界面左侧选择【演示】选项，在界面右侧可以看到各种模板，如图4-1所示。在该界面的上方还可以通过设置分类、场景、用途及颜色等，筛选出符合需求的模板，从而快速生成对应的PPT。在该界面的搜索框中输入关键字，也可以搜索符合条件的模板。

图4-1　演示模板

然而，仅仅依赖模板并不能制作出一份优秀的PPT。用户还需要掌握一些高级技能，才能根据自己的需求和目的，对模板进行个性化的调整。例如，发现模板配色不符合需求时，可以修改配色。修改配色一般有两种情况，一是有固定配色要求，如要求使用企业的专用配色；二是配色与内容风格不匹配，此时可以到配色网站中，找到合适的配色，再进行替换。在修改配色时，切忌没有依据地胡乱修改，正确的思路如图4-2所示，左边是PPT模板，有3种配色，不同颜色有不同的用途；右边是在配色网站中找到的另外3种颜色，根据实际需求，将这3种颜色的用途进行梳理，最后得出配色替换方案。

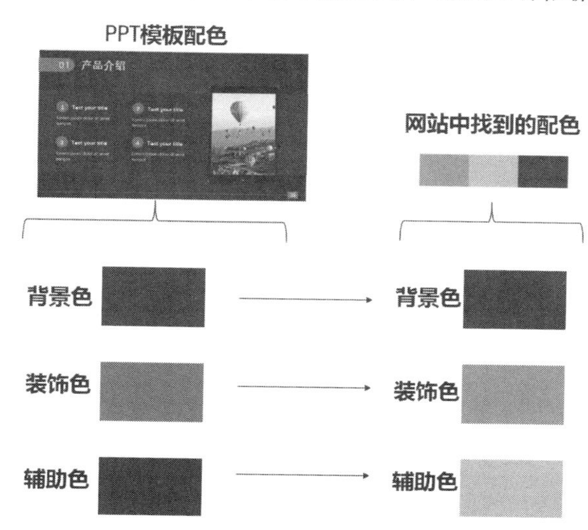

图4-2 更换PPT模板配色的正确思路

除了修改配色，调整字体大小和颜色、修改布局和排版、添加或删除某些元素等技巧都需要掌握。例如，模板中由不同的形状构成的说明信息之间关系的逻辑图很多时候也是不符合需求的。如果要减少形状数量，只需要删除多余的部分即可。如果要增加形状数量，则可以先复制一组形状，再对形状的颜色、文本内容进行修改，并对形状位置进行调整。

2. 为创建好的 PPT 套用合适的模板进行美化

在制作PPT的过程中，用户的需求和目的通常决定了整个PPT的风格和内容。非商业的、非正式场合使用的PPT，在给定的模板基础上稍微修改即可，比较简单，但商业的、正式场合使用的PPT，一般会先根据具体的需求罗列出具体的内容，再选择适合的模板进行美化。

罗列具体内容有助于用户明确PPT的核心内容和信息。在制作PPT之前，用户通常需要清楚地了解自己要传达的信息，包括主题、关键词、数据、图片等。这个过程有助于用户对复杂的信息进行分类和整理，确保PPT的内容条理清晰、重点突出。

罗列具体内容后，选择合适的模板能够增强PPT的视觉效果和吸引力。模板不仅提供了风格统一的字体、颜色、布局等元素，还能够为PPT增添各种视觉效果，如图表、动画、背景等。

当然，在使用模板美化PPT的时候，同样需要掌握一些PPT操作技能，对模板进行调整，使PPT更加符合我们的需求，提升PPT的专业性。

WPS演示内置了智能演示设计功能，可以根据用户的主题和内容自动提供专业的设计建议和推荐合适的模板。用户只需输入关键词或选择预设的主题，系统即可智能匹配并展示一系列符合要求的模板。这些模板不仅美观大方，而且符合行业标准和设计原则，能够帮助用户快速制作出专业、风格统一的PPT。

例如，我们要对已经创作好内容的“人工智能的发展”PPT套用模板进行美化，具体操作步骤如下。

第1步 在WPS演示中打开需要套用模板的PPT，这里打开“素材文件\第4章\人工智能的发展.pptx”，然后在【设计】选项卡中单击【全文美化】按钮，如图4-3所示。

图4-3　单击【全文美化】按钮

> 知识拓展：在WPS演示的放大窗口中，单击底部的【智能美化】按钮，在弹出的下拉列表中选择【全文美化】选项，也可以打开【全文美化】窗口；选择【单页美化】选项，窗口下方会显示出简洁版的【全文美化】窗口，方便进行单页美化。

第2步 打开【全文美化】窗口，选择【全文换肤】选项卡。根据PPT内容在顶部选择合适的模板风格，这里单击【简约】按钮，然后在下方选择需要使用的模板，单击【预览换肤效果】按钮，如图4-4所示。

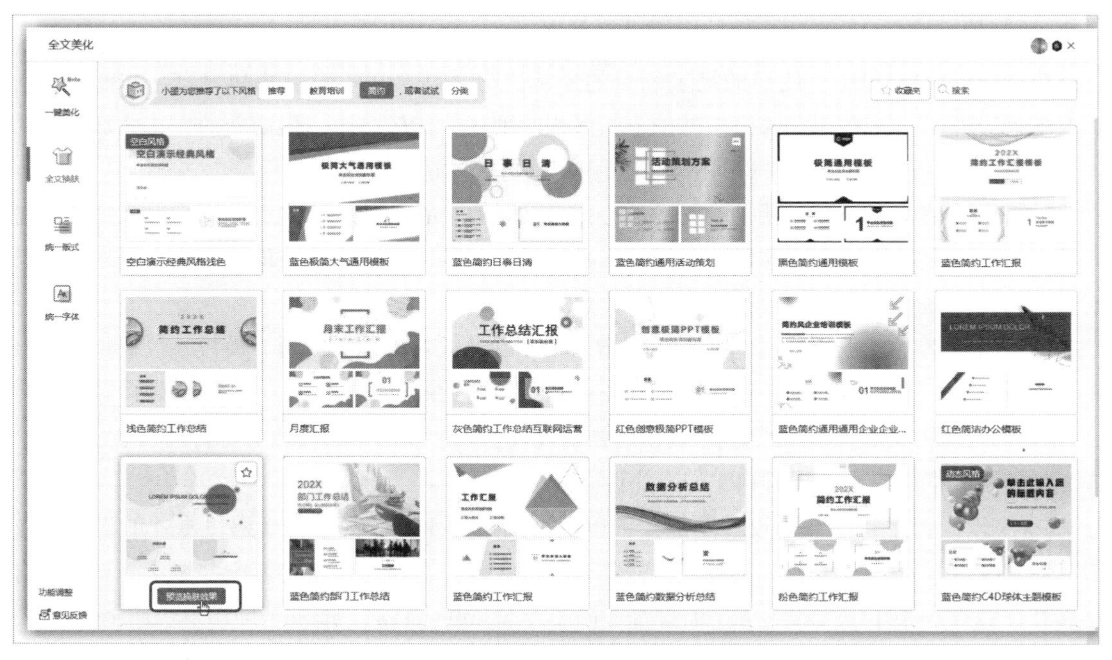

图4-4　选择需要使用的模板

第3步 窗口右侧会显示出当前PPT中各幻灯片在换肤后的效果预览图。选择需要应用模板的幻灯片预览图右下角的复选框，默认选中【全选】选项，单击【应用美化】按钮，如图4-5所示。

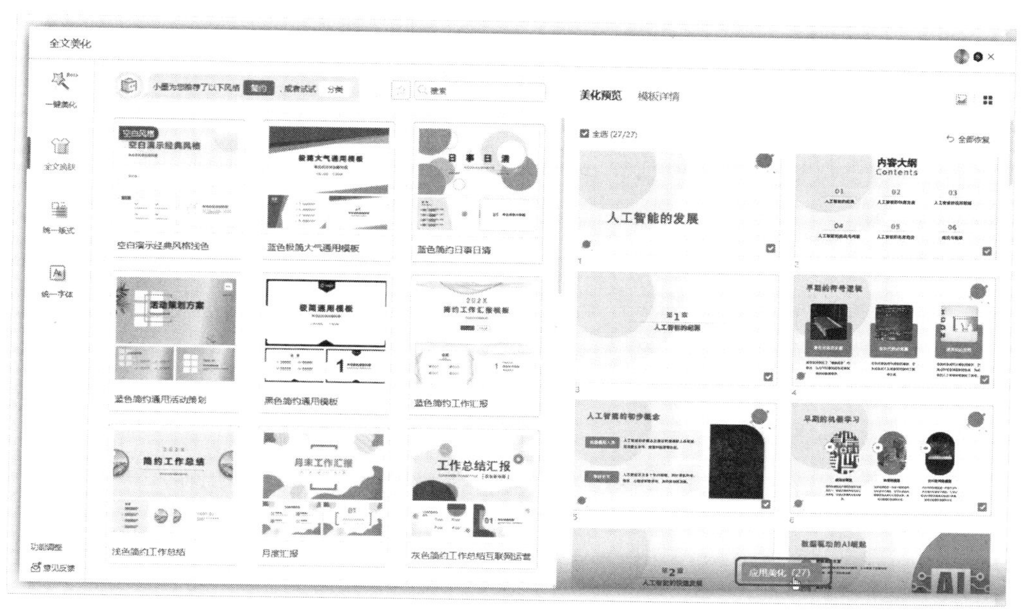

图 4-5　预览换肤效果

第4步 稍后即可看到为当前PPT所选幻灯片应用模板后的效果，如图4-6所示。

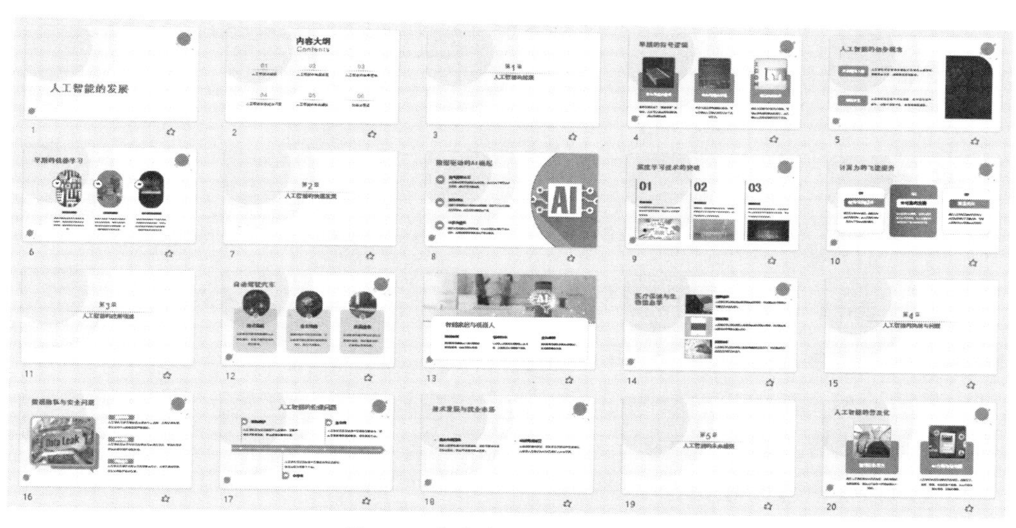

图 4-6　查看应用模板后的效果

4.1.2 一键生成完整 PPT：自动填充内容和图表，生成完整的 PPT

在快节奏的工作和学习中，你是否常常为制作PPT而烦恼？ WPS演示为你带来革命性的【一键生成完整PPT】功能，只需简单操作，即可轻松制作专业级别的PPT。

1. AI 生成 PPT

从零开始制作一个完整、美观的PPT可能会耗费大量的时间和精力。幸运的是，WPS演示能够解决这个问题，它的AI功能已经具备了一键生成完整PPT的能力。

使用WPS演示的AI生成PPT功能，只需提供基本的信息和数据，AI即可自动填充内容和图表，生成完整的PPT。值得一提的是，WPS演示的AI生成PPT功能还具备智能优化能力。在生成PPT的过程中，AI会自动调整布局、配色和字体等元素，使PPT更加美观大方。同时，WPS演示还支持自动排版和自动调整，让PPT更加统一、规范。

这一功能极大地简化了PPT制作流程，节省了用户的时间和精力。同时，AI生成的PPT在结构和内容上都具有较高的质量，能够满足大多数用户的需求。

下面就让我们一起体验WPS演示的AI生成PPT功能。

第1步 新建一个空白演示文稿，单击【WPS AI】按钮，在弹出的下拉菜单中选择【AI生成PPT】命令，如图4-7所示。

第2步 在弹出的【AI生成PPT】对话框中输入生成PPT的需求，这里输入PPT主题“拒绝校园霸凌”，单击【开始生成】按钮，如图4-8所示。

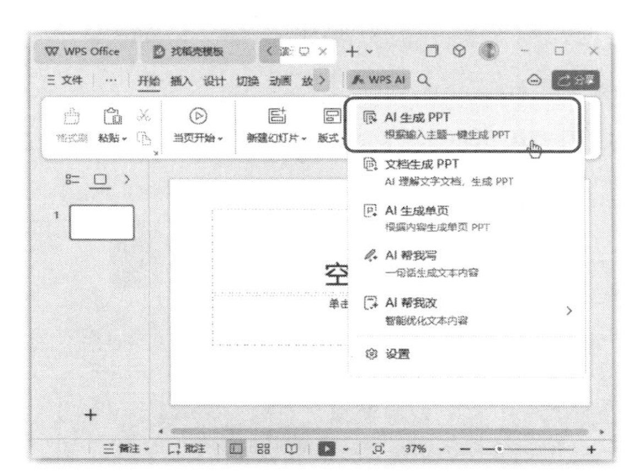

图4-7 选择【AI生成PPT】命令

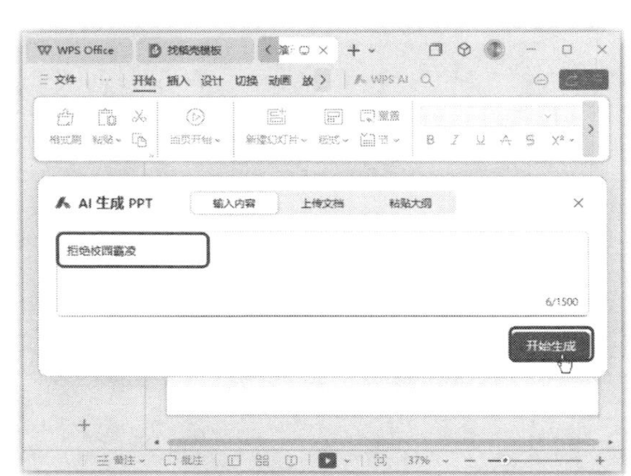

图4-8 输入生成PPT的需求

第3步 稍后会弹出【幻灯片大纲】对话框，其中显示了AI生成的PPT大纲，包括每张幻灯片的详细内容。如果需要修改某些内容，可以在对话框中选择对应的内容并修改，直到确认无误后，单击【挑选模板】按钮，如图4-9所示。

> **知识拓展：** 在使用AI生成PPT功能时，还可以指定需要生成的幻灯片张数，以便让AI更好地规划PPT结构。

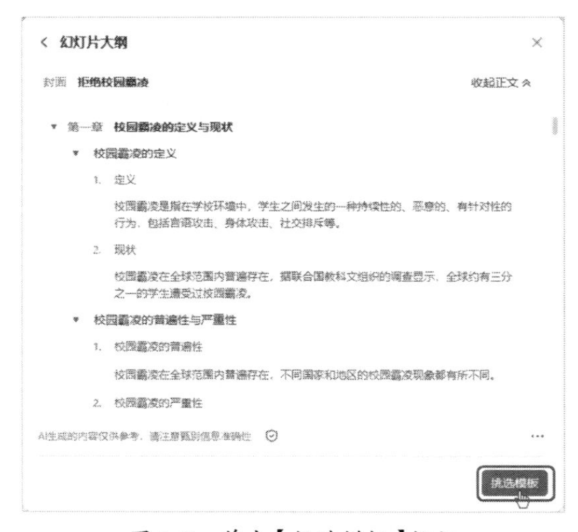

图4-9 单击【挑选模板】按钮

第4步 打开的新窗口的右侧显示了【选择幻灯片模板】窗格，其中显示了推荐的符合主题的模板，选择需要的模板就可以在左侧查看套用模板的效果。确定要使用的模板后，单击【创建幻灯片】按钮，如图4-10所示。

图4-10 选择要使用的模板

第5步 稍后便可根据PPT大纲和选择的模板快速生成对应的PPT，效果如图4-11所示，后续进行适当编辑修改就能快速完成PPT的制作。

图4-11 查看生成的PPT效果

从案例中可以看到，通过AI生成PPT功能，我们只是输入了关键信息和选择模板，WPS演示就自动调整了PPT的布局、配色、字体等元素，生成的PPT也是大致符合需求的。

2. 文档生成 PPT

如果我们已经有了完整的文档内容，不想花费大量时间将其转化为PPT，那么WPS演示的文档生成PPT功能将是我们的最佳选择。只需将文档导入WPS演示，即可将文档内容快速转化为PPT。同时，我们还可以根据自己的需求进行微调，让PPT更加符合需求。这一功能不仅能够帮助我们节省时间、提高工作效率，还能使我们的PPT更具专业性和个性。

例如，要根据“智能家居行业分析报告”文档中的内容制作PPT，具体操作步骤如下。

第1步 新建一个空白演示文稿，单击【WPS AI】按钮，在弹出的下拉菜单中选择【文档生成PPT】命令，如图4-12所示。

第2步 在弹出的【AI生成PPT】对话框中单击【选择文档】按钮，如图4-13所示。

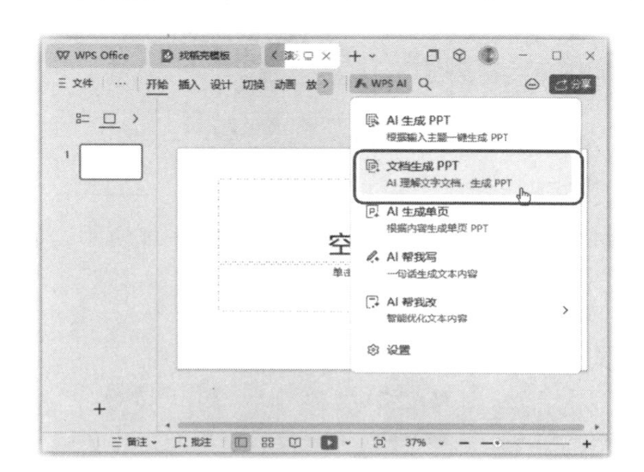

图4-12 选择【文档生成PPT】命令

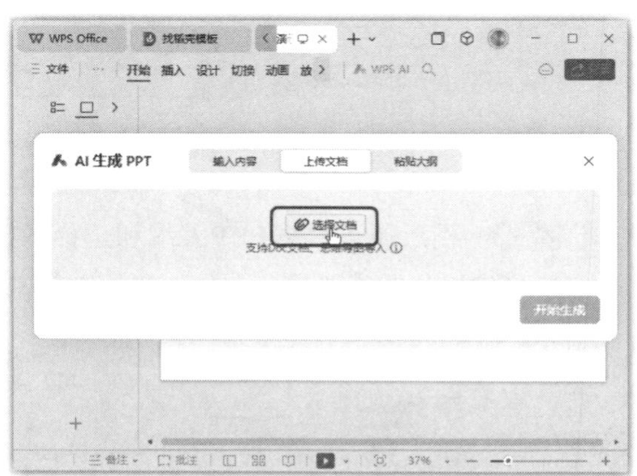

图4-13 单击【选择文档】按钮

第3步 弹出【打开文档】对话框，选择要生成PPT的文档，单击【打开】按钮，如图4-14所示。

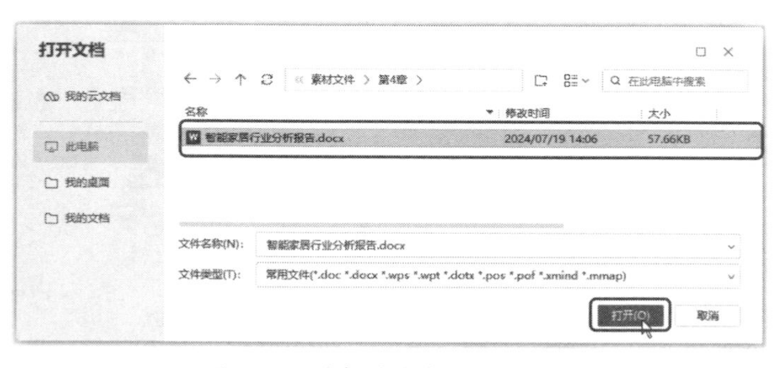

图4-14 选择要生成PPT的文档

第4步 弹出【选择大纲生成方式】对话框，其中提供了两种生成大纲的方式，一种是根据提供的内容智能改写后生成PPT大纲，另一种是根据原文生成PPT大纲，按需选择即可，这里选择【智能改写】选项，单击【生成大纲】按钮，如图4-15所示。

第5步 稍后会弹出【幻灯片大纲】对话框，其中显示了AI生成的PPT大纲。按需修改内容后，单击【挑选模板】按钮，如图4-16所示。

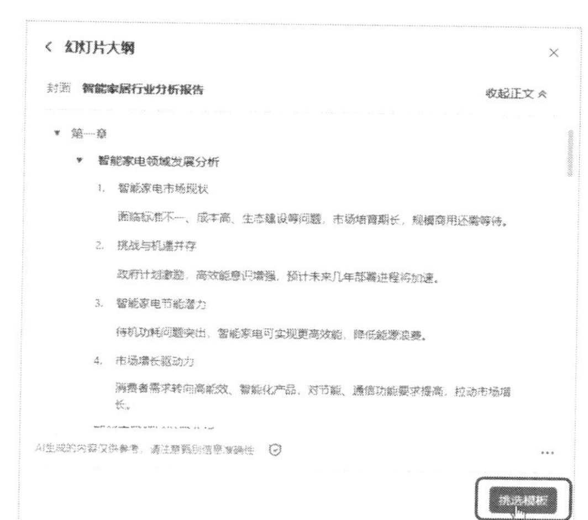

图4-15 选择【智能改写】选项

图4-16 单击【挑选模板】按钮

知识拓展： WPS演示的【文档生成PPT】功能具备强大的智能识别能力，能够自动识别文档中的标题、段落、列表等元素，并根据PPT的排版规则进行精准呈现。无论是大纲结构还是内容细节，都能得到完美的展现。

第6步 在打开的新窗口右侧选择需要的模板并预览效果，确定要使用的模板后，单击【创建幻灯片】按钮，如图4-17所示。

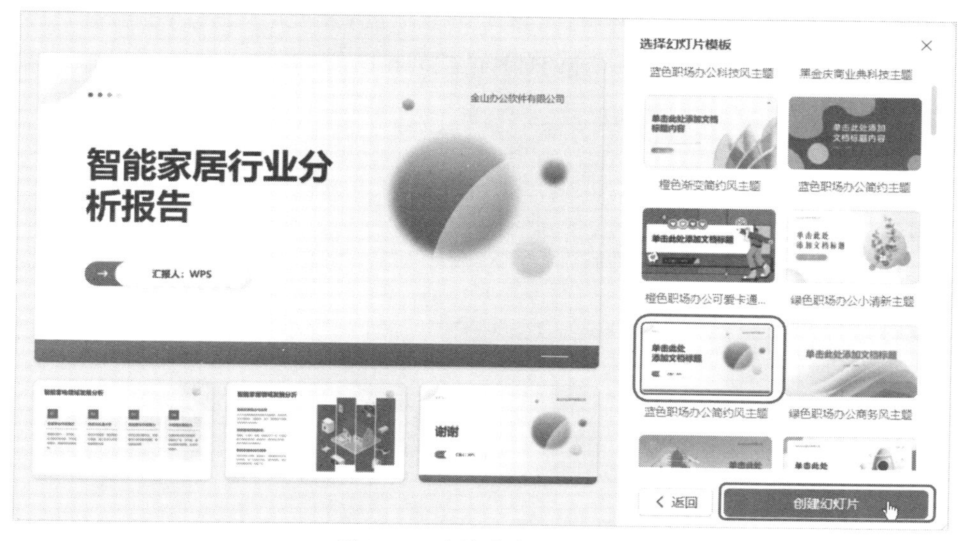

图4-17 选择要使用的模板

第7步 稍后便可根据PPT大纲和选择的模板快速生成对应的PPT，效果如图4-18所示。

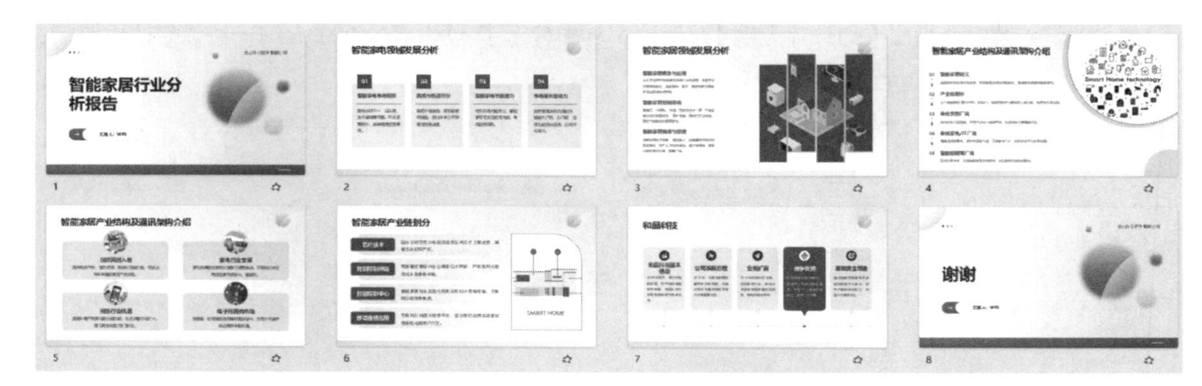

图 4-18　查看生成的PPT效果

4.1.3　快速打造专业单页：智能添加内容，快速生成精美幻灯片

WPS演示的新建单页幻灯片功能也很强大，它允许用户在一个单独的页面上自由发挥，创作出别具一格的演示内容。无论是设计海报、制作流程图，还是呈现数据分析报告，新建单页幻灯片功能都能满足用户的个性化需求。

新建幻灯片有两种方法，一种是先根据要使用的排版效果，直接新建对应的版式幻灯片，再修改其中的内容；另一种是先生成具体的文本内容，然后根据内容来进行排版。

1. 传统方法新建单页幻灯片

WPS演示中提供了多种新建单页幻灯片的方法，下面分别进行介绍。

（1）在【幻灯片】窗格中选中某张幻灯片后，在【开始】选项卡中直接单击【新建幻灯片】按钮，即可在所选幻灯片的后面添加一张同样版式的幻灯片。单击【新建幻灯片】下拉按钮，可以在弹出的【新建单页幻灯片】界面中选择需要新建幻灯片的类型和样式，如图4-19所示。

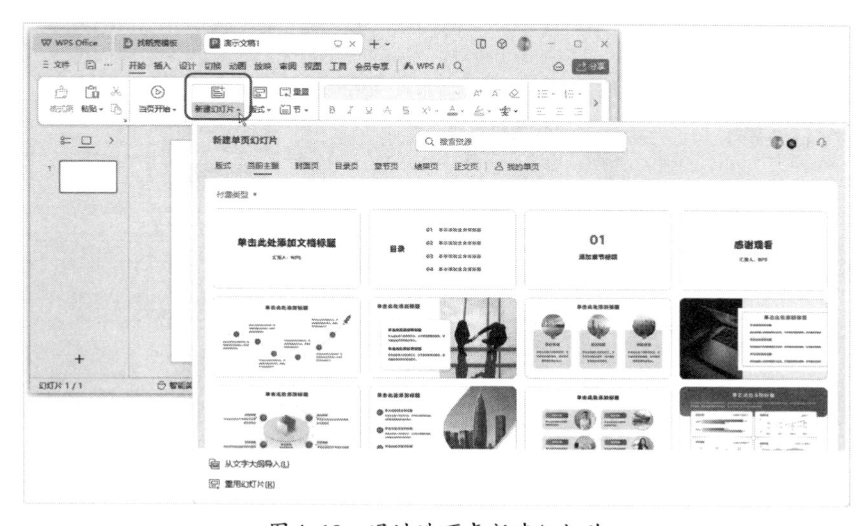

图 4-19　通过选项卡新建幻灯片

（2）在【幻灯片】窗格中选中某张幻灯片后按【Enter】键，可以快速在该幻灯片的后面添加一张相同版式的幻灯片。

（3）单击【幻灯片】窗格下方的【新建幻灯片】按钮＋，如图4-20所示，也可以打开【新建单页幻灯片】界面，以便选择要新建幻灯片的类型和样式。

（4）将鼠标指针移动到【幻灯片】窗格中某张幻灯片的上方后，该幻灯片缩略图的下方会显示3个按钮，单击【新建幻灯片】按钮⊕，如图4-21所示，也可以打开【新建单页幻灯片】界面。

图4-20　通过【幻灯片】窗格新建幻灯片

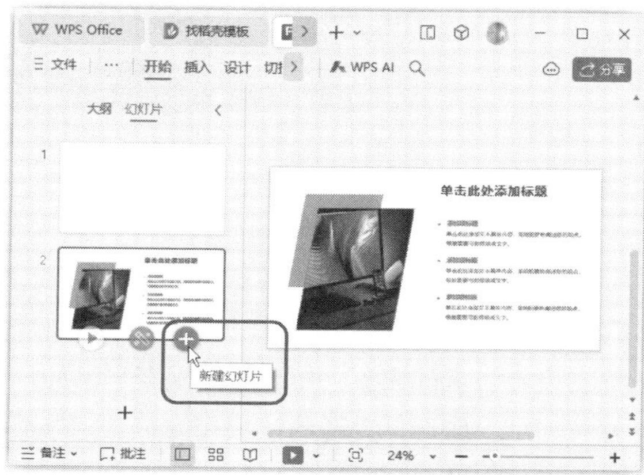

图4-21　单击【新建幻灯片】按钮

（5）在【幻灯片】窗格中使用鼠标右击某张幻灯片，在弹出的快捷菜单中选择【新建幻灯片】命令，可以在当前幻灯片的后面添加一张空白幻灯片，如图4-22所示。

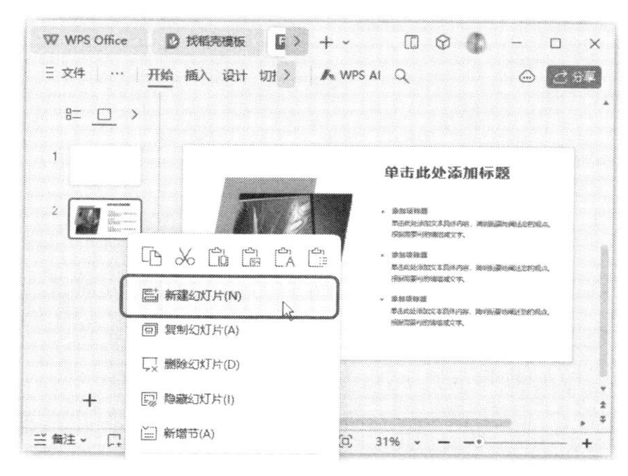

图4-22　选择【新建幻灯片】命令

> **知识拓展：** 如果对新建的幻灯片版式不满意，可以在选中幻灯片后，单击【开始】选项卡中的【版式】按钮，在弹出的下拉列表中重新选择需要的版式。

在【新建单页幻灯片】界面中，默认显示的是符合当前主题的幻灯片类型。通过单击界面顶部的选项卡，可以切换要新建的幻灯片类型。例如，单击【封面页】选项卡，可以快速新建封面页幻灯片，如图4-23所示；单击【目录页】选项卡，可以快速新建目录页幻灯片，如图4-24所示；单击【正文页】选项卡，可以快速新建正文页幻灯片，如图4-25所示。

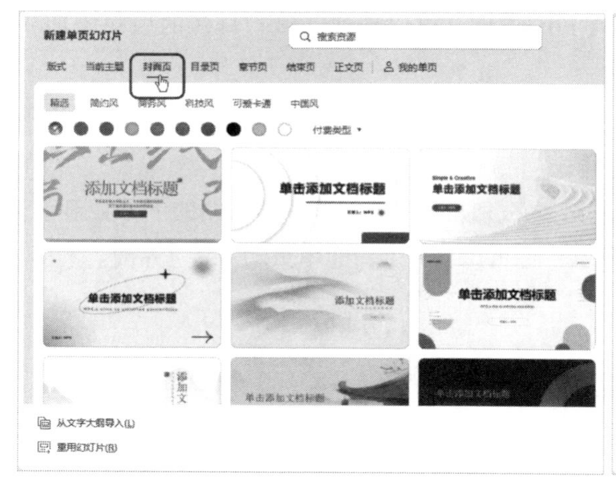

图 4-23 【封面页】选项卡

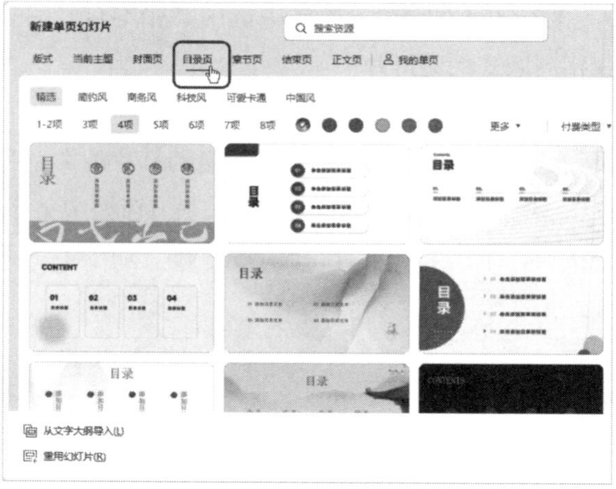

图 4-24 【目录页】选项卡

可以看到，WPS演示内置了多种精美模板，而且可以在相应类型下通过设置条件，快速筛选符合需求的模板。用户可以根据自己的喜好和演示主题选择合适的模板作为单页幻灯片的基础，从而快速制作出美观大方的PPT，节省时间和精力。另外，新建单页幻灯片功能还为用户提供了丰富的设计元素和工具，用户可以根据自己的需求，自由地调整布局、添加文本、插入图片、绘制图形等，打造出独一无二的幻灯片页面，使得演示内容更加生动有趣，给观众留下深刻印象。

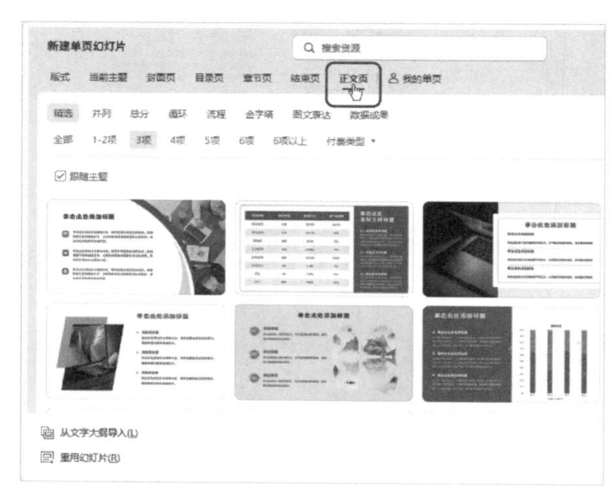

图 4-25 【正文页】选项卡

2. 通过 WPS AI 生成单页幻灯片

WPS AI带来了一个全新的幻灯片制作方式——通过WPS AI生成单页幻灯片。

通过WPS AI生成单页幻灯片，用户可以轻松创建出具有专业水准的幻灯片。该功能内置了丰富的模板和主题，覆盖了多种行业和场合，以满足不同用户的需求。用户只需选择相应的模板和主题，然后通过简单的拖曳和编辑操作，就可以快速生成一张精美的幻灯片。

除了提供丰富的模板和主题，WPS AI生成单页幻灯片还具备智能推荐和自动优化功能。基于AI算法，WPS AI可以根据用户的喜好和需求，智能推荐合适的模板、配色方案和字体等，帮助用户快速制作出符合自己风格的幻灯片。同时，WPS AI还能自动优化幻灯片的布局和排版，使其更加美观、易读。

WPS AI生成单页幻灯片还具备强大的创意支持功能。用户可以通过WPS AI提供的各种创意工具和素材库，轻松实现个性化的幻灯片设计。无论是添加动态效果、调整图片色彩，还是制作图表和动画等，WPS AI都能为用户提供强大的支持。这些创意工具不仅能够帮助用户提升幻灯片的视觉效果，还能激发用户的创意思维，让他们的演示更加生动有趣。

下面通过一个案例，来看看WPS AI生成单页幻灯片功能的具体用法。

第1步 打开“素材文件\第4章\运动鞋双十一宣传策划.pptx”，选择要插入幻灯片的前一张幻灯片，这里选择第13张幻灯片，然后单击【WPS AI】按钮，在弹出的下拉菜单中选择【AI生成单页】命令，如图4-26所示。

第2步 在弹出的【AI生成单页】对话框中，根据需要创建的幻灯片内容，输入创建指令，这里输入“添加运动鞋的互动活动安排，包括线上抽奖活动、限时折扣、用户晒单分享”，然后单击【智能生成】按钮，如图4-27所示。

图4-26 选择【AI生成单页】命令

图4-27 向WPS AI输入创建幻灯片指令

第3步 稍后会弹出【本页幻灯片内容】对话框，其中显示了WPS AI生成的幻灯片内容。按需修改内容，单击【生成幻灯片】按钮，如图4-28所示。

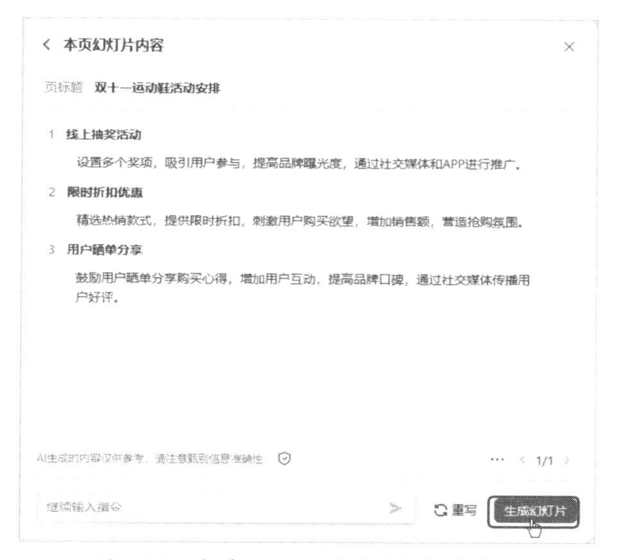

图4-28 查看WPS AI生成的幻灯片内容

知识拓展： 值得一提的是，WPS AI生成单页幻灯片还具备智能分析和优化功能。通过AI技术，WPS AI可以分析用户的幻灯片内容和受众群体，为用户提供有针对性的优化建议。这些建议包括内容布局、字体大小、颜色搭配等方面的调整，旨在提升幻灯片的可读性和吸引力。此外，WPS AI还能根据用户的反馈和行为数据，不断优化其推荐算法和创意工具，为用户提供更加个性化的服务。

第4步 稍后会在所选幻灯片的后面创建一张新的幻灯片，其中包含了生成的文本信息。在弹出的【推荐样式】对话框中选择需要套用的幻灯片样式模板，可以即时在幻灯片中查看应用该模板的效果，选择合适的模板后单击【应用此页】按钮，如图4-29所示。

第5步 即可看到幻灯片中的内容套用所选样式模板后的效果，如图4-30所示。

图4-29 选择要套用的幻灯片样式模板

图4-30 查看套用样式模板的效果

4.1.4 智能编写文本：AI助力内容编写，提升文本质量与表达深度

在WPS演示中，使用WPS AI不仅可以生成整个PPT、单页幻灯片，还可以编写某一段文本内容。

使用AI帮我写功能，可以更快速、高效地撰写和整理PPT的文本内容。AI帮我写功能就像一位无所不能的创意导师，它能够理解用户的需求，为用户提供丰富的写作建议和灵感。只需简单输入关键词或主题，WPS AI就能迅速生成一段逻辑清晰、内容丰富的文本，为用户节省大量撰写时间。

例如，要在“销售经验分享”PPT中第4张幻灯片中添加一些文本内容来丰富版面，使用AI帮我写功能的具体操作步骤如下。

第1步 打开“素材文件\第4章\销售经验分享.pptx”，在PPT中选中要添加文本内容的幻灯片，这里选中第4张幻灯片，单击【WPS AI】按钮，在弹出的下拉菜单中选择【AI帮我写】命令，如图4-31所示。

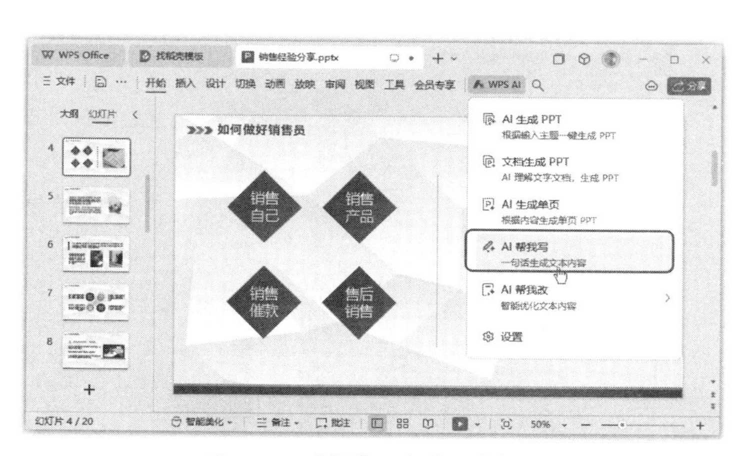

图4-31 选择【AI帮我写】命令

第2步 在弹出的【WPS AI】对话框中输入要生成文本内容的简短提示，如输入“任何一项工作都需要掌握多方面的技能”，单击【发送】按钮，如图4-32所示。

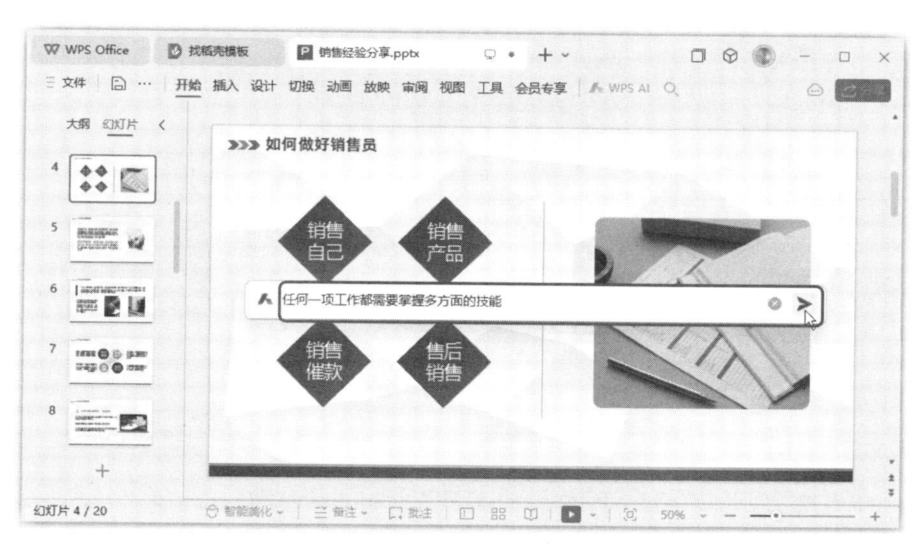

图4-32 输入要生成文本内容的简短提示

第3步 WPS AI理解我们的指令，并在对话框中生成合适的文本内容，可以单击【调整】下拉按钮，在弹出的下拉列表中选择续写、润色、扩写、缩写等，还可以单击【重写】按钮重新生成文本内容，直到满意为止，单击【插入】按钮，如图4-33所示。

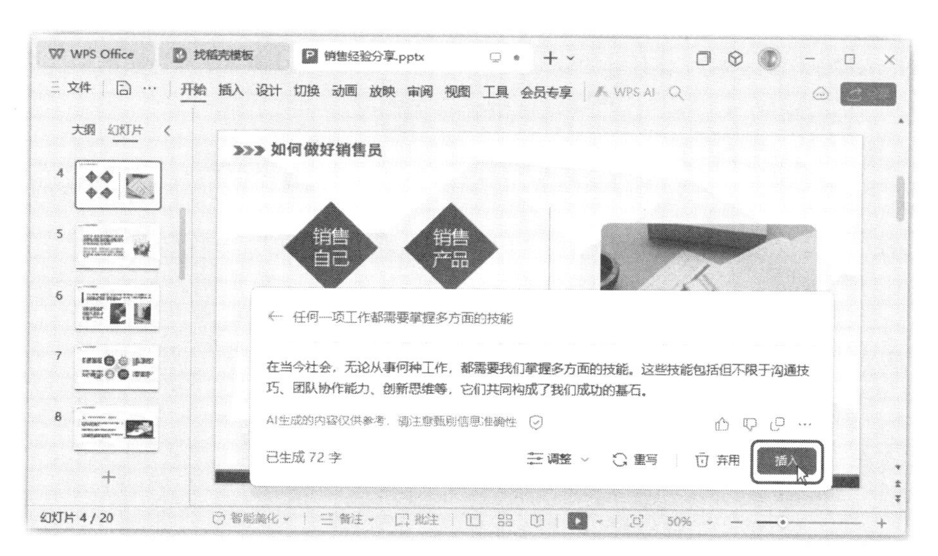

图4-33 查看并调整WPS AI生成的文本内容

第4步 即可将WPS AI生成的文本内容以文本框的形式插入幻灯片中，根据需要调整文本框的大小和文本格式，即可快速完成幻灯片的制作。这里将插入的文本框放置到标题内容的下面，调整行间距为1.5倍，再将幻灯片中的原有文本内容下移，最终效果如图4-34所示。

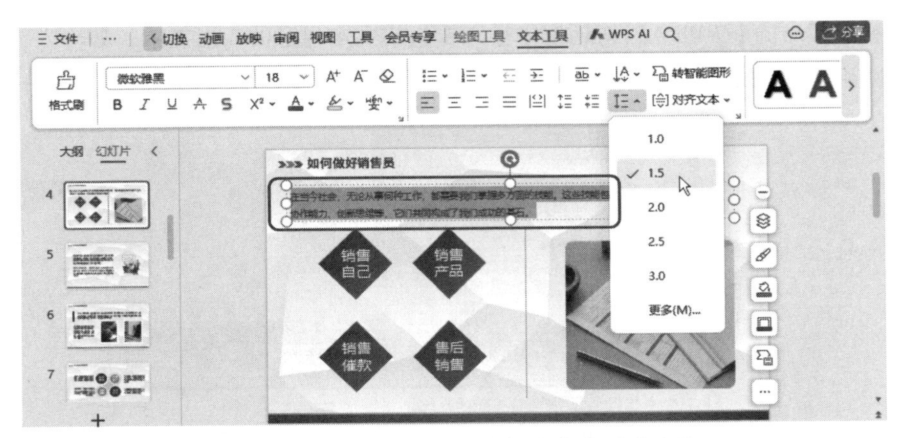

图 4-34 调整新添加的文本框和整体页面效果

4.1.5 改写文本：自动润色、扩写或缩写文本，提高可读性和专业性

为了让PPT更加生动、丰富，WPS演示的AI功能还提供了自动润色、扩写或缩写文本的功能。用户可以输入初步的思路或提纲，WPS AI会根据上下文和语义逻辑自动润色、扩写或缩写文本内容。这一功能不仅提高了PPT的可读性和专业性，还能够帮助用户完善思路、丰富内容，使演示更加引人入胜。

1. 通过 WPS AI 润色文本

在WPS演示中，AI帮我改功能可以帮助用户轻松提升文本质量。通过深度学习和自然语言处理技术，WPS AI能够智能识别文本中的表达方式和语言风格，为用户的文本提供精准的润色建议，包括优化句子结构、丰富词汇选择、提升整体的语言流畅度。

智能润色文本的具体操作步骤如下。

第1步 在PPT中选择要润色的文本内容，这里选择第5张幻灯片中上方文本框的全部文本内容，单击【WPS AI】按钮，在弹出的下拉菜单中选择【AI帮我改】→【润色】→【快速润色】命令，如图4-35所示。

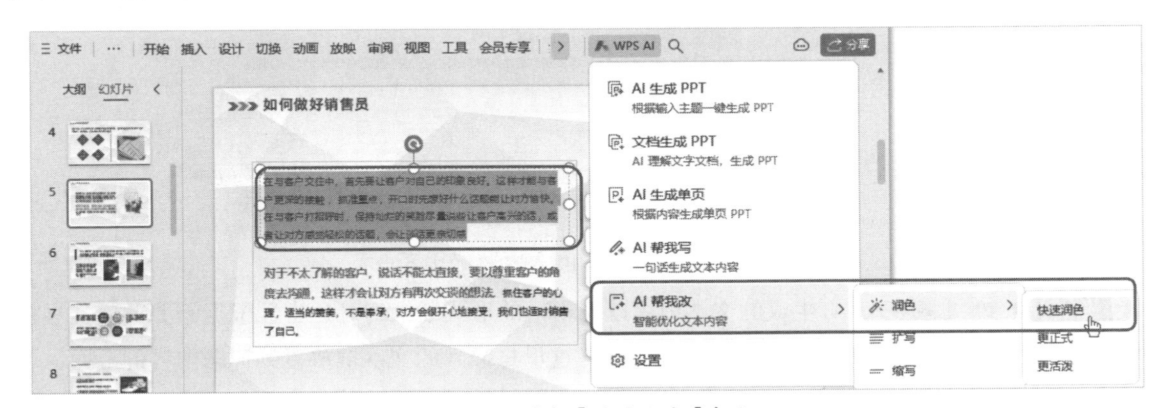

图 4-35 选择【快速润色】命令

第2步 弹出的【快速润色】对话框中会显示出WPS AI润色后的文本内容，满意的话单击【替换】按钮，如图4-36所示，即可用新生成的文本内容替换文本框中的原有内容。

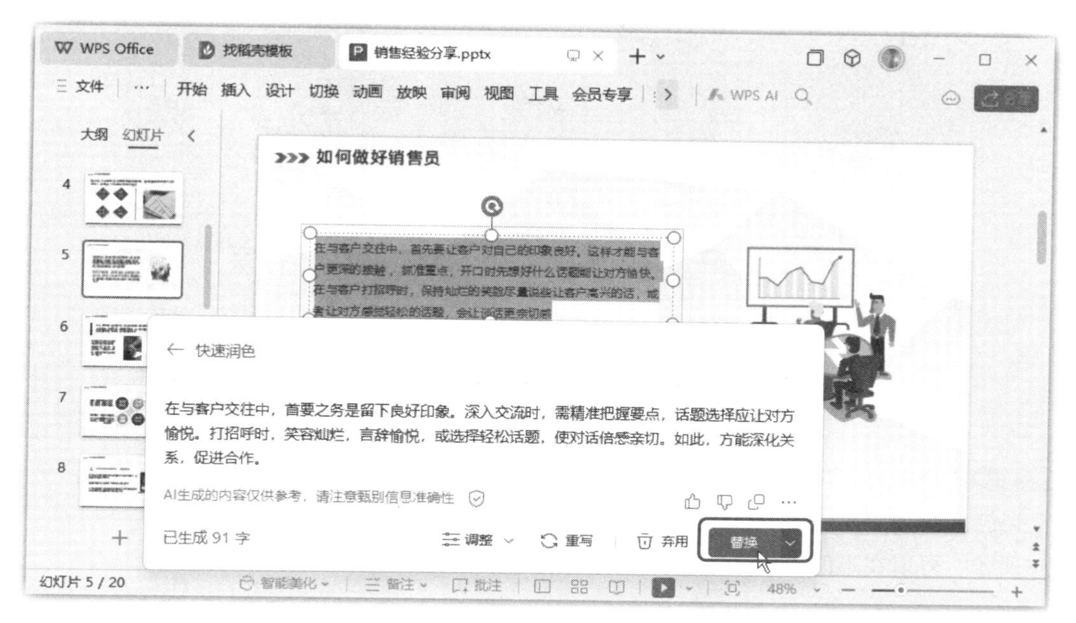

图4-36　查看WPS AI润色后的文本内容

知识拓展：AI帮我写功能支持多种风格和语言的转换。在【润色】子菜单中选择【更正式】或【更活泼】命令，可以改变文本内容的风格。

2. 通过 WPS AI 扩写文本

在繁忙的工作和学习中，你是否曾遇到这样的情况：知道幻灯片需要制作的主题内容，但是灵感缺失，不知道如何扩写文本；或是面对大量的数据和信息，不知道如何提炼和总结成文本内容。WPS演示的智能扩写功能，就是你需要的答案！

智能扩写功能是WPS演示的一项独特技术，它通过分析输入的文本内容，自动生成丰富多样的扩写建议。这些建议可以帮助用户完善文本内容，让PPT更加生动、有趣。

使用智能扩写功能非常简单，只需先明确PPT的主题和关键词，然后执行扩写命令即可。这些关键词将成为WPS AI生成内容的基础。例如，如果PPT主题是“环保”，那么关键词可能包括“可持续发展”“绿色出行”“资源循环利用”等。智能扩写的具体操作步骤如下。

第1步 在PPT中选择要扩写的幻灯片，在需要扩写的位置输入能体现需求的关键词或短句，用于提示WPS AI扩写的方向，然后单击【WPS AI】按钮，在弹出的下拉菜单中选择【AI帮我改】→【扩写】命令，如图4-37所示。

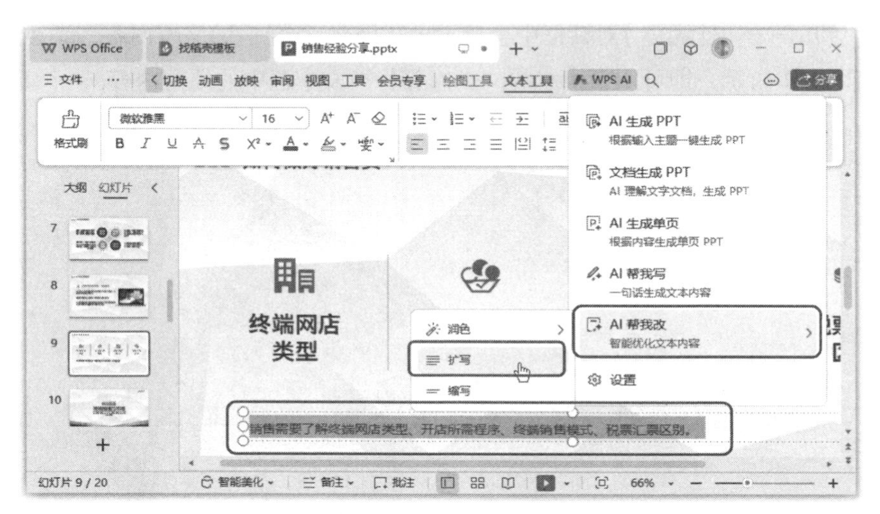

图 4-37　输入关键词并选择【扩写】命令

第2步 弹出的【扩写】对话框中会显示出WPS AI根据所选文本内容进行扩写后的文本内容，可以看到已经扩写至42字。单击【调整】下拉按钮，在弹出的下拉列表中选择【扩写】选项，如图4-38所示，可以在当前扩写文本内容的基础上再次进行扩写。

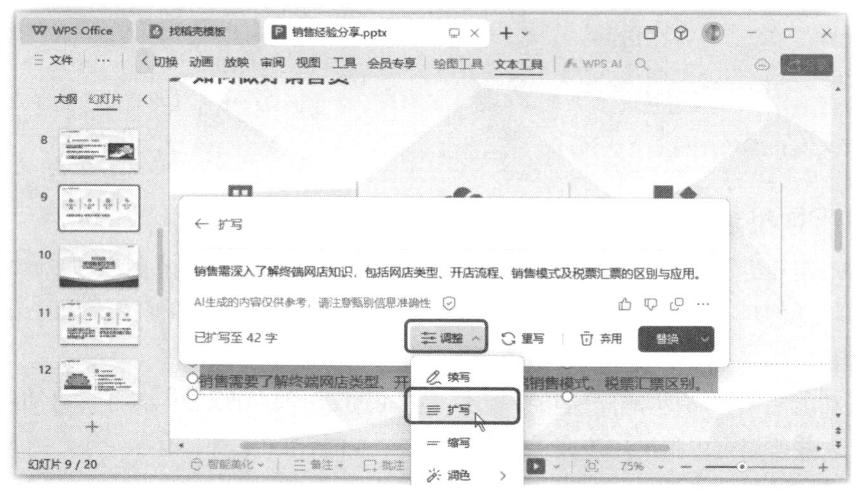

图 4-38　查看扩写文本内容并再次扩写

> **知识拓展：** 使用智能扩写功能，用户无须从零开始撰写PPT的文本内容，只需输入关键词或简短描述，即可快速生成相应的内容。这大大节省了用户的时间和精力，提高了工作效率。智能扩写功能在生成文本内容时，会考虑整体的结构和逻辑关系，使得生成的文本内容结构清晰、易于理解。

第3步 在经过多次扩写后（【扩写】对话框中会显示扩写次数，图4-39所示中显示的“4/4”，表示扩写了4次），如果对扩写效果仍然不满意，可以先单击【替换】按钮。

图4-39 应用扩写的内容

第4步 然后根据需要对生成的文本内容进行进一步的修改和调整，以满足实际的需求。这里再次执行了扩写操作，WPS AI会在上一次扩写的基础上再进行扩写，效果如图4-40所示，单击【替换】按钮应用扩写后的文本内容。

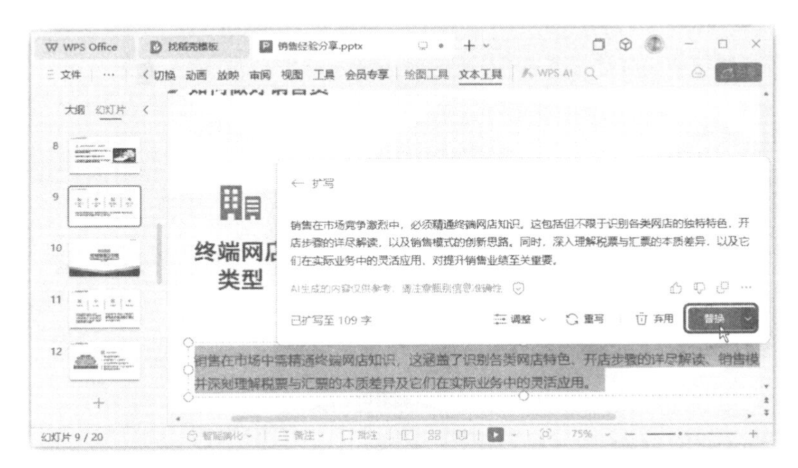

图4-40 继续扩写文本内容

3. 通过WPS AI缩写文本

在制作PPT时，我们要记住一个原则：PPT中的文本应当精炼而有力，烦琐的大段文本可能让观众失去兴趣。

WPS演示推出了缩写文本功能，帮助我们快速完成大段文本的缩写。缩写文本功能主要有以下3个方面的作用。

（1）简化编辑过程：通过缩写文本功能，可以一键调整PPT中的文本内容，无须手动逐句修改，大大提高了编辑效率。

（2）智能优化语句：该功能内置了丰富的词汇库和语法规则，能够智能优化语言表达，使文本内容更加流畅、准确。

（3）保留原意不变：在缩写过程中，WPS AI会尽量保持原文的意思不变，确保PPT在修改后仍然能传达出正确的信息。

例如，我们发现PPT中的部分文本内容的语言表达不够流畅或需要进行缩写，使用WPS AI的缩写功能进行缩写的具体操作步骤如下。

第1步 在PPT中选择要缩写的文本内容，单击【WPS AI】按钮，在弹出的下拉菜单中选择【AI帮我改】→【缩写】命令，如图4-41所示。

知识拓展：在使用WPS AI改写文本时，需要注意以下几点。

（1）保持原创性：虽然WPS AI能够生成丰富多样的文本内容，但建议用户在使用过程中保持原创性，避免直接复制粘贴生成的文本内容。用户可以将生成的文本内容作为参考，结合自己的思考和创意进行修改和完善。

（2）注重逻辑结构：在改写文本内容时，要注意保持逻辑结构的清晰和连贯。合理安排段落和标题，使文本内容条理分明、易于理解。

（3）适当使用修辞手法：为了使文本内容更加生动，可以适当使用修辞手法，如比喻、排比等。这样不仅可以增强文本内容的表达力，还可以吸引观众的注意力。

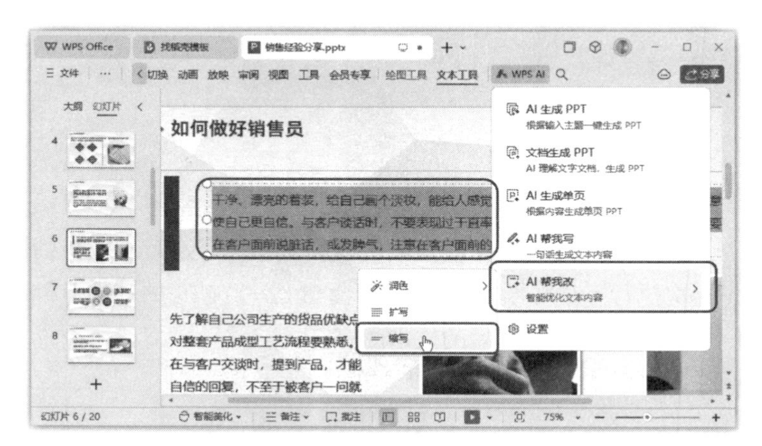

图4-41 选择文本内容并选择【缩写】命令

第2步 WPS AI将智能分析文本内容，并提供缩写建议。本例中的文本内容进行缩写后变得精炼、清晰、流畅，如图4-42所示，如果觉得满意，就单击【替换】按钮采纳缩写的文本内容。

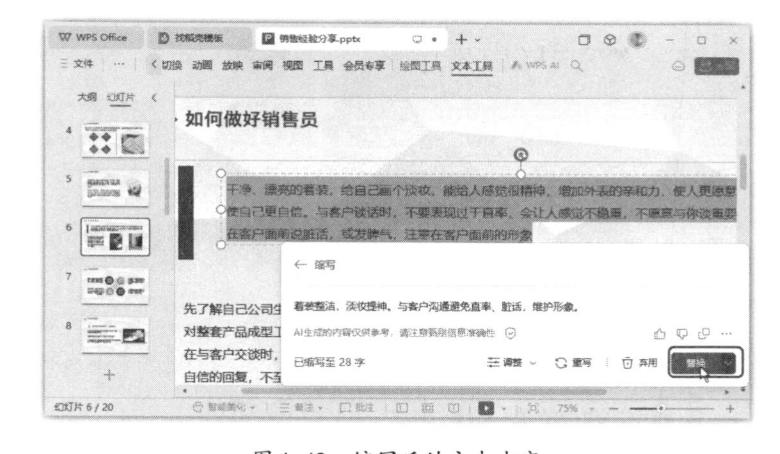

图4-42 缩写后的文本内容

4.2 自动排版与美化

除了内容创作，WPS演示的AI功能还在排版和美化方面发挥着巨大作用。通过对单页幻灯片进行美化、对文本内容进行重新排版，可以让PPT更加生动、美观。通过在线搜索与PPT主题相关的素材，WPS AI能够自动为PPT增添丰富的内容。此外，更换主题、配色方案和统一字体的功能，也让用户能够轻松改变PPT风格，提升整体美观度。

4.2.1 单页美化：智能分析页面内容，推荐合适的单页幻灯片美化效果

在完成PPT的基本内容构建后，如何让PPT更加生动、美观尤为重要。在制作PPT时，我们时常追求每一张幻灯片都独具特色，引人入胜。WPS演示的单页美化功能就是为此而生。无论我们是在准备企业报告、教育培训课件，还是制作宣传展示，这一功能都能助我们一臂之力，让我们的PPT在众多PPT中脱颖而出。

1. 单击按钮对单页幻灯片进行美化

单页美化功能是一种基于AI技术的智能分析工具，它能够自动分析幻灯片页面的内容，并根据内容的性质、风格、色彩等因素，推荐最合适的单页美化效果。该功能不仅能够帮助用户快速确定幻灯片的美化方向，还能在细节上提供精准的建议和指导，让幻灯片的整体效果更加出色。

下面来看一个具体示例。

第1步 打开“素材文件\第4章\保温杯营销策划方案.pptx”，然后在【幻灯片】窗格中选择需要美化的幻灯片，单击【设计】选项卡中的【单页美化】按钮，如图4-43所示。

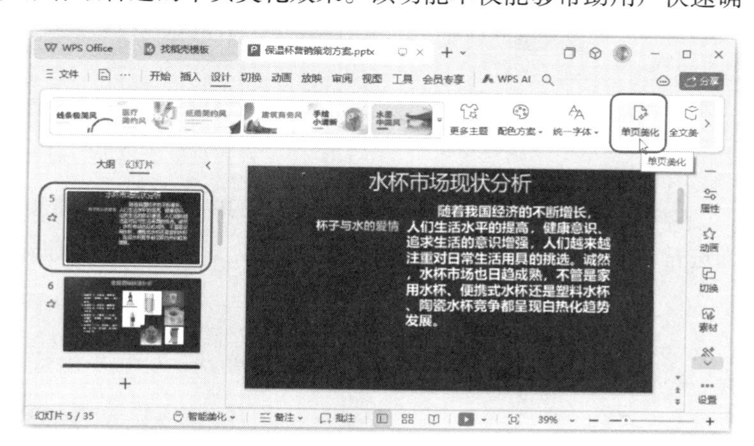

图 4-43　单击【单页美化】按钮

第2步 打开【美化单页幻灯片】对话框，其中自动根据所选幻灯片类型切换到了对应的选项卡，这里因为选择的是内容页的幻灯片，所以自动切换到了【正文】选项卡的【推荐】界面中（也可以根据需要切换到其他选项卡的对应界面）。在下方选择想要使用的幻灯片模板，如图4-44所示。

图 4-44　选择想要使用的幻灯片模板

第3步 此时便在所选幻灯片的下方插入了一张套用所选模板的幻灯片，如图4-45所示。可

以看到，新建的幻灯片会根据当前的PPT设计风格进行智能调整，从而与整个PPT融为一体，呈现出协调统一的美感。但是，因为所选幻灯片中包含的对象比较多，套用的内容有部分缺失。

图4-45　查看套用所选模板的幻灯片效果

第4步 根据需要，复制原幻灯片中的内容并以【只粘贴文本】的方式粘贴到文本框中，对页面进行调整，完成后的效果如图4-46所示。最后将多余的原幻灯片删除即可。

图4-46　调整幻灯片效果

知识拓展： WPS演示的全文美化功能虽然能对整个PPT进行快速美化，但是局部效果难以满足需要。所以，在实际操作中，可以先使用全文美化功能进行美化，再使用单页美化功能对部分页面进行精细化设计，最后手动进行完善。

---

2. 选择命令对单页幻灯片进行美化

智能分析页面内容是单页美化功能的核心，它利用自然语言处理、图像识别等先进技术，对幻灯片页面中的文字、图片、图表等元素进行深入分析。通过挖掘这些元素之间的关联和规律，单页美化功能能够准确地把握页面的主题和风格，为后续的美化提供有力支持。

在推荐合适的单页幻灯片美化方案方面，单页美化功能更是独具匠心，结合用户的历史偏好和行为数据，为用户推荐一系列符合其需求的美化方案。这些方案不仅涵盖了色彩搭配、字体选择、布局调整等基础方面，还包含了动态效果、交互设计等高级效果，让幻灯片在视觉效果和用户体验上都得到极大的提升。

值得一提的是，通过选择命令的方法来对单页幻灯片进行美化还具有一定的灵活性。用户可以根据自己的需求和喜好，对推荐的美化方案进行调整和优化，实现个性化的幻灯片制作。这种灵活性使得单页美化功能成为一个强大的创作工具，让每一个用户都能够打造出独具特色的幻灯片作品。

下面继续在上一个PPT中通过选择命令对单页幻灯片进行美化，具体操作步骤如下。

第1步 选择需要美化的幻灯片，单击【设计】选项卡中的【单页美化】按钮，或者单击窗口底部的【智能美化】按钮，在弹出的下拉列表中选择【单页美化】命令，如图4-47所示。

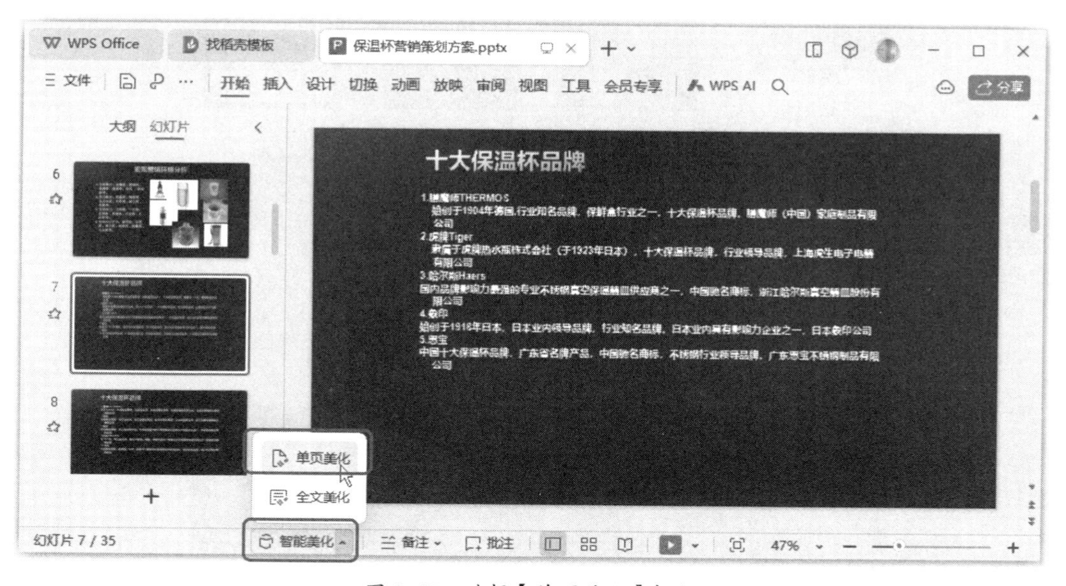

图 4-47　选择【单页美化】命令

第2步 窗口下方显示出简洁版的【全文美化】窗口，方便进行单页美化。可以看到这些推荐的美化方案与当前PPT设计风格一致。窗口的上方还显示了AI分析页面的结果，也可以在下拉列表中对幻灯片的类型进行重新选择；在该窗口中还可以选择对整页幻灯片、幻灯片中的正文、标题或整个PPT进行美化。单击【更多功能】按钮，就会显示出筛选面板，在其中可以对美化幻灯片的风格、配色、页面版式、页面特效和页面属性进行自定义，如图4-48所示。

图 4-48　自定义美化幻灯片

第3步 这里保持默认的设置，在下方选择需要使用的幻灯片美化方案，如图 4-49 所示。

图 4-49　选择需要使用的幻灯片美化方案

第4步 此时便对所选幻灯片套用了选择的幻灯片美化方案，由于原幻灯片中的对象比较简单，套用效果很好，如图 4-50 所示。

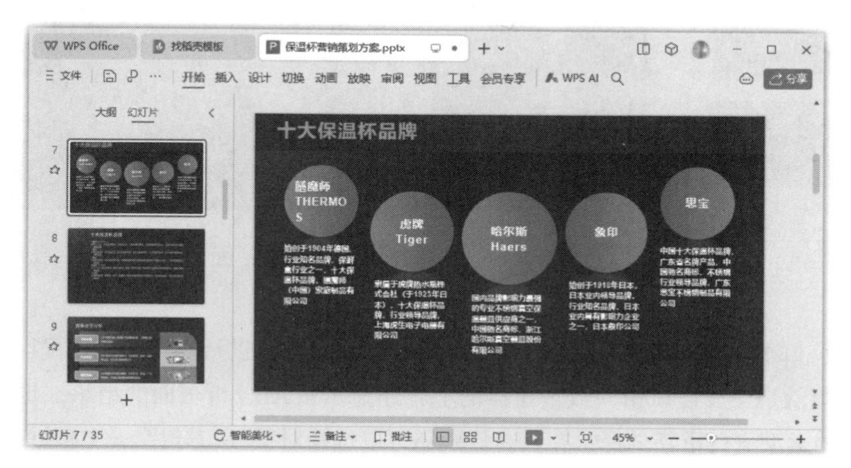

图 4-50　查看套用所选美化方案后的幻灯片效果

3. 通过任务窗格对单页幻灯片进行美化

WPS 演示还在【对象美化】任务窗格中提供了单页美化功能，可以快速添加不同类型的页面排版效果。

例如，要继续在上一个PPT中通过【对象美化】任务窗格对单页幻灯片进行美化，具体操作步骤如下。

第1步 选择需要美化的幻灯片，单击幻灯片缩略图上显示的【单页美化】按钮，显示出【对象美化】任务窗格。根据幻灯片类型单击不同的选项卡，这里单击【正文】选项卡，然后在下方选择要应用的美化方案，如图4-51所示。

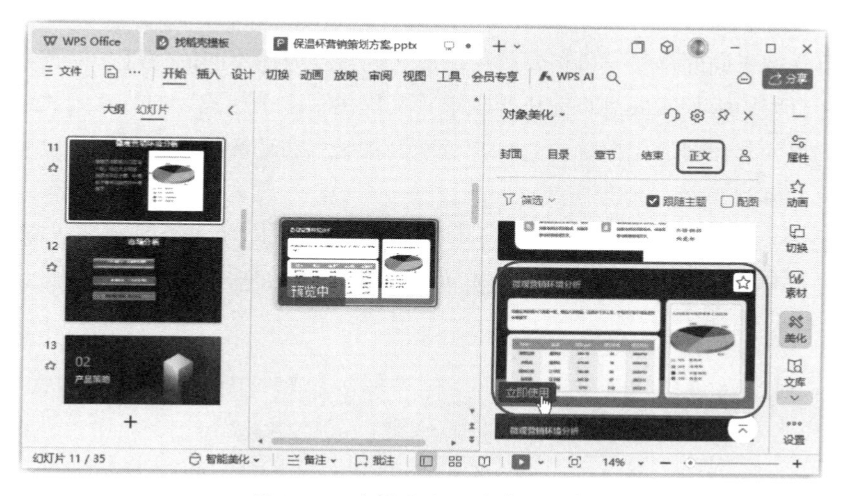

图4-51　选择要应用的美化方案

第2步 即可在当前页的后面快速插入对应的幻灯片，如图4-52所示，在模板的基础上，需要进一步编辑加工自己的幻灯片内容。

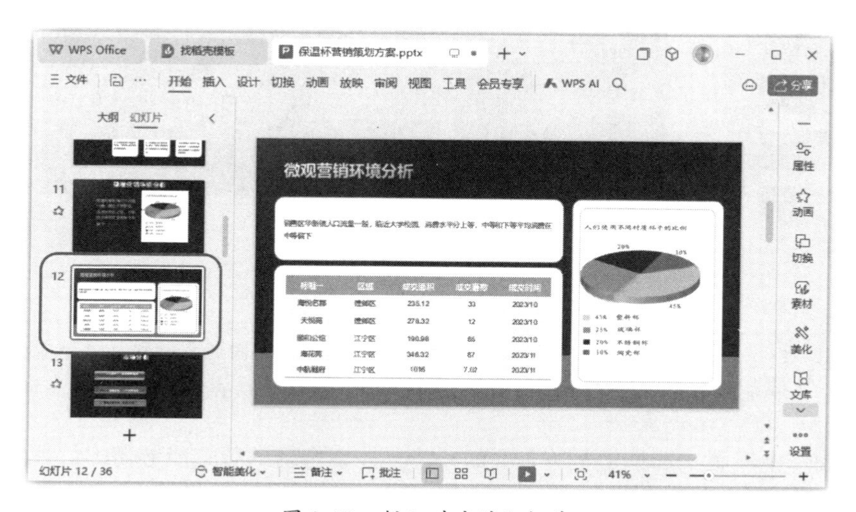

图4-52　插入对应的幻灯片

4. 通过选择版式对单页幻灯片进行美化

PPT从进入制作到完成放映的过程可以划分为三个层次，底层为母版与版式的基础搭建层，中层为普通视图主要制作与编排层，上层为最终效果放映的展示层。

在制作PPT前，需要统一外观与标准。通过设计幻灯片母版，可以实现PPT风格一致。幻灯片母版作为基础搭建层，可设置背景、主题颜色、字体、文本格式、日期等，控制整个PPT的呈现效果。

每份PPT至少应包含一个幻灯片母版，其优点是可以统一每张幻灯片的元素，节省制作时间。例如，通过幻灯片母版添加Logo，可实现格式一致、位置一致。每份PPT可以包含多个幻灯片母版，每个母版可以应用不同的主题模板，以适应不同的模块和风格需求。对于幻灯片页面较多的PPT，不同的模块需要体现不同的格式与风格，就可以通过创建或应用不同的幻灯片母版来实现。

每个幻灯片母版中根据不同的页面排版需求，又提供了多个版式。幻灯片版式包含幻灯片上显示的所有内容的格式、位置，用以确定幻灯片页面的排版、布局和设计风格。一般来说，一套幻灯片母版中，包含11种关联的幻灯片版式。

在【视图】选项卡中单击【幻灯片母版】按钮，切换到【幻灯片母版】视图界面，如图4-53所示。在左侧的幻灯片缩略图窗格中，最上方比较大的为幻灯片母版，与之相关的版式位于幻灯片母版下方。

图4-53 【幻灯片母版】视图界面

知识拓展：在设计幻灯片母版时，我们需要考虑PPT的主题。不同的主题需要设计不同的版式来体现。另外，不同的观众有不同的审美和阅读习惯，我们需要根据观众的特点和需求来设计合适的效果。

在幻灯片制作中，版式选择是至关重要的一步。一个合理的版式能够使幻灯片内容更加清晰、有序，提升观众的阅读体验。反之，一个混乱的版式则可能让观众难以找到幻灯片的重点内容。

单击【开始】选项卡或【设计】选项卡下的【版式】按钮，在弹出的下拉列表中可以看到幻灯片母版中的版式，如图4-54所示。选择某一种版式，即可为当前所选幻灯片应用对应的版式效果。

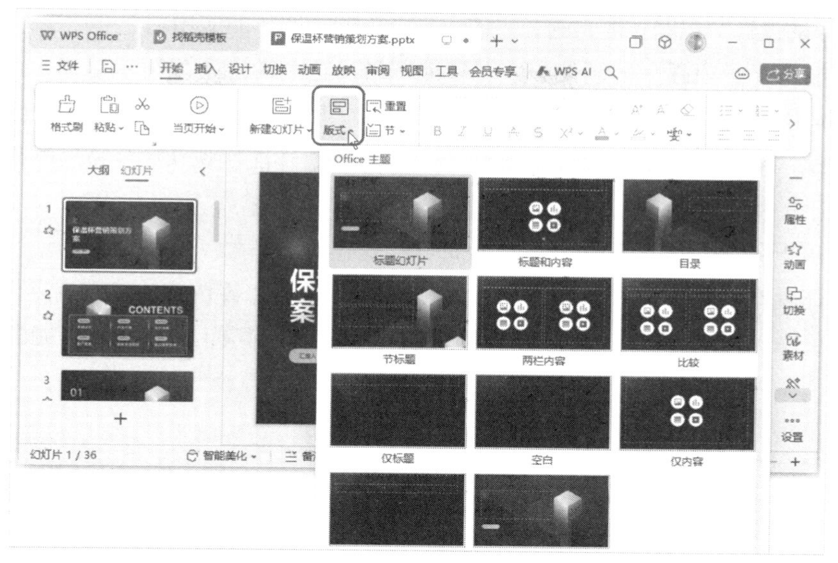

图4-54　幻灯片母版中的版式

除此之外，我们还可以通过套用其他PPT的母版来美化幻灯片。在【设计】选项卡中单击【母版】按钮，在弹出的下拉列表中选择【导入模板】选项，然后在打开的对话框中选择需要导入的PPT即可，如图4-55所示。套用导入的模板后，幻灯片中的版式、文本样式、背景、配色方案等都会跟着变化。

图4-55　套用其他PPT的母版

4.2.2 智能生成智能图形：将文本内容转化为智能图形，简化制作流程

随着信息技术的飞速发展，无论是在商业广告设计、教育课件制作、科技研究还是日常生活中，我们都需要用到各种图形来传达信息、展示数据和展示创意。然而，传统的图形设计流程通常烦琐

复杂，需要专业的设计知识和技能，这在一定程度上限制了图形的应用。

WPS演示推出了一项强大的功能——转智能图形。这一功能不仅简单易用，而且功能强大，能够迅速将文本内容自动转化为生动、专业的智能图形，极大地简化了制作流程，为图形设计带来了革命性的变革。将数据转化为直观、易懂的图表或图形，还能使观众更容易理解和接受，为PPT增添无限魅力。

下面举一个例子，来看看转智能图形功能的具体操作步骤。

第1步 查看幻灯片中需要转换为智能图形的文本内容，修改文本内容（方便WPS AI理解文本内容间的关系），并选择文本框，然后单击【文本工具】选项卡中的【转智能图形】按钮，如图4-56所示。

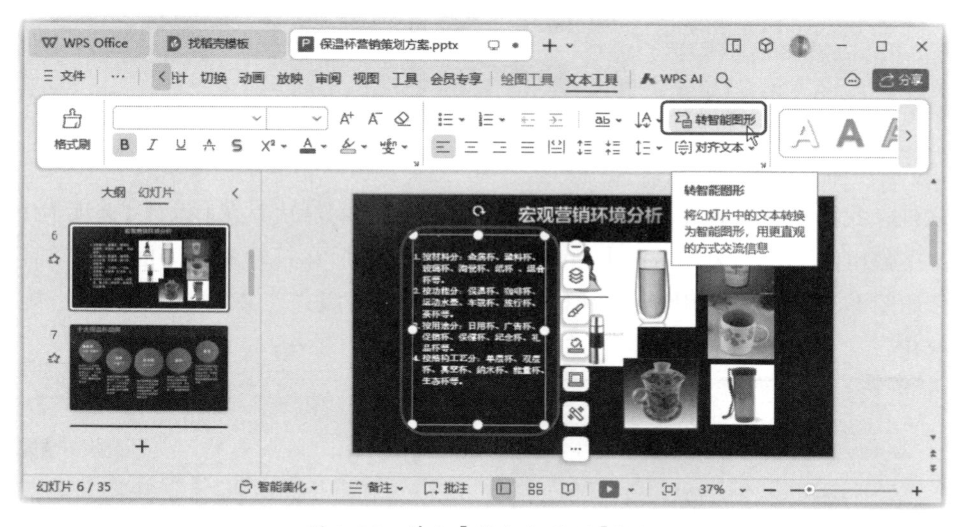

图4-56　单击【转智能图形】按钮

> **知识拓展：** WPS AI需要先对文本内容进行深入的分析和理解，提取出其中的关键信息，如主题、内容、结构等，然后根据这些信息匹配合适的图形类型、颜色、字体等，生成符合要求的图形。该功能不仅大大提高了图形设计的效率，而且使得没有专业设计知识的人也能够轻松制作出美观实用的图形。

第2步 打开【智能图形】对话框，系统已经根据所选内容提供了合适的智能图形，根据需要选择智能图形，如图4-57所示。

> **知识拓展：** 传统的图形设计过程中，设计师通常需要花费大量的时间和精力来选择合适的图形元素、调整布局和配色等，这些工作往往需要凭借经验和直觉来完成。而转智能图形功能则能够自动完成这些工作，弥补了用户没有专业设计知识的缺陷，从而提高了图形设计的效率。此外，它还具有很高的灵活性和可扩展性。在【智能图形】对话框中可以选择转换为智能图形的不同类型和效果。随着技术的不断发展，该功能将能够支持更多的图形类型和风格，满足不同领域和场景的需求。同时，该功能还可以与其他技术相结合，实现更加智能和高效的图形设计。

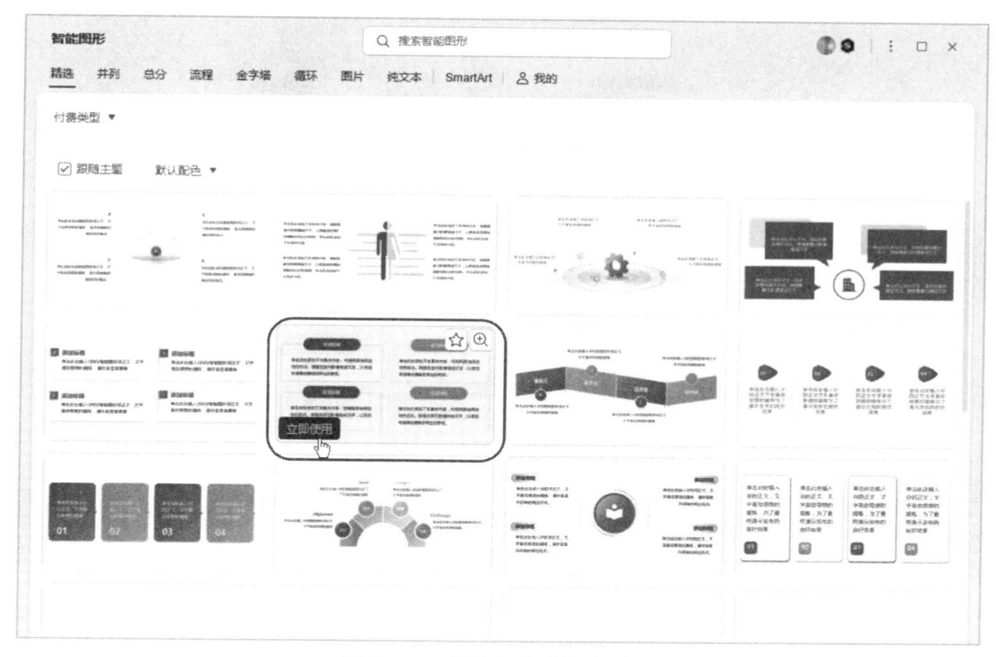

图4-57 选择需要的智能图形

第3步 即可将所选文本框中的文本内容转换为选择的智能图形，如图4-58所示。

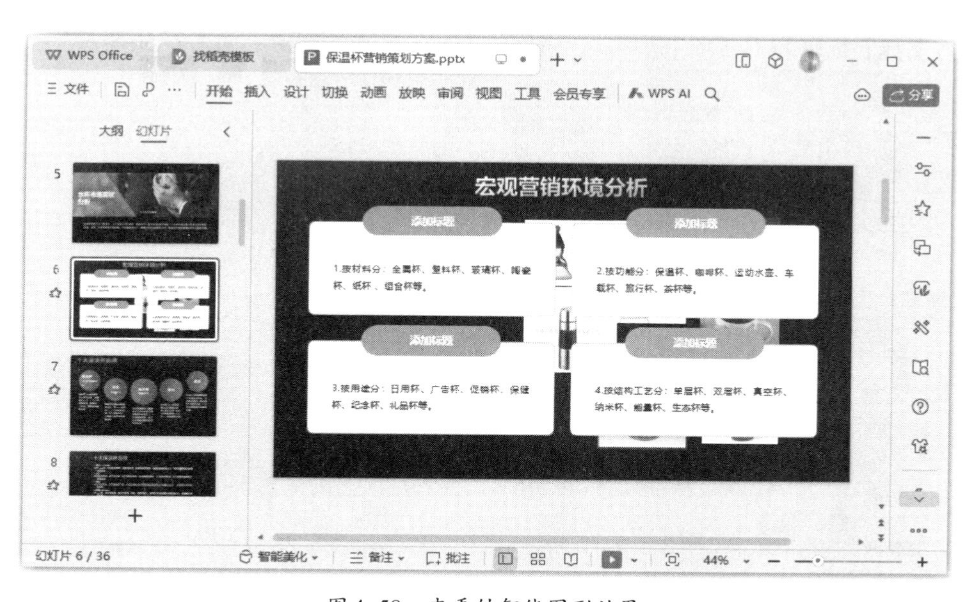

图4-58 查看转智能图形效果

第4步 根据转换后的效果，重新编排部分内容的位置。这里将每个文本框中的小标题剪切到对应的橙色标题文本框中。由于原幻灯片中除了文本框还包含很多其他元素，在转换为智能图形后这些内容就被覆盖了，为了页面的整体效果，可以将多余的元素全部删除，完成后的效果如图4-59所示。

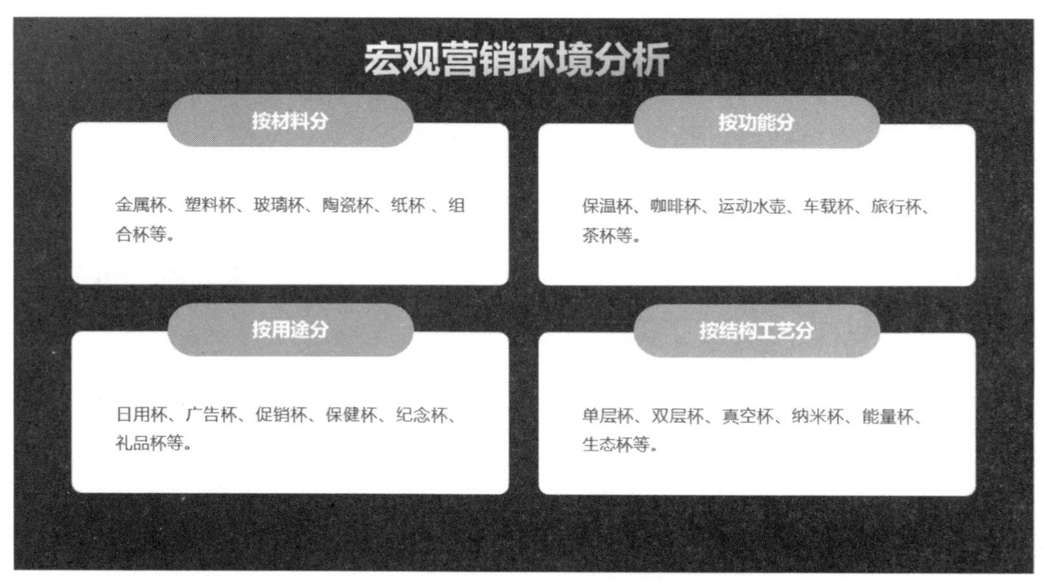

图 4-59　调整页面

第5步 如果幻灯片中的文本内容具有某种关系，在选择幻灯片后，单击【设计】选项卡中的【单页美化】按钮，在打开的【美化单页幻灯片】对话框中也会自动推荐智能图形。例如，这里选择第8张幻灯片，然后根据页面中文本内容的关系，在【美化单页幻灯片】对话框中单击【正文】选项卡，在下方选择【并列】和【5项】选项，再选择符合要求的智能图形，如图4-60所示。

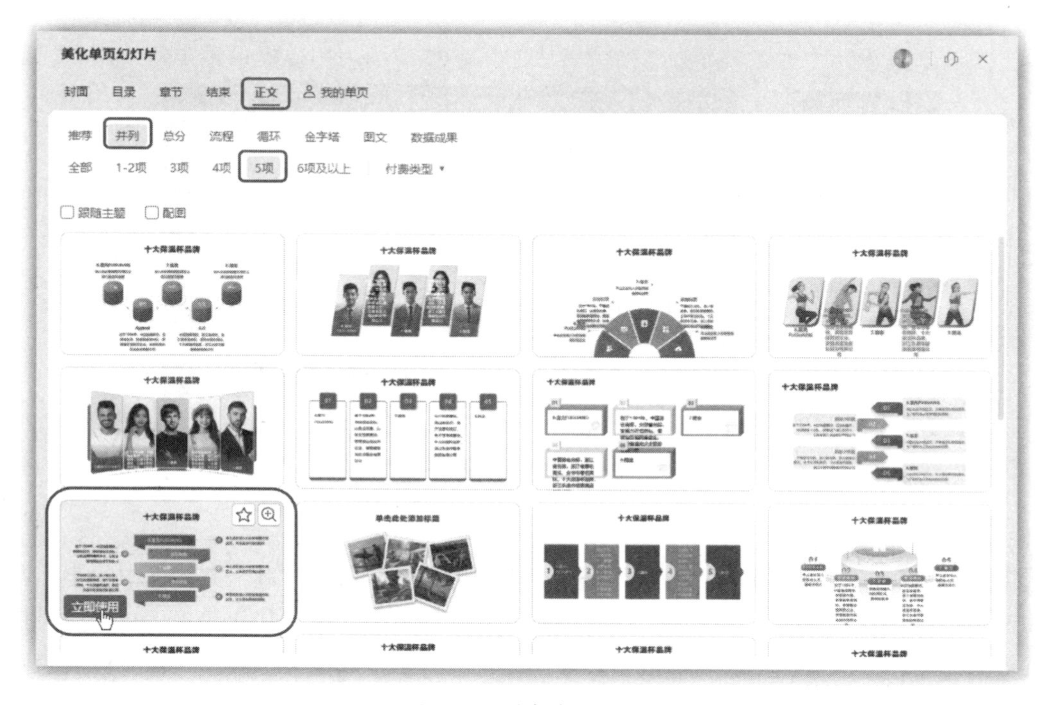

图 4-60　选择智能图形

第6步 即可将所选文本框中的文本内容转换为选择的智能图形，再进一步调整部分文本内容的显示位置，即可得到图4-61所示的效果。

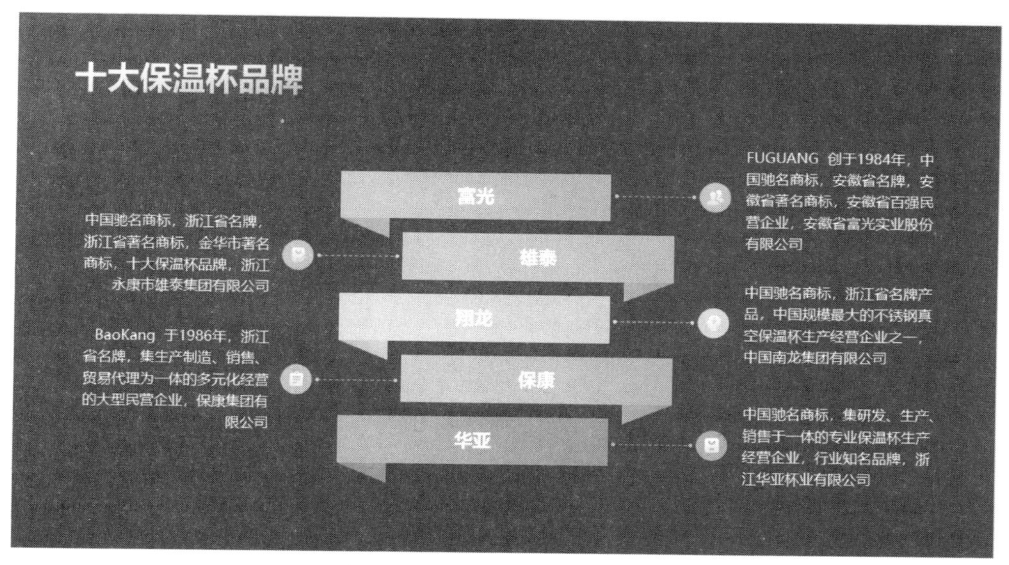

图4-61　调整文本内容显示位置

4.2.3　在线搜索素材：自动搜索与 PPT 主题相关的素材，丰富演示内容

在制作PPT时，合适的素材能够极大地丰富演示内容，提高观众的兴趣。传统的做法是手动搜索和筛选素材，这无疑增加了制作PPT的时间成本。WPS演示为用户提供了丰富的素材库，使得制作PPT变得更加便捷。此外，它还具备自动搜索素材的功能。在WPS演示中输入关键词，就能够自动从互联网上搜索与PPT主题相关的图片、图表、视频、音频等素材，并将其整合到PPT中，不仅可以节省大量的时间，还能提升演示内容的丰富性和多样性。

1. 插入图片

PPT以展示为主，除了文本内容，图片也十分重要。图文并茂的PPT不仅更加生动，容易引起观众的兴趣，而且能更准确地传达演讲人的思想。

在WPS演示中单击【插入】选项卡中的【图片】按钮，在弹出的下拉列表中可以看到多种图片插入方法，如图4-62所示，不仅可以插入本地图片、推荐的网络图片，还可以插入手机中的图片。单击【分页插图】选项，还可以批量完成一次性在不同的幻灯片中插入不同的图片的操作。

知识拓展： WPS演示支持多种图片格式，用户可以根据自己的需要插入JPG、PNG、GIF等格式的图片。同时，WPS演示还支持对图片进行裁剪、缩放、旋转等操作，使得用户能够更加灵活地调整图片的大小和位置，以达到最佳的视觉效果。

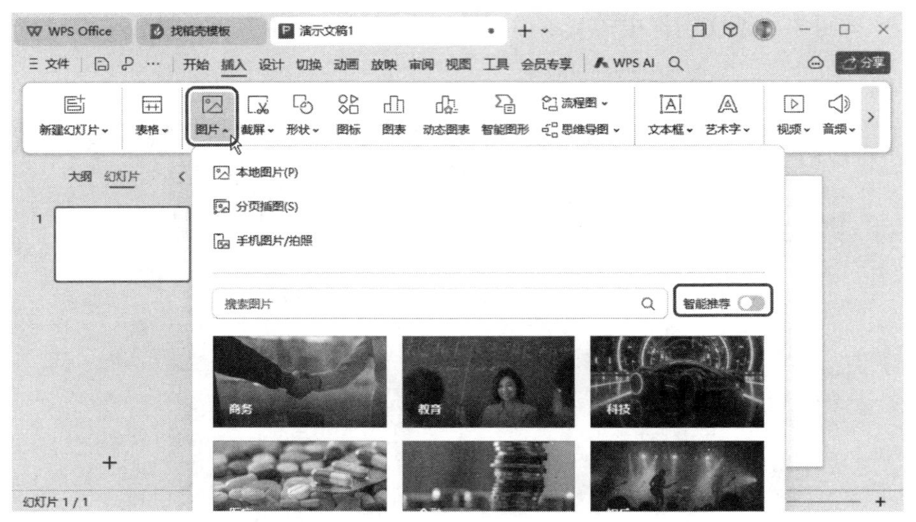

图 4-62 【图片】下拉列表

在【图片】下拉列表中可以通过在搜索框中输入关键词来搜索素材，也可以开启搜索框右侧的【智能推荐】功能，让WPS演示根据所选幻灯片中的内容自动推荐合适的图片。如果对这些图片不满意，还可以单击【图片】下拉列表右下角的【更多图片】超链接，在打开的【图库】窗口中，可以看到更丰富的图片素材，单击不同的选项卡可以找到对应的图片，如适合作为背景的图片、已经抠除了多余内容的主体图片、人像图片、插画、图标等，如图4-63和图4-64所示。

图 4-63 抠除了多余内容的主体图片

图 4-64 插画

单击【插入】选项卡中的【截屏】下拉按钮，可以轻松获取电脑屏幕上的内容，如图4-65所示。无论是整个屏幕、活动窗口，还是屏幕上的任意区域，都可以一键截取并直接插入PPT中，这样就可以快速捕捉重要的网页内容、软件界面、图片或其他任何想在PPT中展示的视觉元素，不再需要烦琐地复制粘贴或使用其他截图工具，配合图片转文字功能，还可以快速提取图片中的文字。

单击【插入】选项卡中的【更多素材】下拉按钮，如图4-66所示，在弹出的下拉列表中可以看到WPS演示还提供了插入条形码和二维码的功能。选择【素材中心】选项，可以打开【稻壳资源】窗口，该窗口中提供了丰富多样的素材，包括模板、图片、图标、形状等，可以帮助用户更高效地完成PPT制作。单击【图片】选项卡，就可以看到大量高质量图片素材，如图4-67所示。

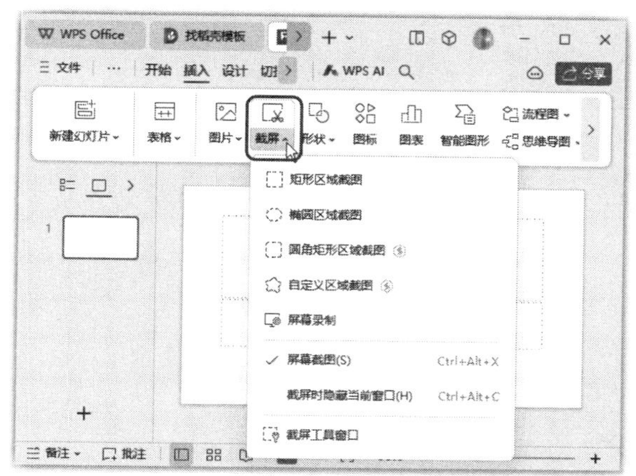

图 4-65 【截屏】下拉列表

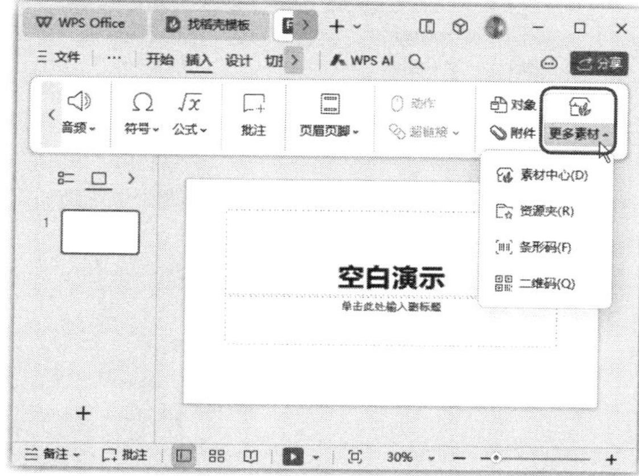

图 4-66 【更多素材】下拉列表

如果只是想快捷插入图片，也可以单击窗口右侧侧边栏中的【素材】按钮，展开【稻壳资源】任务窗格，如图4-68所示。

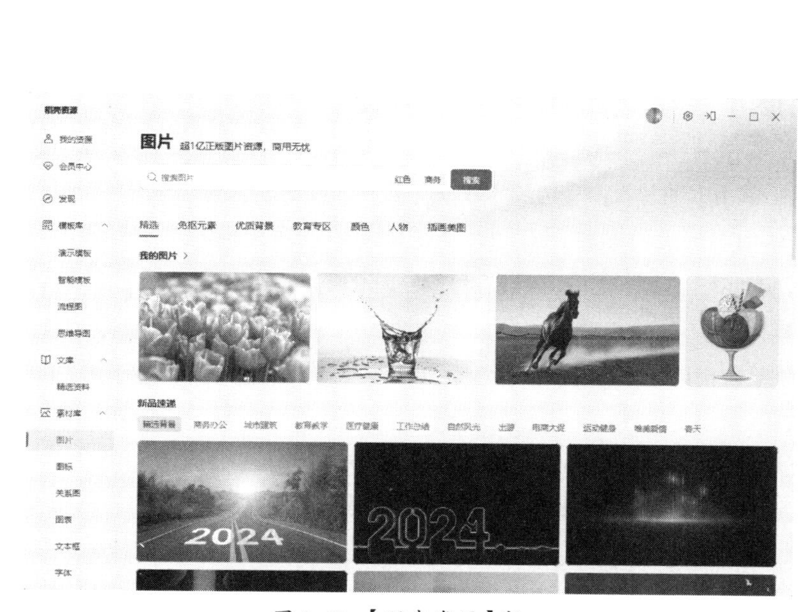

图 4-67 【稻壳资源】窗口

图 4-68 【稻壳资源】任务窗格

在PPT中插入图片后，可以通过【图片工具】选项卡中的功能对图片进行编辑。也可以在选择图片后，单击窗口右侧侧边栏中的【美化】按钮，在展开的【对象美化】任务窗格中对图片进行编辑，如图4-69所示。

图4-69　通过【图片工具】选项卡或【对象美化】任务窗格对图片进行编辑

下面对WPS演示中比较有特色的图片编辑功能进行简要介绍。

（1）创意裁剪：选中图片后，单击【图片工具】选项卡中的【裁剪】按钮，在弹出的下拉列表中选择【创意裁剪】选项，在子菜单中可以看到多种创意裁剪效果，选择某种裁剪效果后，系统会对图片进行裁剪，如图4-69中间的图片就被裁剪为羽翼形状。也可以在【对象美化】任务窗格的【创意裁剪】选项卡中选择裁剪效果。

（2）图片边框：选中图片后，单击【图片工具】选项卡中的【边框】按钮，在弹出的下拉列表中选择【图片边框】选项，在子菜单中可以看到多种创意图片边框效果，选择某种图片边框效果后，就可以为所选图片应用，让图片更加突出或符合特定的设计风格。也可以在【对象美化】任务窗格的【边框】选项卡中选择图片边框效果。

（3）蒙层：在【对象美化】任务窗格的【蒙层】选项卡中，可以为图片添加蒙层效果，即模糊图片的部分内容，引导观众的视线。

（4）局部突出：使用【对象美化】任务窗格的【局部突出】选项卡中的功能，可以突出图片中的某个区域，使其更加引人注目。这对于强调图片中的关键信息或引导观众关注特定细节非常有帮助。

（5）拼图：在幻灯片中插入多张图片并选中这些图片后，单击【图片工具】选项卡中的【图片拼接】按钮，或者单击【对象美化】任务窗格中的【拼图】选项卡，就可以看到多种图片拼接效果，选择某种拼接效果后，系统会根据选择的图片和拼接效果自动进行排版，还可以在任务窗格中对图片间距、是否裁剪图片进行设置，单击图片占位符上显示的图标，可以快速更换其他拼接效果，如图4-70所示。

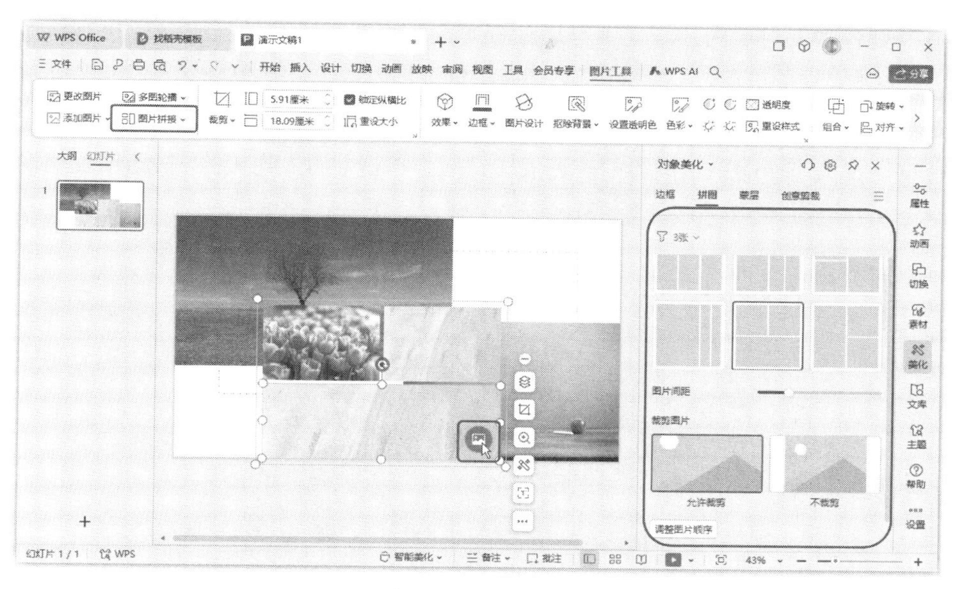

图 4-70　图片拼接

（6）多图轮播：在幻灯片中插入多张图片并选中这些图片后，单击【图片工具】选项卡中的【多图轮播】按钮，在弹出的下拉列表中可以看到多种图片轮播效果，如图4-71所示，单击某种轮播效果下方的【套用轮播】按钮后，系统会根据选择的图片和轮播效果自动进行排版，并在【对象美化】任务窗格中显示出【页面处理】选项卡，如图4-72所示。将鼠标指针移动到其中的图片上方，将显示标记，单击即可选择其他图片来替换该图片；通过拖曳鼠标还可以调整轮播时图片的显示顺序；在下方还可以对轮播动画进行设置；如果对当前效果不满意，可以在【其他轮播】栏中选择其他图片轮播效果；调整完成后，单击【预览效果】按钮可查看调整效果。

图 4-71　图片轮播效果

图 4-72　【页面处理】选项卡

（7）图片设计：单击【图片工具】选项卡中的【图片设计】按钮，即可打开【图片设计】窗口。

在这里可以看到各种素材、图片、文字等设计资源，只需选择喜欢的资源并将其拖入图片编辑区域，即可快速添加对应的设计效果。WPS AI还能根据图片内容，智能推荐最合适的资源和配色方案，让图片更加美观和专业。如图4-73所示，图片上添加了蝴蝶素材和文字资源，其中的文字是根据需求调整过字体、大小、颜色、内容的。完成设计后，单击【插入到文档】按钮即可用设计后的图片替换原图片。

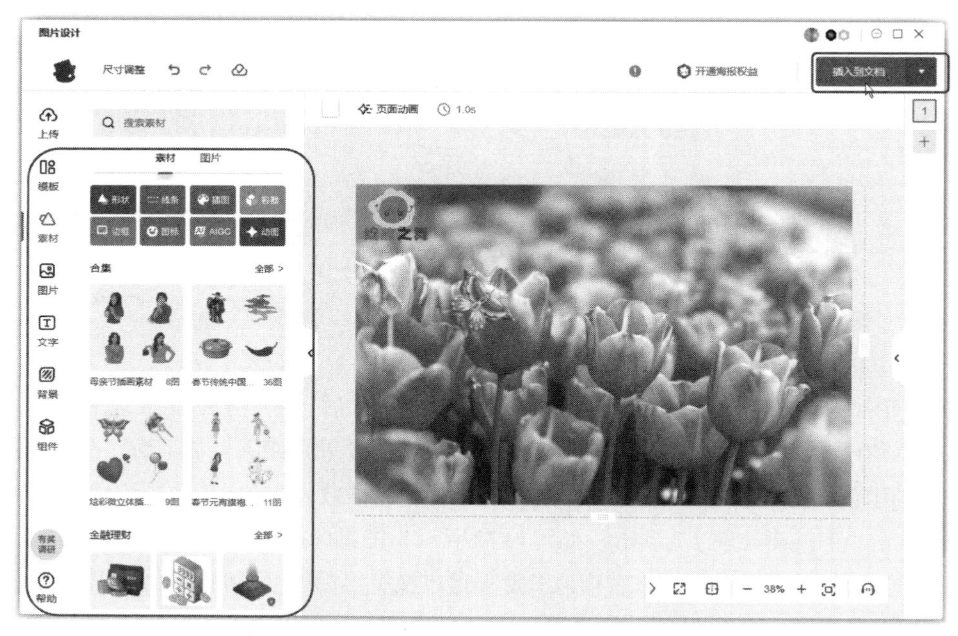

图4-73　在【图片设计】窗口中设计图片

2. 插入文本框

在WPS演示中，通过巧妙地运用文本框、艺术字和符号等，可以轻松为PPT注入独特的魅力。

（1）文本框：文本框是PPT中最基本的文本容器，用户可以调整文本框的大小和形状，使其与背景图片或设计元素完美融合。同时，通过设置文本框的填充颜色和边框样式，可以进一步突出文本内容，增强视觉效果。单击【插入】选项卡中的【文本框】按钮，在弹出的下拉列表中可以看到WPS演示提供了多种个性化的文本框样式，选择之后修改文本内容即可，如图4-74所示。

图4-74　【文本框】下拉列表

在【文本框】下拉列表中单击【更多文本框】超链接，会打开【文本框】窗口，在其中可以根据形状、风格、颜色、用途、行业等对文本框样式进行筛选，以便快速找到合适的文本框样式，如图 4–75 所示。

图 4–75 【文本框】窗口

（2）艺术字：WPS 演示提供了丰富的艺术字样式，包括各种独特的字体、字形和颜色。通过艺术字，普通的文字可以转变为具有视觉冲击力的设计元素。无论是标题还是副标题，艺术字都能为 PPT 增色不少。单击【插入】选项卡中的【艺术字】按钮，在弹出的下拉列表中可以选择艺术字样式，如图 4–76 所示。在【艺术字】下拉列表中单击【更多艺术字】超链接，会打开【艺术字】窗口，在其中可以根据字体风格、字体效果、字体形状对艺术字样式进行筛选，以便快速找到合适的艺术字样式，如图 4–77 所示。

图 4–76 【艺术字】下拉列表　　　　图 4–77 【艺术字】窗口

WPS演示中的部分艺术字和文本框逐渐融合在了一起。一般情况下，当我们插入文本框和艺术字后，会显示出【绘图工具】和【文本工具】两个选项卡，有时候还会显示出【图形工具】选项卡，通过这些选项卡中的功能可以对文本框和艺术字进行编辑。当我们选择艺术字和文本框中的边框效果时，【对象美化】任务窗格中就会显示出更多文本框样式，如图4-78所示。当选择文本内容时，【对象美化】任务窗格中则会显示出更多艺术字样式，如图4-79所示。

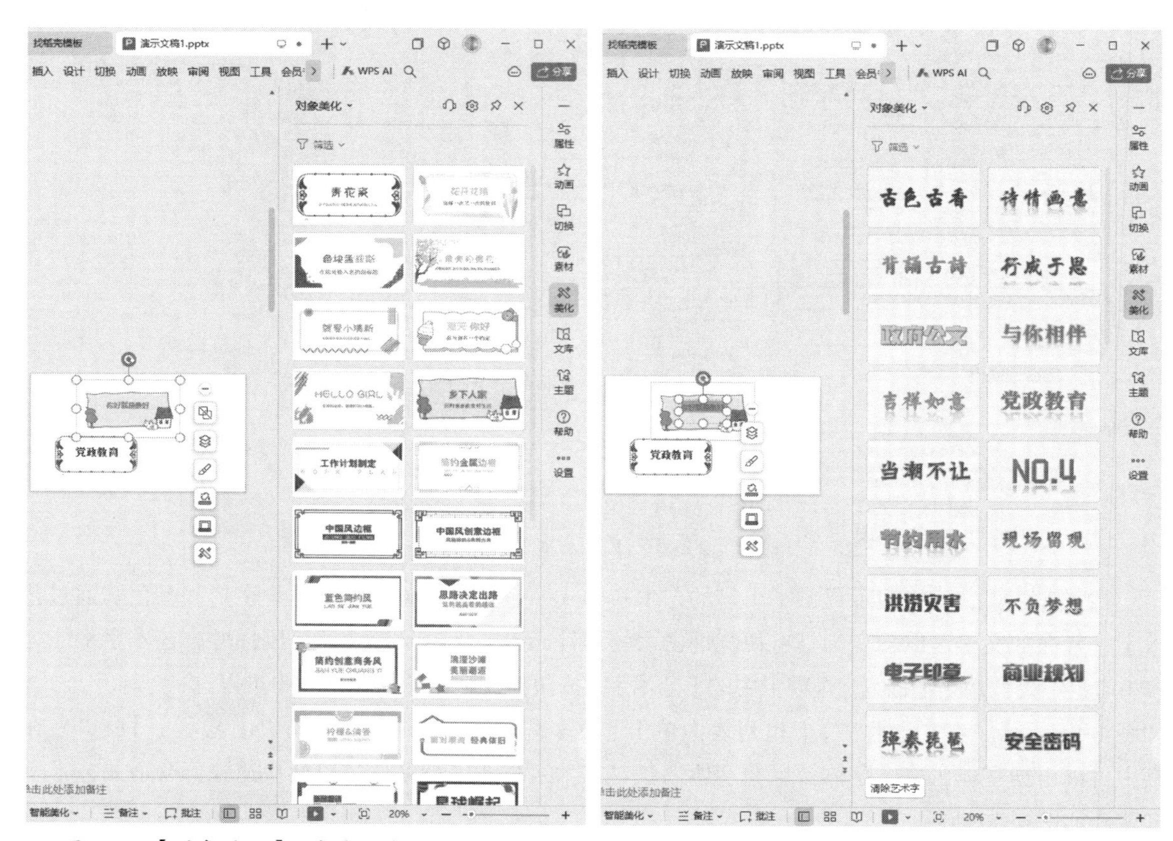

图4-78 【对象美化】任务窗格中的文本框样式　　图4-79 【对象美化】任务窗格中的艺术字样式

（3）符号：在WPS演示中，还可以插入各种符号来丰富视觉效果。这些符号包括项目符号、编号、特殊字符等，它们能够增强文本内容的层次感和可读性。通过巧妙地组合和运用这些符号，可以让PPT更加生动和有趣。

单击【插入】选项卡中的【项目符号】按钮，在弹出的下拉列表中可以看到WPS演示提供了多种个性化的项目符号样式，单击【更多】超链接，还可以在【对象美化】任务窗格中看到更多项目符号样式，如图4-80所示。

单击【插入】选项卡中的【符号】按钮，可以在弹出的下拉列表中选择需要的符号，如图4-81所示。除了常见的标点符号、数学符号和货币符号等，WPS演示还支持插入特殊符号和Unicode字符，用户可以通过在符号面板中搜索或浏览找到需要的符号。

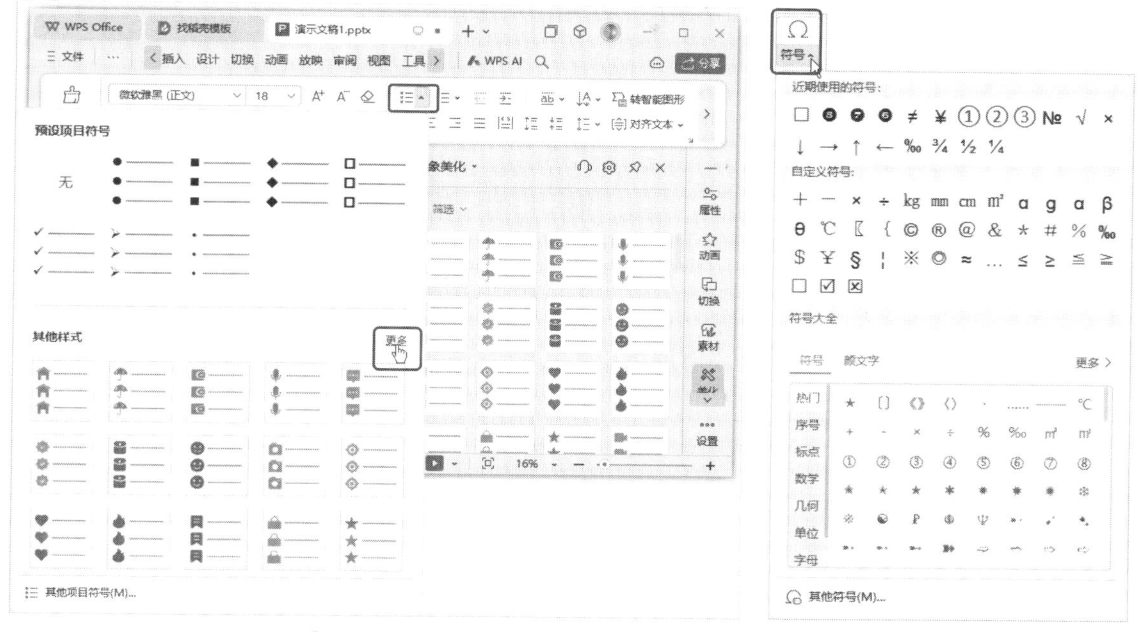

图4-80 【项目符号】下拉列表

图4-81 【符号】下拉列表

3. 插入形状

形状在PPT中的地位也是举足轻重的，用户可以使用形状来标注重点、制作流程图等。在WPS演示中插入和编辑形状的方法与在WPS文字中的操作相同，唯一不同的是增加了多个形状的组合功能，以便制作出复杂的形状或特殊的形状。

在WPS演示中选择插入的形状后，单击【绘图工具】选项卡中的【合并形状】按钮，在弹出的下拉列表中可以看到【结合】【组合】【拆分】【相交】【剪除】5种合并方式，下面以图4-82所示的两个椭圆为例，讲解各种合并方式的作用和效果。

（1）结合：将多个相互重叠或分离的形状结合生成一个新的形状，效果如图4-83所示。

（2）组合：将多个相互重叠或分离的形状结合生成一个新的形状，但重合部分将被剪除，效果如图4-84所示。

（3）拆分：将多个形状重叠或未重叠的部分拆分为多个形状，效果如图4-85所示。

（4）相交：将多个形状未重叠的部分剪除，重叠的部分将被保留，效果如图4-86所示。

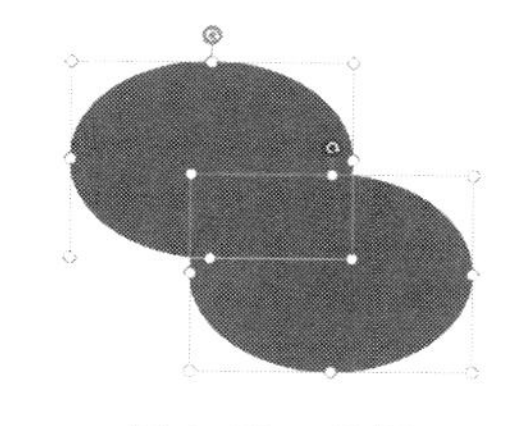

图4-82 原图

图4-83 结合效果

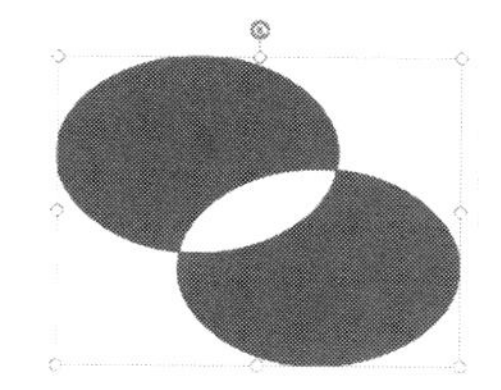

图4-84 组合效果

（5）剪除：从一个形状中剪除与另一个形状相交的部分，只保留剩余部分，效果如图4-87所示。

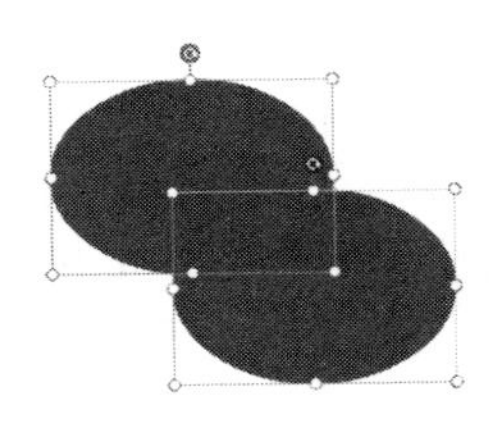

图 4-85　拆分效果

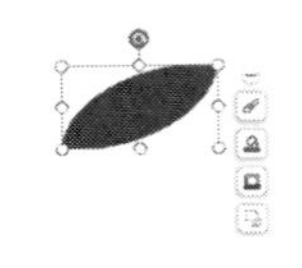

图 4-86　相交效果

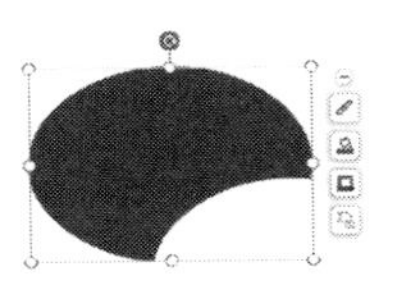

图 4-87　剪除效果

单击【插入】选项卡中的【图标】按钮，可以打开图标库，其中包含多种行业、主题和风格的图标。这些图标为高清矢量格式，支持无损缩放，确保在各种分辨率下都清晰可见。

此外，还可以在WPS演示中插入智能图形、流程图和思维导图，这三类图形是多个形状组合后的效果，通常还包括组合好的文本框和线条，用于表达各种关系。具体操作方法与WPS文字中的操作相同，这里不再赘述。

4. 插入图表

在幻灯片中还可以插入图表，让PPT更具说服力。在幻灯片中插入图表需要先选择图表类型，然后选择插入的图表，单击【图表工具】选项卡中的【编辑数据】按钮来修改图表中的数据。图表的其他编辑方法与WPS文字中的操作相同，这里不再赘述。

5. 插入音频

WPS演示还支持插入音频。为了让PPT给观众带来听觉冲击，我们可以在幻灯片中插入音乐、旁白、原声摘要等音频。只需要单击【插入】选项卡中的【音频】按钮，在弹出的下拉列表中选择相应的选项，并在打开的对话框中选择音频，或者直接选择在线音频即可，如图4-88所示。

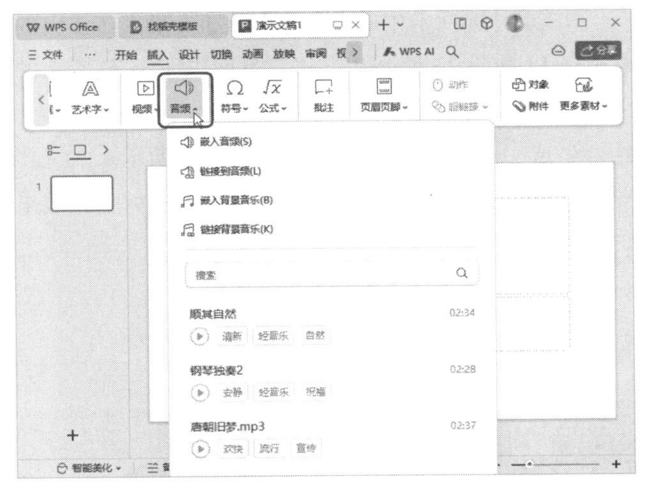

图 4-88　【音频】下拉列表

> **知识拓展：** WPS演示中主要提供了嵌入音频与链接到音频两种方式。嵌入的音频会成为PPT的一部分，将PPT发送到其他设备中也可以正常播放。链接的音频则仅在PPT中存储源文件的位置，如果PPT需要在其他设备中播放，在分享前需要将文件打包，再将打包后的文件发送到其他设备才可以播放。

在【音频】下拉列表中单击【更多音频】超链接，在打开的【音频】窗口中还可以看到更多在线音频资源，并且可以针对【音乐】【音效】等属性进行筛选，如图4-89所示。

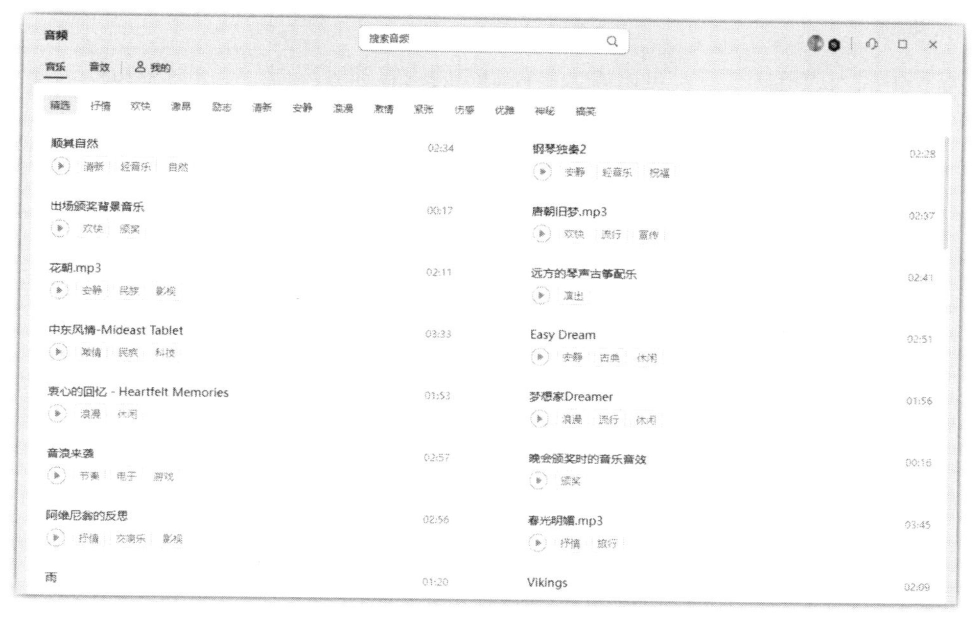

图 4–89 【音频】窗口

在幻灯片中插入音频后，会显示音频图标 ，可以根据需要调整其大小和位置。选择该图标后，其下方还会显示播放条，单击左侧的【播放】按钮 可以播放音频。在【音频工具】选项卡中还可以设置音频的播放方式，如图 4–90 所示。其中的功能也比较简单，下面简要进行介绍。

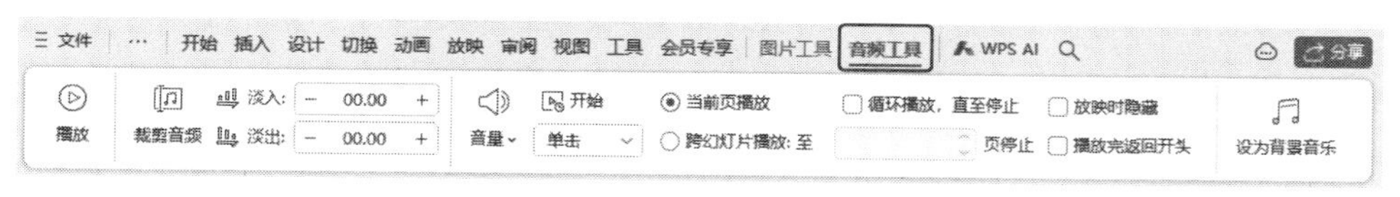

图 4–90 【音频工具】选项卡

（1）裁剪音频：可以在每个音频的开头和末尾处对音频进行裁剪。单击【裁剪音频】按钮，将打开【裁剪音频】对话框，通过拖曳最左侧的绿色起点标记和最右侧的红色终点标记就可以重新确定音频起止位置了，如图 4–91 所示。

（2）淡入/淡出：设置音频开头和末尾需要降低音量的时间段。

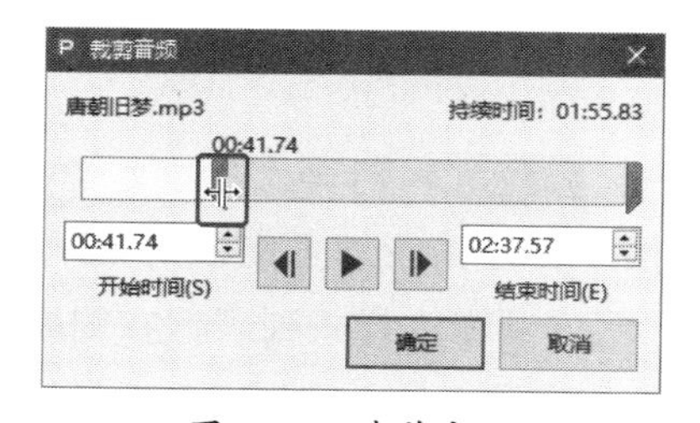

图 4–91 裁剪音频

（3）【单击】下拉菜单：选择【自动】选项时，表示在放映该幻灯片时自动开始播放音频；选择【单击】选项时，表示在放映该幻灯片时通过单击来手动播放音频。

（4）跨幻灯片播放：切换到下一张幻灯片时音频继续播放。

（5）循环播放，直至停止：在放映当前幻灯片时连续播放同一音频直至手动停止播放或切换到某一张幻灯片时停止。

（6）放映时隐藏：放映幻灯片时隐藏音频图标。

6. 插入视频

在幻灯片中插入或链接视频，可以大大丰富PPT的内容和表现力。添加视频可以选择直接将视频文件嵌入幻灯片中，也可以选择将视频文件链接至幻灯片。在【插入】选项卡中单击【视频】按钮，在弹出的下拉列表中选择相应的插入方式，然后在打开的对话框中选择要使用的视频文件即可。在【视频】下拉列表中选择【屏幕录制】命令，还可以将自己录制的屏幕视频插入幻灯片中。

插入视频后，可以通过拖曳鼠标来调整视频的大小和显示位置，选择视频还会在下方显示播放进度条。在【视频工具】选项卡中可以设置视频的播放方式，部分设置与音频相同，如图4-92所示。单击【视频封面】按钮，可以调整视频未播放时显示在幻灯片中的封面。

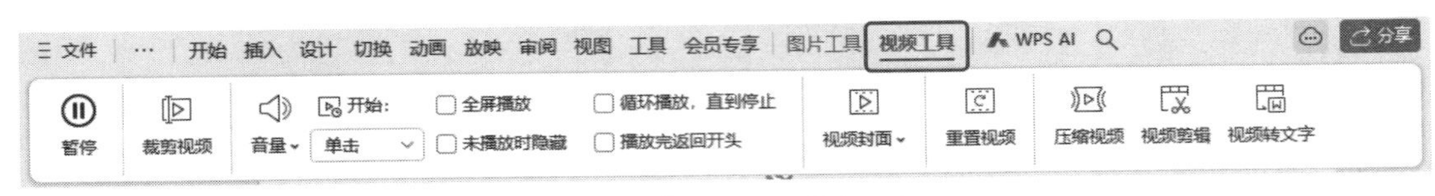

图4-92 【视频工具】选项卡

> **知识拓展**：在幻灯片中插入网络视频时，需要链接到视频地址，而不能直接将网页地址复制到对话框中进行插入。部分网络视频下方提供了一个【复制Html代码】按钮，直接单击即可复制代码。

4.2.4 更换主题：自动更换 PPT 主题，快速改变演示风格

在不同的场景下，我们需要制作不同风格的PPT。传统的做法是手动调整字体、颜色、布局等元素，以改变PPT风格。现在，WPS演示已经具备了自动更换主题的功能。通过选择预设的主题模板，WPS演示能够一键更换PPT的整体风格，包括字体、颜色、布局等元素。这样，我们可以快速地改变PPT风格，以适应不同的场景。

下面以一个具体案例来看看如何更换PPT主题。

第1步 打开“素材文件\第4章\保温杯营销策划方案.pptx”，单击【设计】选项卡中样式列表框右侧的下拉按钮，在弹出的下拉列表中选择需要的主题并单击其上显示的【立即使用】按钮，如图4-93所示。

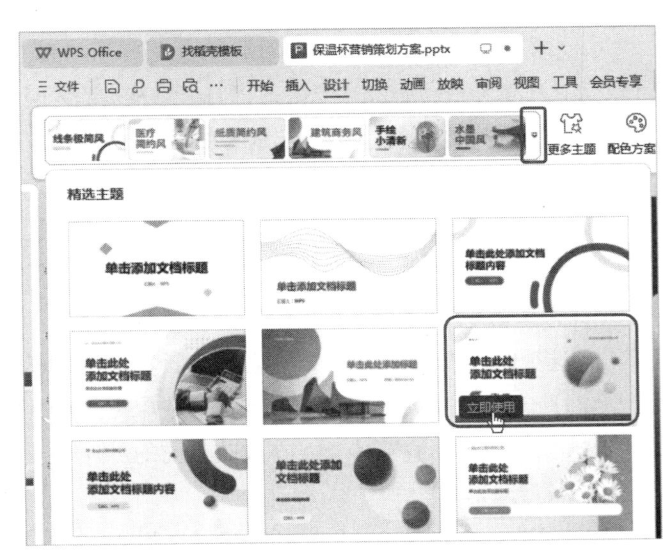

图4-93 选择需要的主题

第2步 稍后会看到整个PPT更换所选主题后的效果，并且窗口右侧会显示出【更换主题】任务窗格。如果对当前的主题不满意，可以在【更换主题】任务窗格中选择其他主题，并单击其上

显示的【立即使用】按钮，更换其他主题，如图4-94所示。

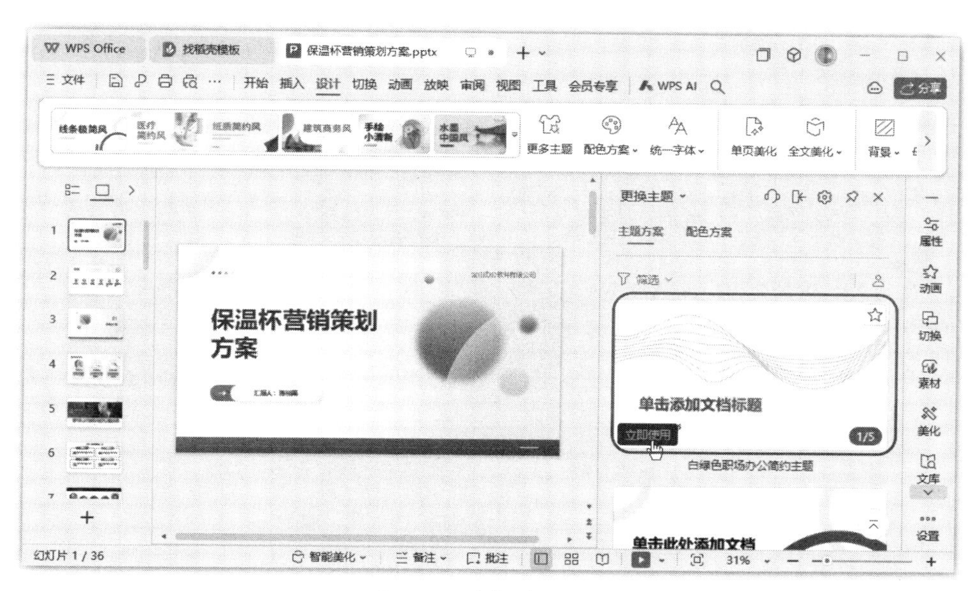

图4-94 选择其他主题

第3步 稍后会看到整个PPT更换所选主题后的效果。如果对当前的主题还是不满意，可以单击【设计】选项卡中的【更多主题】按钮，如图4-95所示。

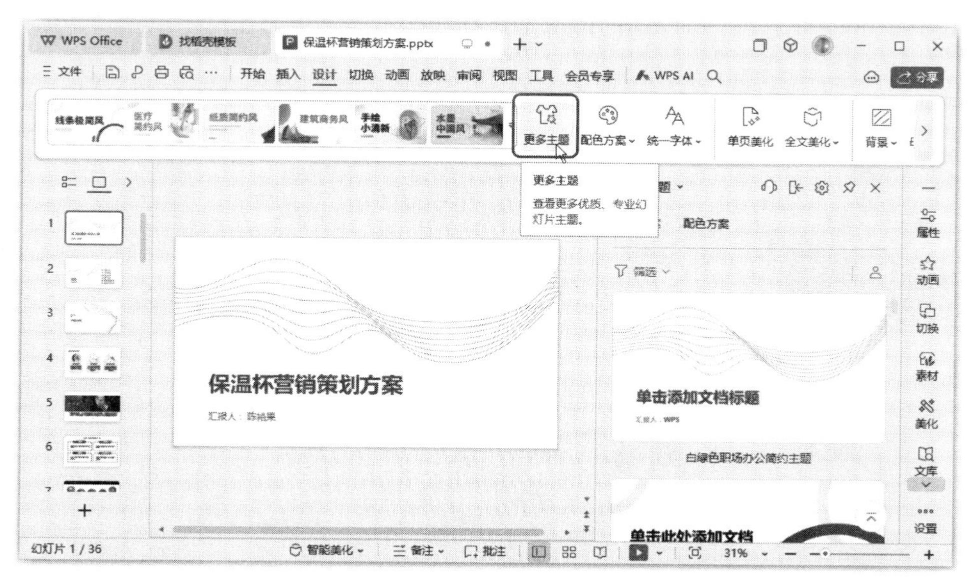

图4-95 单击【更多主题】按钮

第4步 打开【主题方案】对话框，其中提供了更多的主题。在上方通过切换选项卡和设置筛选条件，可以筛选出更合适的主题。这里选中红色标记，下方就会筛选出红色主题，选择需要的主题并单击其上显示的【立即使用】按钮，如图4-96所示。

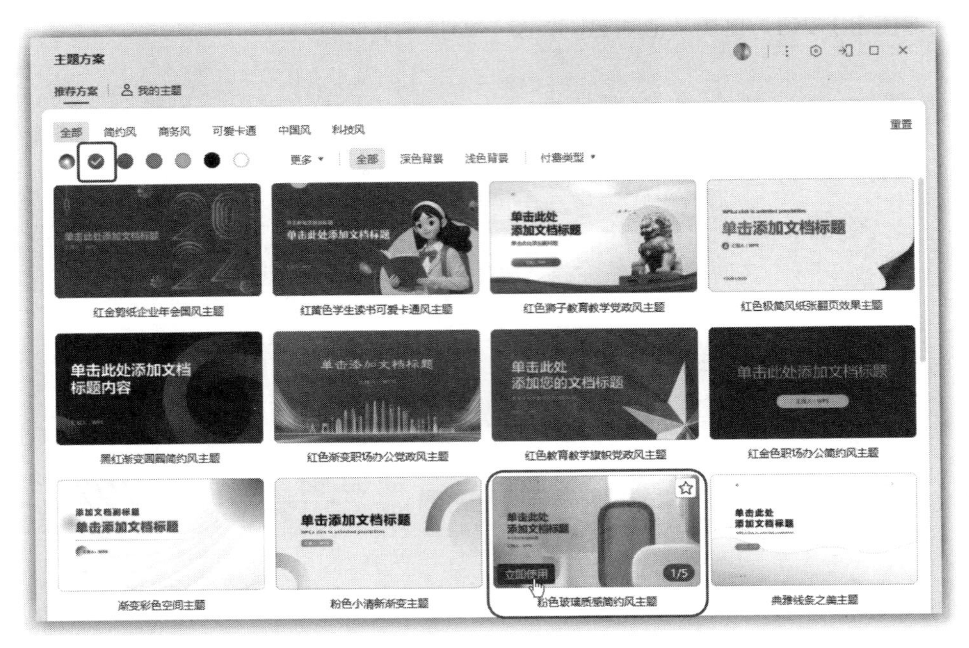

图 4–96 筛选主题并选择合适的主题

第5步 稍后会看到整个PPT更换所选主题后的效果，如图4–97所示。可以看到，部分幻灯片在更换主题后效果不太好，如图4–97中的第16张幻灯片，还需要进一步调整。因此，更换主题需谨慎，一般会在制作幻灯片具体内容前确定好要采用的主题。

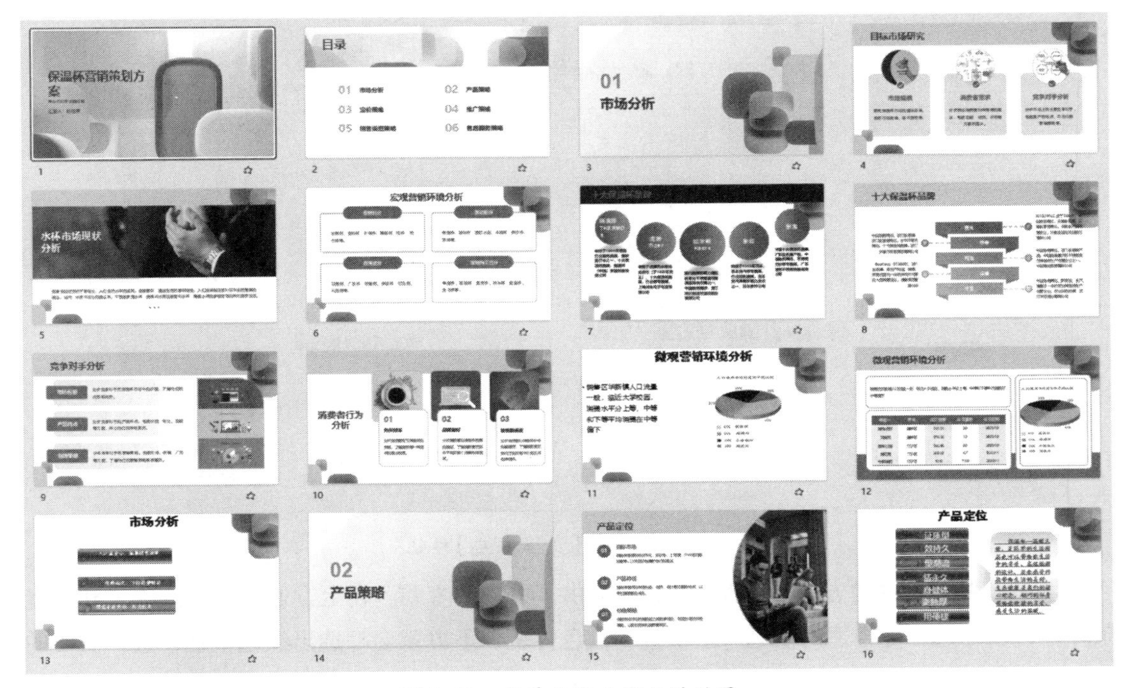

图 4–97 查看更换主题后的效果

! **知识拓展：** 在更换主题时，每一张幻灯片都需要单独应用主题效果。当PPT中的幻灯片数量较多时，所需的时间会相应增加。此外，频繁地更换PPT主题，可能会对系统的性能造成一定的影响。因此，在更换主题时，请根据实际需求进行适当的选择和调整。

4.2.5 更改配色方案：自动更改 PPT 配色方案，提高演示美观度

配色是PPT中非常重要的元素，它能够直接影响观众的情绪和感受。然而，选择合适的配色方案并不是一件容易的事情。幸运的是，WPS演示中已经具备了自动更改配色方案的功能。

在【设计】选项卡中单击【配色方案】按钮，在弹出的下拉列表中就可以看到预设的配色方案了，如图4–98所示。从中选择心仪的配色方案，就可以一键更改PPT的整体配色，如图4–99所示。这些配色方案不仅涵盖了经典的商务风格，还包含了现代、活力、清新等多种风格，满足不同场景和主题的需求。

此外，WPS演示还提供了自定义配色功能，在【配色方案】下拉列表中单击【自定义】选项卡，并单击【创建自定义配色】按钮，就可以根据个人喜好或品牌特色，自由搭配出独一无二的色彩组合了。

图4–98 【配色方案】下拉列表

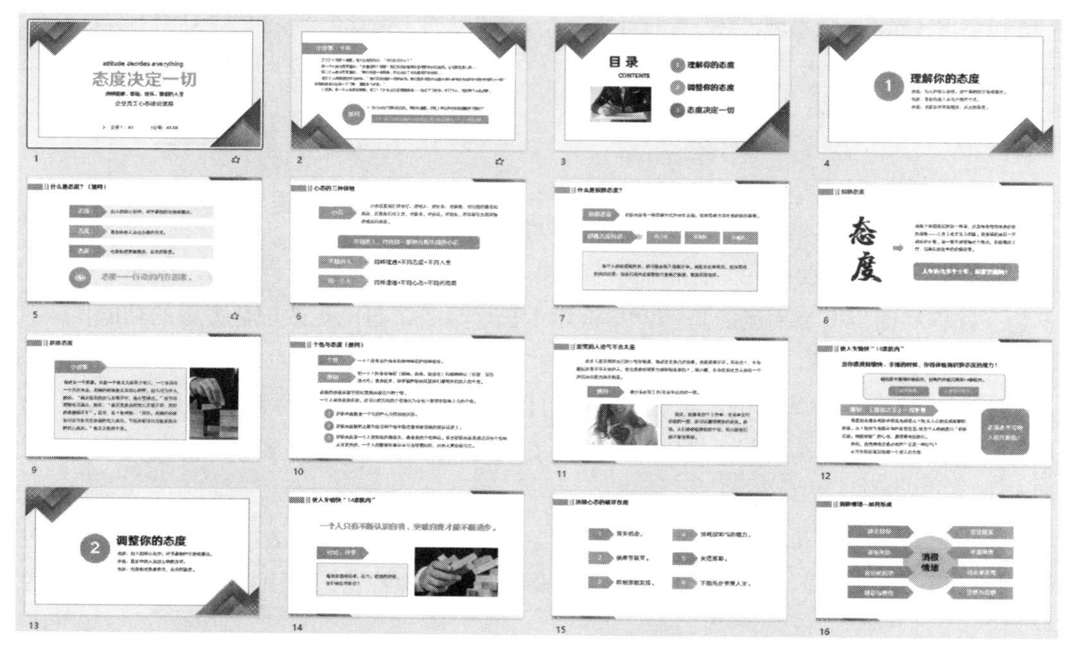

图 4-99　一键更改 PPT 的整体配色

4.2.6 一键统一字体搭配方案：让 PPT 更专业

在制作PPT的过程中，字体的一致性和专业性往往能直接影响观众的阅读体验和接收信息的准确性。WPS演示中的统一字体功能，就是为了解决这个问题而诞生的强大工具。

统一字体功能能够在整个PPT中一键应用相同的字体。这意味着我们不再需要手动为每一张幻灯片分别设置字体、字号、颜色等属性，只需设置一次，即可让整个PPT的风格保持一致。

1. 替换字体

如果只是觉得PPT中的某种字体不够好，需要统一替换成另一种字体，可以单击【开始】选项卡中的【查找】按钮，或者单击【设计】选项卡中的【统一字体】按钮，然后在弹出的下拉列表中选择【替换字体】选项，如图4-100和图4-101所示。在

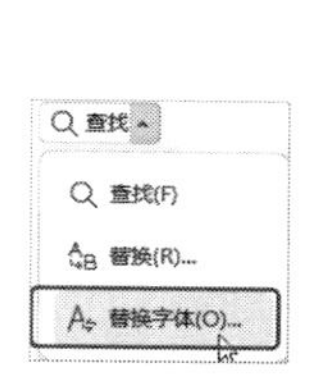

图 4-100　【查找】下拉列表

图 4-101　【统一字体】下拉列表

打开的对话框中分别设置替换前后的字体，单击【替换】按钮即可，如图4-102所示。

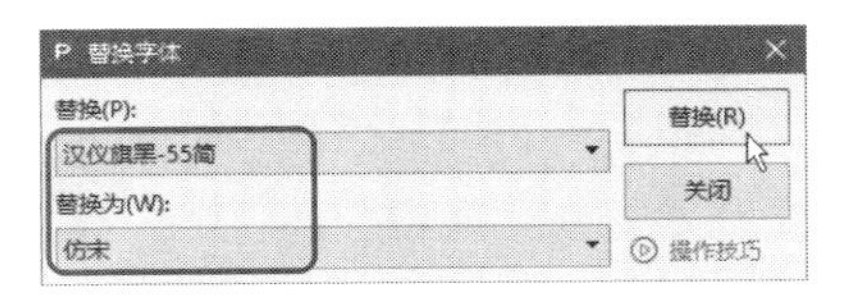

图4-102 替换字体

如对图4-103所示的PPT进行字体替换，将“汉仪旗黑-55简”字体替换为“仿宋”字体，则整个PPT中采用“汉仪旗黑-55简”字体的文本都会变为“仿宋”字体，效果如图4-104所示。

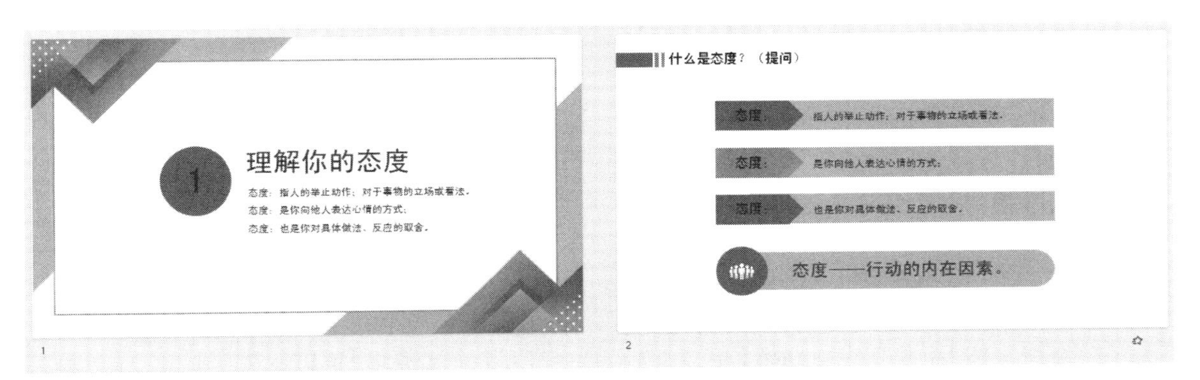

图4-103 替换字体前的PPT

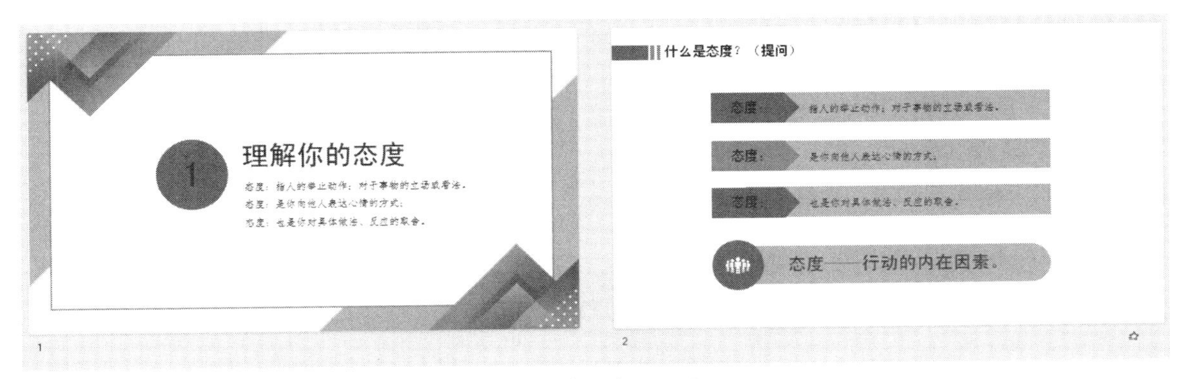

图4-104 替换字体后的PPT

2. 统一字体

【统一字体】下拉列表中还提供了多种风格的字体，选择即可直接对PPT中的所有幻灯片应用字体，包括幻灯片中的文本、标题、列表、表格等元素。

注意，统一字体功能通常只影响文本内容。对于其他元素，如形状、图片或图表，该功能可能不会直接更改字体。对于这些元素，可能需要单独进行字体设置或格式调整。

例如，在【统一字体】下拉列表中选择【汉仪粗黑 简】选项并单击对应的【立即使用】按钮，如图4-105所示，效果如图4-106所示。

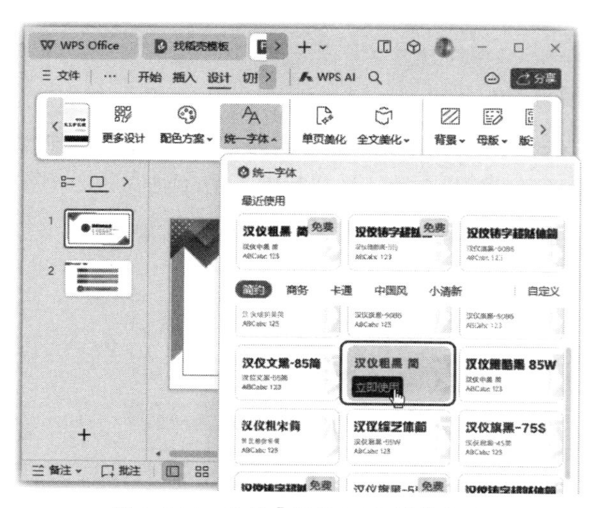

图4-105　选择【汉仪粗黑 简】选项

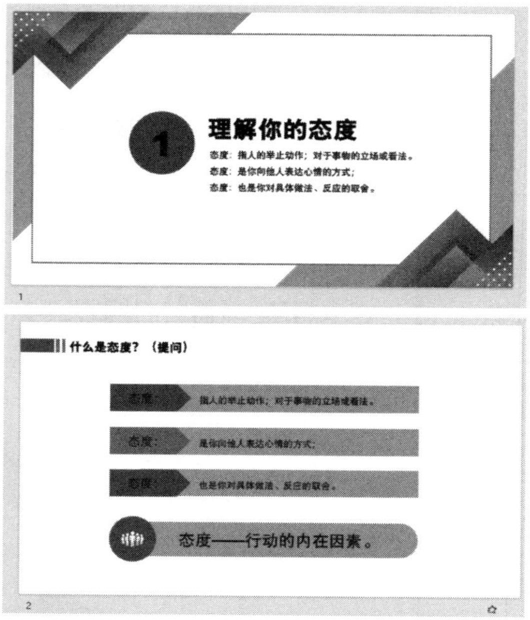

图4-106　统一字体的效果

在【统一字体】下拉列表中选择【更多】选项，会打开【全文美化】窗口，在其中单击【统一字体】选项卡，可以看到提供了上百种主题风格的字体样式。

例如，选择【汉仪落花诗繁】选项并单击对应的【预览字体效果】按钮，如图4-107所示。

图4-107　选择需要采用的字体

> [!] 知识拓展：单击【全文美化】窗口【统一字体】选项卡顶部的【分类】按钮，还可以通过筛选字体风格来快速找到适合不同场景、不同类型PPT的字体。单击【自定义】按钮，在新界面中单击【创建自定义字体】按钮，可以针对PPT中的标题、正文、中文、英文，分别设置不同的字体样式。根据不同的内容结构，一键设置不同的字体，满足多样化的需求。

然后就会在窗口右侧显示出当前PPT中所有幻灯片采用所选字体的效果预览界面，如图4-108所示。在该界面中还可以通过勾选幻灯片预览图下方的复选框来确认针对哪些幻灯片进行字体替换。如果对字体效果感到满意，就单击【应用美化】按钮采用字体，最终PPT效果如图4-109所示。

图4-108　预览替换字体的效果

图4-109　统一使用“汉仪落花诗繁”字体的PPT效果

知识拓展： 在制作PPT时，如果使用了预设外的字体，最好在保存时将字体嵌入PPT中，这样在其他没有安装该字体的设备中播放时，才能以设置的字体显示，否则将以WPS演示默认的字体进行替换，影响PPT的显示效果。操作方法：打开【选项】对话框，在左侧单击【常规与保存】选项卡，在右侧选中【将字体嵌入文件】复选框，默认会选中【仅嵌入文档中的所用的字符（适于减少文件大小）】单选按钮，单击【确定】按钮，然后再对文件执行保存操作即可。

---

3. 批量设置字体

通过前面介绍的方法来替换字体，新的字体会应用到整个PPT中的所有文本。如果想要更精细地设置哪些文本应用新的字体，需要在【统一字体】下拉列表中选择【批量设置字体】选项，打开图4-110所示的对话框。在该对话框中可以通过设置替换范围、目标、中文和西文字体及字号、下划线、字色等详细参数，从而对PPT中的字体进行更精准的替换。

图4-110　【批量设置字体】对话框

例如，对PPT中所有的标题、正文、文本框和形状中的字体进行替换，并更改字色为绿色后，效果如图4-111所示。

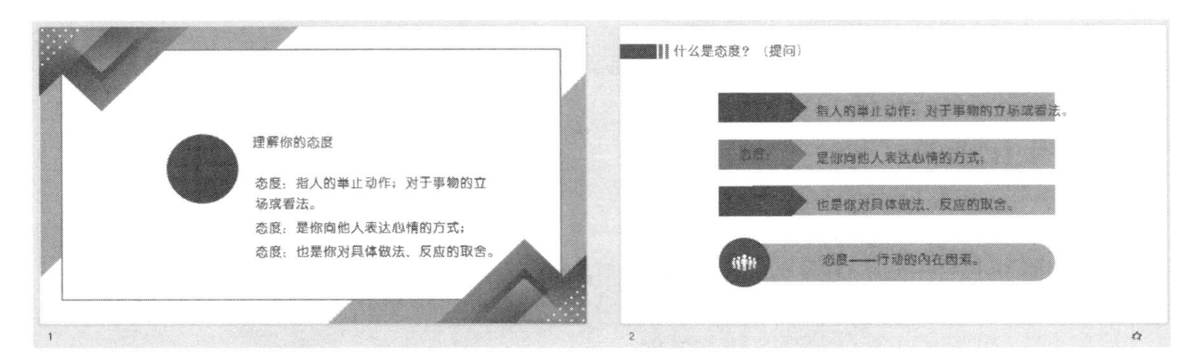

图4-111　批量替换部分字体的效果

4.2.7 一键应用统一版式：轻松打造专业级 PPT

WPS演示提供了一个新功能——统一版式，该功能能够帮助用户快速、高效地统一PPT的版式，在PPT制作和编辑中发挥着重要作用。

统一版式功能提供了多种版式供用户选择，包括导航版、线型版、书签版、左右版、居中版、线条版等。这些版式能够满足不同PPT的排版需求，让页面布局更加整齐统一。用户只需要在WPS演示中使用统一版式功能，并从提供的版式中选择一种，即可一键实现PPT的统一版式，而无须逐个对页面进行手动调整。这极大地提高了PPT的制作效率，节省了用户手动调整页面版式的时间。

除了统一版式，统一版式功能还能对PPT的内容区域进行智能化排版。无论是纯文字、图文还是表格，该功能都能根据内容自动进行排版，使页面更加整洁、易读。有了统一版式功能，用户可以更加专注于PPT内容的创作和编辑，而无须过多关注版式问题。使用统一版式功能的具体操作步骤如下。

第1步 单击【设计】选项卡中的【全文美化】下拉按钮，在弹出的下拉列表中选择【统一版式】选项，如图4-112所示。

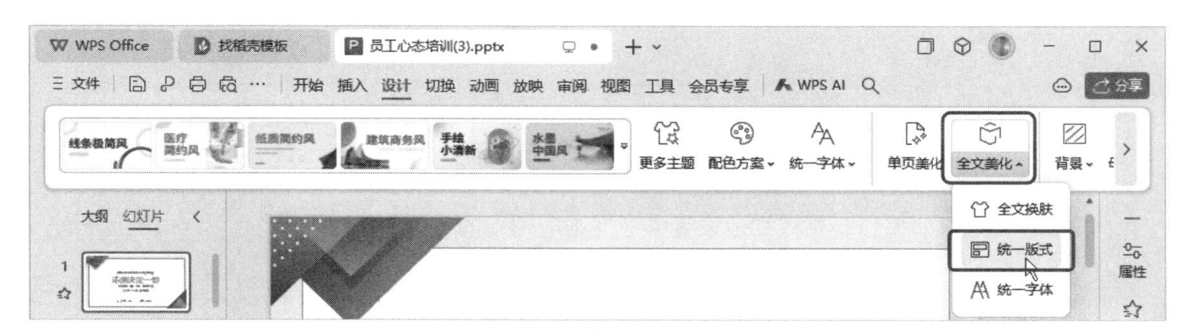

图4-112　选择【统一版式】选项

第2步 打开【全文美化】窗口，其中自动切换到【统一版式】选项卡，在右侧选择需要采用的版式，并单击出现的【预览版式效果】按钮，如图4-113所示。

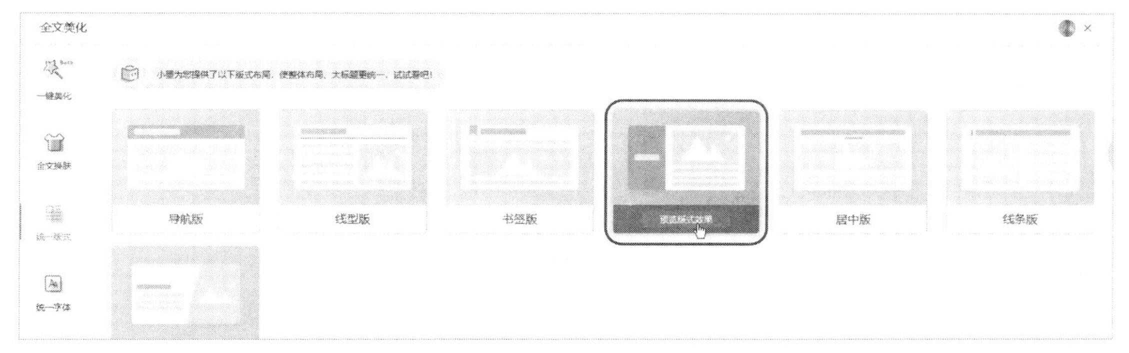

图 4-113 选择要采用的版式

第3步 窗口右侧会显示出当前PPT中各张幻灯片在采用所选版式后的效果缩略图。选择需要应用版式的幻灯片缩略图右下角的复选框，默认选中【全选】选项，单击【应用美化】按钮，如图4-114所示，即可改变所选幻灯片的版式。

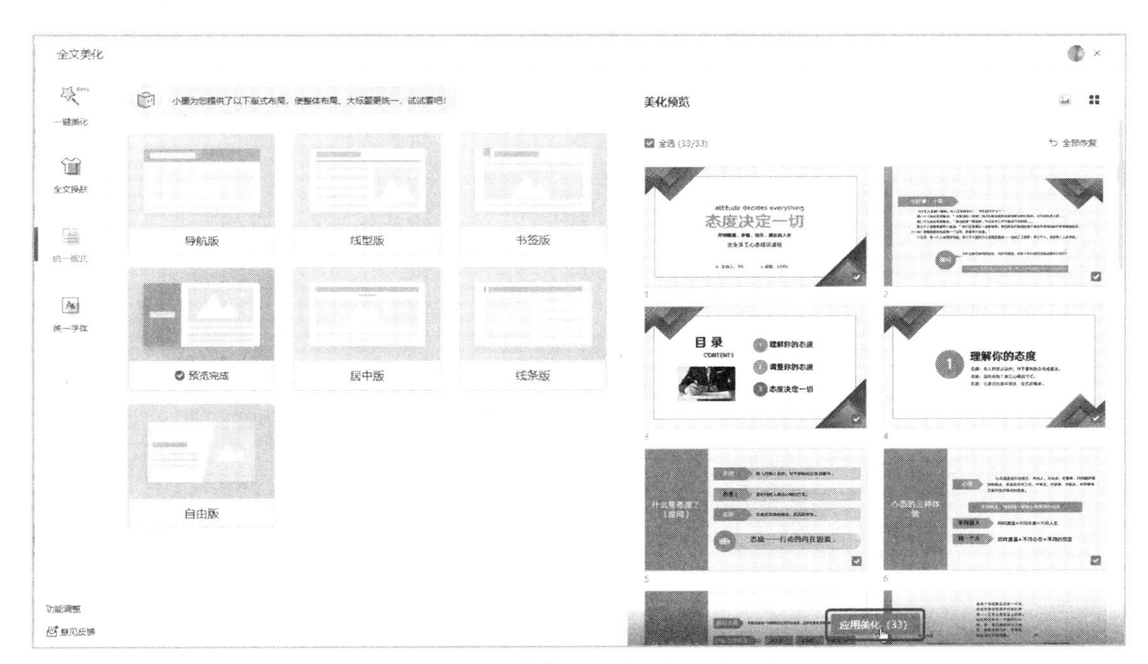

图 4-114 预览采用所选版式后的效果

4.3 PPT 动画与切换效果

PPT仅仅依靠文字和图片，往往难以吸引观众的注意力。为了提升演示效果，动画和切换效果的应用变得至关重要。

动画和切换效果能够将单调的文字和图片转化为引人入胜的视听盛宴，使PPT传达的信息更加生动、有趣。

4.3.1 PPT 动画的巧妙运用：自动化呈现，增强视觉冲击力

动画在PPT中扮演着举足轻重的角色。它不仅能使内容更加生动有趣，还能引导观众的视线，突出关键信息。通过巧妙运用动画，可以使内容在屏幕上动态展现，从而增强视觉冲击力。

在运用动画时，我们需要注意以下几点。首先，动画应该与内容紧密相关，能够突出关键信息。例如，对于重要的数据或观点，我们可以使用强调动画来突出显示。其次，动画应该简洁明了，避免过于复杂或花哨。过多的动画可能会分散观众的注意力，影响演示效果。最后，动画的节奏和速度也需要合理控制，以确保观众能够跟上演示的节奏。

例如，在展示产品功能时，我们可以使用动画来模拟产品的操作流程，使观众更加直观地了解产品的使用方法。此外，在展示数据分析结果时，我们可以使用动画来突出显示关键数据点，使观众更容易理解和记住相关信息。

1. 添加常规动画

WPS演示中提供了进入、强调、退出、动作路径及绘制自定义路径5种类型的动画，每种动画类型下又包含了多种相关的动画。

（1）进入动画：指对象进入幻灯片的动画，可以实现多种对象从无到有、陆续展现的效果，主要包括出现、飞入、缓慢进入等。

（2）强调动画：指对象从初始状态变化到另一个状态，再回到初始状态的动画，主要用于对象已出现在屏幕上，需要以动态的方式进行提醒的情况，常用于需要特别说明或强调突出的对象上。

（3）退出动画：让对象从有到无、逐渐消失的动画。退出动画实现了画面的连贯过渡，主要包括消失、飞出、移出、向外溶解等。

（4）动作路径动画：提供了多种常见的路径动画，可以让对象按照选择的路径运动。

（5）绘制自定义路径动画：让对象按照绘制的路径运动的动画，可以实现动画的灵活变化，路径主要包括直线、曲线、任意多边形、自由曲线等。

为幻灯片中的对象添加动画，需要先选中该对象，然后单击【动画】选项卡列表框右下角的按钮，在弹出的下拉列表中选择需要的动画即可，如图4-115所示，这里展示了部分动画，可以根据需要添加

图4-115 【动画】下拉列表

的动画类型单击对应栏右侧的 按钮，显示出该类型的所有动画。

知识拓展： 绘制自定义路径动画比较特殊，在选择路径选项后，还需要拖曳鼠标绘制路径，绘制完成后按【Esc】键退出即可。此时路径会高亮显示出来，路径中绿色的三角形表示路径动画的开始位置；红色的三角形表示路径动画的结束位置。绘制的路径就是动画运动的轨迹，后期可以通过拖曳鼠标对路径的长短、位置、方向等进行调整。在路径上右击，还可以通过快捷菜单命令对路径的顶点进行编辑、关闭路径形成封闭的形状路径、反转路径方向（将路径的起始点和结束点对调）等。

幻灯片中的部分对象可能需要显示多种动画。例如，一个对象需要设置进入、强调、退出3种动画，选择对象后，单击【动画】选项卡中的【动画窗格】按钮，或者单击右侧侧边栏中的【动画】按钮 ，在显示出的【动画窗格】任务窗格中单击【添加效果】按钮，在弹出的下拉列表中选择动画就可以为当前选择的对象添加对应的动画了，如图4-116所示。

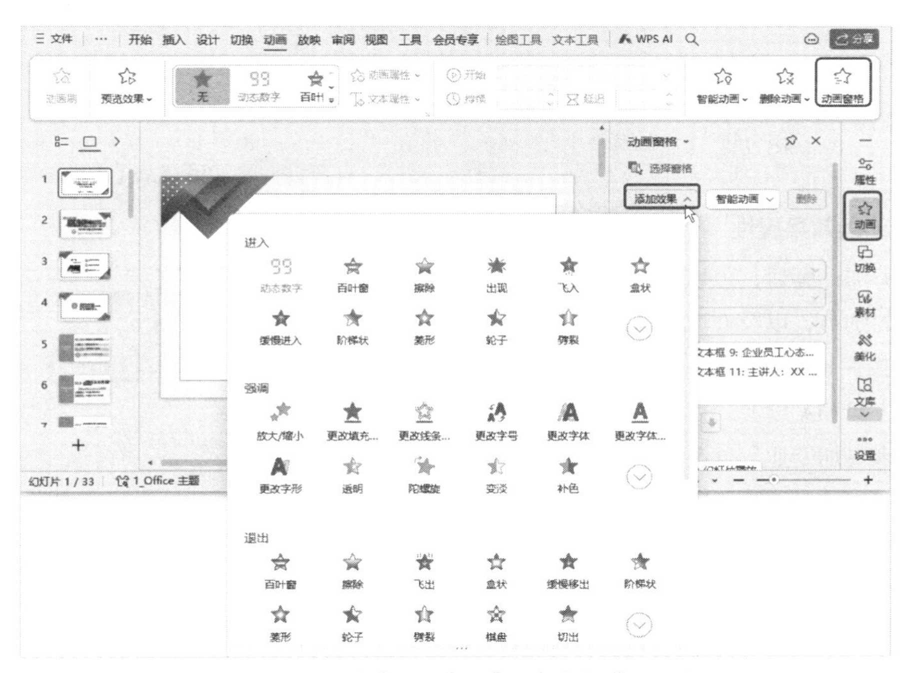

图 4-116　显示出【动画窗格】任务窗格并添加动画

2. 添加智能动画

WPS演示中还提供了一些智能动画，可以根据选择的对象自动匹配一些动画，不仅可选动画更多，而且可以一键采用这些动画。

在图4-115所示的【动画】下拉列表最下方可以看到提供的智能动画，通过选择就可以采用。另外，也可以在选择对象后，单击【动画】选项卡中的【智能动画】按钮，在弹出的下拉列表中选择要采用的智能动画，如图4-117所示。或者在【动画窗格】任务窗格中单击【智能动画】按钮，如图4-118所示，在弹出的下拉列表中进行选择。

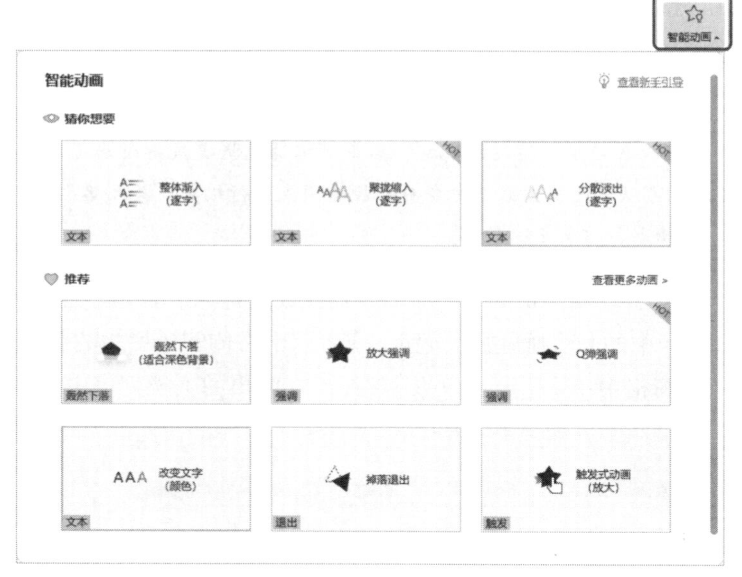

图4-117 【智能动画】下拉列表

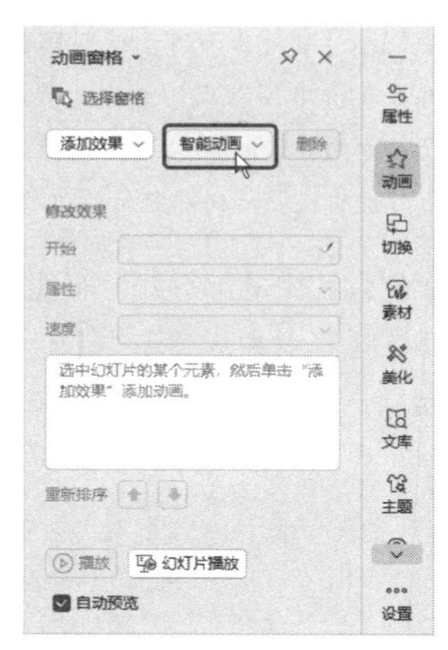

图4-118 在【动画窗格】任务窗格中单击【智能动画】按钮

3. 设置动画效果属性

为对象添加动画后，可以继续调整动画的细节，以及选取计时方式，以控制动画开始方式、持续时间、方向和速度等，使整体效果看起来更加专业。这些操作基本都是通过【动画】选项卡或【动画窗格】任务窗格完成的。

（1）更改动画：在幻灯片中选择对象，然后在【动画窗格】任务窗格的列表框中选择要更改的动画，单击【更改效果】按钮，在弹出的下拉列表中选择需要应用的新动画即可，如图4-119所示。

图4-119 更改动画

（2）设置动画开始方式：在【动画窗格】任务窗格的列表框中选择动画，然后在【开始】下拉列表中选择开始方式，如图4-120所示，或者单击列表框中该动画后的下拉按钮，在弹出的下拉列表中选择开始方式，如图4-121所示，也可以在【动画】选项卡的【开始】下拉列表中选择开始方式。

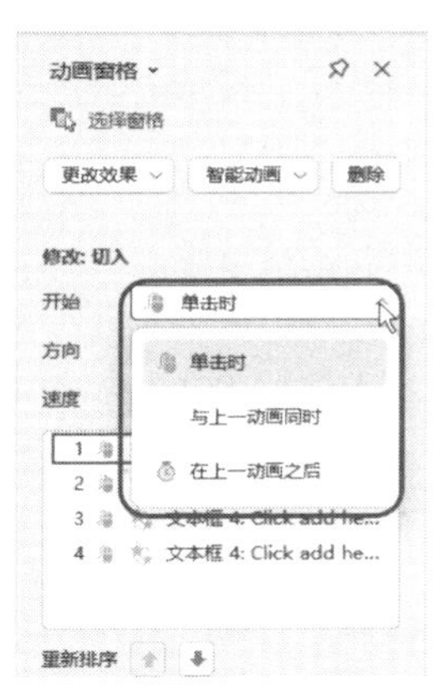

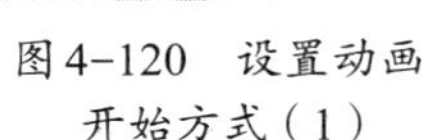
图4-120 设置动画开始方式（1）

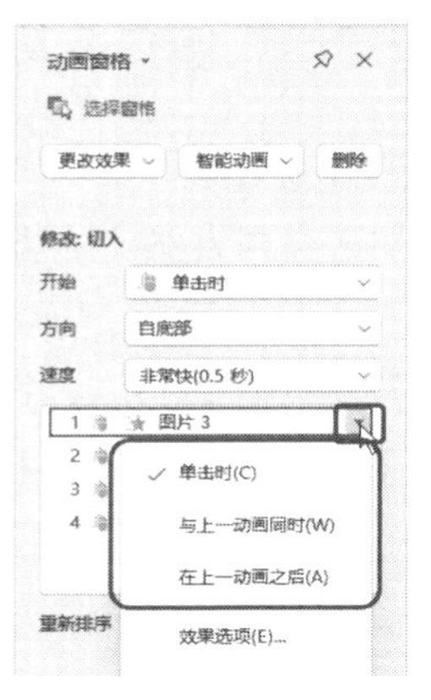

图4-121 设置动画开始方式（2）

! **知识拓展：**动画的开始方式有3种，【单击时】表示单击鼠标后，才开始播放动画；【与上一动画同时】表示当前动画会和上一个动画同时开始播放；【在上一动画之后】表示上一个动画播放完之后，该动画会自动播放而无须单击鼠标。

（3）设置动画效果：包括方向、速度、延迟等，可以使幻灯片中的各动画衔接更自然，播放更流畅。应用于对象的动画类型不同，可以进行设置的动画效果也会有所不同。在【动画窗格】任务窗格的【方向】下拉列表中可以根据实际需求选择动画的方向，如图4-122所示；在【速度】下拉列表中可以设置动画的速度。单击列表框中要设置动画效果的动画后的下拉按钮，在弹出的下拉列表中选择【效果选项】选项，在打开的对话框中的【效果】选项卡中可以设置动画的方向、声音和播放后的效果，在【计时】选项卡中可以设置动画的开始方式、延迟时间、速度和重复等，如图4-123和图4-124所示。在【动画】选项卡的【动画属性】下拉列表中也可以设置所选动画的方向，在【持续】和【延迟】数值框中分别可以设置所选动画的持续播放时间和延迟播放时间，如图4-125所示。

图4-122 设置动画的方向　图4-123 设置动画效果（1）　图4-124 设置动画效果（2）　图4-125 设置动画效果（3）

（4）调整动画播放顺序：默认情况下，幻灯片中动画的播放顺序是根据动画添加的先后顺序来决定的。在【动画窗格】任务窗格的列表框中选择动画，然后单击⬆或⬇按钮，依次上移或下移动画排列位置，即可调整动画的播放顺序。

4.3.2 PPT 切换效果的精致设计：流畅转换，提升观看体验

除了动画，切换效果也是提升演示效果的关键因素。切换效果负责连接不同的幻灯片，能够实现幻灯片之间的流畅切换，使整个演示过程更加连贯和自然。

切换效果的设置方法很简单，只需要在选择幻灯片后单击【切换】选项卡，在其中的列表框中选择需要的切换效果即可，也可以单击右侧侧边栏中的【切换】按钮，在展开的【幻灯片切换】任务窗格的列表框中进行选择，如图4-126所示。

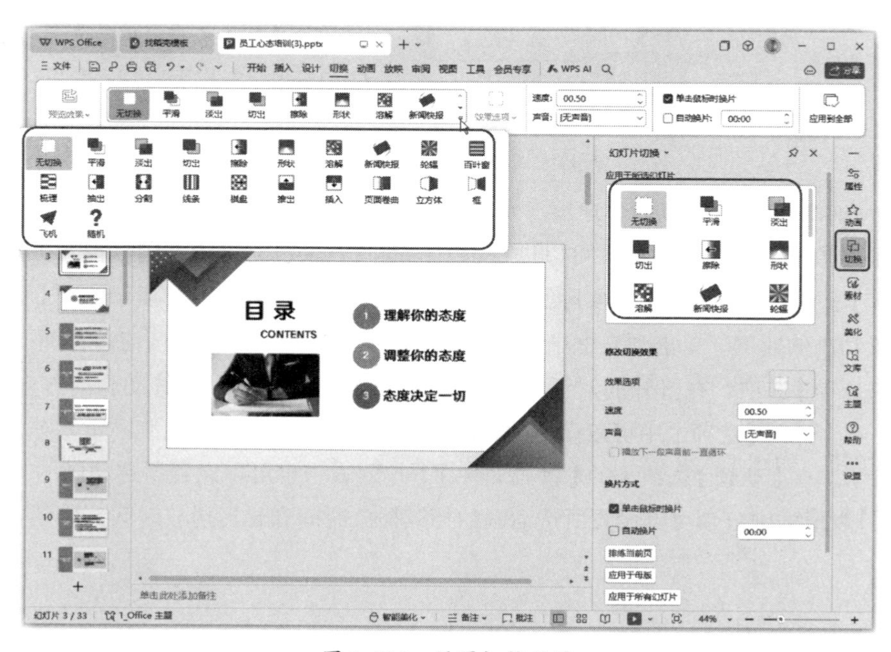

图 4-126　设置切换效果

在进行幻灯片切换时，不同的切换效果会有不同的速度，而声音则默认为无，切换方式为【单击鼠标时换片】。这些都可以进行自定义设置，只需要在【切换】选项卡或【幻灯片切换】任务窗格中进行选择即可快速完成。下面分别进行介绍。

（1）速度：用于设置幻灯片切换效果的持续时间，数值越大，播放的时间越长，播放速度越慢；反之，播放的时间就越短，播放速度越快。

（2）声音：用于设置幻灯片切换时随之播放的声音。

（3）单击鼠标时换片：选中该复选框，可在放映时手动单击鼠标切换幻灯片。

（4）自动换片：选中该复选框，可在右侧的数值框中输入具体时间，从而在放映时经过指定秒数后自动切换到下一张幻灯片。

设置好幻灯片的切换效果后可以预览一次设置的切换效果，如果想再次查看，可以单击【切换】选项卡中的【预览效果】按钮。为幻灯片添加切换效果后，如果觉得没有必要，希望将其删除，可以在选中幻灯片后，单击【切换】选项卡，在列表框中选择【无】选项。

在设计切换效果时，我们需要注意以下几点。首先，切换效果应该简洁大方，避免过于花哨或突兀的设计，观众在观看演示时，应该能够轻松地跟上幻灯片的切换节奏。其次，切换效果应该与内容保持一致性和协调性。最后，切换效果的使用应该适度，避免过于频繁或冗长的设计。

4.3.3 PPT 交互效果的巧妙运用：增强互动，提升演示吸引力

放映幻灯片前，可在PPT中插入超链接、动作按钮，从而实现放映时从某一位置跳转到其他位置，或者单击某个对象时运行指定的应用程序等互动效果。

1. 设置超链接

在PPT中，若对文本框、图片、图形、形状和艺术字等对象创建了超链接，单击该对象时可直接跳转到其他幻灯片、文件、外部程序或网页，起到导航作用。例如，要为PPT中的部分文本框添加超链接，具体操作方法如下。

第1步 打开“素材文件\第4章\动物保护宣传.pptx”，在幻灯片中选择要添加超链接的对象，这里选择第2张幻灯片中的第1个标题所在的文本框，单击【插入】选项卡中的【超链接】按钮，如图4-127所示。

第2步 打开【插入超链接】对话框，在【链接到】栏中选择链接位置，这里选择【本文档中的位置】选项，在【请选择文档中的位置】列表框中选择链接的目标位置，这里选择第3张幻灯片，单击【确定】按钮，如图4-128所示。

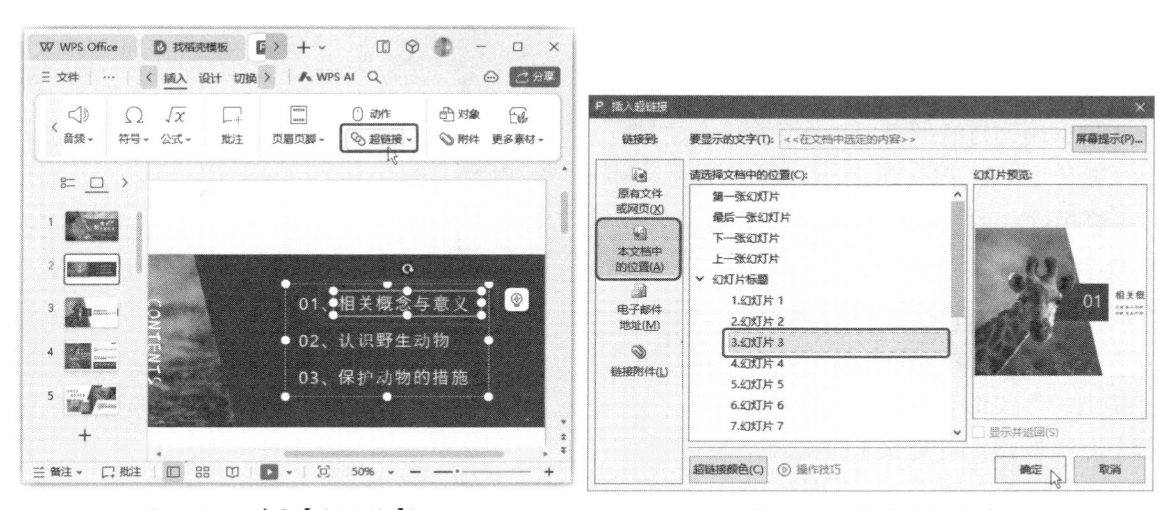

图 4-127 单击【超链接】按钮　　　图 4-128 设置目标位置

第3步 使用相同的方法为目录页中的其他两个标题文本框添加对应的超链接，分别链接到第7张和第14张幻灯片，单击状态栏中的【从当前幻灯片开始播放】按钮▶，进入幻灯片放映模式开始放映当前幻灯片，将鼠标指针移动到设置了超链接的文本框上时，鼠标指针会变为☝形状，如图4-129所示。

第4步 此时单击该文本框可跳转到目标位置，如图4-130所示。

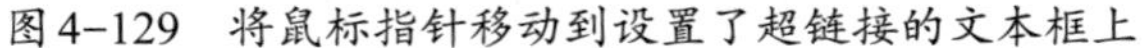

图4-129 将鼠标指针移动到设置了超链接的文本框上

图4-130 跳转到目标位置

知识拓展： 使用鼠标右击设置了超链接的对象，在弹出的快捷菜单中单击【取消超链接】命令即可取消超链接。

2. 插入动作按钮

WPS演示根据使用频率比较高的一些超链接设置，提供了内置动作按钮，并为其分配单击鼠标或鼠标移过动作按钮时将会执行的动作。此外，还可以自定义动作按钮。

例如，要为最后一张幻灯片添加返回其他幻灯片的自定义动作按钮，具体操作如下。

第1步 打开PPT，选中PPT中要添加动作按钮的幻灯片，单击【插入】选项卡中的【形状】按钮，在弹出的下拉列表中的【动作按钮】栏中选择需要的动作按钮，这里选择【动作按钮：自定义】选项，如图4-131所示。

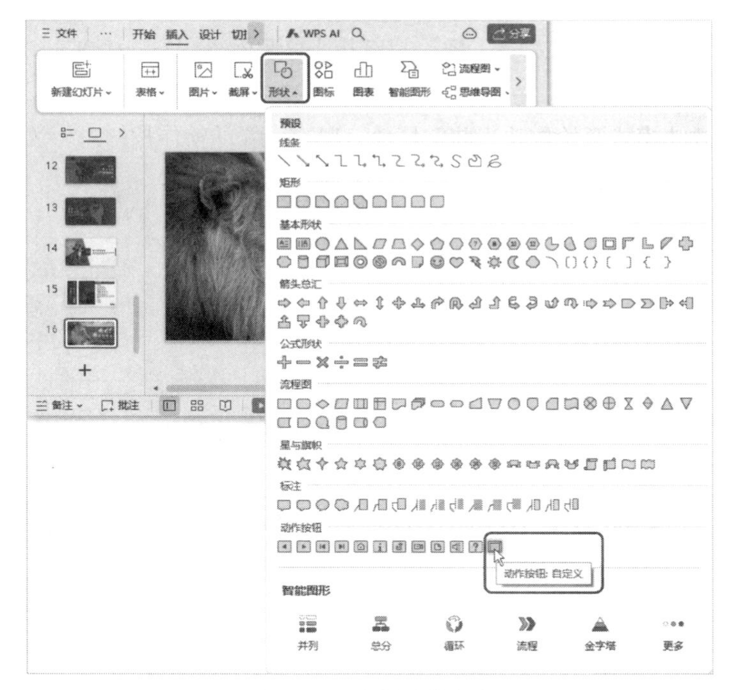

图4-131 选择动作按钮

第2步 此时鼠标指针将呈十字形，在要添加动作按钮的位置按住鼠标左键并拖曳，绘制动作按钮，绘制完成后释放鼠标左键将自动打开【动作设置】对话框，在【鼠标单击】选项卡中根据需要设置动作按钮的相关参数，这里选中【超链接到】单选按钮，在下方的下拉列表中选择【幻灯片】选项，如图4-132所示。

第3步 打开【超链接到幻灯片】对话框，在其中选择要链接的幻灯片，单击【确定】按钮，如图4-133所示。

图4-132 设置相关参数

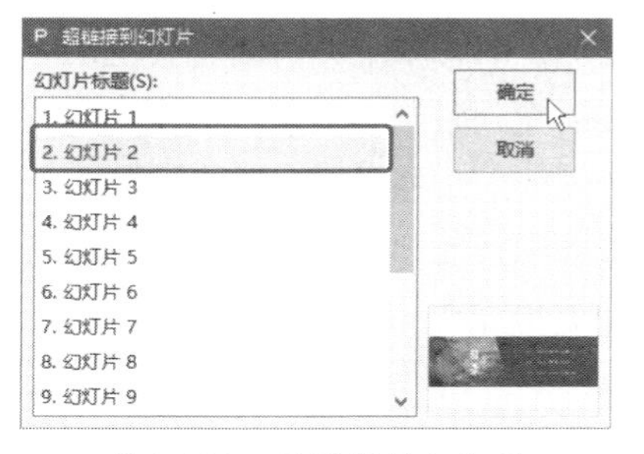

图4-133 设置链接幻灯片

第4步 返回【动作设置】对话框，选中【播放声音】复选框，并在下方的下拉列表中选择需要的声音，如图4-134所示，完成设置后单击【确定】按钮即可。

第5步 返回幻灯片编辑状态，选择绘制的动作按钮并在其中输入文本，简单设置文本和动作按钮的效果。单击状态栏中的【从当前幻灯片开始播放】按钮，如图4-135所示。进入幻灯片放映模式开始放映当前幻灯片，单击设置的动作按钮，便可按照设置进行跳转。

图4-134 设置播放声音

图4-135 单击【从当前幻灯片开始播放】按钮

4.4 PPT与其他应用的互通

WPS演示的AI功能还体现在与其他应用的互通上。这种互通性不仅扩展了PPT的功能和应用场景，还使得演示者可以更加便捷地使用其他工具进行协同工作。智能翻译功能让PPT能够轻松跨越语言障碍，实现全球化交流；而将PPT中的文本内容转化为语音的功能，则让演示更加生动和高效，为观众带来全新的视听体验。

4.4.1 智能翻译：自动翻译 PPT 内容，支持多语言演示

在全球化的背景下，跨语言交流已经成为日常。然而，不同语言之间的沟通障碍常常让PPT的制作和传播受到限制。为了解决这个问题，智能翻译技术应运而生，让PPT能够跨越语言障碍，实现全球范围内的传播。

智能翻译功能使PPT可以自动翻译内容，支持多语言演示。这一功能对于需要与国际观众交流的演示者来说尤为重要。通过智能翻译，演示者可以轻松地将PPT中的文本内容翻译成目标语言，确保信息的准确传达。同时，这一功能还支持实时翻译和语音翻译，使得演示过程更加灵活和高效。

下面将“动物保护宣传”中的部分幻灯片翻译成英文，具体操作步骤如下。

第1步 打开“素材文件\第4章\动物保护宣传.pptx”，单击【审阅】选项卡中的【翻译】按钮，如图4-136所示。

第2步 打开【全文翻译】对话框，在【翻译语言】下拉列表中根据当前使用的语言和要翻译为的语言选择翻译选项，这里选择【中文>英语】选项，在【翻译页码】文本框中输入要翻译的页码范围，这里仅对第1～6张幻灯片进行翻译，单击【立即翻译】按钮，如图4-137所示。

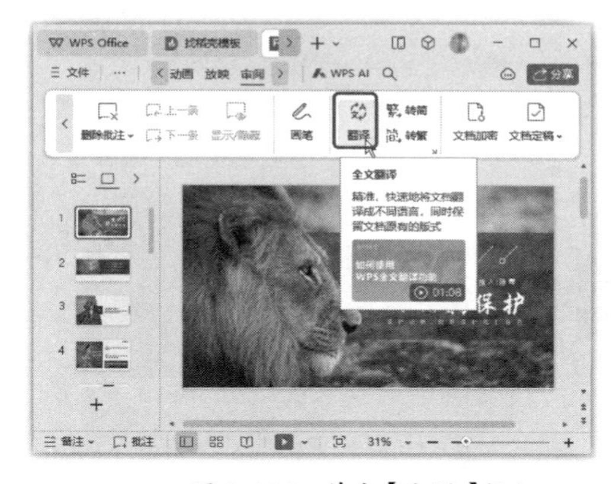

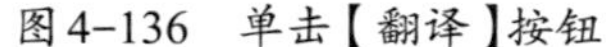
图4-136 单击【翻译】按钮

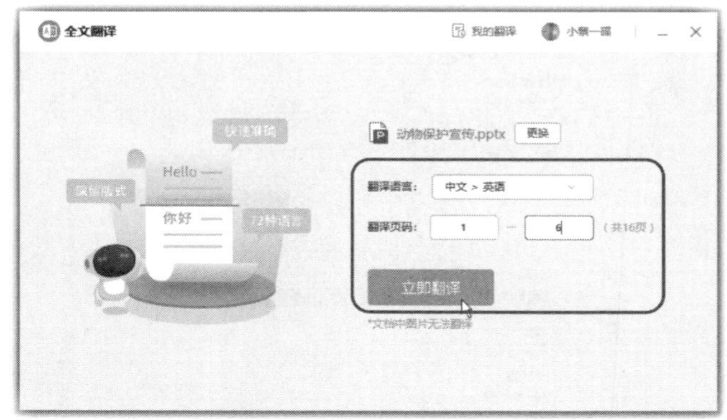

图4-137 设置翻译参数

第3步 等待系统翻译选择的幻灯片，翻译完成后会显示图4-138所示的界面，在其中可以对比预览部分幻灯片的原文和翻译结果，并查看账号的剩余翻译量，单击【下载文档】按钮。

知识拓展： 在对内容比较多的PPT进行智能翻译时，一次性选择所有幻灯片进行翻译会超过系统的翻译量，这时可以分多次进行翻译，每次只翻译其中的几张幻灯片。

第4步 在打开的对话框中设置翻译后的PPT的保存位置，下载完成后会自动打开该PPT，方便查看翻译后的效果，如图4-139所示。

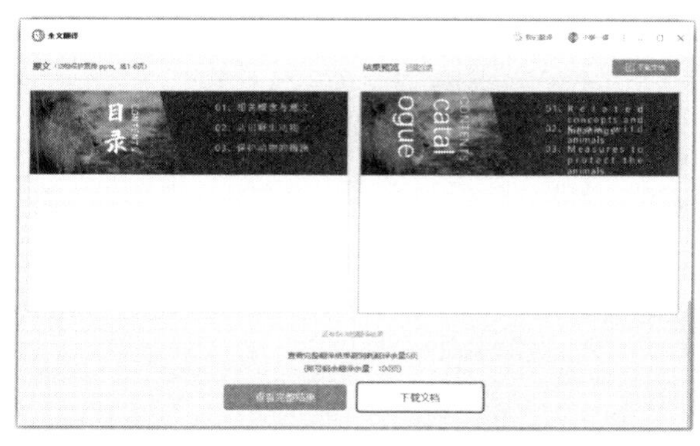

图4-138　预览翻译结果并下载

图4-139　查看翻译PPT效果

知识拓展： 智能翻译功能能够在翻译文本的同时，保留原文的排版和样式。这样，即使PPT发生了语言变化，整体的视觉效果和阅读体验仍然保持一致。但是，因为翻译前后的字体和内容量不同，还是建议对翻译后的PPT进行简单排版。

4.4.2　将 PPT 中的文本内容转化为语音：提高演示效率

将PPT中的文本内容转化为语音是另一项实用的互通功能。通过这一功能，演示者可以将文本内容转化为语音，使得演示更加生动和高效。这对于需要长时间阅读或解释大量文本的演示者来说尤为有用。通过语音播放，观众可以更加轻松地理解和吸收信息，同时减轻演示者的负担。此外，这一功能还支持选择多种语音风格和语速，以满足不同的演示需求。

下面将“诗词鉴赏课件”中的某一张幻灯片中的文本内容转化为语音，具体操作步骤如下。

第1步 打开“素材文件\第4章\诗词鉴赏课件.pptx”，单击【审阅】选项卡中的【朗读】按钮，此时界面中会显示【朗读】窗口，选择需要朗读的第3张幻灯片，单击【朗读】下拉按钮，在弹出的下拉列表中选择【当页朗读】选项，如图4-140所示。

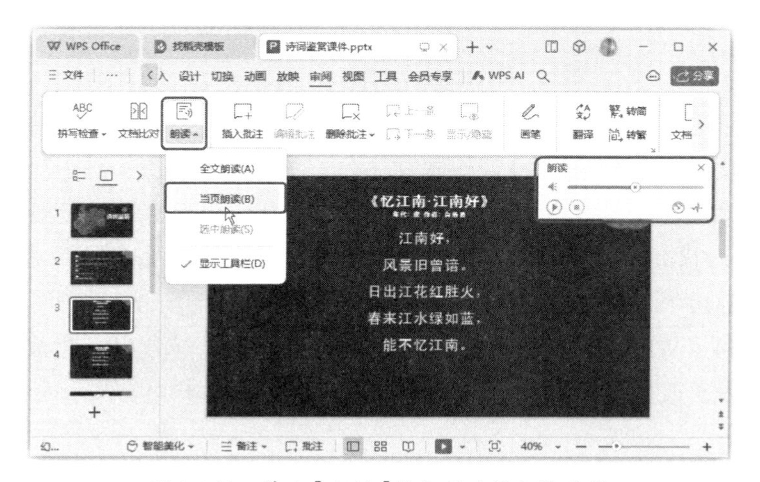

图4-140　单击【朗读】按钮并选择朗读方式

知识拓展： 在【朗读】下拉列表中选择【全文朗读】选项，可以对整个PPT进行朗读；选择部分文本后，选择【选中朗读】选项，可以对选中的文本进行朗读。

第2步 即可听到对当前幻灯片中的所有文本内容进行朗读的效果。在【朗读】窗口中拖曳滑块，可以调整朗读的音量；单击 按钮，可以再次播放朗读语音；单击 按钮，可以暂停播放；单击 按钮，在弹出的【语速】界面中拖曳滑块，可以调整朗读的速度，如图4-141所示；单击 按钮，在弹出的【语调】界面中拖曳滑块，可以调整语调。

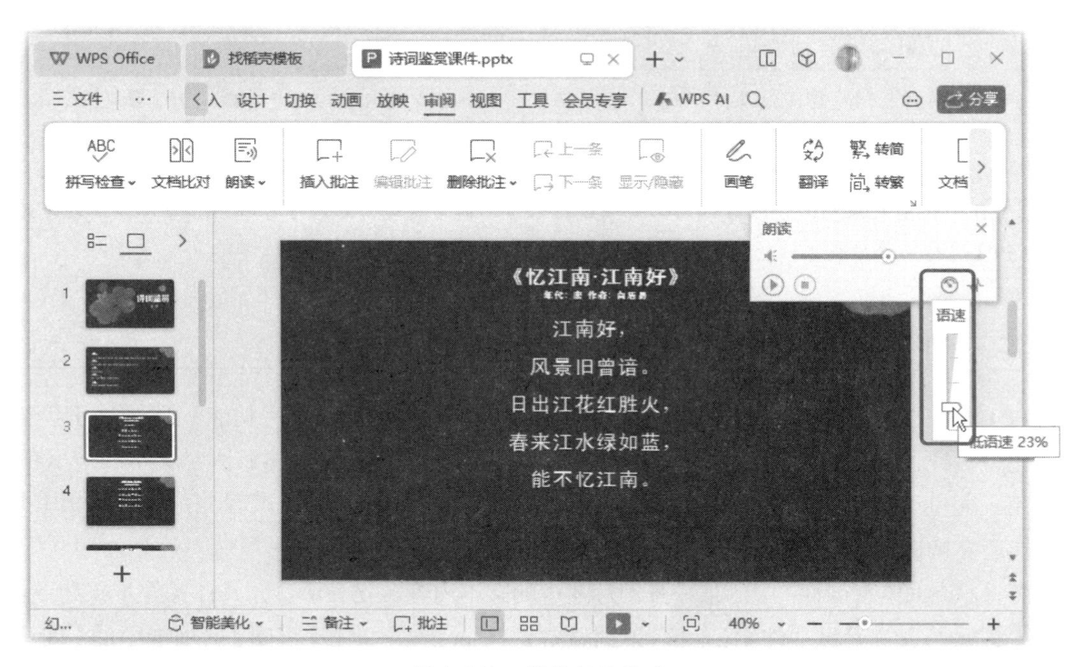

图4-141 调整朗读速度

本章小结

随着AI技术的不断发展，WPS演示也迎来了革命性的变革。本章深入探讨了WPS演示的AI功能，为读者呈现智能化、高效化的PPT制作体验。

在本章中，我们首先介绍了WPS演示的智能创作功能，包括演示模板推荐、一键生成完整PPT、快速生成单页幻灯片、扩写/改写文本及自动生成演讲稿等功能。这些功能不仅能够帮助用户快速创建出精美的PPT，还能提升制作效率，轻松应对各种演讲场合。

接着，我们探讨了WPS演示的自动排版与美化功能。通过单页美化、生成智能图形、在线搜索素材、更换主题及更改配色方案等功能，WPS演示可以帮助用户丰富演示内容和提升视觉效果，让演示更加吸引人。

此外，我们还介绍了WPS演示提供的PPT动画与切换效果功能，这些功能可以帮助用户提升演示效果，使得演示更加生动有趣。

最后，我们简单介绍了WPS演示与其他应用的互通，包括智能翻译功能和将PPT中的文本内容转化为语音功能，这些功能将帮助用户打破语言和沟通的障碍，实现更高效的协同工作和演示交流。

第5章

WPS AI PDF智能化：高效阅读与处理PDF

PDF作为一种广泛使用的文档格式，具有跨平台、不易编辑等特性，在工作和学习中扮演着重要角色。然而，对于PDF的处理常常需要专业的技能和工具。在这一章中，我们将探讨WPS PDF的AI功能，以及如何利用这些功能提升我们的工作效率和阅读体验。

5.1 PDF的阅读与编辑

在深入探讨WPS PDF对PDF的编辑功能之前，我们首先要关注的是如何提升PDF的可读性和使用便捷性，关键在于文本自动识别、图片提取、排版优化等。WPS PDF通过自动识别文本，让用户轻松查看和编辑文档，同时有效提取图片，方便用户进一步操作。其排版功能可以自动调整页面布局，提升阅读体验。智能翻译功能实现跨语言阅读，满足多语言需求。此外，智能标注功能方便用户做笔记和批注；语音朗读功能将文本转化为语音，帮助用户高效获取信息。

5.1.1 文本识别：自动识别PDF中的文本内容，方便用户查看和编辑

在信息化时代，PDF已成为人们日常工作和学习中的重要载体。其中，文本内容作为PDF的核心，对于用户来说具有很高的价值。然而，传统的PDF往往不易于查看和编辑，这让许多用户感到困扰。为了更好地挖掘这些文本内容的价值，WPS PDF应运而生，其强大的文本识别功能为用户带来了极大的便利。

1. 直接编辑文本内容

在WPS PDF中可以直接编辑文本内容。用户在进行阅读的过程中，通过拖曳鼠标即可选择对

应的文本，如图5-1所示，还可以复制、粘贴文本等。

如果发现有需要修改或补充的内容，只需单击【编辑】选项卡中的【编辑内容】按钮，进入编辑状态，即可实现文本的编辑。

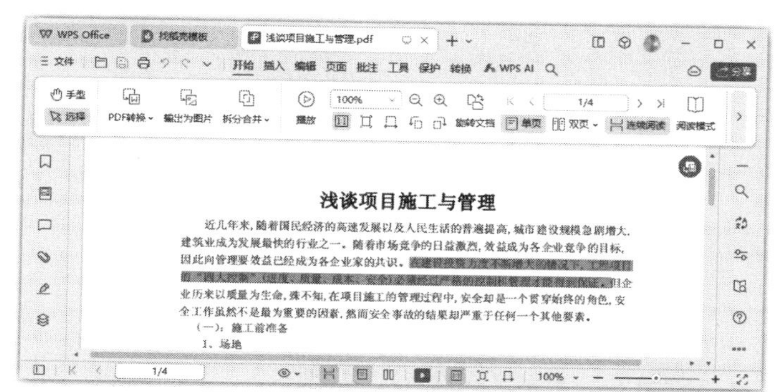

图5-1　选择PDF中的文本内容

2. 提取图片中的文本内容

许多时候，PDF中的文本内容会被转换为图片形式，这给需要复制文本内容的用户带来了不小的困扰。WPS PDF的文本识别功能，针对这一问题提供了完美的解决方案，用户可以轻松地复制图片型PDF中的文本内容。无论是在电脑上还是在移动设备上，用户都可以将PDF中的图片文本内容复制粘贴到其他应用程序中，进行进一步的处理。

例如，想要从已经保存为图片的“外租设备管理办法”PDF中复制内容，具体操作步骤如下。

第1步 打开“素材文件\第5章\外租设备管理办法.pdf”，将鼠标指针移动到文本内容上，发现并不能通过拖曳鼠标来选择文本。单击【编辑】选项卡中的【编辑内容】按钮，进入编辑状态，然后单击图片，在图片右侧出现的工具栏中单击【提取图片内文字】按钮，如图5-2所示。

图5-2　单击【提取图片内文字】按钮

> 知识拓展：图片型PDF进入编辑状态后，单击【转换】选项卡中的【提取文字】按钮，也可以打开【图片转文字】窗口。

第2步 打开【图片转文字】窗口，稍等片刻，窗口右侧即会显示出【转换结果】界面，其中显示根据图片转换出的文本内容。可以在窗口左下角选择转换类型，并单击右侧的【导出转换结果】按钮，直接将转换后的文本内容保存为对应的文件。这里单击右上角的【复制】按钮，即可将转换后的文本内容复制到剪贴板中，可以方便地粘贴到其他位置，如图5-3所示。

第3步 新建一个空白文档，单击【开始】选项卡中的【粘贴】按钮，或按【Ctrl+V】组合键，即可将复制的文本内容粘贴到该文档中，效果如图5-4所示。

图 5-3　预览转换后的文本内容并复制

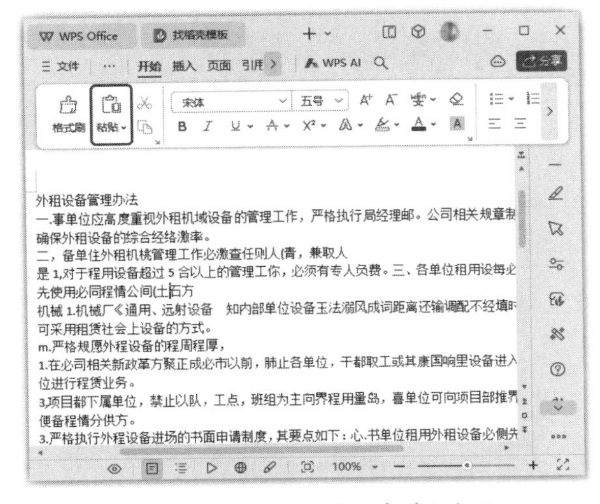

图 5-4　对复制的文本内容进行粘贴

知识拓展：WPS PDF 的文本识别功能目前还不是特别完善，在转换时部分文本内容可能识别出错。所以，通过文本识别获取文本内容后，还需要人工检查一遍。随着技术的发展，文本识别准确性和速度将不断提高，为广大用户带来更好的体验。

3. 编辑图片型 PDF 中的文本内容

在某些情况下，PDF 中的文本内容以图片形式呈现，给用户带来了诸多不便。如果需要修改其中的部分文本内容，借助 WPS PDF 的文本识别功能，只需将鼠标指针放置在图片上，即可编辑图片中的文本内容。这一功能为用户提供了极大的便利，使得原本难以处理的文本内容变得易于编辑。

例如，想要对已经保存为图片的“外租设备管理办法”PDF 进行简单编辑，具体操作步骤如下。

第1步 将鼠标指针移动到文本内容上，单击【编辑】选项卡中的【编辑内容】按钮，进入编辑状态，然后单击图片，在图片右侧出现的工具栏中单击【编辑图内文字】按钮，如图 5-5 所示。

第2步 打开【编辑图内文字】窗口，单击【开始识别】按钮，如图 5-6 所示。

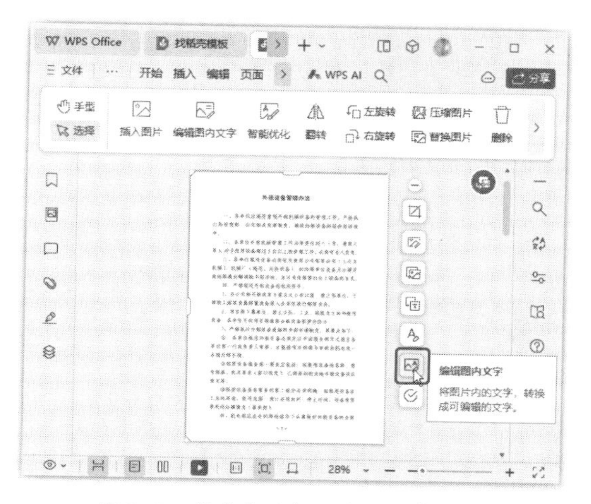

图5-5 单击【编辑图内文字】按钮

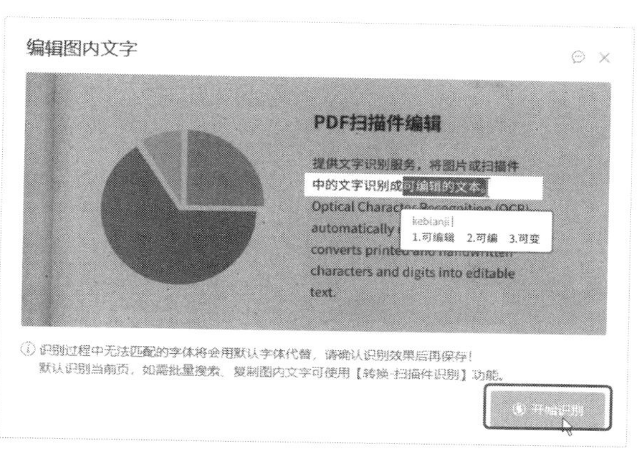

图5-6 单击【开始识别】按钮

知识拓展：通过编辑图内文字功能，只能对选中的这一张图片进行识别。如果需要对多张图片进行识别，需要单击【转换】选项卡中的【扫描件识别】按钮，在打开的窗口中进行设置。

第3步 此时WPS PDF会识别出段落并以虚线框显示每个段落，同时进入可编辑状态。定位光标或拖曳鼠标选择要编辑的文本，如图5-7所示。

第4步 输入要修改的内容“4”，修改完成后移动鼠标到虚线框外单击，如图5-8所示。

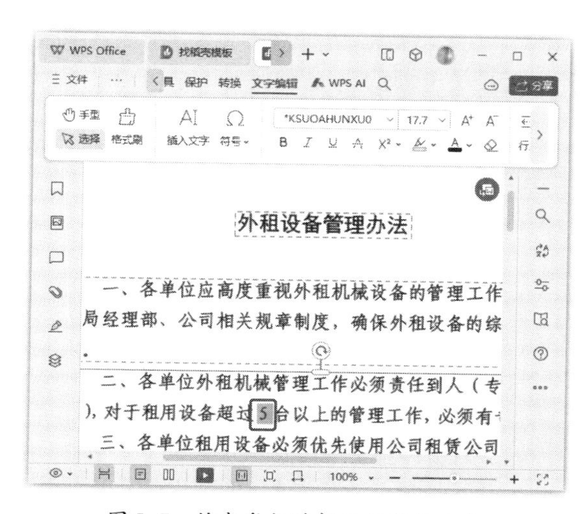

图5-7 拖曳鼠标选择要编辑的文本

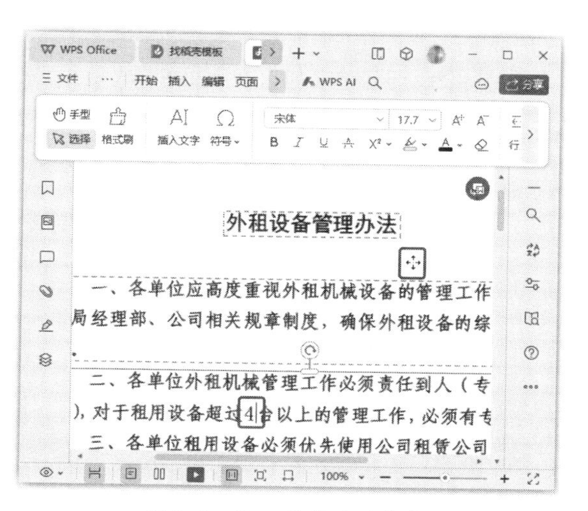

图5-8 输入要修改的内容

第5步 此时会弹出提示框，提示“正在编辑图片内文字，相似字体匹配中”，并显示出匹配进度，如图5-9所示。

第6步 字体匹配完成后，还可以用相同的方法编辑图片中的其他文本内容。编辑完成后，单击【文字编辑】选项卡中的【退出编辑】按钮退出编辑状态即可，如图5-10所示。退出编辑状态后，虽然还可以选择图片中的文本内容进行复制等操作，但不能进行修改、输入等。

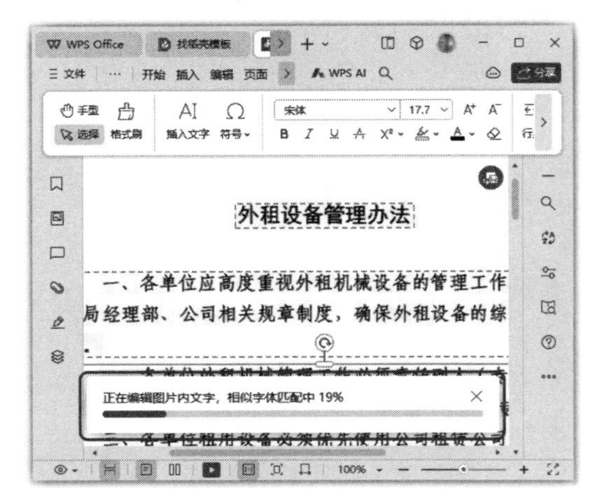

图 5-9 系统自动匹配字体

图 5-10 单击【退出编辑】按钮

5.1.2 图片提取：自动提取 PDF 中的图片，方便使用和编辑

WPS PDF 支持自动提取 PDF 中的图片，方便用户进行进一步的使用和编辑。用户可以将提取出的图片单独保存，也可以直接进行编辑。这对于需要制作海报、宣传册等视觉设计的人来说无疑是极大的便利。

下面将“利用滤波器抑制开关电源的电磁干扰”PDF 中的图片提取出来单独保存，具体操作步骤如下。

第1步 打开“素材文件\第 5 章\利用滤波器抑制开关电源的电磁干扰.pdf”，单击【转换】选项卡中的【提取图片】按钮，如图 5-11 所示。

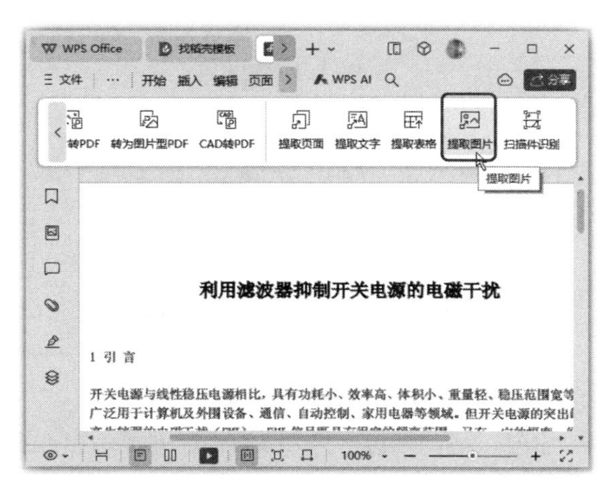

图 5-11 单击【提取图片】按钮

知识拓展： 教师可以将教材、课件等 PDF 中的图片提取出来，方便学生进行预习和复习；企业员工在处理商务文档时，可以快速提取 PDF 中的图片，进行汇报或分享。

第2步 打开【提取图片】窗口，设置要提取的页码范围，默认对全文进行提取。在窗口左下角还可以设置提取图片的保存位置和输出格式，设置完成后单击【开始提取】按钮。

第3步 等待系统提取完成后，【状态】列会显示“提取成功”字样。单击后面的【打开目录】

按钮，如图 5-12 所示。

第4步 打开设置的保存位置，在其中即可看到已经将该PDF中的所有图片进行了单独保存，并统一放置在一个文件夹中，如图 5-13 所示。

图 5-12　提取成功

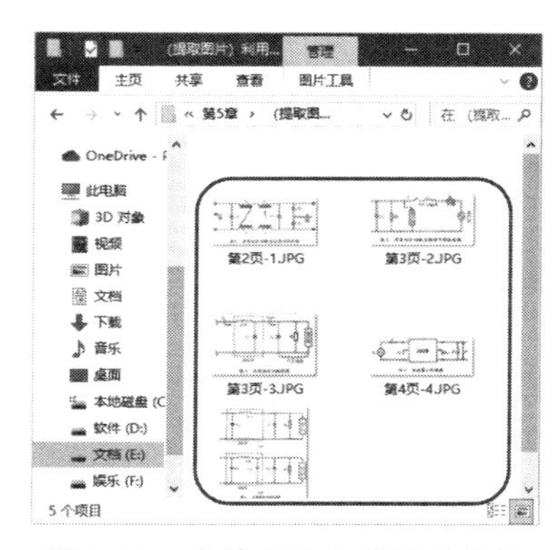

图 5-13　查看提取出的图片效果

5.1.3 页面管理：调整 PDF 页面，提升阅读体验

PDF的页面往往不如Word文档灵活，容易导致阅读体验不佳。为了解决这个问题，WPS PDF的【页面】选项卡中提供了丰富的页面管理功能，可以轻松地对PDF中的页面进行编辑和管理。

下面对“二年级上学期期末数学试卷”进行页面编辑操作，讲解常用页面管理功能的具体操作方法。

1. 旋转页面

当发现PDF中的某个页面方向不正确时，可以使用旋转页面功能将其调整至正确的方向，效果如图 5-14、图 5-15 所示。单击【页面】选项卡中的【左旋转】或【右旋转】按钮，即可让页面向左（逆时针）或向右（顺时针）旋转90°。

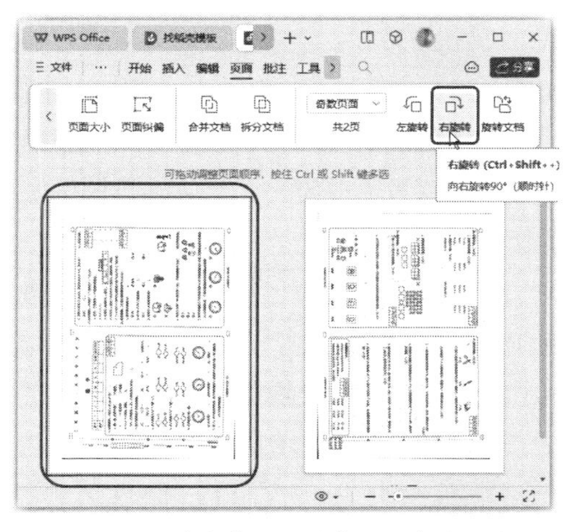

图 5-14　单击【右旋转】按钮前的效果

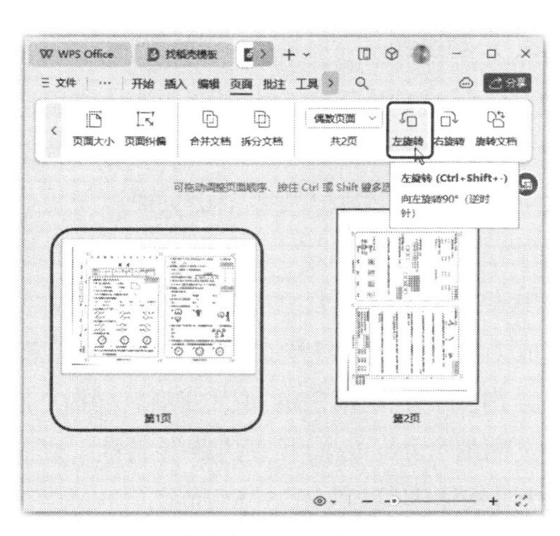

图 5-15　单击【右旋转】按钮后的效果

2. 裁剪页面

裁剪页面功能允许用户对PDF的页面进行精确的裁剪，去除不需要的边边角角，保留重要的信息部分。

单击【页面】选项卡中的【裁剪页面】按钮后，会进入裁剪状态，通过拖曳图片上的裁剪边线和控制点，即可调整裁剪的区域，进行精确的裁剪，如图5-16所示。完成后，单击【完成】按钮，即可保存裁剪，得到一个更加整洁、专业的PDF。

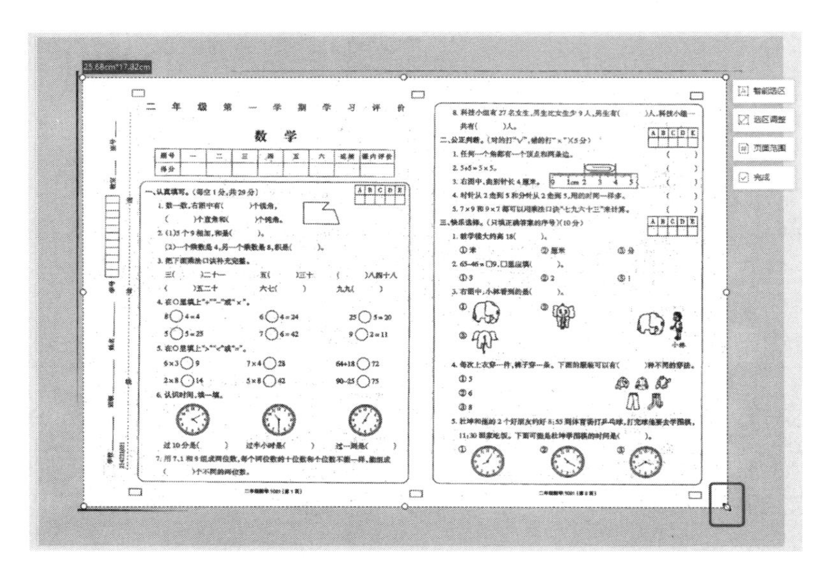

图5-16　设置页面的裁剪区域

! **知识拓展：** 在裁剪状态，单击右侧的【智能选区】按钮，系统会自动判断要裁剪的区域；单击【选区调整】按钮，可以设置具体的页边距大小；单击【页面范围】按钮，可以设置要使用当前裁剪参数进行裁剪的页面。

! **知识拓展：** 裁剪页面功能不仅可以去除多余的页边，清除页眉、页脚等多余元素，调整页面布局，还可以将页面裁剪到特定的尺寸。在处理包含敏感信息的PDF时，也可以通过裁剪功能将这些信息裁剪掉，以保护隐私安全。

3. 分割页面

【页面】选项卡下的分割页面功能允许用户将PDF中的某一页面按照指定的方式分割成多个部分，从而生成新的页面。这一功能在处理需要调整页面布局的PDF时非常有用。例如，当需要将一个包含大量信息的页面拆分为多个小页面以便更好地展示内容时，或者需要将一个长页面按照特定的逻辑或设计需求进行分割时，这个功能就能发挥出巨大的作用。

单击【分割页面】按钮后，默认在所选页面上插入一条水平分割线和一条垂直分割线，将页面等分成4个区域。我们可以通过拖曳分割线来调整分割的位置，还可以单击界面右侧的按钮来添加、删除分割线，实现精确的页面分割。同时，WPS PDF还提供了丰富的设置选项，允许自定义分割后新页面的大小、方向和页边距等属性，以满足不同的需求。确定采用分割页面参数时，单击【立即分割】按钮即可，如图5-17所示。

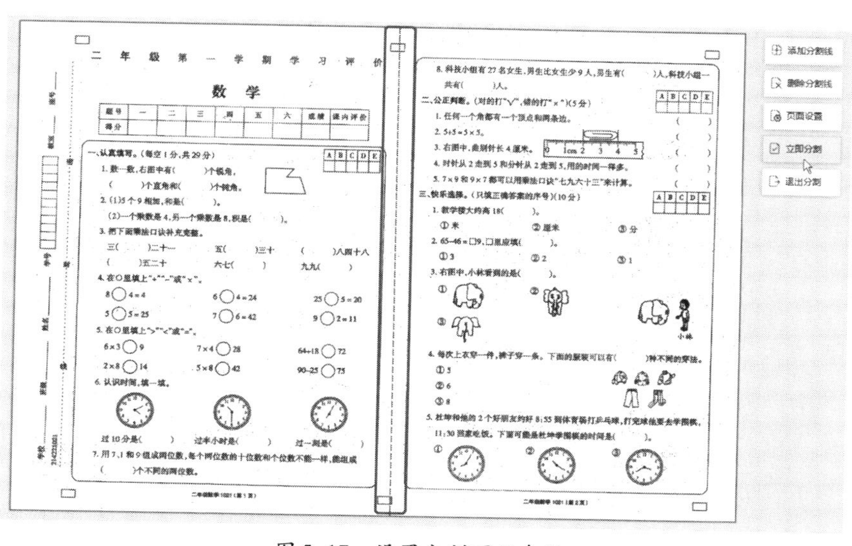

图 5-17　设置分割页面参数

4. 页面纠偏

在日常的工作和学习中，我们经常会遇到一些由于扫描或拍摄而产生的倾斜或不清晰的PDF页面。这不仅影响PDF的美观性，还可能给阅读带来不便。为此，WPS PDF特别推出了页面纠偏功能，旨在帮助用户快速、准确地调整页面效果，使其恢复到最佳阅读状态。

单击【页面】选项卡中的【页面纠偏】按钮后，WPS PDF会自动识别并调整页面的倾斜角度，使其恢复到水平状态。当然，我们也可以手动拖曳页面上方的控制柄来旋转页面方向，该操作和旋转图片的操作一致，如图5-18所示。

单击【页面纠偏】按钮后，还会显示出【扫描件】选项卡，如图5-19所示，在其中可以对页面进行美化操作，编辑完成后单击【关闭】按钮即可。

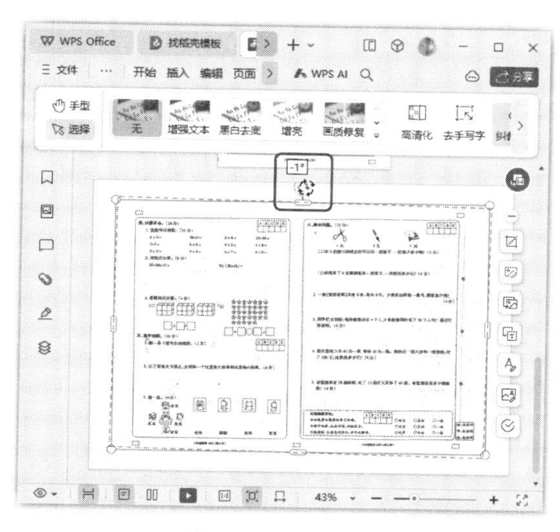

图 5-18　页面纠偏

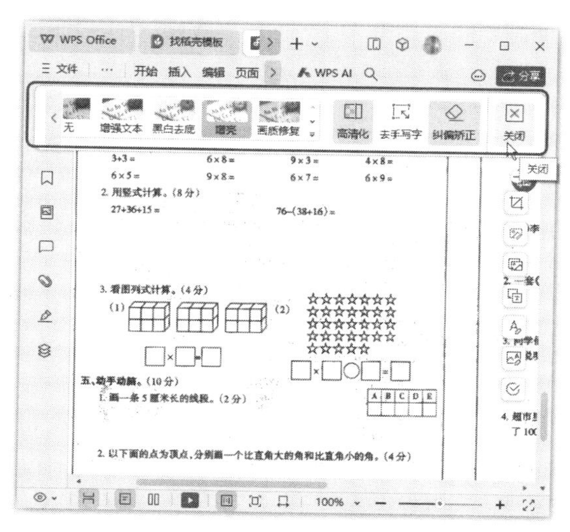

图 5-19　【扫描件】选项卡

下面对【扫描件】选项卡中的各功能进行简要介绍。

（1）增强文本：针对扫描件中的文本进行增强处理，提高文本的清晰度。

（2）黑白去底：可以快速将彩色背景转化为纯净的白色，让文本与背景形成鲜明对比，尤其适用于背景复杂或带有颜色的扫描件。

（3）增亮：对于光线不足或存在阴影影响阅读的扫描件，增亮功能能够有效提升文档的亮度，使文本更加清晰易读，同时保持色彩的真实度。

（4）画质修复：针对老旧或破损文档的扫描件，画质修复功能能够智能识别并修复文档中的模糊、噪点等问题，恢复文档的原始清晰度。

（5）锐化：增强文档的边缘细节，使文档、线条和图案更加锐利，提升整体阅读体验。

（6）高清化：可以将低分辨率的扫描件提升至高清标准，让文档的每一个细节都清晰可见。

（7）去手写字：可以智能识别并去除文档中的手写笔迹。

5. 其他高级排版功能

WPS PDF还具有一些高级的排版功能，考虑到使用频率没那么高，所以下面简单介绍。

（1）插入页面：单击【页面】选项卡中的【插入空白页】按钮，可以在当前PDF中插入新的空白页面。单击【导入页面】按钮，并在弹出的下拉列表中选择具体要导入的文件类型，可以导入其他PDF的页面或对应的内容页面。这在需要在PDF中增加新内容或合并多个PDF时非常有用。

（2）删除页面：选择页面后，单击【页面】选项卡中的【删除页面】按钮，可以删除所选的页面。

（3）提取页面：如果只需要PDF中的部分页面，可以通过单击【页面】选项卡中的【提取页面】按钮并设置，来将其单独保存为一个新的PDF。

（4）替换页面：当需要替换某个页面时，只需选择要替换的页面，单击【页面】选项卡中的【替换页面】按钮并导入新的页面即可。

（5）调整页面顺序：将视图调整至合适比例后，通过拖曳页面缩略图即可实现页面的重新排序。如果需要同时调整多个页面，可以按住【Ctrl】或【Shift】键进行多选。

5.1.4 智能翻译：自动翻译 PDF 内容，支持多语言阅读

为了满足用户阅读其他语言PDF的需求，WPS PDF推出了智能翻译功能，帮助用户轻松实现PDF内容的自动翻译，从而消除语言障碍，拓宽知识视野。

1. 批量翻译

WPS PDF支持自动翻译PDF内容，支持多语言阅读。用户可以选择所需的语言，一键翻译PDF，跨越语言障碍，更加便捷地获取信息。

例如，要将“营销口才教案”翻译为英文，具体操作步骤如下。

第1步 打开“素材文件\第5章\营销口才教案.pdf”，单击【开始】选项卡中的【全文翻译】按钮，然后在显示出的【全文翻译】任务窗格中设置需要翻译的语言、页码范围和翻译模式，单击

【开始翻译】按钮，如图5-20所示。

第2步 稍后即可在任务窗格中看到翻译的结果，单击【保存译文】按钮，如图5-21所示。

图5-20 设置翻译参数

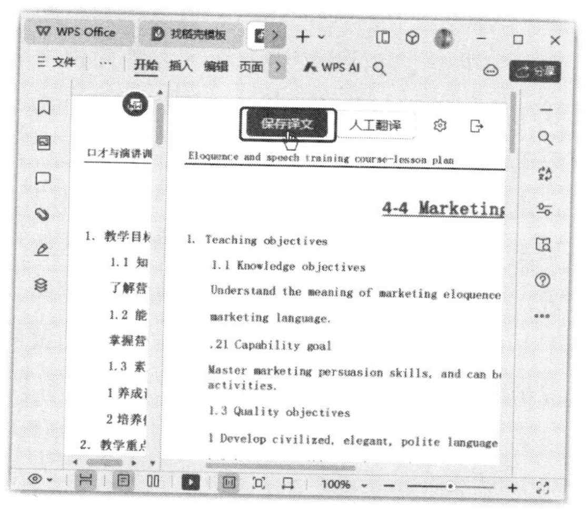

图5-21 预览翻译结果，单击【保存译文】按钮

知识拓展： WPS PDF中提供了【普通翻译】和【AI翻译】两种翻译模式，其中【普通翻译】是直译的，而且会尽量保持原文的语法结构、用词和表达方式。【AI翻译】则会根据上下文和语境，对原文进行适当的调整和创新，以使得译文更加流畅和自然。

第3步 弹出提示对话框，提示翻译需要消耗的账号可用页数，如图5-22所示。单击【确认】按钮后，继续设置译文文档的名称和保存位置。

第4步 等待译文文档保存成功后，便会自动打开，方便查看译文，如图5-23所示。

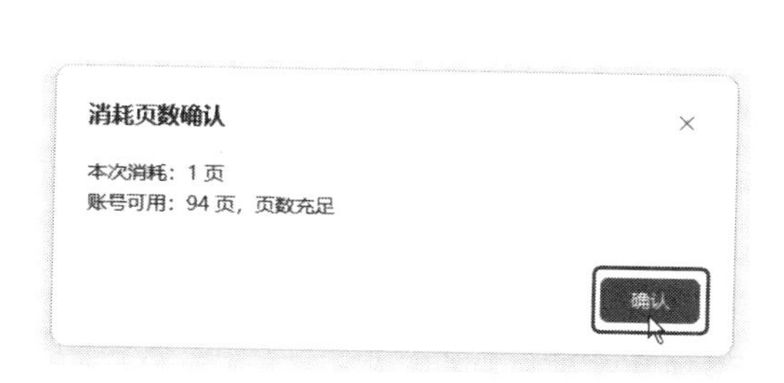

图5-22 确认消耗账号可用页数

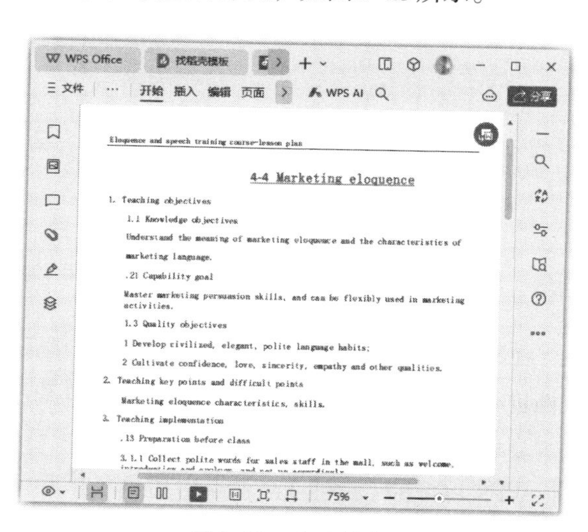

图5-23 查看译文

2. 即时翻译

WPS PDF还支持即时翻译，用户在阅读过程中选择某个或某些词语后，可以在弹出的工具栏中单击【翻译】按钮，在下方的面板中就可以看到所选内容的默认语言翻译结果，如图5-24所示。

如果需要即时翻译的内容比较多，也可以先单击【开始】选项卡中的【划词翻译】下拉按钮，在弹出的下拉列表中选择【划词跟随面板】选项，如图5-25所示，这样就可以在阅读过程中随时选择需要翻译的文本，【划词翻译】面板会自动跟随并显示出当前所选内容的翻译结果，如图5-26所示。

图5-24 即时翻译

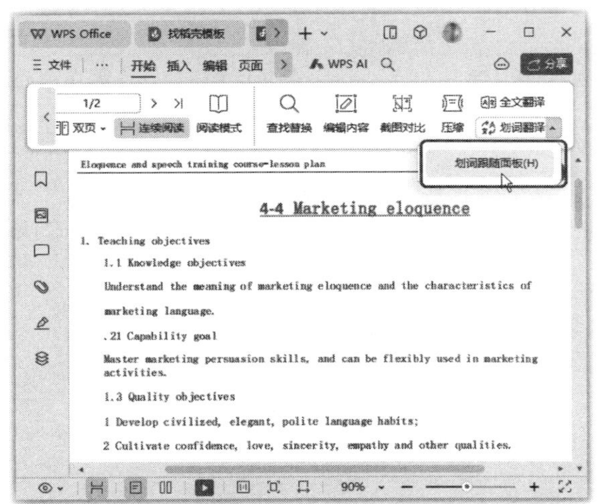

图5-25 选择【划词跟随面板】选项

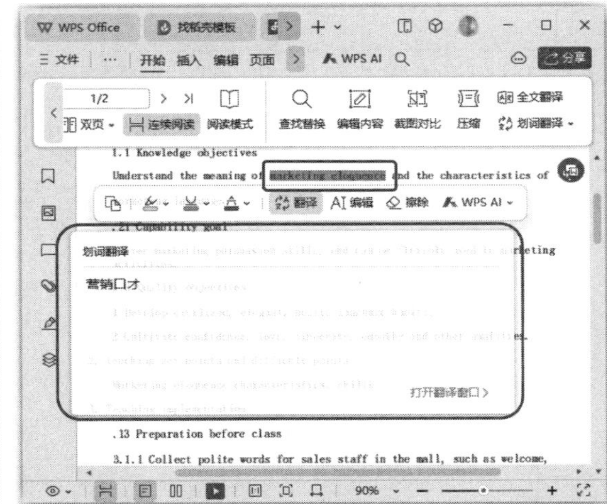

图5-26 划词翻译效果

5.1.5 添加标注：多种方式标注PDF内容，方便做笔记和批注

在数字化时代，人们对于电子文档的处理需求日益增长。特别是在学习和工作中，我们需要对文档进行标注、添加笔记以便于更好地理解和消化内容。WPS PDF允许用户标注PDF内容，并提供了多种标注方式。

WPS PDF的【批注】选项卡中提供了一系列用于添加和管理标注的工具，如图5-27所示。通过这些工具，用户可以轻松地标记重要内容，留下笔记，从而提高阅读或编辑效率。

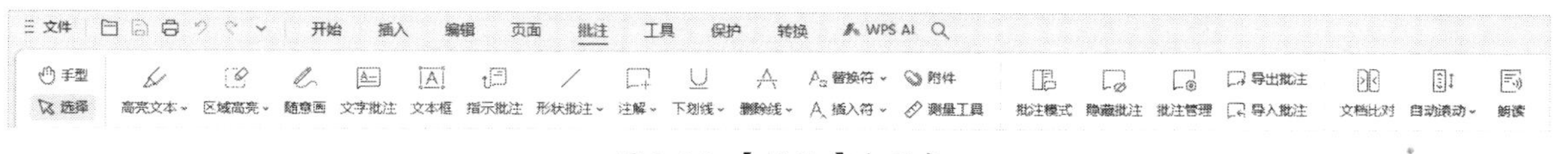

图 5-27 【批注】选项卡

下面对【批注】选项卡中的各功能进行简要介绍。

（1）高亮文本、区域高亮：单击这两个按钮，可以高亮显示选择的内容，或绘制区域填充成高亮颜色以便凸显区域中的内容。

（2）随意画：可以灵活地绘制内容。

（3）文字批注：可以插入无文本框的文字批注。

（4）文本框：可以插入有文本框的文字批注。

（5）形状批注：可以插入各种形状进行标记。

（6）注解：可在需要添加注解的位置输入注释内容。

（7）下划线、删除线：单击这两个按钮，分别可以为选择的文字添加下划线或删除线。

（8）替换符：单击该按钮，再选择需要替换的文本，可以为选择的文本添加替换符号和要替换的文字。

（9）插入符：可以在光标定位的位置插入符号，并输入要添加到该处的文本。

（10）批注模式：可进入或退出批注模式。

（11）批注管理：可在窗口左侧显示出【批注】任务窗格，方便逐条查看批注。

这些功能的操作都相对简单，其中部分功能实现的标注效果如图 5-28 所示。

单击【开始】选项卡中的【阅读模式】按钮，进入阅读模式。单击【批注模式】按钮，可以快速切换到批注模式，方便对内容进行批注；单击【注释工具箱】按钮，还可以在窗口右侧显示出注释工具箱，其中提供了各种注释工具，单击某个工具按钮，可以打开相应的任务窗格，便捷地添加各种标注，如图 5-29 所示。

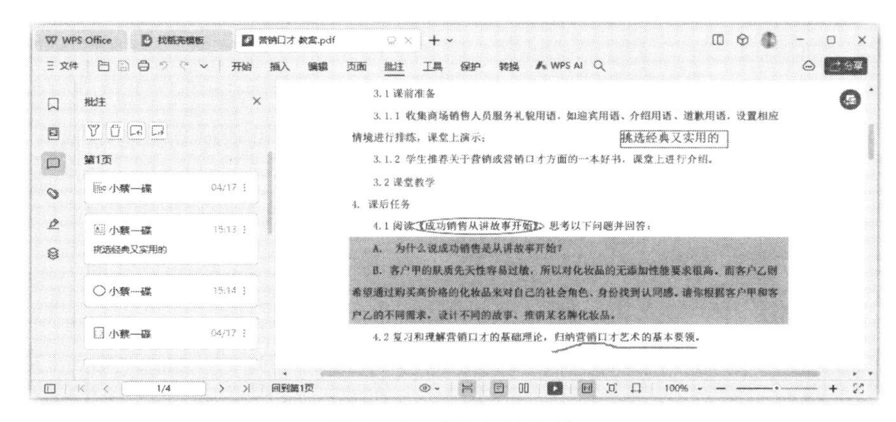

图 5-28 多种标注效果

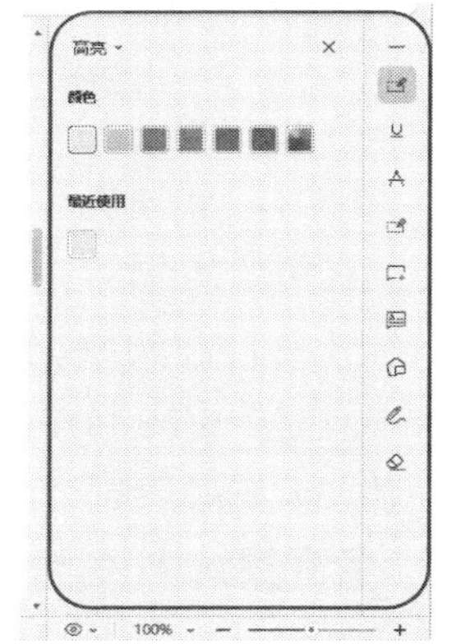

图 5-29 阅读模式下进行标注

5.1.6 语音朗读：自动将 PDF 内容转化为语音，提高阅读效率

WPS PDF可以将PDF内容转化为语音，自动朗读PDF内容，提高阅读效率。

单击【批注】选项卡中的【朗读】按钮，即可在窗口中显示出【朗读】面板，如图5-30所示，该面板与WPS演示中的【朗读】面板相同，使用方法也相同。默认情况下，单击【朗读】按钮后会自动对当前PDF进行全文朗读。也可以单击【朗读】下拉按钮，在弹出的下拉菜单中选择朗读模式，如图5-31所示。

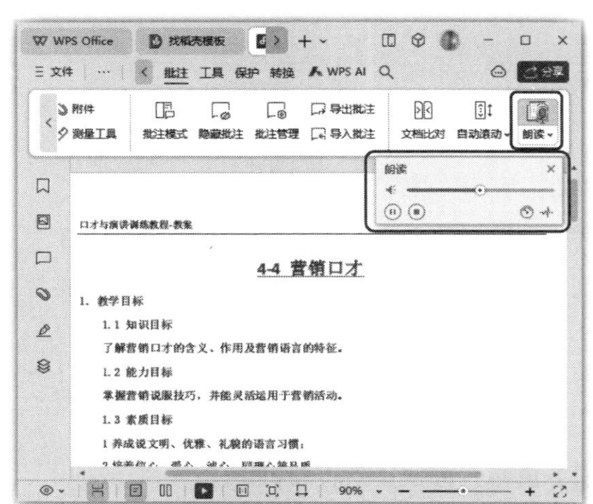

图5-30 单击【朗读】按钮显示出【朗读】面板

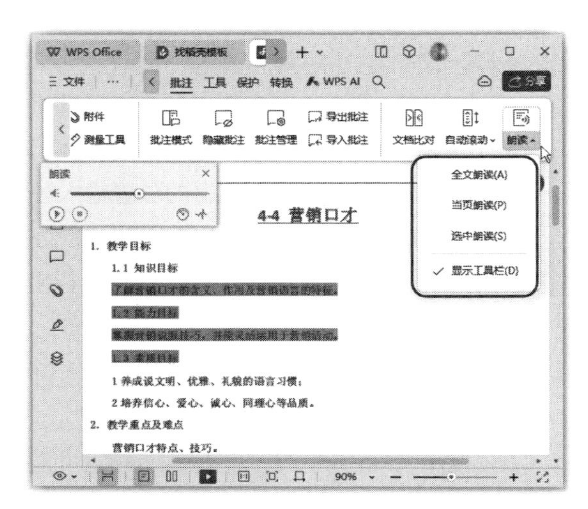

图5-31 选择朗读模式

5.1.7 AI 帮我读：AI 助力，让阅读更加轻松高效

在繁忙的工作和生活中，我们时常会面对大量的PDF，那些长篇大论、密密麻麻的文字让人眼花缭乱，难以迅速找到所需的关键信息。现在，有了WPS PDF的AI帮我读功能，这些问题将迎刃而解。

WPS PDF的AI帮我读功能与WPS文字中的该功能类似，是阅读文档的得力助手。它利用先进的AI技术，快速识别文档中的关键内容，并以简洁明了的方式呈现。AI帮我读功能支持智能问答，对文档中的某个内容有疑问时，只需输入问题，它便能迅速给出答案，并标注出答案在文档中的位置，让我们能够快速定位并深入了解。

总之，WPS PDF的AI帮我读功能将为我们带来全新的阅读体验，让我们轻松应对各种PDF，快速获取所需信息。下面通过一个案例来看看AI帮我读功能的具体使用方法。

第1步 打开“素材文件\第5章\让学习真实发生——以《守护正义》的教学设计为例.pdf”，单击选项卡最右侧的【WPS AI】按钮，在弹出的下拉菜单中选择【AI帮我读】命令，如图5-32所示。

第2步 显示出【AI帮我读】任务窗格，单击【推荐相关问题】按钮，如图5-33所示。

图 5-32　选择【AI 帮我读】命令

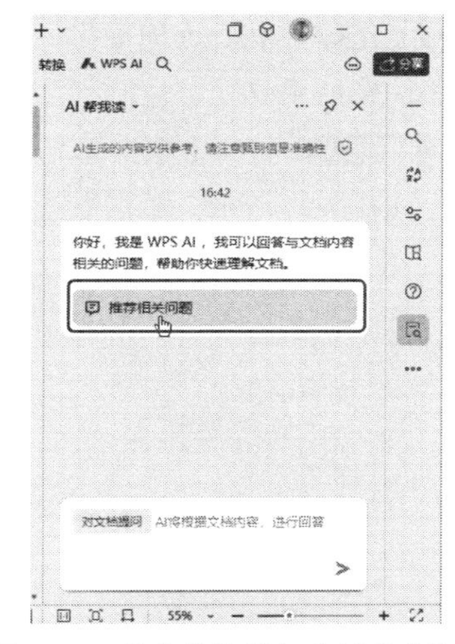

图 5-33　单击【推荐相关问题】按钮

第3步 稍后WPS AI会根据PDF内容推荐几个相关的问题，选择即可快速对WPS AI提出该问题。也可以在下方的对话框中输入问题内容，单击【发送】按钮，如图5-34所示。

第4步 稍后便会看到WPS AI根据PDF内容给出的回复，以及重点内容和相关原文页码，单击页码超链接即可跳转到对应详情页，并标注出引用内容，如图5-35所示。

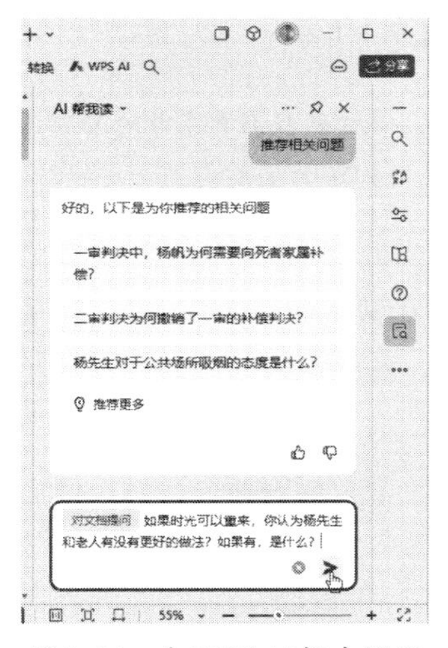

图 5-34　向 WPS AI 提出问题

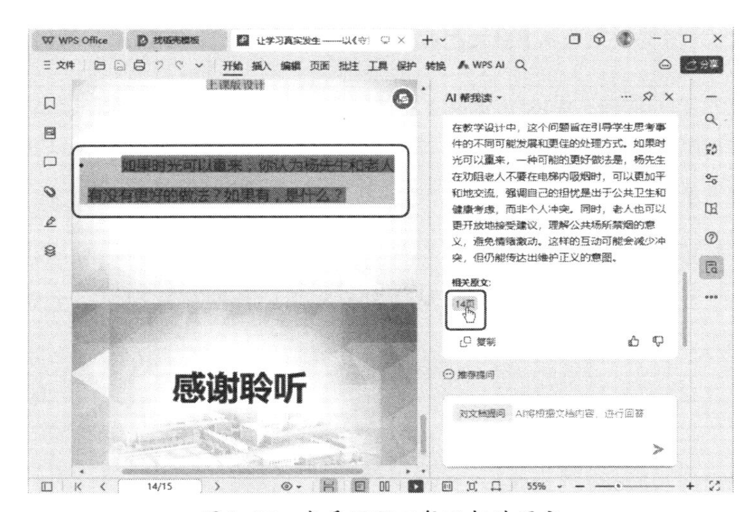

图 5-35　查看问题回复及相关原文

5.1.8 全文总结：智能提炼 PDF 要点，快速把握核心内容

WPS PDF的全文总结功能就像一位智能的阅读助手，它能在短时间内对PDF进行深度分析，提炼出PDF的关键信息，并生成简洁明了的总结。这个功能不仅可以帮助我们快速了解PDF的核心内容，还能节省大量阅读时间，提高工作效率。

使用全文总结功能非常简单。下面接着上一个案例进行操作，具体操作步骤如下。

第1步 单击选项卡最右侧的【WPS AI】按钮，在弹出的下拉菜单中选择【全文总结】命令，如图5-36所示。

第2步 打开【全文总结】对话框，随后会看到WPS AI自动对PDF内容进行分析后生成的总结，如图5-37所示，单击【添加笔记】按钮。

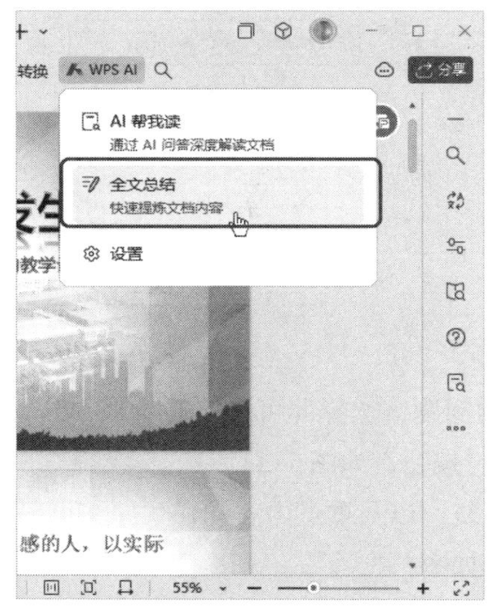

图5-36 选择【全文总结】命令

图5-37 查看总结并单击【添加笔记】按钮

> **知识拓展：** WPS PDF的全文总结功能是一个强大而实用的工具，它能够帮助我们更高效地处理PDF，获取核心信息，提高工作效率。生成的总结会以清晰的结构和简洁的语言呈现PDF的主要观点、关键数据和重要信息。

第3步 WPS PDF窗口的右侧显示出【笔记】任务窗格，其中有生成的总结添加的笔记，单击【保存云文档】按钮，将PDF保存为云文档，方便在其他设备上查看，如图5-38所示。

图5-38 查看添加的笔记并保存云文档

5.2 PDF 的格式转换与调整

有时我们需要将PDF转换为其他格式，或者对PDF的格式进行调整。本节将介绍一些实用的技巧和方法，轻松实现PDF的格式转换与调整。

5.2.1 PDF 转文字：将 PDF 转换为可编辑的文本格式，实现轻松编辑

在现代办公中，PDF的应用越来越广泛，无论是文件共享、资料传输，还是数字签名，PDF都发挥着重要作用。然而，PDF的编辑能力相对有限，用户在对其进行修改时可能会遇到诸多不便。为了解决这一问题，可以将PDF转换为可编辑的文本格式，方便修改和使用。WPS PDF中的此功能适用于需要将PDF转换为Word、TXT等格式的场景。

下面以将“电气安全管理制度”PDF转换为Word为例，介绍具体的操作步骤。

第1步 打开“素材文件\第5章\电气安全管理制度.pdf”，单击【开始】选项卡中的【PDF转换】按钮，在弹出的下拉列表中选择【转为Word】选项，如图5-39所示。

第2步 打开【金山PDF转换】窗口，设置要转换的页码范围；在【输出目录】下拉列表中选择【自定义目录】选项，并设置转换后文件的保存位置；单击【开始转换】按钮，如图5-40所示，即可将选择的PDF转换为Word，转换完成后会自动打开文件以便查看文件效果。

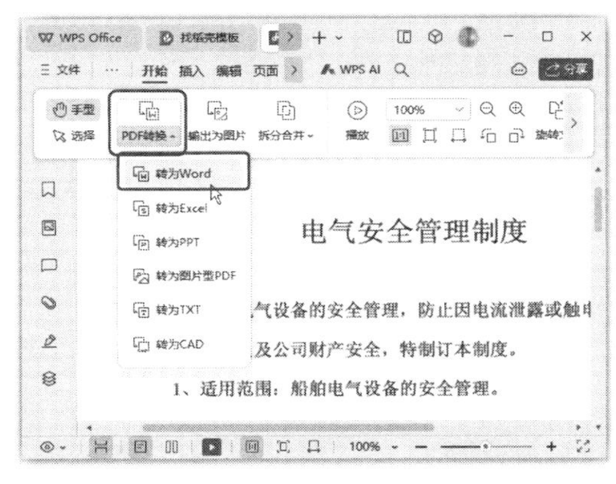

图 5-39 选择【转为 Word】选项

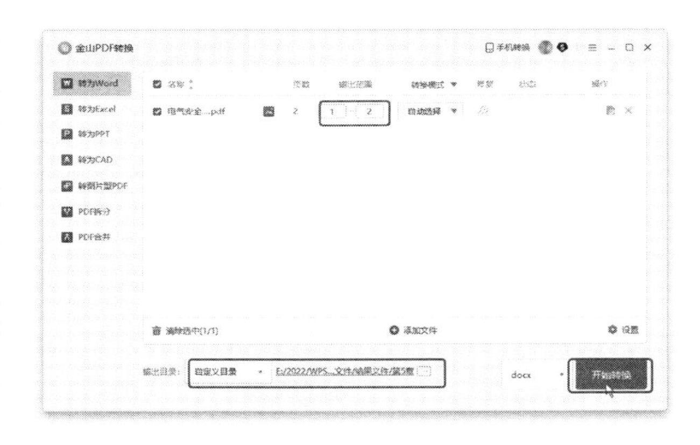

图 5-40 设置转换页码和输出目录

> ! **知识拓展**：在进行PDF编辑时，有时会出现格式丢失、排版混乱等问题。将PDF转化为文本格式后，可以避免这些问题。

5.2.2 PDF 转表格：将 PDF 转换为可编辑的表格格式，方便使用数据

PDF的编辑能力相对有限，为了更好地利用PDF中的表格数据，可以将PDF转换为可编辑的表格格式，方便用户对数据进行整理、计算和分析。将PDF转换为表格格式的操作方法与转换为文本格式的方法类似。

第1步 打开"素材文件\第5章\合同台账格式.pdf"，单击窗口右侧显示的【转为Word】按钮，在弹出的下拉列表中选择【转为Excel】选项，如图5-41所示。

图5-41 选择【转为Excel】选项

知识拓展：对于不含表格的PDF，直接转换为可编辑的表格格式并无意义。

第2步 打开【金山PDF转换】窗口，自动切换到【转为Excel】选项卡。为了保证转换后的表格布局不变，在【自动选择】下拉列表中选择【布局优先】选项，在【输出目录】下拉列表中设置转换后文件的保存位置；单击【开始转换】按钮，如图5-42所示。

知识拓展：尽管自动识别和转换工具越来越先进，但仍可能出现识别错误。在完成转换后，请仔细检查表格内容，确保数据准确无误。

第3步 完成操作后，即可将选择的PDF转换为Excel，并自动打开文件以便查看文件效果，如图5-43所示。

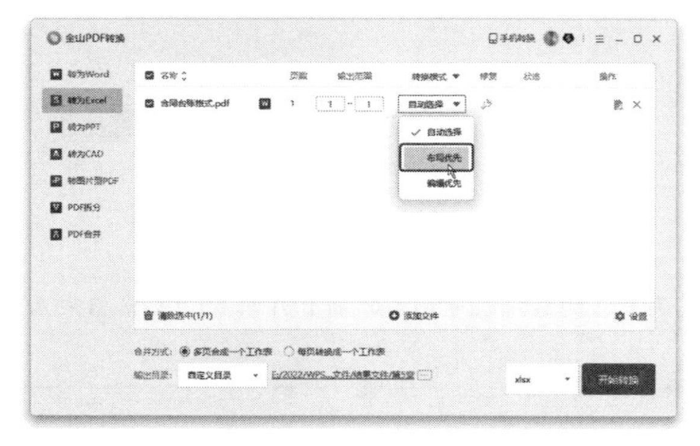

图5-42 设置转换模式和输出目录

图5-43 查看转换效果

5.2.3 PDF转PPT：将PDF转换为PPT格式，方便重构内容

在工作和学习中，PPT的应用越发广泛，无论是产品介绍、项目报告还是学术交流，都需要借

助PPT来清晰地展示观点和想法。然而，我们在网络上找到的有价值的资料，往往是以PDF保存的。如何将这些PDF转换为PPT，以便我们在演示中更好地使用，成为一个亟待解决的问题。

WPS PDF可以将PDF转换为PPT，方便用户进行演示。

例如，要将“让学习真实发生——以《守护正义》教学为例 课件.pdf”的前5页转换为PPT，具体操作步骤如下。

第1步 打开“素材文件\第5章\让学习真实发生——以《守护正义》的教学设计为例.pdf”，单击【转换】选项卡中的【转为PPT】按钮，如图5-44所示。

> 知识拓展：在【文件】菜单中选择【导出PDF为】命令，然后在弹出的下拉菜单中按需选择，也可以对PDF进行格式转换。

第2步 打开【金山PDF转换】窗口，自动切换到【转为PPT】选项卡。设置输出范围为“1-5”，在【输出目录】下拉列表中设置转换后文件的保存位置；单击【开始转换】按钮，如图5-45所示，即可将选择的PDF中的前5页转换为PPT，每一页为一张幻灯片，转换完成后会自动打开文件以便查看文件效果。

图5-44 单击【转为PPT】按钮

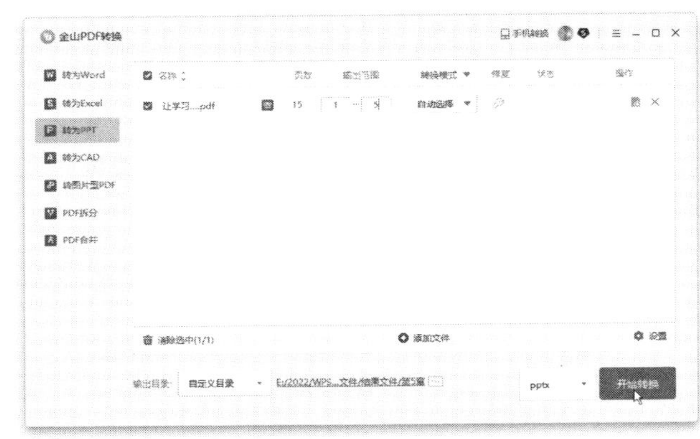

图5-45 设置输出范围和输出目录

5.2.4 PDF合并：合并多个PDF，管理更便捷

WPS PDF支持合并多个PDF，方便用户管理和使用。用户可以将多个相关的PDF合并成一个PDF，便于统一管理和分享。

例如，要将“写字楼物业管理方案”PDF和“合同台账格式”PDF合并为一个PDF，具体操作步骤如下。

第1步 打开需要合并的多个PDF中的一个，单击【开始】选项卡中的【拆分合并】按钮，在弹出的下拉列表中选择【合并文档】选项，如图5-46所示。

第2步 打开【金山PDF转换】窗口，自动切换到【PDF合并】选项卡。单击【添加文件】按钮，添加需要合并的其他PDF，分别设置各PDF中需要合并的页码范围，在下方设置合并后文件的名称和保存位置，单击【开始合并】按钮，如图5-47所示。

知识拓展： PDF合并功能通过解析输入的多个PDF，将它们的内容按照原始顺序合并为一个全新的PDF。在合并前应调整好合并PDF的先后顺序，可以在【金山PDF转换】窗口中通过单击【操作】栏的按钮来进行调整。

图5-46 选择【合并文档】选项

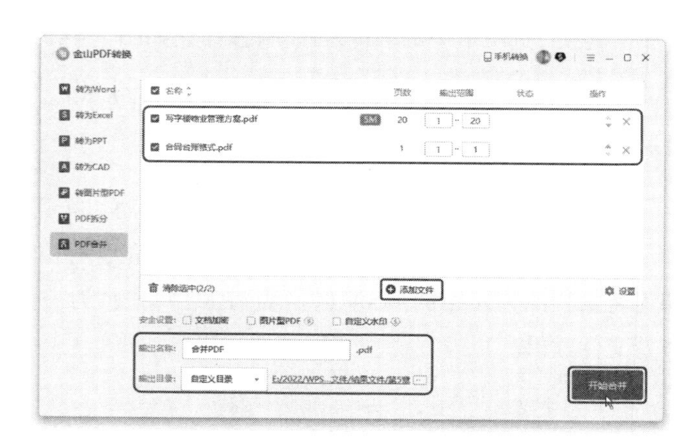

图5-47 设置合并和输出参数

知识拓展： 合并多个PDF时，合并后的PDF会保留原PDF的格式、排版和图片，确保内容的一致性和完整性。在合并过程中，还会保留原PDF的元数据（如作者、创建日期等）。

第3步 完成操作后，即可将选择的两个PDF合并为一个PDF。在保存位置找到并打开文件即可查看文件效果，如图5-48所示。

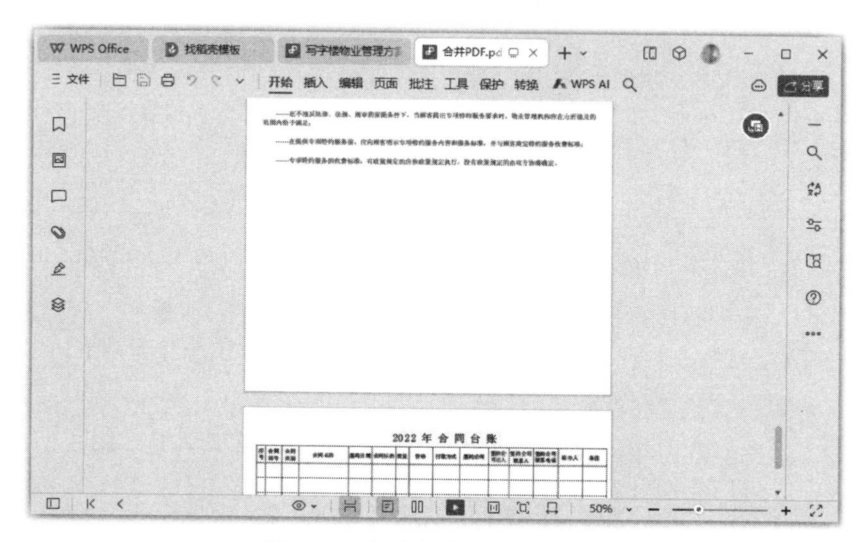

图5-48 查看合并后的文件效果

5.2.5 PDF 拆分：将 PDF 拆分为多个文件，操作更灵活

WPS PDF还支持拆分PDF，方便用户管理和使用。用户可以根据需要将一个大的PDF拆分为多个小的PDF，便于传输和查看。

例如，要将“多联式空调热泵能源效率标识实施规则”PDF根据正文和附件拆分为多个文件，具体操作步骤如下。

第1步 打开“素材文件\第5章\多联式空调热泵能源效率标识实施规则.pdf”，单击【开始】选项卡中的【拆分合并】按钮，在弹出的下拉列表中选择【拆分文档】选项，如图5-49所示。

知识拓展： WPS PDF可以加密PDF，保护文件安全。单击【保护】选项卡中的【文档加密】按钮，即可为PDF设置密码，防止未经授权的人访问文件内容。对PDF进行合并和拆分时，也要注意为新文件加密，以防文件内容泄露。在【金山PDF转换】窗口中就可以进行加密设置。

第2步 打开【金山PDF转换】窗口，自动切换到【PDF拆分】选项卡。这里需要根据具体的内容所在页码来进行拆分，所以在【拆分方式】下拉列表中选择【选择范围】选项，并在后面的文本框中根据要拆分的内容输入对应的页码范围，在下方设置拆分后文件的保存位置，单击【开始拆分】按钮，如图5-50所示。

图5-49 选择【拆分文档】选项

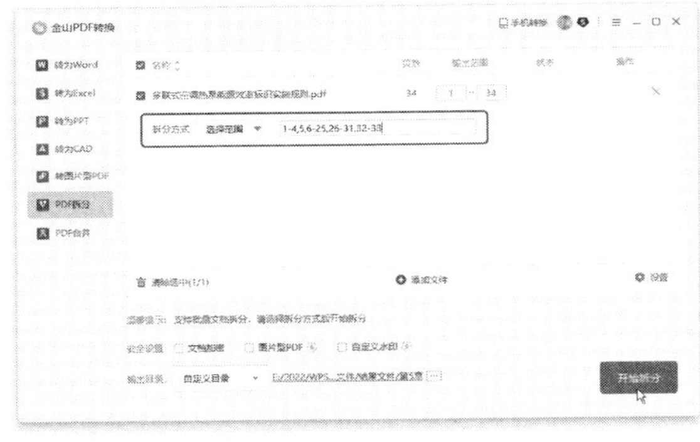

图5-50 设置拆分参数

知识拓展： WPS PDF还支持为PDF添加水印，保护文件版权。单击【保护】选项卡中的【水印】按钮，即可为PDF设置水印的内容、位置和样式。

第3步 完成操作后，即可将选择的PDF按照设置的页码范围拆分为多个文件。打开保存位置，即可看到拆分后的多个文件，如图5-51所示。

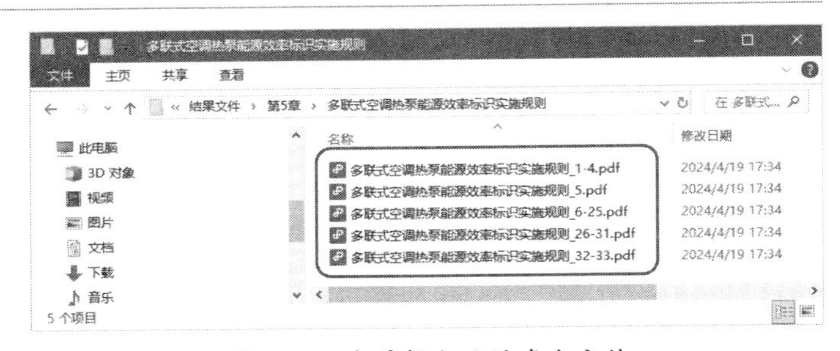

图5-51 查看拆分后的多个文件

本章小结

在本章中，我们深入探讨了WPS PDF的AI功能在多个关键领域的实用性。我们先学习了WPS PDF的AI功能为用户提供的丰富的阅读和编辑工具，包括文本识别、图片提取、智能排版、智能翻译、智能标注及语音朗读等。这些功能不仅极大地提升了用户查看和编辑PDF的便利性，同时也使PDF内容的理解和处理变得更加高效和精确。

然后，我们学习了WPS PDF的AI功能在文件格式转换和调整方面的强大能力。这些功能允许用户将PDF轻松转换为文本、表格和PPT等格式，并支持PDF的合并和拆分，从而极大地扩展了PDF的使用场景和应用范围。

第6章

在线智能文档：多人协作编辑与处理文档

随着AI技术的不断进步，智能文档处理逐渐成为办公领域的一大发展趋势。WPS Office提供了在线智能文档功能，使得用户可以随时随地进行文档的创建、编辑和分享。

在本章，我们将深入探讨WPS在线智能文档的AI功能，涵盖多个方面，包括智能排版、智能文本处理、智能搜索和分析、智能表格设计、数据分析和预测、数据可视化展示及智能表单设计等。

6.1 WPS在线智能文档的特点及优势

随着互联网技术的不断发展，WPS在线智能文档的功能也日益丰富，可以满足各类用户的需求。接下来将详细介绍WPS在线智能文档的特点及优势。

与普通文档相比，WPS在线智能文档具有以下特点及优势。

（1）跨平台兼容：WPS在线智能文档支持Windows、macOS、Linux等多种操作系统，同时兼容移动端和电脑端，让用户可以随时随地使用。

（2）实时协作：WPS在线智能文档支持多人实时在线编辑，这意味着团队成员可以共同参与文档的创作，实现协同工作，提高工作效率。在编辑界面中，可以看到其他成员的编辑痕迹，还可以进行实时评论和互动，便于团队沟通和协作。同时，实时保存功能确保文档数据不会丢失。

（3）丰富的模板库：WPS提供了丰富的模板库，涵盖各种场景，如工作总结、报告、简历等，方便用户快速创建和个性化定制文档。

（4）强大的编辑功能：WPS在线智能文档具备与本地WPS Office相似的编辑功能，如文字排版、图片插入、公式编辑等，满足用户在各种场景下的使用需求。

（5）云端存储：WPS在线智能文档采用云端存储，用户可以将文档存储在云端，实现数据同步和跨设备访问，减轻设备存储压力。无论在何处，只要登录WPS账号，就可以轻松访问和编辑文档，随时随地开展工作。

（6）数据安全：WPS在线智能文档采用加密技术，确保用户数据安全。同时，可设置访问权限，保护文档隐私。

6.2 智能文档的 AI 功能

在WPS Office窗口中单击【新建】下拉按钮，在弹出的下拉菜单中选择【智能文档】命令，如图6-1所示，即可新建智能文档，随后可以看到图6-2所示的编辑界面。该编辑界面非常简洁，分为三个主要部分：顶部的工具栏、左侧的目录显示区域和右侧的编辑区域。这样的设计是为了让用户专注于内容创作。

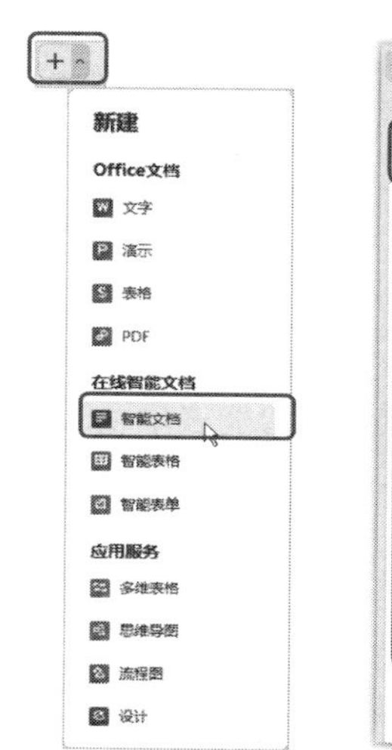

图6-1 选择【智能文档】命令

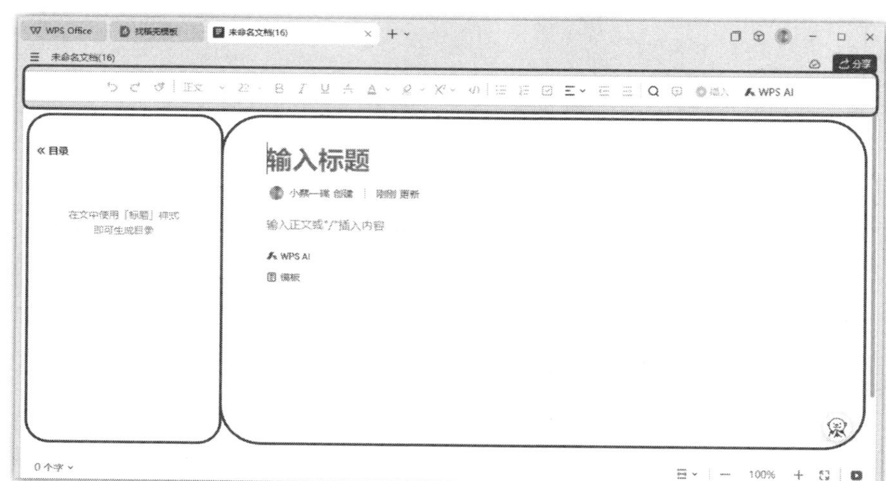

图6-2 智能文档编辑界面

顶部的工具栏包含了常用的编辑功能，如字体、颜色、段落格式等，方便用户快速进行文本编辑和格式设置。左侧的目录显示区域可以实时预览文档的结构，用户可以在此区域对文档进行目录编排和调整。右侧的编辑区域则是用户进行内容创作的位置，在这里，用户可以输入文字、插入图片、表格等元素，打造出丰富多彩的文档效果。

WPS Office中的WPS文字和智能文档都可以创建文档，两者有很多相似之处，操作也类似。两者之间最大的区别是智能文档具有实时保存功能，可以让我们随时保存文档的内容。即使在编辑过程中出现断电等意外情况，也不用担心之前的文档内容丢失。此外，智能文档还有一些功能与WPS文字有所不同，本节就来介绍这些功能。

6.2.1 智能文档起草：一键选择文档类型，轻松撰写文档内容

在WPS文字中运用AI功能起草文章，其提供的选项较为契合我们在日常工作中频繁创作的文

档类型。借助智能文档创建文档，其提供的起草文章选项相对丰富，适用于打造在线内容、协同创作内容及社交性质的文档。使用WPS AI起草文章，不仅提高了工作效率，而且其生成的内容思路清晰，逻辑严密，推理精确，使得文档质量得到了显著提升。这一功能不仅适用于个人用户，也适用于团队或企业用户，能够极大地促进团队协作和沟通。

在个人使用场景中，WPS AI可以根据用户的输入，快速生成符合要求的文章，用户可以根据需要进行修改和完善，大大节省了创作时间。在团队协作中，成员可以利用WPS AI起草文章，然后通过在线协作功能共同编辑和完善，提高团队协作效率。

此外，WPS AI的起草文章功能还适用于社交内容的创作。无论是在社交媒体平台上发布动态、撰写博客文章、生成电商直播脚本，还是制作宣传海报、发起头脑风暴，WPS AI都能提供合适的起草文章选项，帮助用户快速生成高质量的社交内容，吸引更多关注和互动。

例如，要生成某个招聘岗位介绍，具体操作步骤如下。

第1步 新建一篇智能文档，单击界面中或工具栏中的【WPS AI】按钮唤起WPS AI，在弹出的WPS AI对话框的下拉列表中选择需要创建的文档类型，如果没有合适的，可以在对话框中输入需求，也可以选择【去灵感市集探索】选项，如图6-3所示。

第2步 打开【灵感市集】对话框，在其中根据需要生成的内容选择匹配的主题。这里在顶部文本框中输入“招聘”并搜索，在下方选择【招聘岗位介绍】选项并单击显示出的【使用】按钮，如图6-4所示。

图6-3 选择【去灵感市集探索】选项　　图6-4 根据需要生成的内容选择匹配的主题

第3步 WPS AI对话框中自动显示【招聘岗位介绍】主题的生成指令，用户只需要根据实际情况输入岗位的关键信息，这里输入“产品运营总监”“游戏方向”，然后单击【发送】按钮 ➤，如图6-5所示。

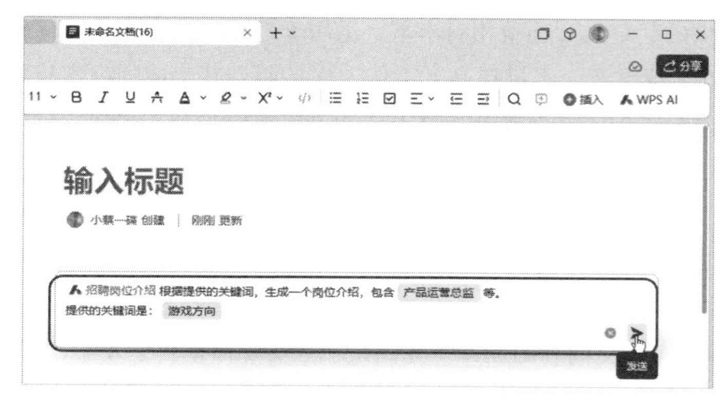

图 6-5　输入岗位关键信息

> 知识拓展：智能文档中的编辑操作比较简单，不用为排版烦恼。智能文档还支持Markdown语法、快捷键、设置标题后自动生成目录、一键拖起移动段落等。

第4步 WPS AI接收到用户指令后，会立刻按要求生成内容，如图6-6所示，单击【保留】按钮即可采用这些内容。

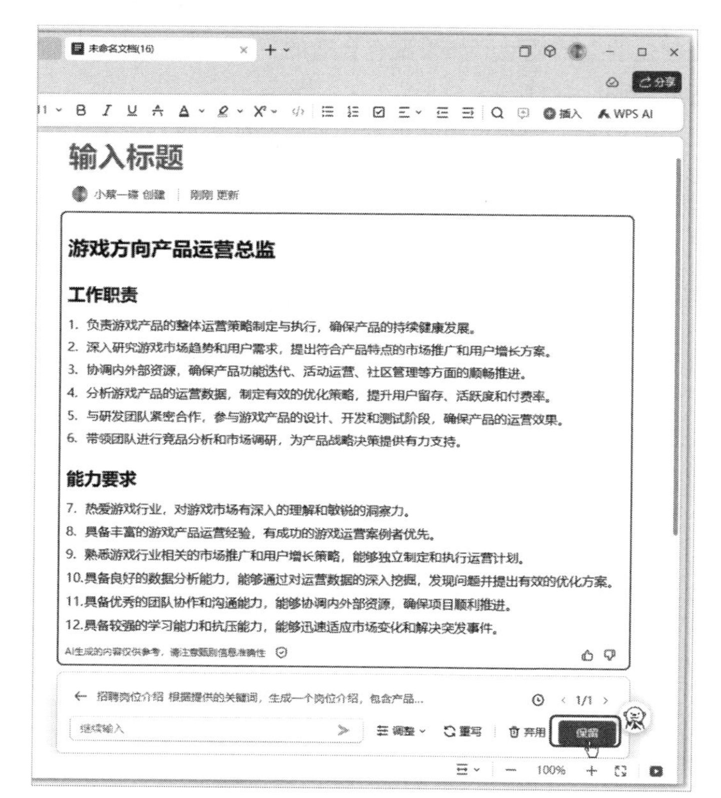

图 6-6　查看生成的内容并采用

> 知识拓展：WPS在线智能文档中的AI功能还支持文章大纲构建、表达优化、文档理解和处理等功能。创建的智能文档会自动保存到云端，所以一般用于创建需要多人协作和社交传播的文档。

6.2.2 模板起草：精选模板，助力高效创作，让文章更出彩

使用智能文档起草文章时，还可以选择模板。WPS Office提供了丰富的模板资源，涵盖各种场景和行业，如工作总结、项目报告、产品说明书等。在智能文档中，我们可以根据文章的主题和用

途，选择合适的模板。例如，要写一篇商务报告，可以选择商务报告模板；要写一篇个人日记，可以选择日记模板。

此外，模板功能还支持自定义模板，让我们能够根据需求自由调整布局和样式，让文章更具特色。这里尤其要介绍一下AI模板，如果你不知道如何开始使用AI功能，可以直接选择合适的AI模板，并输入关键信息来完善指令的准确度，让WPS AI了解你的创作意图。例如，要写一篇小说，通过AI模板进行起草的具体操作步骤如下。

第1步 新建一篇智能文档，单击【模板】按钮，如图6-7所示。

图6-7 单击【模板】按钮

第2步 在显示出的【推荐模板】栏中选择模板，如果没有满意的模板，可以选择【更多模板】选项，如图6-8所示。

图6-8 选择【更多模板】选项

第3步 弹出的【金山文档·模板库】对话框左侧提供了多种模板类型，这里单击【AI模板】选项卡，在右侧选择需要的模板，这里选择【小说剧情创作】选项，如图6-9所示。

图 6-9　选择【小说剧情创作】选项

第4步 系统会根据所选模板新建一篇智能文档，并显示出【AI模板设置】任务窗格，其中的文本框中提供了一些示例，并在智能文档中根据这些示例生成了一篇小说，如图6-10所示。我们可以参考这些示例按实际需求填写关键信息，以生成对应的内容，如本例需要填写小说的主题、故事情节、情感元素，然后单击【开始生成】按钮。

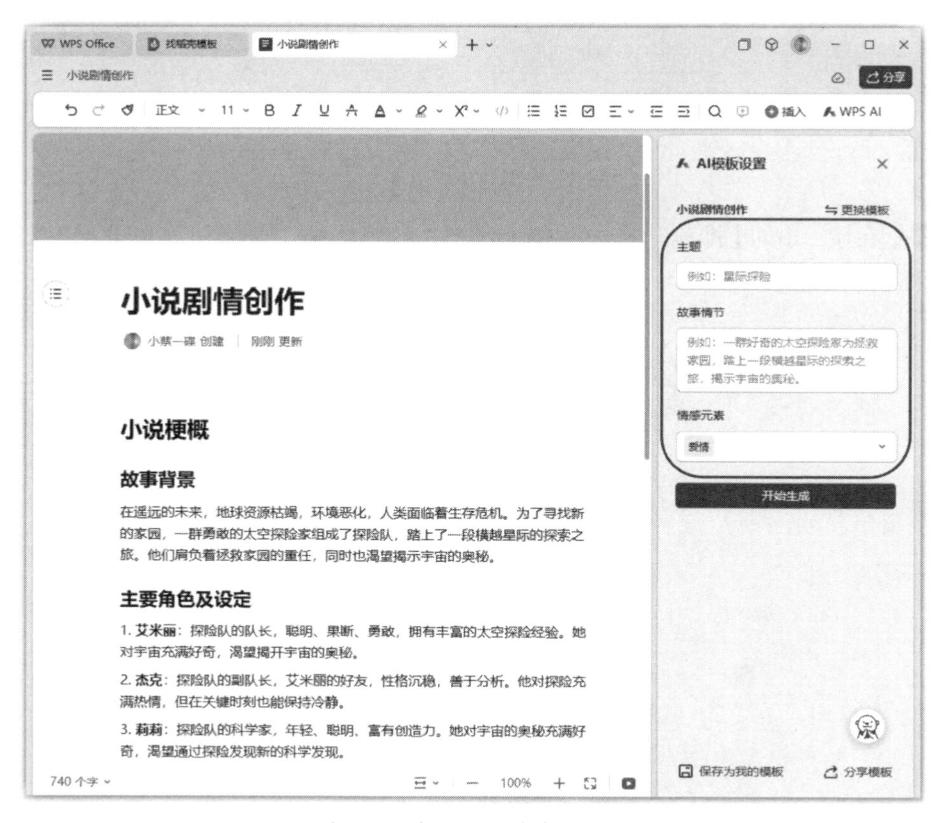

图 6-10　根据示例生成的小说

知识拓展：在智能文档中可以插入、编辑类型丰富的内容，如图片、表格、云文档、公式、高亮块、引用、代码块、超链接，以及日程待办、思维导图、流程图、智能表格、电子表格等。

6.2.3 数据整理高手：AI快速生成表格，数据呈现更直观

在处理大量数据或信息时，如何将它们清晰、有序地呈现给观者？这时，生成表格功能就能派上用场。用户只需提供数据或选择文档中的相关信息，WPS AI就会智能地生成一个表格。这个表格不仅能让数据更加清晰、易读，还能提高文档的可读性，具体操作步骤如下。

第1步 在智能文档中选择需要转换或搭配表格的文本内容，在弹出的工具栏中单击【AI帮我改】按钮，在弹出的下拉菜单中选择【更多】命令，如图6-11所示。

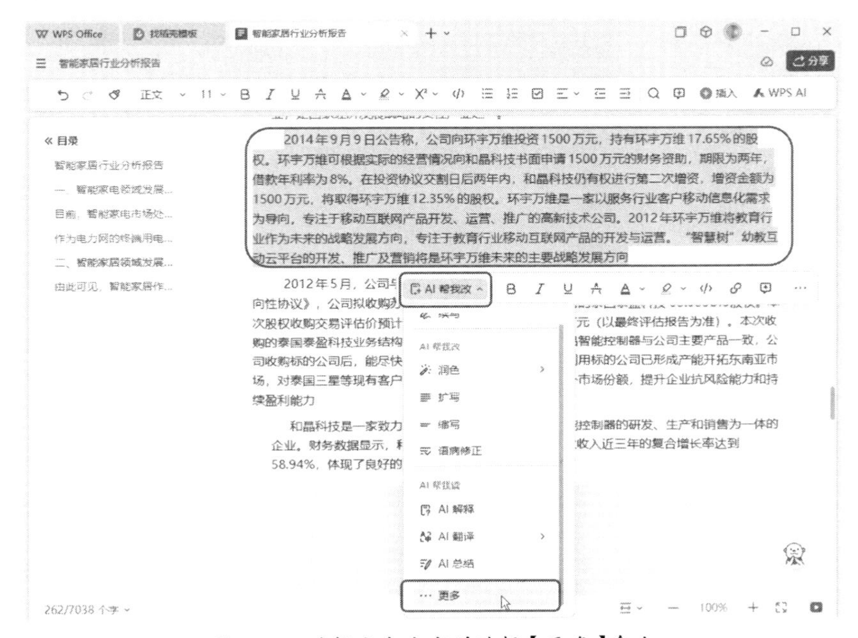

图6-11 选择文本内容并选择【更多】命令

第2步 在新的下拉菜单中选择【更多AI功能】→【文本生成表格】命令，如图6-12所示。

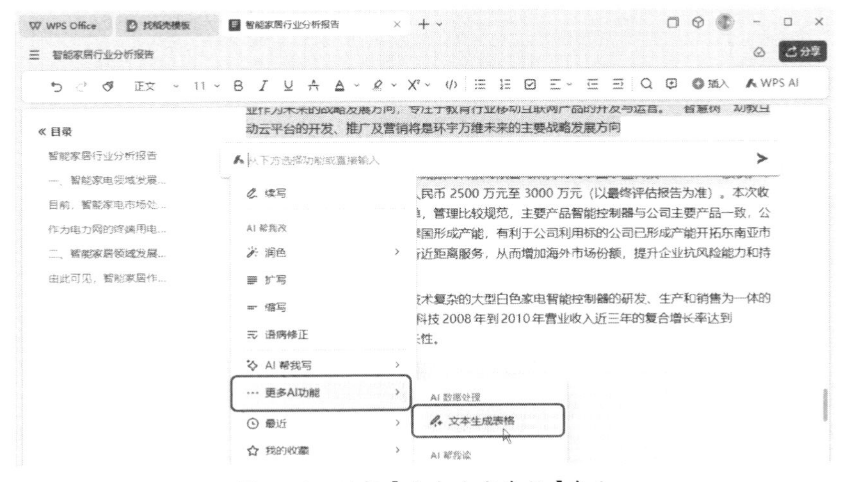

图6-12 选择【文本生成表格】命令

第3步 在弹出的【WPS AI】对话框中输入具体的表格制作指令，单击【发送】按钮，如图6-13所示。

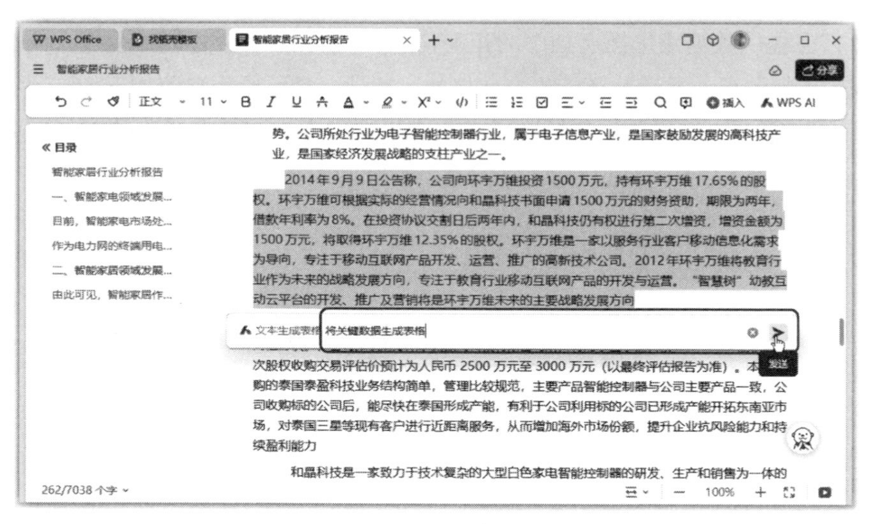

图6-13　输入具体的表格制作指令

第4步 稍后可以在对话框中看到WPS AI根据所选文本内容创建的表格效果，如果确定需要插入表格，可以单击【替换】下拉按钮，在弹出的下拉列表中选择【插入下方】选项，如图6-14所示。

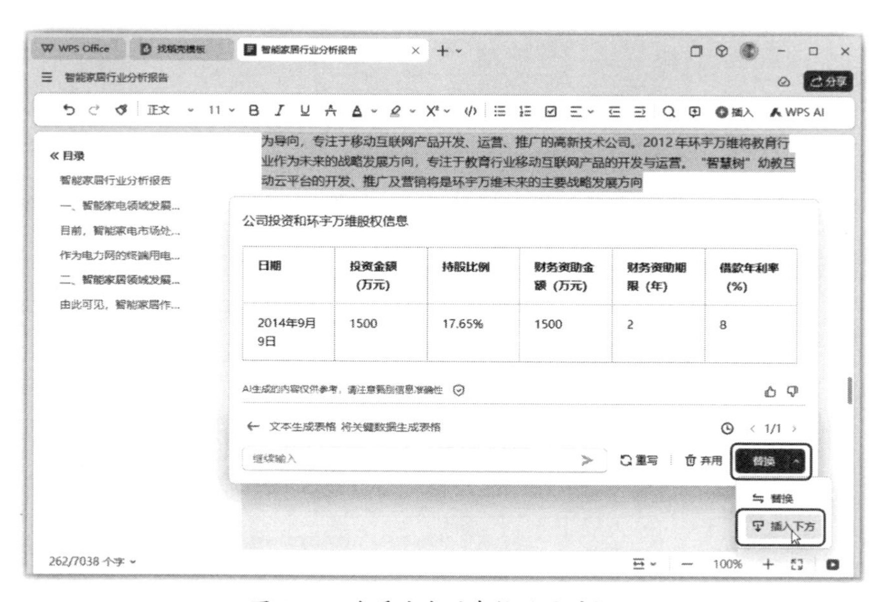

图6-14　查看生成的表格效果并插入

知识拓展： 如果直接单击【替换】按钮，则会用生成的表格替换所选文本内容。为了防止出错，一般选择【插入下方】的方式。

第5步 即可看到表格插入文档中所选文本内容下方，如图6-15所示。

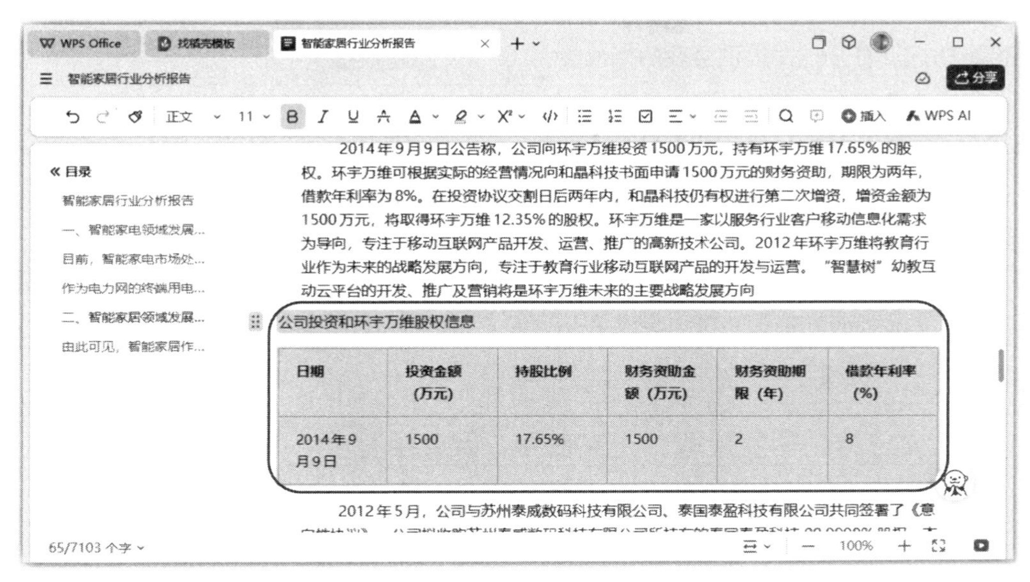

图 6-15　查看插入的表格效果

6.2.4 智能修改建议：AI 分析文本，提供优化建议

在智能文档顶部的工具栏中单击【WPS AI】按钮后，在弹出的下拉菜单中选择【AI帮我改】命令，在子菜单中可以看到【润色】【扩写】【缩写】【语病修正】命令，如图6-16所示。这些功能中，只有语病修正功能是智能文档特有的，其他功能与WPS文字中的功能相同。

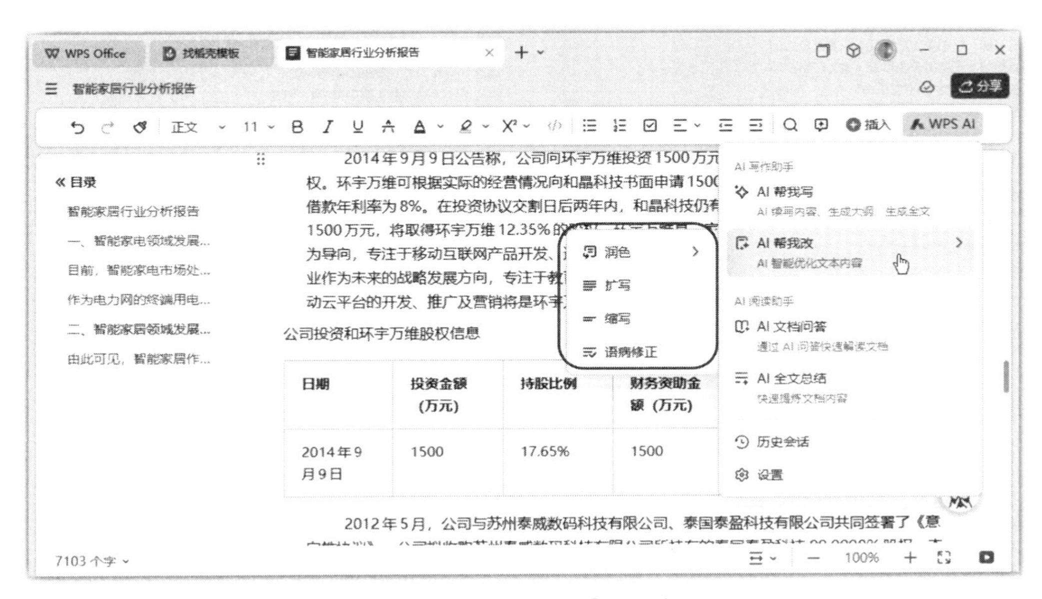

图 6-16 【AI帮我改】子菜单

语病修正功能基于先进的自然语言处理技术，能精准地识别文档中的语法错误、拼写错误及不恰当的标点符号，并提供合理的修改建议。有了它，文档将变得更加准确、流畅。

选择【语病修正】命令后，WPS AI会在所选内容或光标所在段落中识别可优化的语句，并在对话框中重新编写，如图6-17所示，如果觉得WPS AI提供的修改建议合理，可以直接单击【替换】按钮进行替换，快速提升文档质量。

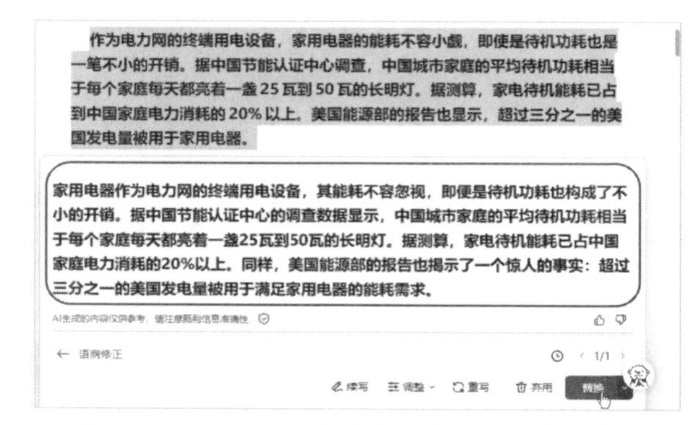

图6-17　WPS AI针对所选段落提供的修改建议

6.2.5 AI 全文总结：智能提取，一文在手，要点全有

智能文档推出的AI全文总结功能，可以快速提炼出文档的主旨和关键信息，与WPS文字中的全文总结功能相同，只是操作略有不同。

单击【WPS AI】按钮，在弹出的下拉菜单中选择【AI全文总结】命令，如图6-18所示，显示出的【AI全文总结】任务窗格中便会给出当前文档的内容总结，效果如图6-19所示。WPS AI提取出文档中的关键信息，将其整理成一段简洁明了的总结，这对于快速浏览长文档或理解复杂内容非常有帮助。

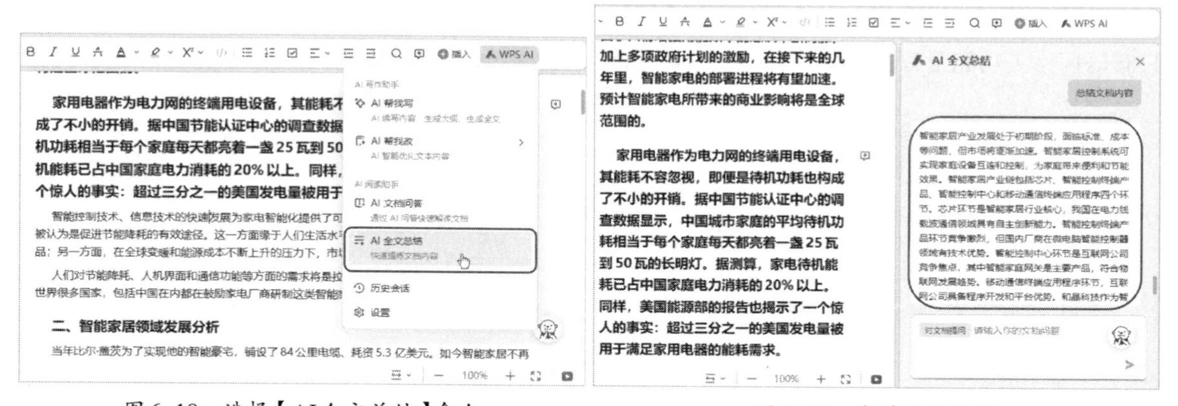

图6-18　选择【AI全文总结】命令

图6-19　查看内容总结

6.2.6 AI 文档问答：实时解答在线文档疑惑，提升工作学习效率

为了满足用户高效、便捷地处理文档的需求，智能文档引入了全新的AI文档问答功能，让文档处理体验焕然一新。

AI文档问答功能可以智能分析文档内容，为用户提供实时、准确的问答服务。无论是文档中的关键信息、数据解读，还是专业术语的解释，只需简单提问，WPS AI便能迅速给出答案。

在智能文档顶部的工具栏中单击【WPS AI】按钮后，在弹出的下拉菜单中选择【AI文档问答】命令，如图6-20所示。弹出的【AI文档问答】任务窗格中会显示【总结文档内容】和【推荐相关问题】两个选项，如图6-21所示，用户可以根据需要选择相应的选项进行操作。

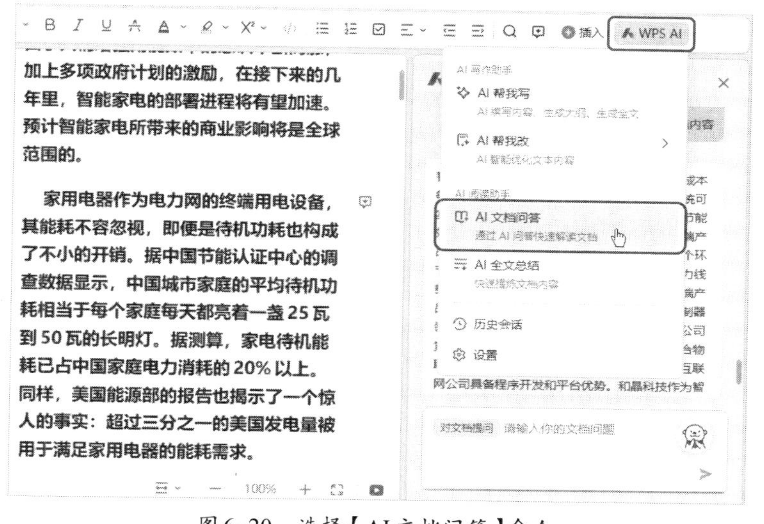

图6-20　选择【AI文档问答】命令

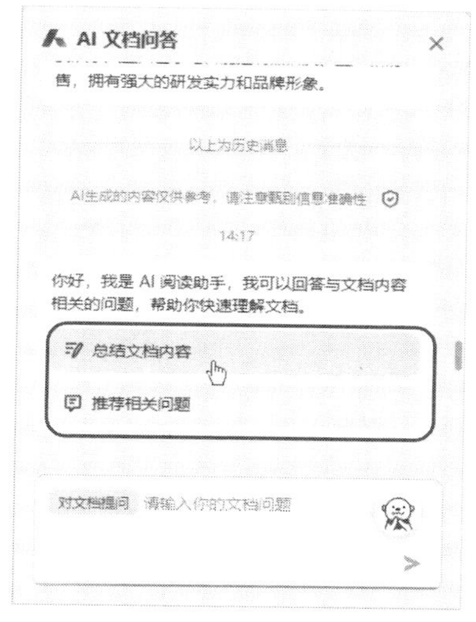

图6-21　【AI文档问答】任务窗格

如果用户希望快速了解文档的主要内容，可以选择【总结文档内容】选项，如图6-22所示，该功能与AI全文总结功能相同。

如果用户想了解与文档相关的其他问题或建议，可以选择【推荐相关问题】选项。WPS AI会根据文档的主题和内容，推荐一些与文档相关的问题，如图6-23所示。选择某个问题后就可以看到对应的回答和原文中相关内容所在页码的超链接，如图6-24所示。这可以帮助用户更深入地了解文档的细节，以及获取更多有用的信息和建议。

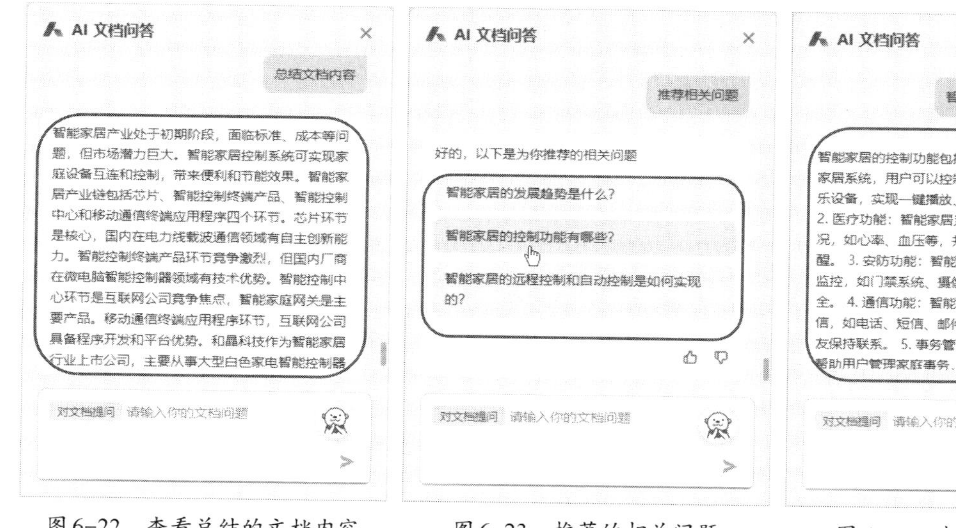

图6-22　查看总结的文档内容　　图6-23　推荐的相关问题　　图6-24　查看问题的回答

用户也可以直接在下方的WPS AI对话框中输入问题并单击【发送】按钮，如图6-25所示。这样也能得到对应的回答，如图6-26所示。

总之，WPS AI为智能文档提供了强大的自然语言处理能力，使得用户可以更加高效、便捷地处理文档内容，轻松地获取文档的主要内容和相关建议，提高工作效率和质量。

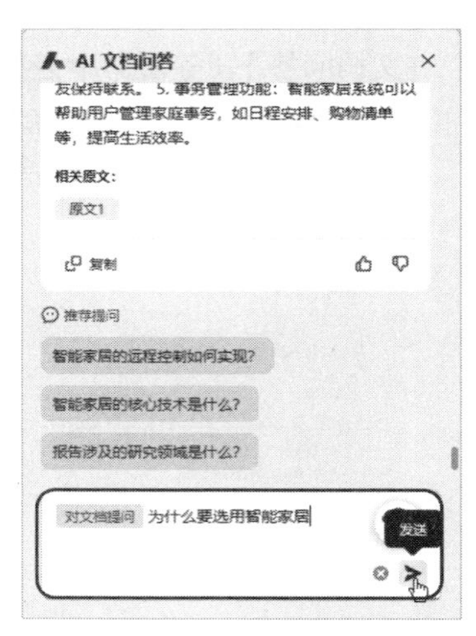

图6-25　输入问题

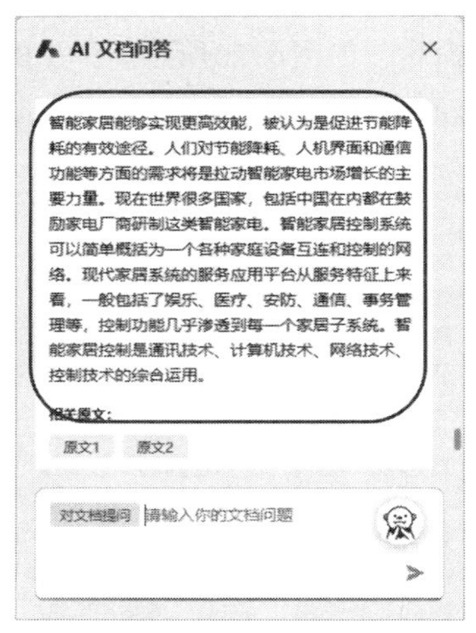

图6-26　查看问题的回答

6.2.7 知识解释助手：AI 解释专业术语，助你轻松理解

当我们在阅读文档时遇到不熟悉的专业术语或复杂概念时，智能文档中的AI解释功能将为我们提供有力的帮助。它能自动识别并解释文档中的术语和概念，让我们更好地理解文档内容。

在智能文档中选择需要解释的内容后，在弹出的工具栏中单击【AI帮我改】按钮，在弹出的下拉菜单中选择【AI解释】命令，如图6-27所示，即可在弹出的【AI帮我读】对话框中看到所选内容的解释，如图6-28所示，这样就能轻松理解文档中的难点。

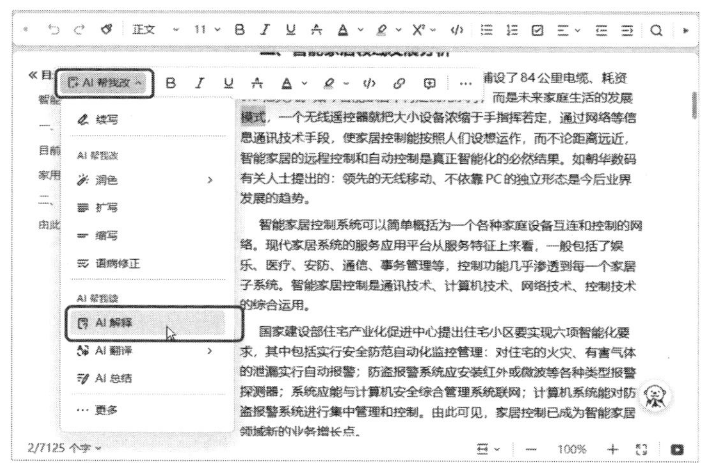

图6-27　选择需要解释的内容并选择【AI解释】命令

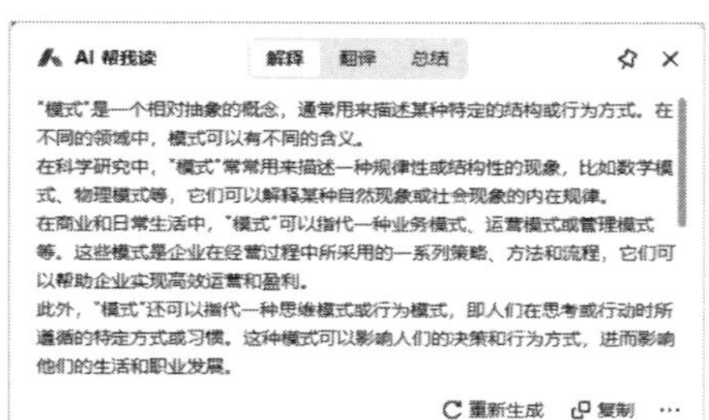

图6-28　查看解释内容

6.2.8 多语言翻译专家：AI 实现文档快速翻译，打破语言障碍

在与国际合作伙伴或不同语言背景的用户进行交流时，语言障碍可能会成为一个问题。但有了

AI 翻译功能，这个问题将迎刃而解。用户可以快速将文档中的内容翻译成中文或英文。

在智能文档中选择需要翻译的内容后，在弹出的工具栏中单击【AI帮我改】按钮，在弹出的下拉菜单中选择【AI翻译】命令，在弹出的下级子菜单中可以选择翻译方式，如图6-29所示。一般选择【自动识别】命令即可，WPS AI会根据选择的内容进行自动翻译，如果是英文就翻译成中文，如果是中文就翻译成英文。在弹出的【AI帮我读】对话框中可以看到所选内容的翻译结果，如图6-30所示。

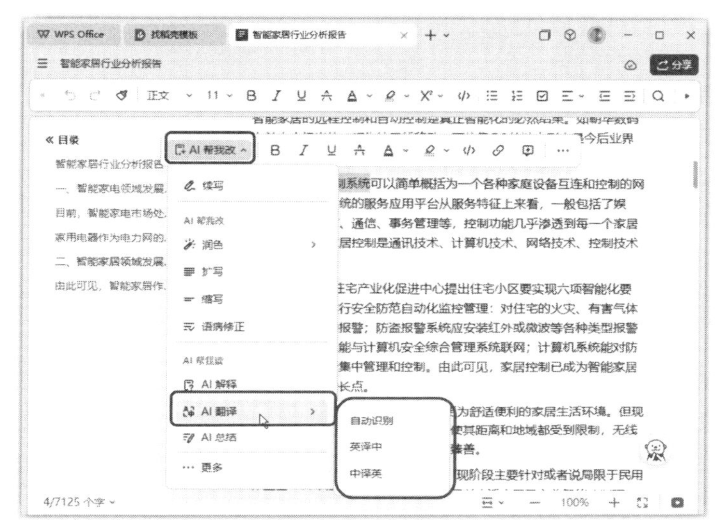

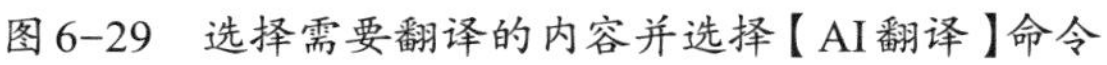
图 6-29 选择需要翻译的内容并选择【AI翻译】命令

图 6-30 查看翻译结果

6.2.9 文档优化大师：AI 全面总结文档要点，提升整体质量

在智能文档中，不仅可以对全文内容进行总结，还可以对选择的部分内容进行总结。选择部分内容后，在弹出的工具栏中单击【AI帮我改】按钮，在弹出的下拉菜单中选择【AI总结】命令，如图6-31所示，即可在弹出的【AI帮我读】对话框中看到所选内容的简洁明了的总结，如图6-32所示。

> [!] **知识拓展：** 在WPS在线智能文档中选择一段内容后，只要执行了解释、翻译、总结中的一种操作，在【AI帮我读】对话框中单击【解释】【翻译】【总结】选项卡，就可以切换查看该段内容的对应效果。但是，总结功能只能对100字以上的内容执行。

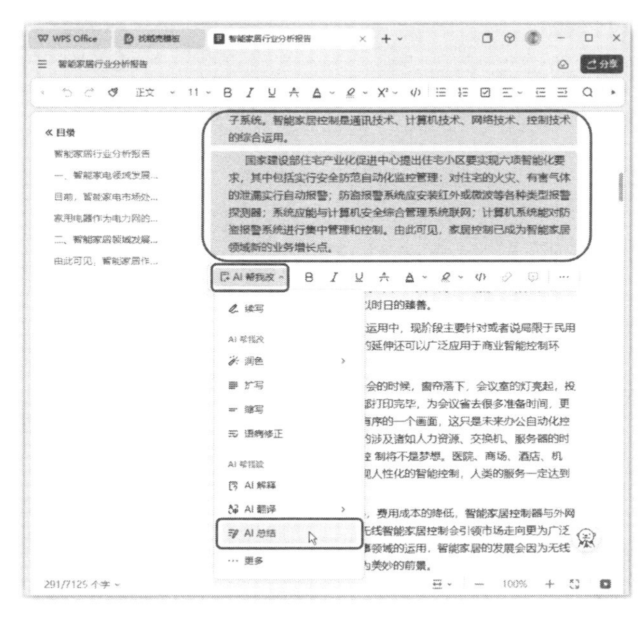

图 6-31 选择需要总结的内容并选择【AI总结】命令

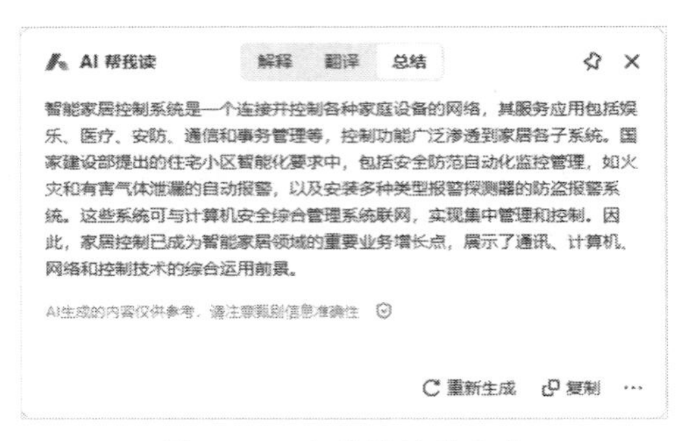

图6-32　查看总结的内容

6.3 智能表格的 AI 功能

在【新建】下拉菜单中选择【智能表格】命令，即可新建智能表格，编辑界面如图6-33所示。该编辑界面同样非常简洁，分为顶部工具栏和下方编辑区域两个主要部分。

与WPS表格相比，智能表格主要将所有的操作命令安排在顶部的工具栏中，可以通过单击选项卡进行切换。【开始】选项卡中的【快捷工具】下拉菜单中提供了多种常用的便捷操作功能，用户可以通过这些功能快速完成格式校验、重复数据处理、批量删除、证件信息提取、单元格处理等任务，提高数据处理效率。

如果需要对表格中的列进行操作，可以在选择后，单击列标中的 ··· 按钮，在弹出的下拉菜单中选择要执行的命令，如图6-34所示。

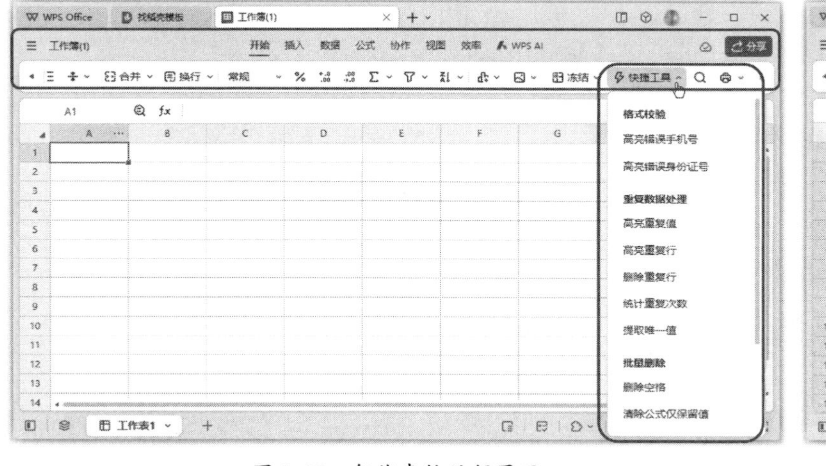

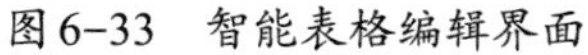
图6-33　智能表格编辑界面

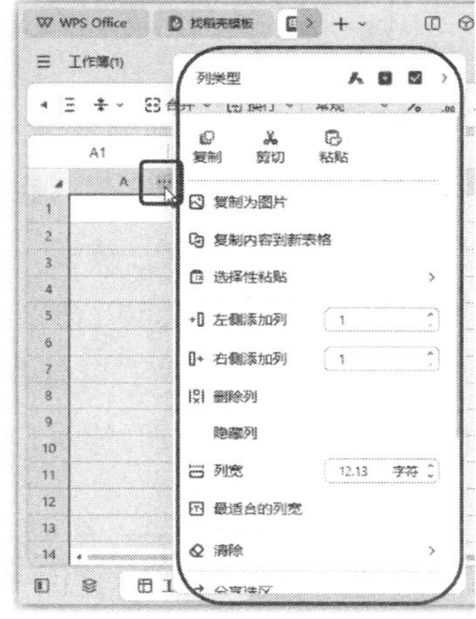

图6-34　列操作下拉菜单

智能表格在WPS表格的基础上，结合了数据库的特性，加入了小应用、自动化、流程化、仪表盘、扩展插件、AI等强大的模块。其AI功能主要集中在【WPS AI】下拉菜单中，下面分别进行讲解。

6.3.1 AI 数据问答：智能解析与回答表格数据问题

在浩如烟海的数据海洋中，你是否常常感到迷茫，难以快速找到隐藏在其中的关键信息？智能表格的【AI数据问答】功能，正是你寻找答案的得力助手。

AI数据问答功能主要有以下几个优点。

（1）一键问答，数据尽在掌握：无须复杂的操作，只需简单地向WPS AI发出指令，它便能迅速呈现所需的数据分析结果。任何与数据相关的问题，它都能一键搞定。

（2）自然语言交互，沟通无界限：与传统的数据分析工具不同，AI数据问答功能采用自然语言处理技术，让用户能够用更自然、更直接的方式与数据进行交互。无须学习烦琐的命令和公式，只需输入想法，它便能理解并提供相应的数据支持。

（3）智能图表生成，数据可视化更直观：除了文字形式的数据解读，AI数据问答功能还能自动生成各种图表，如条形图、柱形图、饼图等。这些图表能够更直观地展示数据之间的关系和趋势，帮助用户更快地掌握数据背后的信息。

（4）数据安全可靠，保护重要信息：在享受便捷的数据分析服务的同时，用户无须担心数据的安全问题。智能表格采用严格的数据加密和访问控制机制，确保数据在传输和存储过程中都得到充分的保护。

智能表格的AI数据问答功能，为我们提供了一个高效、便捷、智能的数据分析工具。下面以一个实例来查看该功能的具体用法，操作步骤如下。

第1步 新建一个智能表格，并输入基础数据。单击工具栏中的【WPS AI】按钮，在弹出的下拉菜单中选择【AI数据问答】命令，如图6-35所示。

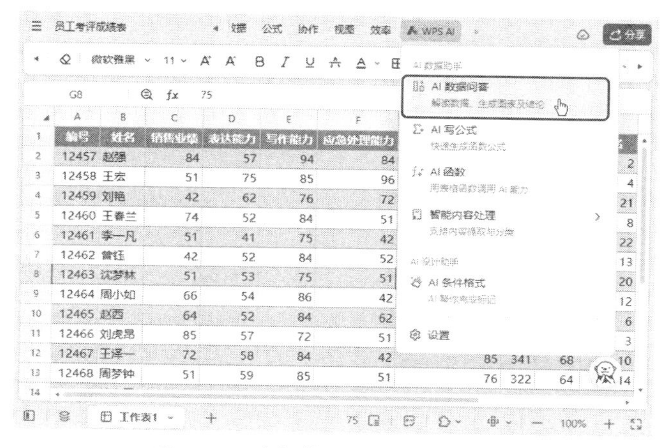

图6-35　选择【AI数据问答】命令

第2步 显示出【AI数据问答】任务窗格，下方提供了一些提问示范选项，选择其中一个选项，如图6-36所示。

第3步 即可看到WPS AI根据该问题进行的回复，如图6-37所示。

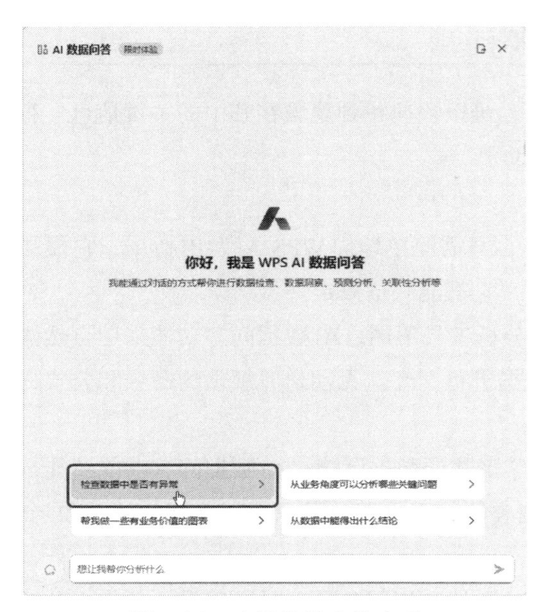

图 6-36　选择提问示范选项

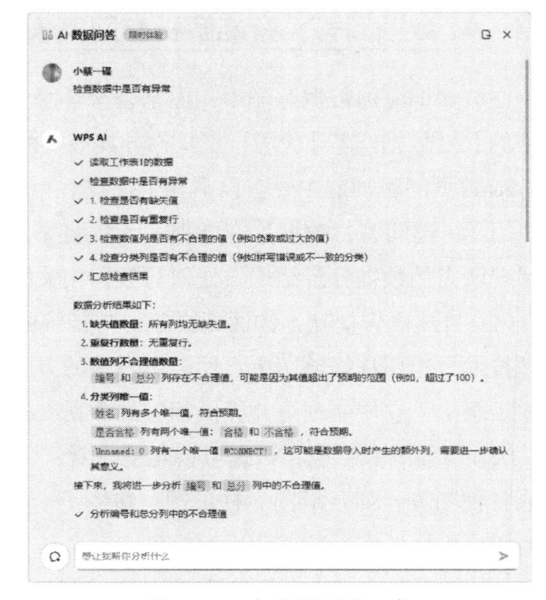

图 6-37　查看问题的回复

第4步 在【AI数据问答】任务窗格下方的对话框中输入提问的内容，这里输入“帮我做一些有业务价值的图表”，单击【发送】按钮，如图6-38所示。

第5步 稍后可以看到WPS AI根据该问题进行的回复，如图6-39、图6-40、图6-41所示。可以看到，WPS AI先根据分析列出了制作图表的一些步骤和具体的图表名称，然后绘制了多张图表，不同图表的配色不同，方便进行区分（不过这些图表目前看来还不完美），最后还对图表内容进行了简单的介绍。

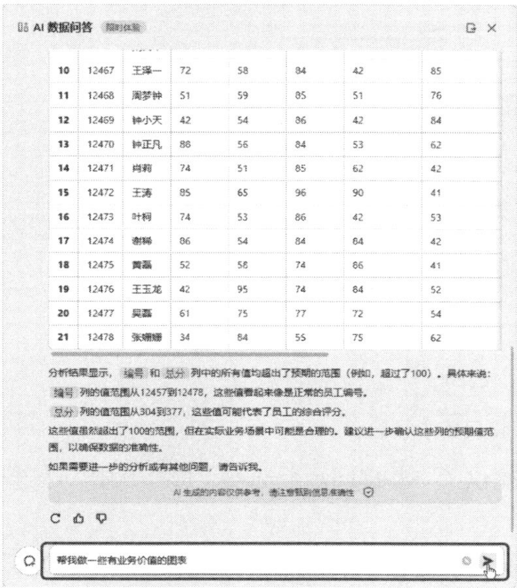

图 6-38　输入提问的内容

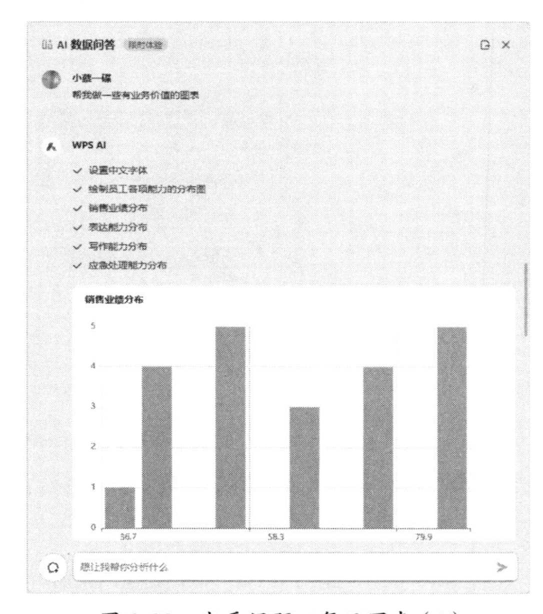

图 6-39　查看问题回复及图表（1）

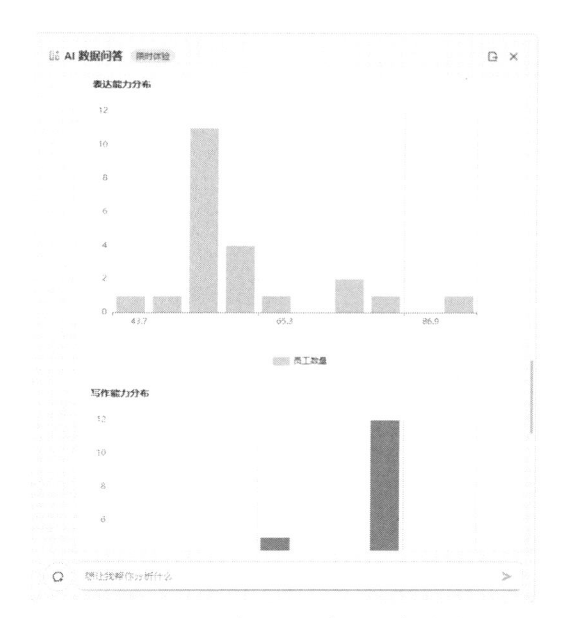

图 6-40 查看问题回复及图表（2）

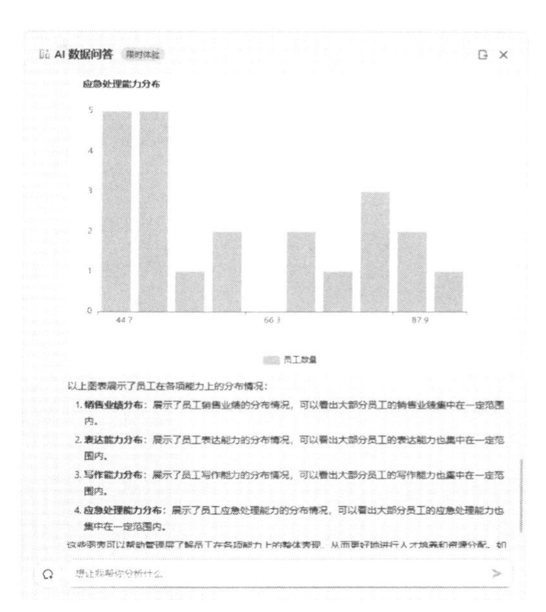

图 6-41 查看问题回复及图表（3）

6.3.2 AI 写公式：智能生成与编辑公式

智能表格中也提供了AI写公式功能，操作方法与WPS表格中相似，主要有以下3种方法。

（1）通过【WPS AI】下拉菜单中的命令创建公式：选择需要输入公式的单元格，单击【WPS AI】按钮，在弹出的下拉菜单中选择【AI写公式】命令，如图6-42所示，然后在弹出的WPS AI对话框中根据需要输入编写公式的指令，单击【发送】按钮 ➤，如图6-43所示。稍后就可以看到WPS AI编写的公式，单击【完成】按钮即可，如图6-44所示。

图 6-42 选择【AI写公式】命令

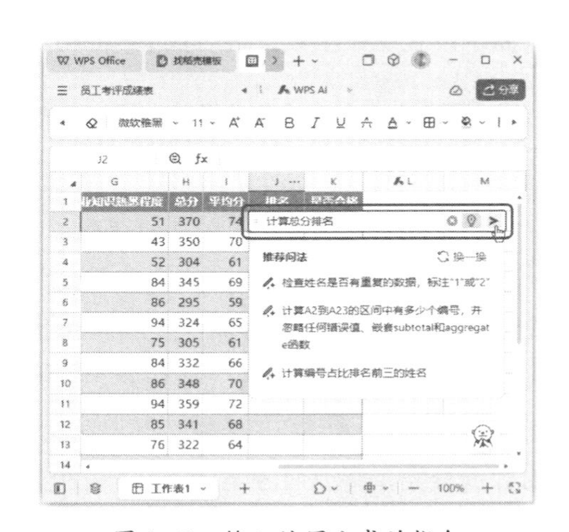

图 6-43 输入编写公式的指令

（2）单击【WPS AI】按钮创建公式：在单元格中输入“=”，然后单击出现的【WPS AI】按钮 ，如图6-45所示。在唤起的WPS AI对话框中输入编写公式的指令，单击【发送】按钮 ➤，稍后就可以看到WPS AI编写的公式了。

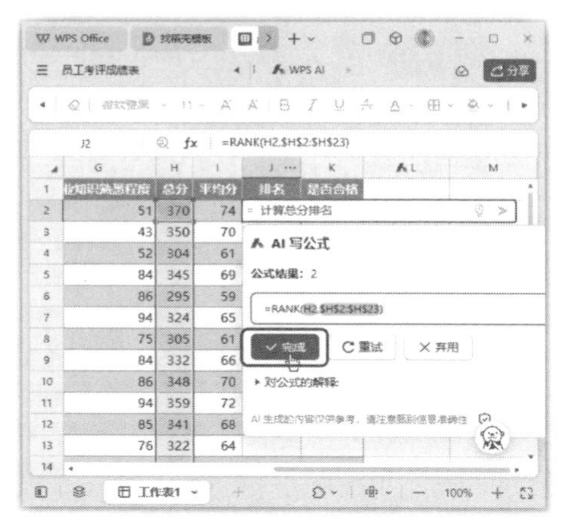

图6-44　查看并应用WPS AI编写的公式

图6-45　输入“=”，并单击【WPS AI】按钮

（3）通过【AI写公式】下拉菜单中的命令创建公式：选择要输入公式的单元格，单击【公式】选项卡中的【AI写公式】按钮，在弹出的下拉菜单中选择【AI写公式】命令，即可唤起WPS AI对话框，在其中输入编写公式的指令并发送，稍后就可以看到WPS AI编写的公式了。

6.3.3 AI 函数：智能解析与生成高效数据公式

AI函数是智能表格中的一项创新功能，它结合了AI技术，能够自动分析数据、预测趋势、提取关键信息等。通过简单的函数调用，就能轻松实现复杂的数据处理任务，大大提高了工作效率。

使用AI函数非常简单，与使用普通函数方法类似。首先在智能表格中打开相应的数据表格，然后在【公式】选项卡中单击【AI函数】按钮，在弹出的下拉列表中选择需要的AI函数选项，接下来根据需求设置函数参数，最后按【Enter】键即可完成函数调用，实现智能数据处理。

知识拓展： 在处理大量数据时，往往需要从中提取关键信息。AI函数能够智能识别数据中的模式，自动分类和提取所需信息，让我们轻松应对复杂的数据处理任务。

目前，智能表格中提供了6个AI函数，下面简单介绍。

（1）WPSAI.WRITE函数：其语法结构为WPSAI.WRITE（ai_write_param1），该函数能够让AI完成文本生成任务，如撰写邮件，或向AI直接提问。只需指定要写入的文件路径、内容和格式，WPSAI.WRITE函数就能轻松完成任务。它模拟了人的写作过程，可以大大减少我们的重复劳动。

（2）WPSAI.CLASSIFY函数：其语法结构为WPSAI.CLASSIFY（ai_text，ai_classify），该函数用于对数据分类，并返回分类后的结果。它可以根据预设的分类维度，快速将数据分配到不同的类别中。例如，可以使用WPSAI.CLASSIFY函数将商品评论按照“好评”“中评”“差评”进行分类。

（3）WPSAI.EXTRACT函数：其语法结构为WPSAI.EXTRACT（ai_text，ai_order），该函数能够从数据中提取出指定的关键信息。只需在函数中输入待分析的文本和要提取的信息类型，函数就会返回准确的结果。

（4）WPSAI.SENTIANALYSIS 函数：其语法结构为 WPSAI.SENTIANALYSIS（ai_text，ai_sen_classify），该函数用于对文本进行情感分析。它可以将文本分类为不同的情绪，如“积极”“中立”“消极”。在处理用户反馈、商品评论等信息时，WPSAI.SENTIANALYSIS 函数可以帮助我们快速了解用户的情感态度。

（5）WPSAI.SUMMARIZE 函数：其语法结构为 WPSAI.SUMMARIZE（ai_area，ai_text_count），该函数能够对长文本进行智能总结。它基于自然语言处理和机器学习技术，提取文本中的关键信息和主题，生成简洁、有意义的摘要。在处理报告、文章等长文本时，WPSAI.SUMMARIZE 函数可以帮助我们快速了解文本的核心内容。

（6）WPSAI.TRANSLATE 函数：其语法结构为 WPSAI.TRANSLATE（ai_text，ai_lang），该函数用于文本翻译。它支持多种语言之间的互译，让我们轻松跨越语言障碍。只需在函数中输入待翻译的文本和目标语言，WPSAI.TRANSLATE 就会返回准确的翻译结果。

智能表格中的这些 AI 函数，以其智能化、高效化的特点，帮助我们处理各种复杂的表格数据和文本内容。下面以 WPSAI.CLASSIFY 函数为例，以一个根据内容分类的案例来讲解具体的操作步骤。

第1步 新建一个智能表格，并输入基础数据。单击工具栏中的【WPS AI】按钮，在弹出的下拉菜单中选择【AI 函数】命令，如图 6-46 所示。

第2步 显示出【函数】任务窗格，默认选择【AI 函数】选项卡，在左侧的列表框中选择要使用的 AI 函数，这里选择【WPSAI.CLASSIFY】选项，在右侧的第一个参数框中单击【选择数据范围】按钮，如图 6-47 所示。

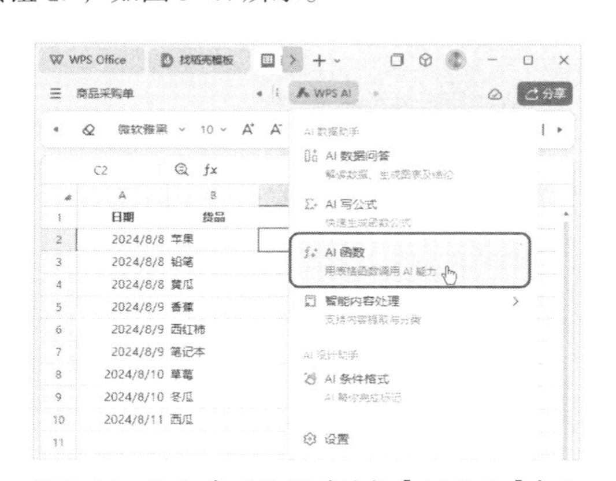

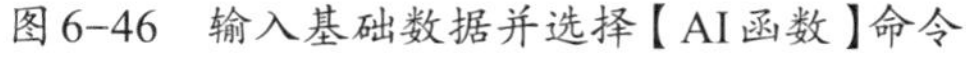
图 6-46　输入基础数据并选择【AI 函数】命令

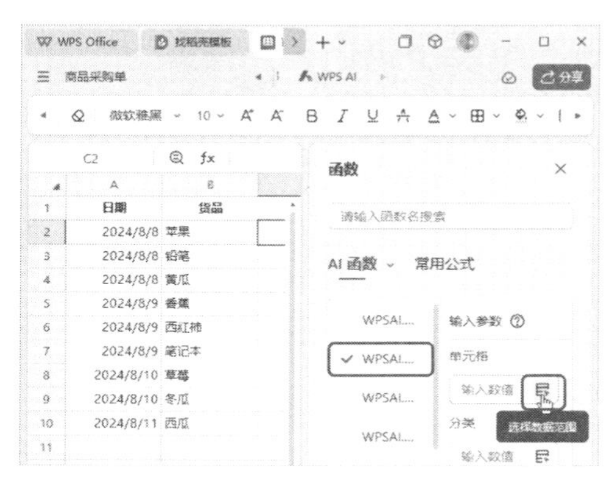

图 6-47　选择要使用的 AI 函数

第3步 选择工作表中的 B2 单元格，作为该函数的第一个参数，在【函数】任务窗格中单击第一个参数框中的【点击完成选择】按钮，完成数据范围的设置，如图 6-48 所示。

第4步 在【函数】任务窗格中右侧的第二个参数框中输入分类指令，这里输入“"水果蔬菜日用品"”，单击右侧的【点击完成选择】按钮，完成数据分类的设置。选择需要插入函数的 C2 单元格，单击【函数】任务窗格中【插入函数】按钮，如图 6-49 所示。

图 6-48 设置数据范围

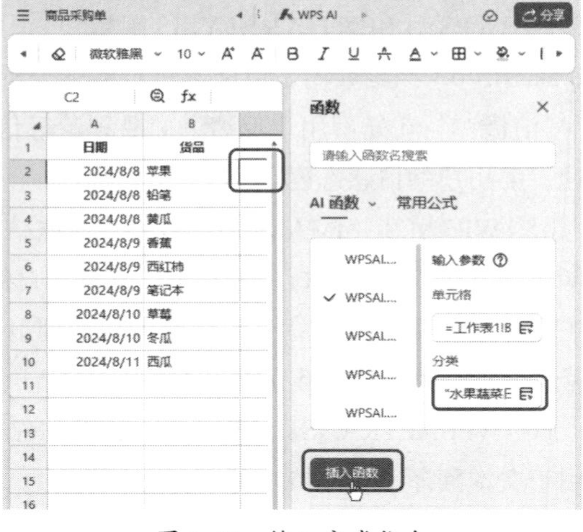

图 6-49 输入分类指令

[!] **知识拓展：**函数中的文字一般需要用半角双引号括起来，这样才能正确识别。

第5步 此时会在所选的单元格中插入设置的函数，如图6-50所示，按【Enter】键即可完成函数调用，实现智能数据处理。

第6步 选择C2单元格并填充其中的函数到C列其他单元格中，返回其他单元格的值，效果如图6-51所示。

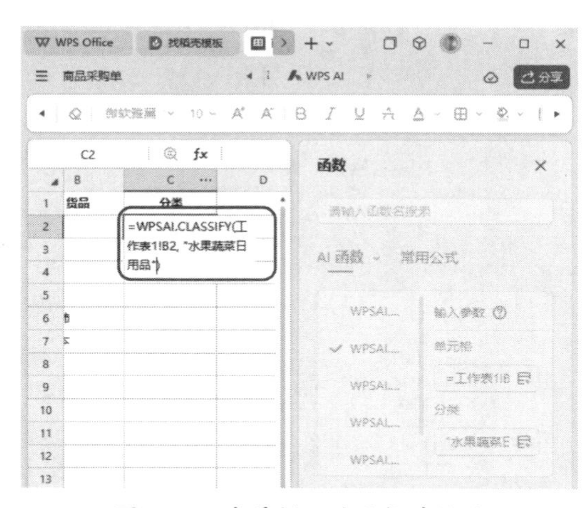

图 6-50 查看插入的函数并调用

图 6-51 填充函数

6.3.4 AI 条件格式：智能美化表格数据

在智能表格中也可以通过AI条件格式功能来标记数据，操作方法与WPS表格中相似。单击【WPS AI】按钮，在弹出的下拉菜单中选择【AI条件格式】命令，如图6-52所示，然后在弹出的WPS AI对话框中根据需要输入设置条件格式的指令，单击【发送】按钮 >，如图6-53所示。

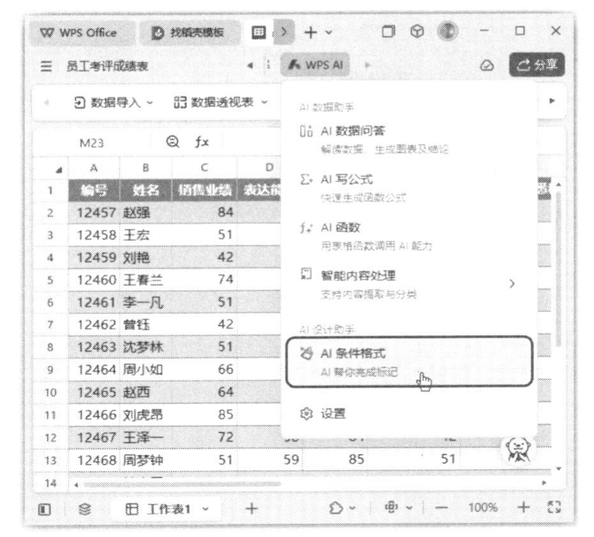

图6-52 选择【AI条件格式】命令

图6-53 输入设置条件格式的指令

稍后就可以看到WPS AI根据指令设置的条件格式参数了，单击【完成】按钮采用当前条件格式参数，如图6-54所示，即可为表格中符合条件格式规则的单元格应用设置的格式，同时在右侧显示出【管理条件格式】任务窗格，其中会显示出该表格中已经创建的所有条件格式，单击某个条件格式的【编辑】按钮，如图6-55所示。

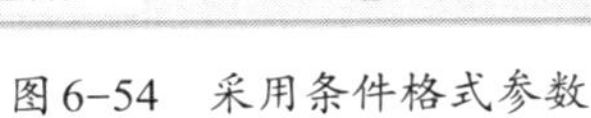

图6-54 采用条件格式参数

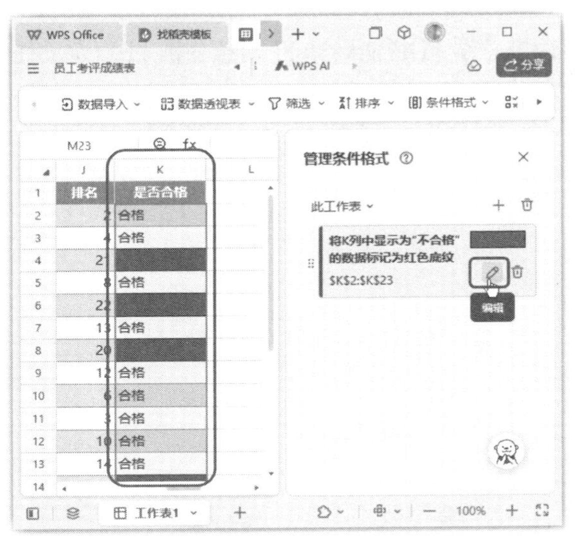

图6-55 单击某个条件格式的【编辑】按钮

就会切换到【修改条件格式】任务窗格，在其中可以对所选条件格式进行编辑，如这里将文字颜色设置为白色，修改完成后单击【保存】按钮，如图6-56所示，修改后的效果如图6-57所示。

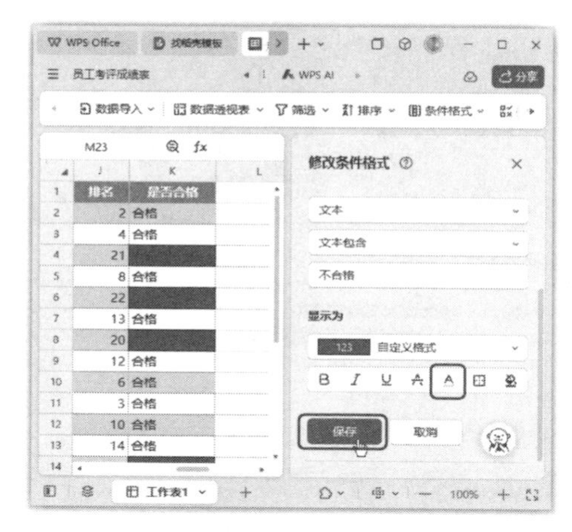

图 6-56　修改条件格式

图 6-57　查看修改条件格式后的效果

6.3.5　智能内容处理：自动化管理与优化表格内容

智能表格中的智能内容处理功能，能够自动检测表格中的数据，根据预设规则进行清洗、转换和优化，从而提高数据的准确性和可读性，让表格更加专业。

单击【WPS AI】按钮，在弹出的下拉菜单中选择【智能内容处理】命令，可以看到子菜单中包含【智能分类】【智能抽取】【情感分析】3个选项，如图6-58所示。单击界面中的【AI快捷工具帮你高效处理数据】图标，显示出的【智能内容处理】任务窗格中则提供了【智能抽取】【智能分类】【内容总结】【智能翻译】【情感分析】【自定义任务】6个选项，如图6-59所示，下面分别介绍。

图 6-58　【智能内容处理】子菜单

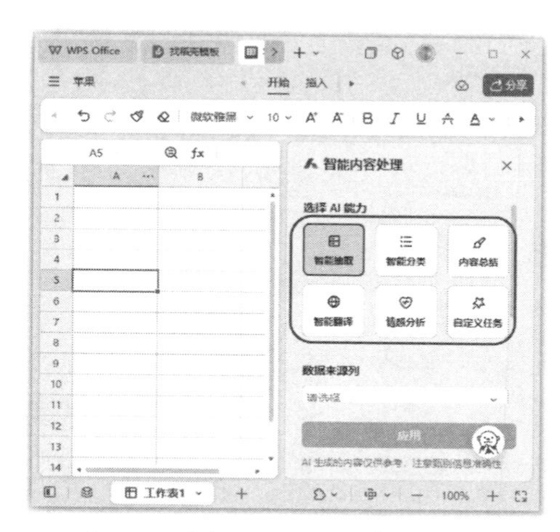

图 6-59　【智能内容处理】任务窗格

1. 智能抽取

智能抽取功能可以自动从文本数据中识别并提取出关键信息，如日期、时间、地点、人名等，然后按照我们的需求进行整理和展示。例如，在智能表格中要从收货地址中抽取出省份信息，让

WPS AI来实现抽取的具体操作步骤如下。

第1步 新建一个智能表格，并输入收货地址信息。选择要插入数据列前的列，单击【WPS AI】按钮，在弹出的下拉菜单中选择【智能内容处理】→【智能抽取】命令，或者单击所选单元格右侧的【AI快捷工具帮你高效处理数据】图标，在弹出的下拉列表中选择【智能抽取】选项，如图6-60所示。

图6-60 选择【智能抽取】选项

第2步 在显示出的【智能内容处理】任务窗格中，设置需要让WPS AI分析参考的数据来源列，在下方的文本框中输入需要提取的内容，这里输入"省份"，单击【应用】按钮，如图6-61所示，即可在所选列的后面插入一列数据，并进行AI分析，依次显示出分析结果，如图6-62所示。

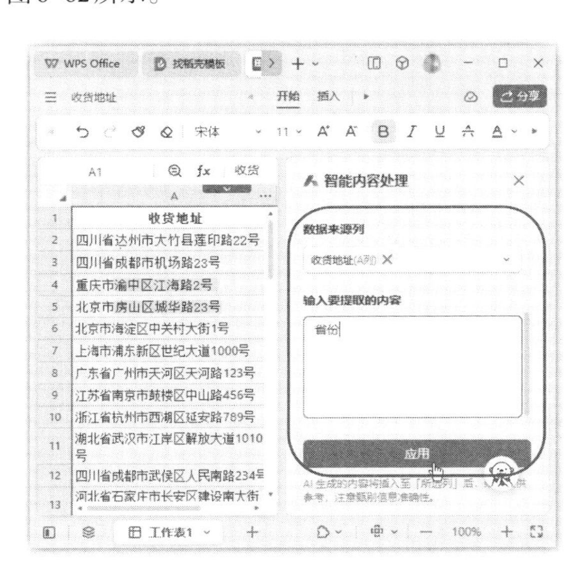

图6-61 设置智能抽取的参数

图6-62 查看智能抽取结果

2. 智能分类

智能分类功能可以让数据井然有序。无论数据多么繁杂，智能分类功能都能帮我们轻松搞定。通过先进的机器学习算法，它会自动识别和分析数据中的关键信息，然后按照我们设定的规则或自定义类别，对数据进行智能分类。无论是客户资料、销售数据还是产品信息，智能分类功能都能帮我们快速整理，提高工作效率。

例如，在智能表格中要根据销售表中统计的零售价和实售价，让WPS AI判断对应的销售记录项是正常销售还是促销，具体操作步骤如下。

第1步 新建一个智能表格，并输入合适的基础数据。选择要插入数据列前的列，单击【WPS AI】按钮，在弹出的下拉菜单中选择【智能内容处理】→【智能分类】命令，或者单击所选单元格右侧的【AI快捷工具帮你高效处理数据】图标，在弹出的下拉列表中选择【智能分类】选项，如图6-63所示。

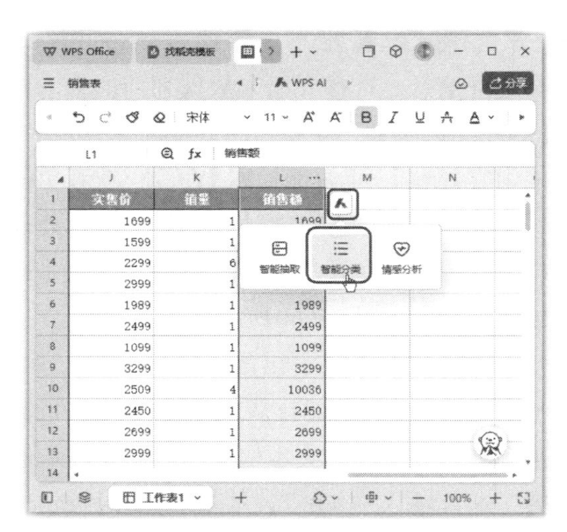

图6-63　选择【智能分类】选项

第2步 在显示出的【智能内容处理】任务窗格中，设置需要让WPS AI分析参考的数据来源列，这里选择【零售价（列）】和【实售价（列）】选项，在下方的文本框中输入用于分类的文本，这里分别输入"正常销售"和"促销"，单击【应用】按钮，如图6-64所示，即可在所选列的后面插入一列数据，并进行AI分析，依次显示出分析结果，如图6-65所示。智能分析生成的列会在列标上显示标记，用以区分。

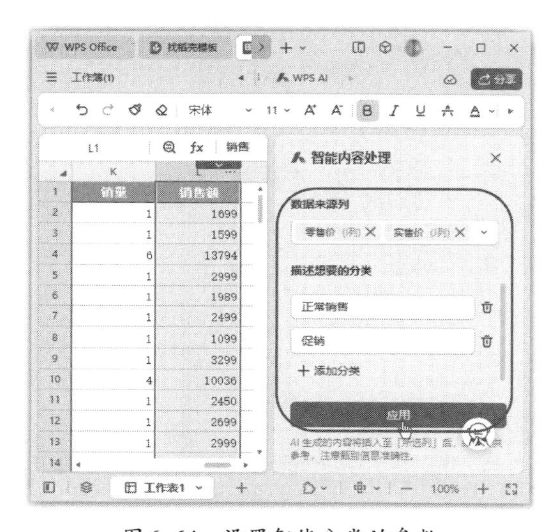

图6-64　设置智能分类的参数

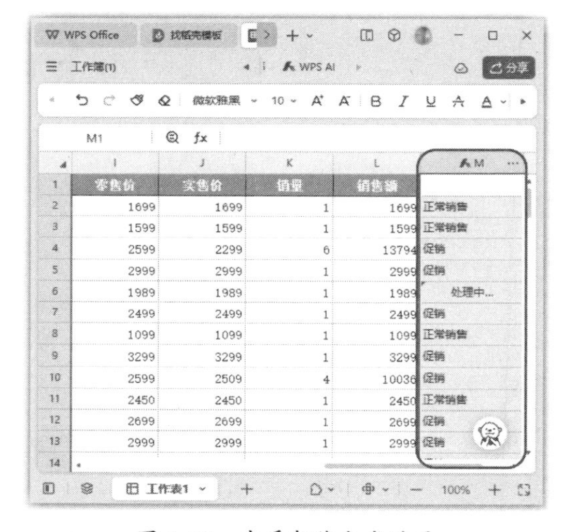

图6-65　查看智能分类结果

知识拓展： 目前WPS AI的智能分类功能还不完善，所以智能分类的结果可能存在错误，需要人工检查。

3. 内容总结

智能表格中的内容总结功能，能够智能分析表格中的数据，自动提炼出核心内容，并生成简洁明了的摘要。这一功能能够大大提高工作效率，帮助用户快速掌握数据的关键信息，为决策提供支持。

例如，要在智能表格中根据员工考评成绩表中的数据，让WPS AI对各员工考评情况进行总结，具体操作步骤如下。

第1步 选择要插入数据的列，单击【WPS AI】按钮，在弹出的下拉菜单中选择【智能内容处理】命令，并在子菜单中选择任意命令，如图6-66所示。

第2步 在显示出的【智能内容处理】任务窗格中，选择【内容总结】选项，如图6-67所示。

图6-66　选择【智能内容处理】子菜单中的任意命令

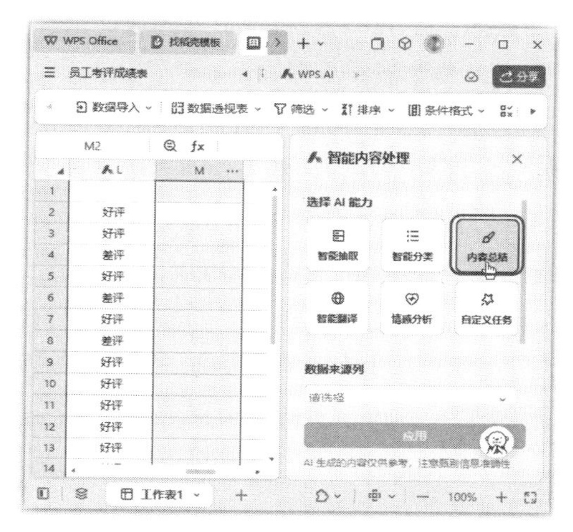

图6-67　选择【内容总结】选项

第3步 在任务窗格中设置需要让WPS AI分析参考的数据来源列，这里选择图6-68所示的多个选项。

第4步 在任务窗格中的【内容长度】数值框中设置需要生成的内容长度，如“15字”，单击【应用】按钮，如图6-69所示。

第5步 即可在所选列中显示出内容总结结果，如图6-70所示。

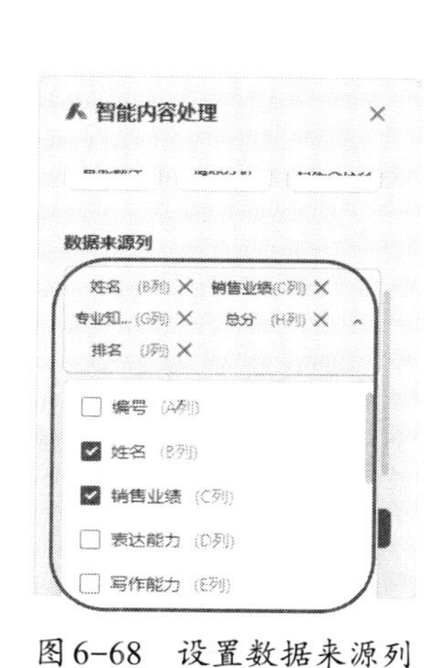

图6-68　设置数据来源列

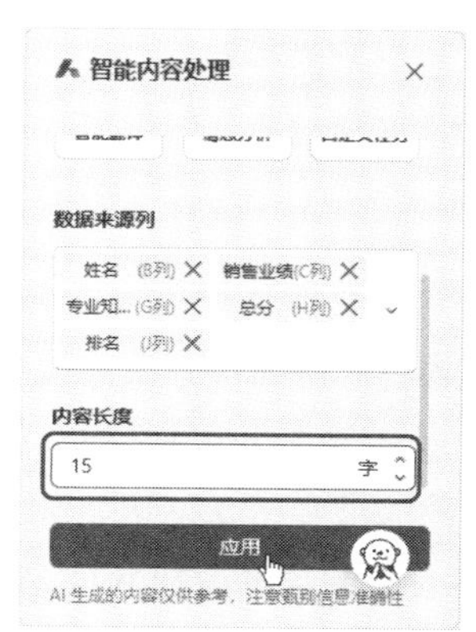

图6-69　设置生成的内容长度

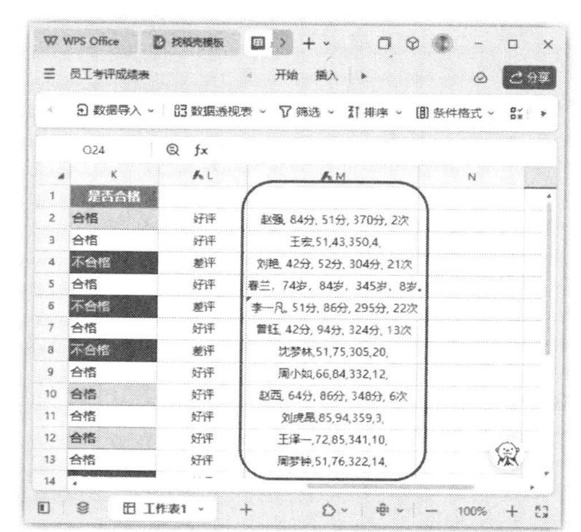

图6-70　查看内容总结结果

4. 智能翻译

智能表格中的智能翻译功能，能够实时翻译表格中的文本内容，支持多种语言互译，让语言不再成为沟通的障碍，无论是与外国同事合作，还是处理外文资料，都能够轻松应对。同时，该功能还支持直接插入或复制翻译结果，方便用户直接在文档中使用。

例如，要在智能表格中根据员工考评成绩表中的数据，让WPS AI将各员工的考评结果翻译为英文，具体操作步骤如下。

第1步 选择要插入数据的列，单击列标右侧的 ··· 图标，在弹出的下拉菜单中选择【AI自动填充】选项，如图6-71所示。

图6-71　选择【AI自动填充】选项

第2步 在显示出的【智能内容处理】任务窗格中，选择【智能翻译】选项，设置需要让WPS AI翻译参考的数据来源列，这里选择【是否合格（列）】选项，在【目标翻译语言】下拉列表中选择【英文】选项，单击【应用】按钮，如图6-72所示。

第3步 即可在所选列中显示出翻译结果，如图6-73所示。

图6-72　设置智能翻译参数

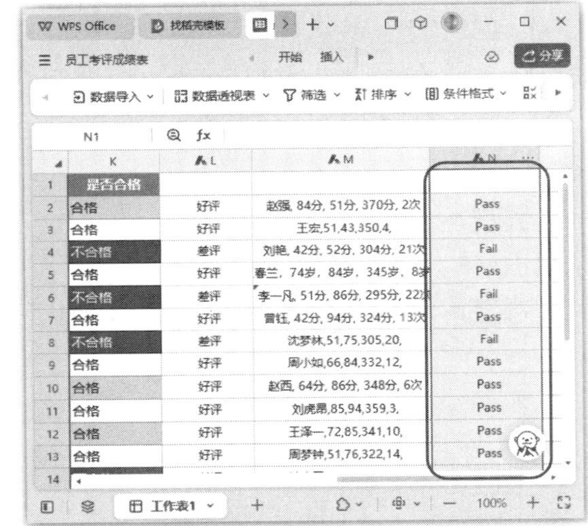

图6-73　查看翻译结果

5. 情感分析

对于社交媒体、用户评论、产品反馈等内容，了解文本背后的情感倾向至关重要。智能表格中的情感分析功能利用深度学习技术，能自动分析文本中表达的情感，如积极、消极或中立，并给出相应的分数或标签，帮助我们更好地了解受众的需求和感受，从而做出更明智的决策。

例如，在智能表格中要根据员工考评成绩表中的数据，让WPS AI对各员工进行情感分析，具体操作步骤如下。

第1步 选择要插入数据列前的列，单击【WPS AI】按钮，在弹出的下拉菜单中选择【智能内容处理】→【情感分析】命令，或者单击所选单元格右侧的【AI快捷工具帮你高效处理数据】图标，在弹出的下拉列表中选择【情感分析】选项，如图6-74所示。

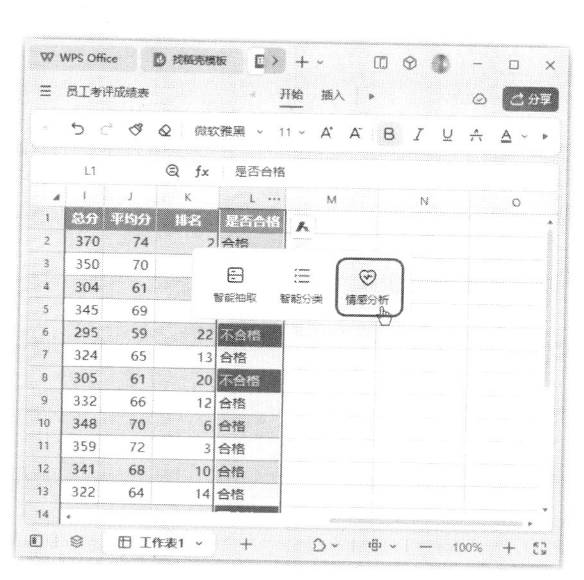

图 6-74　选择【情感分析】选项

第2步 在显示出的【智能内容处理】任务窗格中，设置需要让WPS AI分析参考的数据来源列，这里选择【是否合格（列）】选项，单击【应用】按钮，如图6-75所示，即可在所选列的后面插入一列数据，并进行AI分析，依次显示出情感分析结果，如图6-76所示。

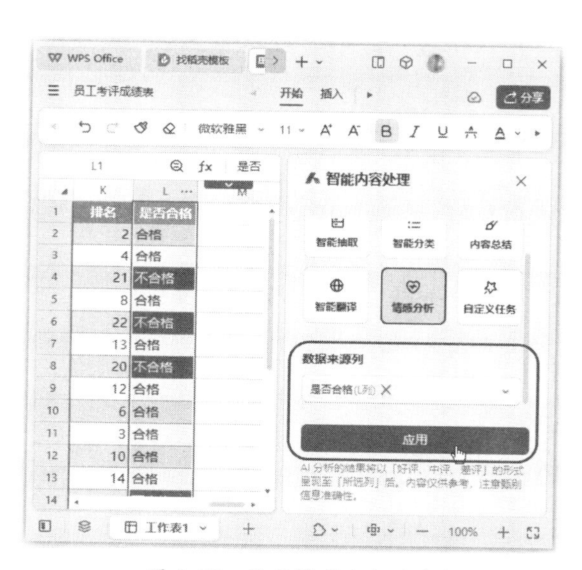

图 6-75　设置情感分析的参数

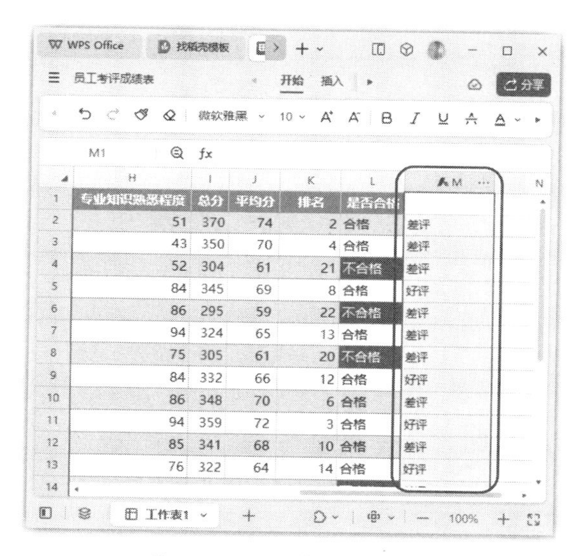

图 6-76　查看情感分析结果

6. 自定义任务

在工作中，我们经常会遇到各种重复的任务，这些任务不仅耗时耗力，还容易出错。智能表格中的自定义任务功能允许用户根据自己的需求，创建个性化的自动化任务。用户只需设定好任务的触发条件和执行动作，系统便会自动完成相应的工作。这一功能不仅提高了工作效率，还降低了出错率，让工作变得更加轻松高效。

例如，要在智能表格中根据员工考评成绩表中的数据，让WPS AI对各员工进行画像，通过自定义任务功能完成的具体操作步骤如下。

第1步 选择要插入数据的列，使用前面介绍的方法显示出【智能内容处理】任务窗格，选择【自定义任务】选项，如图6-77所示。

第2步 分别设置需要让WPS AI执行自定义任务时参考的数据来源列，这里选择具体考核项目列，在【需要AI生成什么】文本框中输入需要执行的指令，如输入“你是一个HR，根据目标列内容，输出人才画像”，单击【应用】按钮，如图6-78所示。

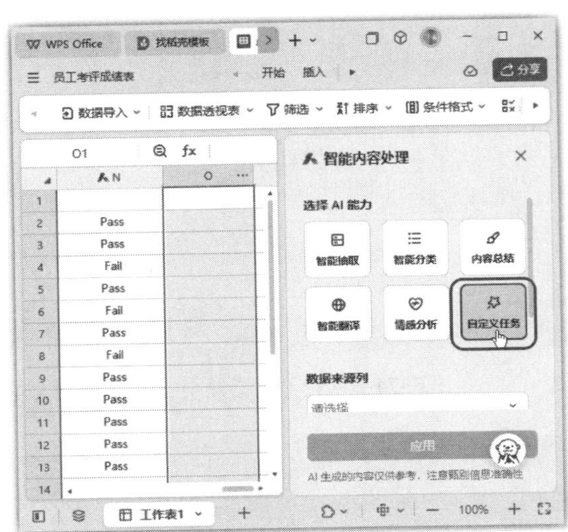

图6-77 选择【自定义任务】选项

图6-78 设置自定义任务的参数

第3步 即可在所选列中显示出WPS AI执行自定义任务的结果，如图6-79所示。如果对该结果不满意，可以单击列标左侧的 图标。

第4步 再次显示出【智能内容处理】任务窗格，在其中保持或重新设置自定义任务的参数，单击【重置】按钮，如图6-80所示，即可在所选列中重新生成WPS AI执行自定义任务的结果。

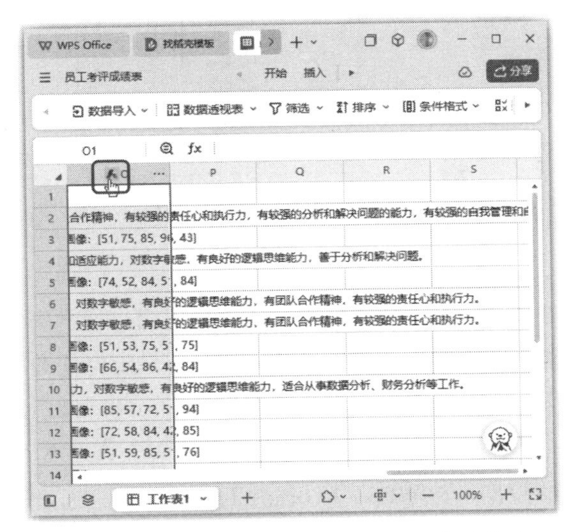

图6-79 查看WPS AI执行自定义任务的结果

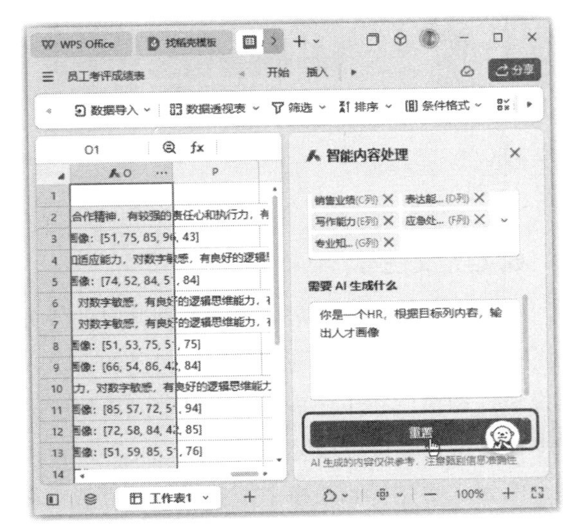

图6-80 让WPS AI重新执行自定义任务

6.4 智能表单的 AI 功能

表单是一种在线信息收集工具，通过它可以将问题发布到网络，被邀请者填写表单，可以让发布者了解被邀请者的意向，发布者还可以对数据进行收集、统计，如收集用户问题反馈、组织活动报名、统计投票结果、统计销售数据及收集学生 / 员工资料等。使用智能表单可以高效完成这类数据收集和统计工作。

智能表单基于WPS AI技术，能够通过对话的方式快速生成表单并收集信息。此外，它还能自动将收集结果转化为数据报告，使得信息整理更为便捷。总之，智能表单的AI功能体现在数据输入、验证、提交、存储和整理等方面，具有更高的自动化程度和效率。

6.4.1 AI 在表单设计中的应用：高效创建与编辑

智能表单为用户提供了高效、便捷的表单创建方法，能够满足各种场景下对表单的需求，提升用户体验，同时提高数据录入的准确性和效率。

在表单设计中，AI技术可以根据用户的需求和场景，自动生成合适的表单。表单的设计会考虑用户使用体验，如自动调整输入框的大小、位置等，以提高填写效率。同时，智能表单还可以实现自动验证，确保表单数据的准确性。

1. 根据需求自动创建表单模板

智能表单设计的第一个关键环节是根据需求自动创建表单模板。传统的手动设计表单往往需要用户一行一行地编写代码，不仅耗时耗力，而且容易出错。智能表单则可以自动根据用户需求生成相应的表单模板，极大地简化了表单创建过程。

在WPS Office中新建智能表单后，会打开图6-81所示的界面。

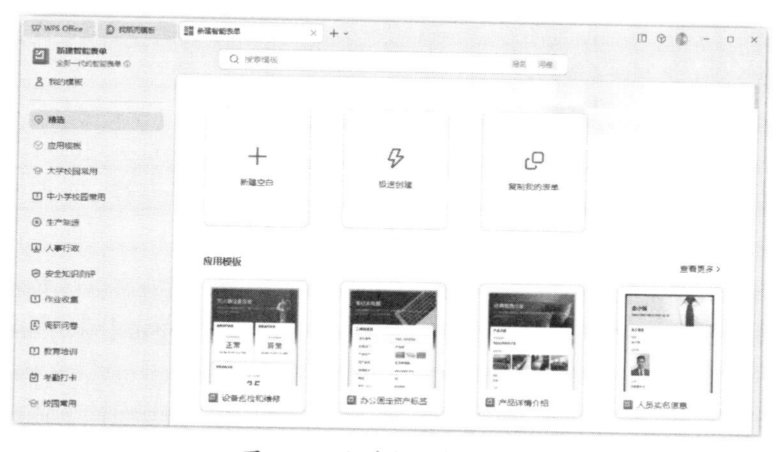

图 6-81　新建智能表单界面

从图中可以看到，智能表单中提供了多种创建方式，以满足不同用户的需求和场景，提高表单创建的效率和便捷性。

（1）新建空白表单：这种方式允许用户从零开始创建一个全新的表单，支持的表单种类多样，如考试、打卡、接龙、问卷、投票等，根据自身需求制作表单即可，每一种表单背后都有一套系统支撑。选择好表单种类后，用户可以根据自己的需求，逐个添加字段、问题和选项，设计出一个完整的表单。这种方式适合对表单有特定需求，或者希望完全自定义表单样式的用户。

从零开始创建表单，涉及具体内容的填写。进入表单编辑模式后，可以看到界面左侧提供了常见的表单题型，如填空题、单选题、多选题、图片题，如图6-82所示，单击相应的按钮即可在表单中添加相应题型的题目模板，然后输入具体的题目内容或插入其他对象即可完成一道题目的制作。界面左侧还提供了常用模板，如姓名、手机号、身份证号等，单击即可添加对应的题目。

图6-82　添加表单题目

添加题目后，还可以在界面右侧进行设置。不同类型的题目会提供不同的可设置选项，如问答题可以设置填写限制；选择题可以增加选项，设置是单选题还是多选题等。根据提示即可快速完成设置。

在表单编辑界面，单击【预览】按钮，在打开的预览窗口中通过切换可以查看表单在电脑端和手机端的显示效果，如图6-83所示。如果发现表单中有错漏，可以单击【继续编辑】按钮返回编辑状态进行修改。

检查无误后，单击顶部的【设置】选项卡，可以对表单的截止填写时间、填写者身份、填写权限等进行设置，最后单击【发布并分享】按钮即可。切换到【分享】选项卡，可以看到多种邀请填写者的方式，如图6-84所示。智能表单支持以链接或小程序的形式将表单发送给他人。被邀请者快速按格式填写内容后，表单会自动反馈给发布者，不再需要逐个回传传统的表格文件。

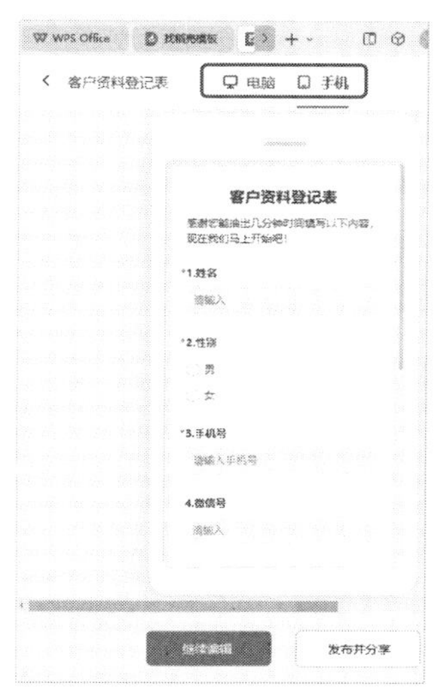

图6-83　预览表单效果

图6-84　【分享】选项卡

在WPS手机端中制作智能表单的操作方法与电脑端类似，但是有一个更智能的功能——AI生成题目。使用该功能只需要告诉WPS AI制作表单的需求，就可以快速生成表单。例如，要创建一个学生作业收集表单，具体操作步骤如下。

第1步 在WPS手机端的首页中点击【新建】按钮，如图6-85所示。

第2步 在弹出的面板中选择【智能表单】选项，如图6-86所示。

第3步 进入新建界面后，点击【新建表单】按钮，如图6-87所示。

第4步 进入创建表单界面，在上方输入要创建的表单标题，这里输入“学生作业收集表”，点击【AI生成题目】按钮，如图6-88所示。

图6-85　点击【新建】按钮

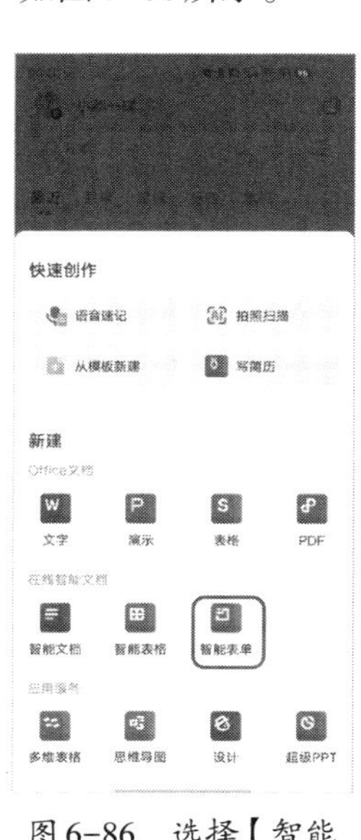

图6-86　选择【智能表单】选项

图6-87　点击【新建表单】按钮

图6-88　点击【AI生成题目】按钮

第5步 稍后就可以看到WPS AI根据表单标题智能生成的题目，如图6-89所示，点击【确认添加】按钮，即可应用这些题目。

第6步 在创建好的表单中还可以对内容进行再次编辑，如图6-90所示。

第7步 切换到【设置】选项卡，还可以对表单的截止填写时间、填写者身份、填写权限等进行设置，如图6-91所示。

第8步 点击【发布并分享】按钮，在弹出的面板中同样可以看到多种分享方式，如图6-92所示，根据需求选择分享方式即可。

图6-89 查看智能生成的题目

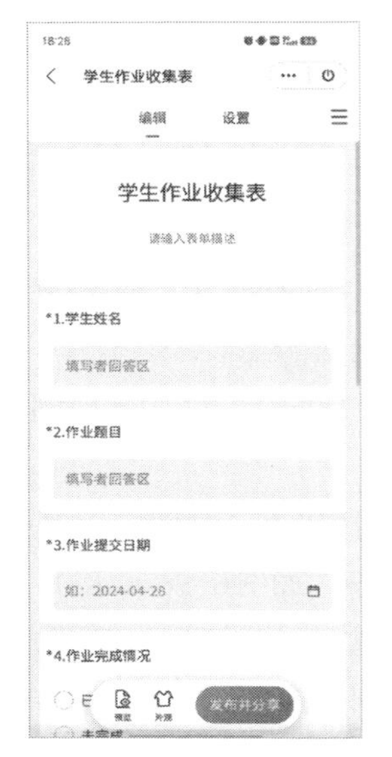

图6-90 编辑表单内容

图6-91 设置表单属性

图6-92 选择分享方式

（2）极速创建表单：这是一种快速创建表单的方式。用户只需在左侧正常输入表单的基本信息并换行显示，如标题、描述等，WPS AI就会自动生成一个基本的表单，如图6-93所示。这种方式适合需要快速创建简单表单的用户。

图6-93 极速创建表单

知识拓展： 极速创建表单还支持导入Excel、CSV等表格数据，自动转化为表单题目和选项。上传Word、PDF等试题库文件，也可以自动解析并转化为表单题目和选项。

（3）复制我的表单：这种方式允许用户复制自己之前创建的表单，并以此为基础来创建新的表单。这可以节省用户的时间，避免重复劳动。用户可以在复制的基础上，对表单进行修改和完善，以满足新的需求。这种方式适合需要创建类似表单的用户。

（4）选择表单模板：智能表单中提供了丰富的模板供用户选择。这些模板通常针对不同的场景和需求而设计，如求职招聘、会议报名、活动报名等。用户可以根据自己的需求选择合适的模板，然后进行个性化的修改和补充。这种方式适合对表单样式和布局有较高要求的用户。

（5）识别图片：这种方式允许用户通过拍照或上传图片来创建表单。WPS AI会对图片进行识别和分析，将图片中的表格、文字等信息自动转换为可编辑的表单。这种方式适合需要将纸质表单转换为电子表单的用户。例如，要将一张纸质表单创建为对应的电子表单，具体操作步骤如下。

第1步 在WPS手机端的首页中选择新建表单，进入新建界面后，点击【识别图片】按钮，如图6-94所示。

第2步 在弹出的界面中选择识别方式，这里点击【拍照上传】按钮，如图6-95所示。

第3步 进入拍照模式，对需要制作成电子表单的纸质表单进行拍照，注意要拍摄清晰，然后WPS AI就会自动开始识别图片生成表单，如图6-96所示。

第4步 稍后就可以看到WPS AI识别图片生成的表单内容，如图6-97所示，点击【编辑】按钮，可以切换到表单编辑界面，根据需要进行编辑和发布。

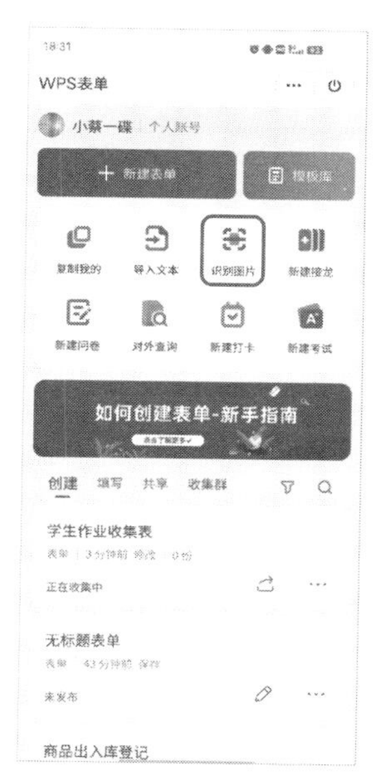

图6-94　点击【识别图片】按钮

图6-95　选择识别方式

图6-96　拍照并识别

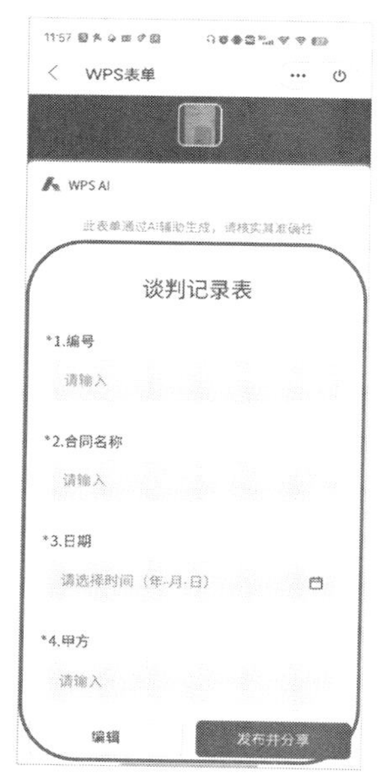

图6-97　查看识别图片生成的表单内容

2. 自动识别表单中的字段并设置相应属性

智能表单能够自动识别表单中的字段并设置相应属性。在传统表单中，用户需要手动为每个字段设置属性，如数据类型、长度、输入限制等。而在智能表单中，WPS AI能够自动识别表单字段，并根据数据类型和特点为其设置合适的属性。这一功能不仅可以减轻用户的工作负担，还能确保表单设计的规范性和一致性。

3. 根据数据特点推荐合适的表单验证规则

智能表单可以根据数据特点推荐合适的表单验证规则。表单验证是确保数据准确性和完整性的重要环节，传统表单的验证规则往往需要用户手动设置，智能表单则可以根据数据特点自动推荐合适的验证规则，如手机号格式、身份证号格式、邮箱地址格式等，如图6-98和图6-99所示。这不仅提高了表单验证的准确性，还降低了用户在设置验证规则时的出错概率。对于地址类的信息，智能表单还提供自动定位功能，如图6-100所示。

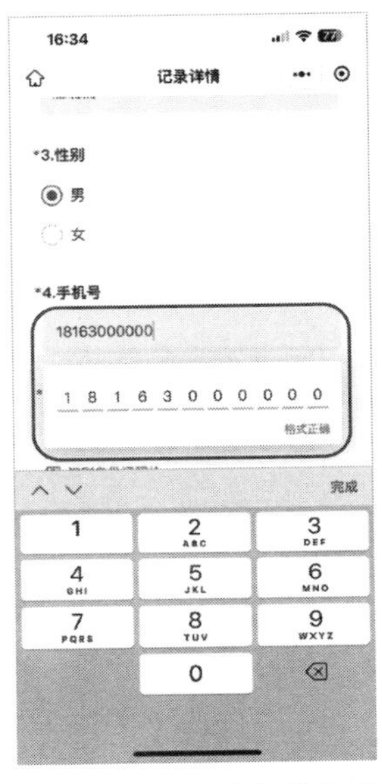

图6-98　验证手机号格式

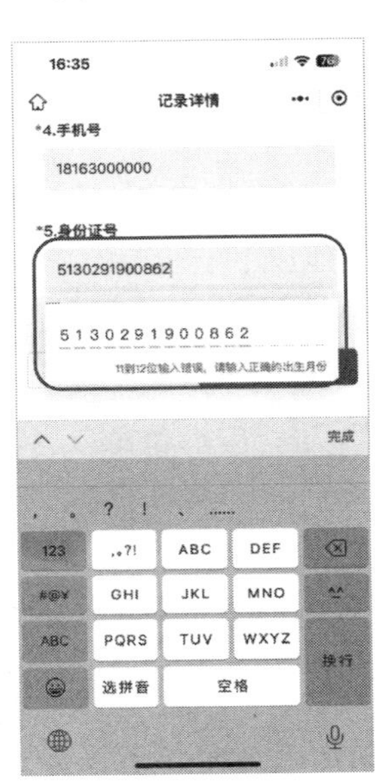

图6-99　验证身份证号格式

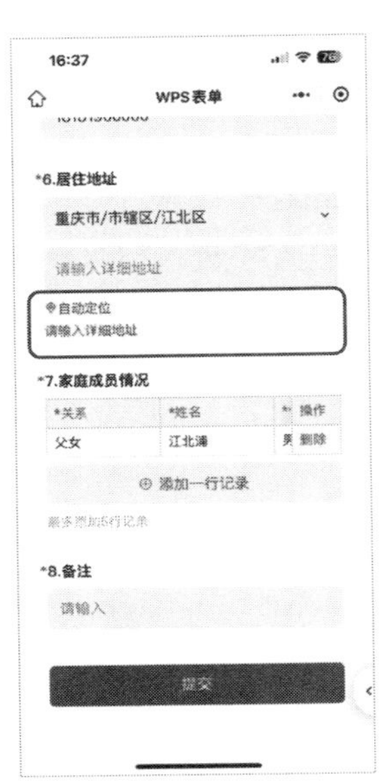

图6-100　自动定位地址

6.4.2 AI助力数据处理：智能收集与整理信息

智能表单的数据收集和整理功能为用户带来了极大的便利。一方面，在线收集表单数据并实时更新的功能让数据采集过程变得更加高效。用户可以随时随地收集所需数据，而不受时间和地点的限制。这一功能节省了用户的时间和精力，使数据采集工作变得更加轻松。

另一方面，对表单数据进行筛选、排序和分组的功能让用户能够快速找到所需的信息。通过对数据进行筛选，用户可以提取出符合特定条件的数据，从而提高数据处理的效率。排序功能让用户能够按照特定顺序查看数据，方便查找和分析。分组功能则可以将相似的数据归纳在一起，便于用户管理和分析。

另外，智能表单还具备自动生成统计报告和分析图表的功能。这一功能将枯燥的数据转化为直观的图表，让用户能够更清晰地了解数据背后的规律和趋势，如图6-101所示。当收集的表单超过30个时，WPS AI还会根据收集的表单自动生成数据洞察报告，包含洞察摘要、数据描述、结果解释、结论建议等内容，可以为用户提供丰富的数据依据，帮助他们做出更明智的决策，如图6-102

所示。

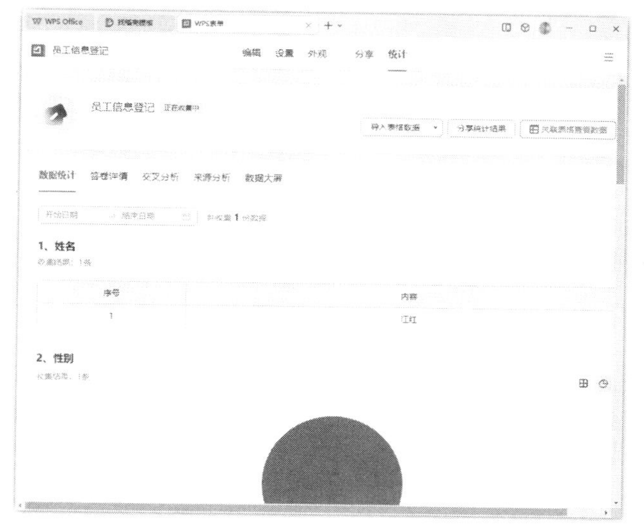

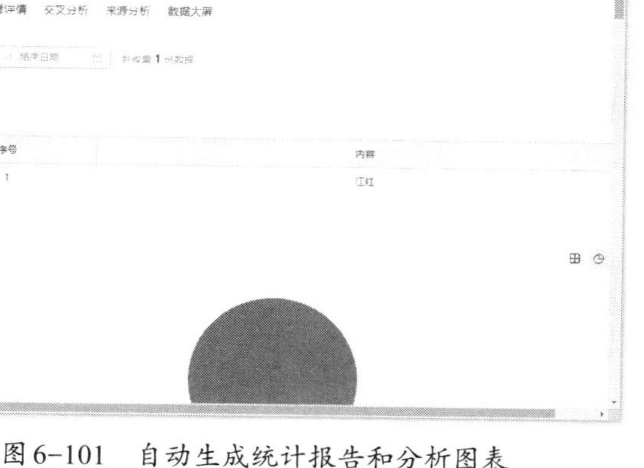

图 6-101　自动生成统计报告和分析图表

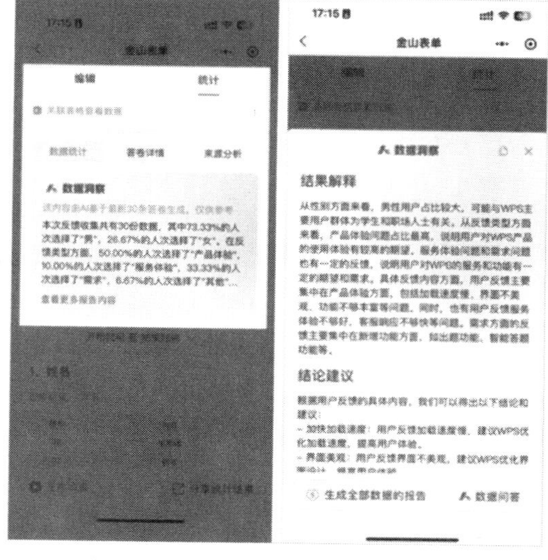

图 6-102　查看生成的数据洞察报告

综上所述，智能表单的数据收集和整理功能提高了数据采集的效率，为用户提供了强大的数据管理和分析工具。通过这些功能，用户可以更加高效地收集、管理和分析表单数据，从而为各项工作提供有力支持。

本章小结

在本章中，我们讨论了 WPS 在线智能文档的 AI 功能。我们了解了 WPS 在线智能文档的特点和优势，如高效、便捷和个性化服务。随着技术的发展，AI 技术已广泛应用于智能文档的多个方面，如智能文档起草、文档优化等，提供数据整理、阅读助手、修改建议等实用功能，并记录历史操作，提供回溯修改轨迹。

此外，AI 技术在智能表格和智能表单中也有应用，如自动生成与编辑公式、智能处理表格数据、自动化管理与优化表格内容等，以及表单设计和创建、数据收集和整理等。

总的来说，AI 功能在 WPS 在线智能文档中的应用为用户提供了极大的便利，未来将在更多领域发挥更大的作用。

第7章

综合案例：WPS AI 智能化办公实战应用

在现代职场中，智能化办公越来越受到人们的欢迎和重视。WPS Office作为行业领先的办公软件，其AI功能为用户提供了诸多便利。前面的章节中分别介绍了各项AI功能的具体使用方法，本章，我们将通过三个实战案例的具体解决方案和实操步骤介绍，来详细学习如何运用WPS AI提高办公效率，实现智能化办公。

7.1 实战一：智能制作与编排项目策划文案

在策划项目的过程中，撰写文案是一个至关重要的环节。一篇出色的项目策划文案能够清晰地传达项目的核心理念、目标和背景，为项目的顺利推进奠定基础。然而，撰写文案是一项耗时耗力的任务，尤其是在寻求创新和独特性的项目中。此时，WPS AI成为一个得力的助手，它可以帮助用户高效地生成符合需求的文案，从而节省大量时间和精力。

本例我们将模拟策划一个徒步旅行项目，并撰写相关的策划文案。由于项目有一定的复杂性，涉及的具体实施细节较多，我们不可能完全依赖AI工具来自动生成文案。这里先邀请WPS AI参与我们前期的头脑风暴，通过其智能化的分析和创造力，为我们的策划思路提供启发；然后让WPS AI编写文案内容；最后参考项目策划文案模板对内容进行细致的完善和编排，以确保文案的完整性和逻辑性。完成后的项目策划文案效果如图7-1所示。

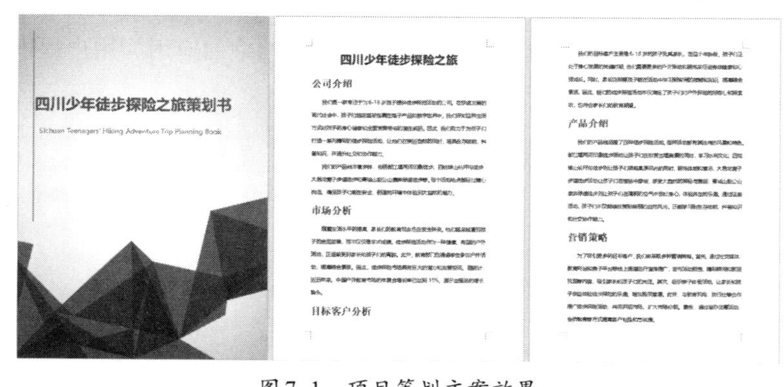

图7-1　项目策划文案效果

7.1.1　让 WPS AI 完成文案起草前期的头脑风暴

在策划项目时，巧妙的构思是吸引潜在合作伙伴和投资者注意力的关键所在。因此，在项目策划文案撰写之初，我们需要先深入剖析项目的核心，通过头脑风暴的方式，广泛收集并整理各种富有创意的构想和观点。WPS AI凭借其卓越的智能分析能力，能够协助我们从不同维度审视项目，并为我们提供具有创新性的构思建议。

首先，我们要明确项目的目标和愿景，将相关资料详细输入给WPS AI。接着，借助WPS AI的智能分析功能，我们可以获得一系列具有创新性与可行性的建议和分析报告。在接收到WPS AI的建议后，我们可以结合自己的专业知识和实际情况，对这些建议进行筛选和进一步的优化。经过充分的头脑风暴和筛选，我们不仅能够对项目有更加全面的认识，同时也为后续的文案撰写工作奠定了坚实的基础。

本例我们通过WPS AI获取了很多信息，其中比较重要，也是能直接帮助我们更好地组织和呈现文案内容的关键步骤如下。

第1步 新建一个空白文档，连续按两次【Ctrl】键唤起WPS AI，在弹出的WPS AI对话框中根据要创建的文案内容输入需求指令，这里先让WPS AI帮我们推荐几个符合要求的徒步旅行方案，单击【发送】按钮，如图7-2所示。

第2步 等待WPS AI根据指令生成对应的内容，单击【保留】按钮即可在文档中保留这些内容。查阅内容并筛选可以采用的方案，如图7-3所示。

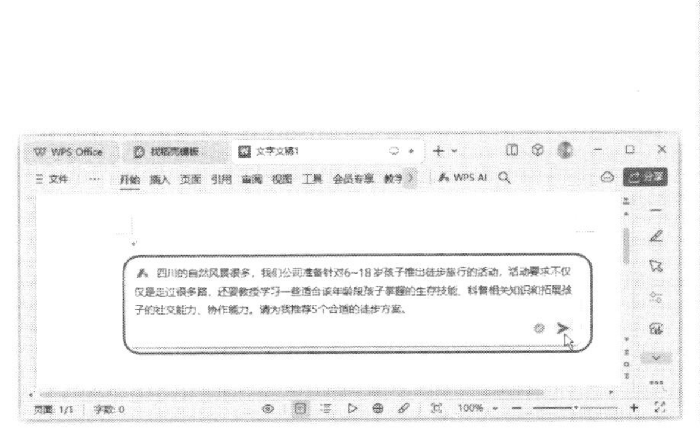

图7-2　唤起WPS AI并输入需求指令

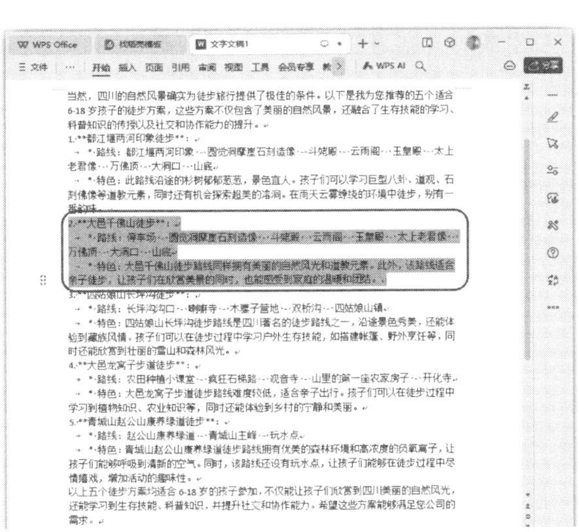

图7-3　查阅内容并筛选可以采用的方案

第3步 使用相同的方法对WPS AI进行其他方面内容的提问，同时根据头脑风暴得到的内容进一步拓展思路。过程中还可以对这些内容进行复制和整理，然后再询问WPS AI，如图7-4所示。

第4步 向WPS AI进行多次提问后，我们会得到内容比较完善的文案，如图7-5所示。

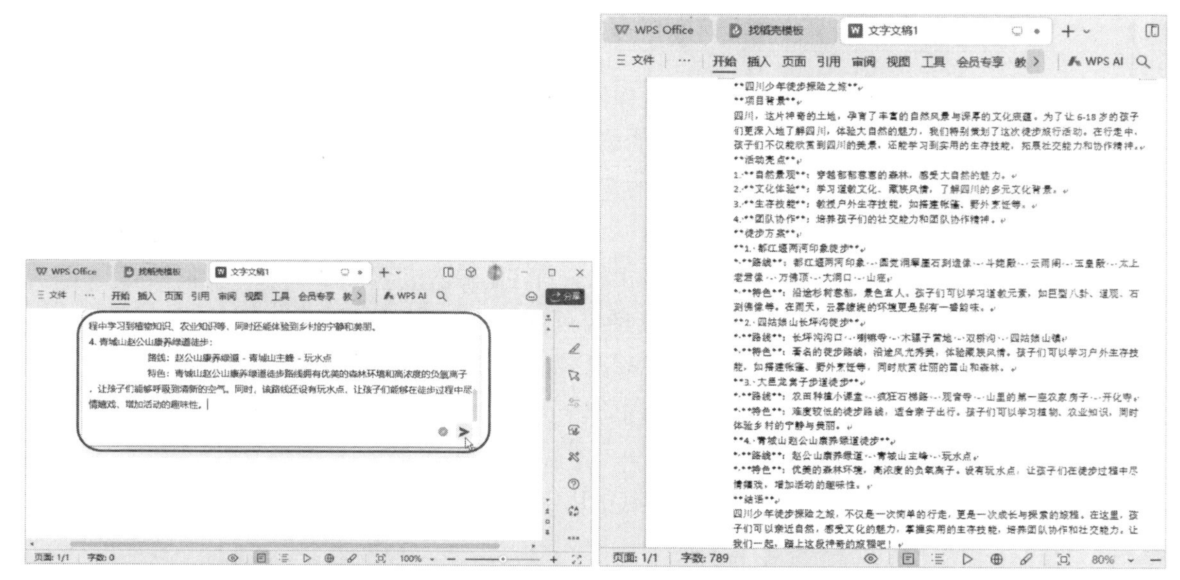

图 7-4　根据头脑风暴得到的内容进一步拓展思路　　　图 7-5　得到内容比较完善的文案

7.1.2 让 WPS AI 编写文案内容

在完成头脑风暴后，我们可以利用WPS AI的智能写作功能，快速起草项目策划文案。将项目的基本信息、亮点、市场分析等关键信息输入WPS AI，让它为我们生成一篇初步的文案，然后我们对生成的文案进行审阅和修改，确保内容在准确性、吸引力等方面达到要求。

本例先在WPS AI的【灵感市集】对话框中选择提供的【活动策划】模板，输入关键信息进行文案内容生成，如图7-6所示，但是生成的内容不太符合需求，最后采用了AI模板生成的文案内容，具体操作步骤如下。

第1步 单击【找稻壳模板】选项卡，在界面中的【推荐】栏中选择【AI帮你写】选项，如图7-7所示。

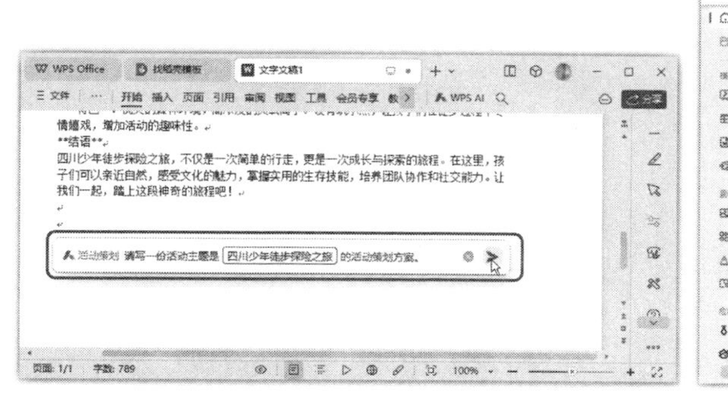

图 7-6　通过WPS AI的【灵感市集】生成文案

图 7-7　选择【AI帮你写】选项

第2步 在打开的新界面中单击【推荐模板】栏右侧的【更多模板】超链接，如图 7-8 所示。

第3步 在打开的新界面中，在左侧单击【AI模板】选项卡，在右侧选择【写商业计划大纲】选项，如图 7-9 所示。

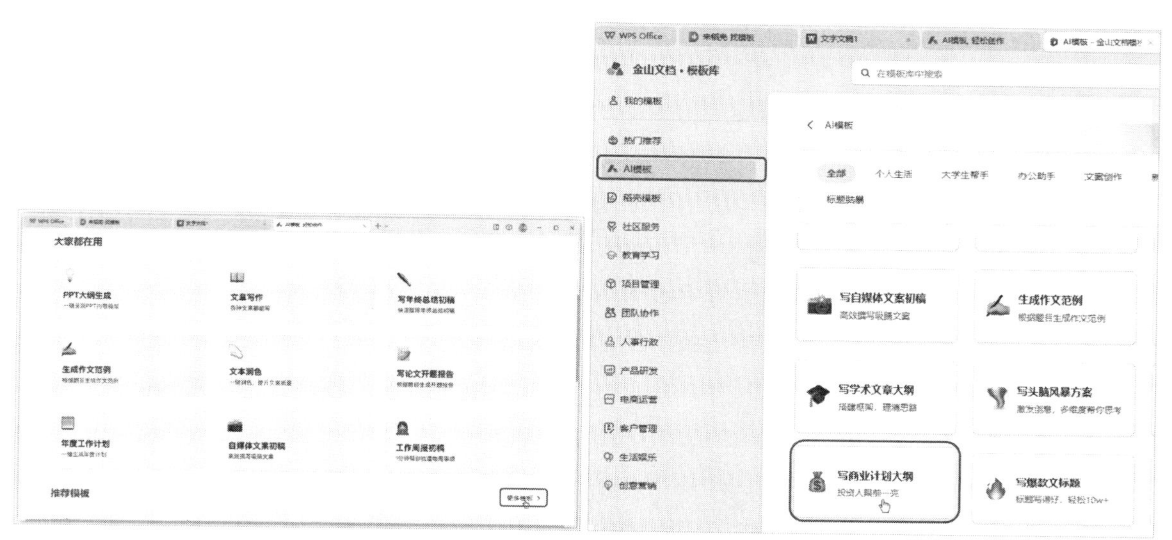

图 7-8　单击【更多模板】超链接　　　　图 7-9　选择【写商业计划大纲】选项

第4步 根据所选模板新建一个智能文档，右侧的【AI模板设置】任务窗格中提供了商业计划大纲中需要填写的重要信息，根据要生成的文案设置商业计划大纲中的重要信息，单击【开始生成】按钮，如图 7-10 所示。

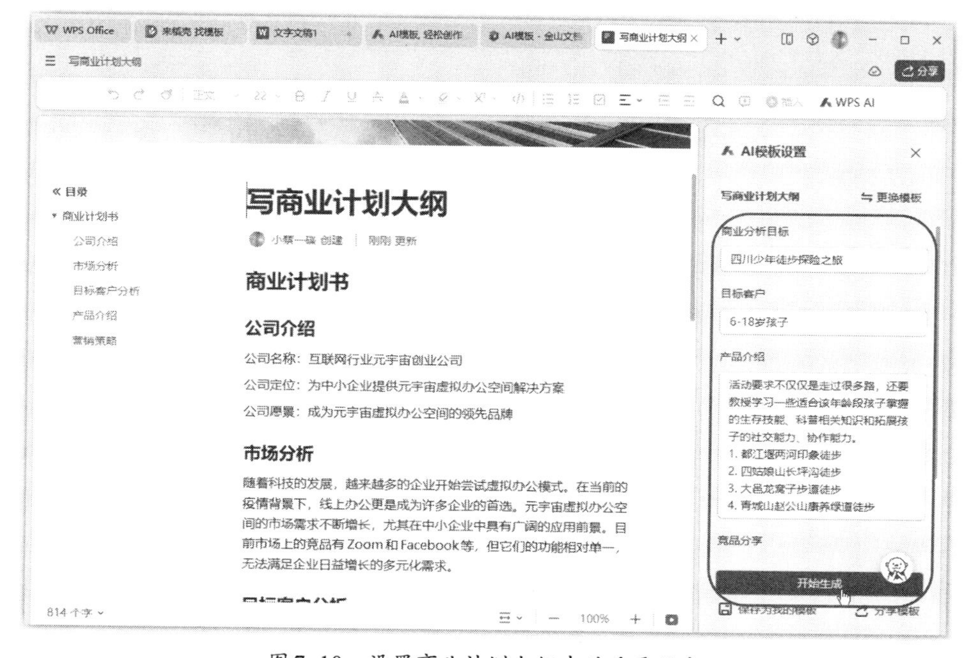

图 7-10　设置商业计划大纲中的重要信息

第5步 弹出图7-11所示的对话框，询问是否根据设置重新生成内容，单击【确定】按钮。

图7-11 重新生成文档内容

第6步 稍后即可看到WPS AI根据这些关键信息生成的新内容，如图7-12所示，单击【完成】按钮，保留生成的新内容。

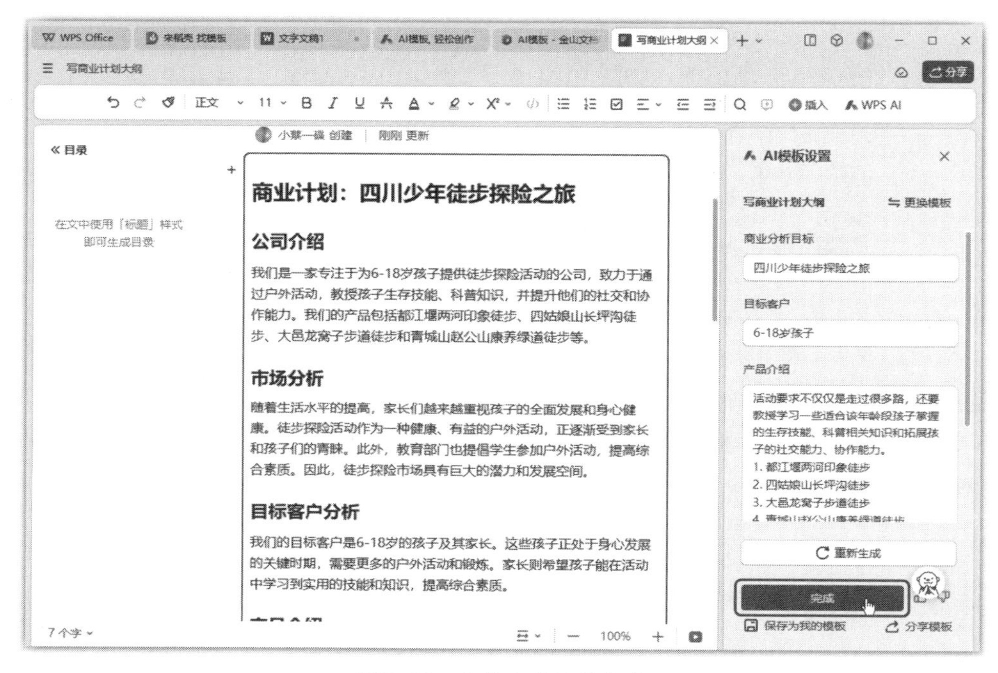

图7-12 查看生成的新内容

7.1.3 从WPS Office模板中寻找完善思路

现在，我们已经有了文档中比较关键的文案内容，但是如何巧妙地构思和编排这些内容呢？我们可以参考WPS Office提供的丰富模板，为我们的文案找到更具创意和吸引力的呈现方式。WPS Office模板涵盖了各种行业和场景，不仅有精美的设计风格，还有实用的功能布局。本例中，我们就根据项目的特点和目标受众，选择合适的模板，将这些优秀元素融入我们的项目策划文案中，使文案更具竞争力。

第1步 在【来稻壳 找模板】界面顶部的搜索框中输入“项目策划”并搜索，在搜索结果中选择想要查看具体内容的文档选项，如图7-13所示。

图 7-13　在搜索结果中选择想要查看具体内容的文档选项

第2步 在新界面中预览所选模板的效果，如果满意可以单击【立即下载】按钮，如图 7-14 所示。

图 7-14　预览模板效果

第3步 在根据模板新建的文档中查看文档的详细内容，并复制可以使用的部分或直接套用模板，在这个过程中如果发现文档结构中还有一些内容可以加入我们的文案中，也可以将关键词或语句发送给 WPS AI，让其生成相关内容。

7.1.4 快速编排文案

最后，我们需要对项目策划文案进行编排。WPS Office提供了强大的排版功能，可以轻松将文档变得整洁、统一和美观。本例中，我们直接将生成的内容以“只粘贴文本”的方式粘贴到合适的模板中，完成编排任务。

第1步 在要使用的模板文档中，在封面页的标题文本框中输入标题文本，复制标题文本到正文中并选中，在弹出的工具栏中单击【WPS AI】下拉按钮，在弹出的下拉菜单中选择【翻译】命令，如图7-15所示。

第2步 在弹出的面板中可以看到翻译结果，单击【复制】按钮进行复制，如图7-16所示。

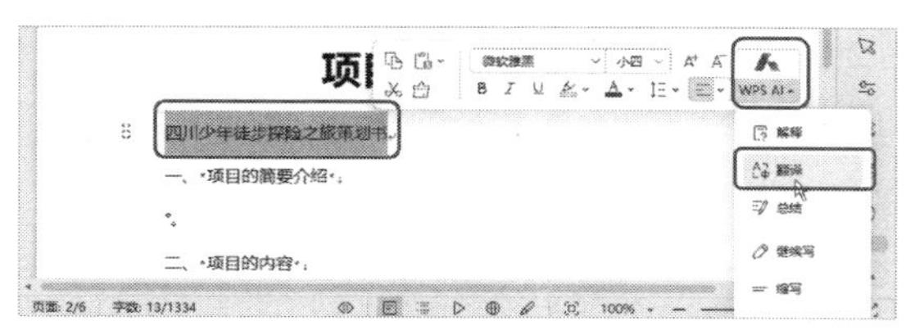

图7-15　选择【翻译】命令

图7-16　查看并复制翻译结果

第3步 选择封面页的英文标题文本框中的内容，单击【开始】选项卡中的【粘贴】下拉按钮，在弹出的下拉列表中选择【只粘贴文本】选项，如图7-17所示。

第4步 复制刚刚通过WPS AI生成的智能文档中的文案内容到模板文档中，发现内容还是有些干瘪，选择这些内容，在弹出的工具栏中单击【WPS AI】下拉按钮，在弹出的下拉菜单中选择【扩写】命令，如图7-18所示。稍后，WPS AI便会根据所选内容进行扩写，单击【保留】按钮即可。

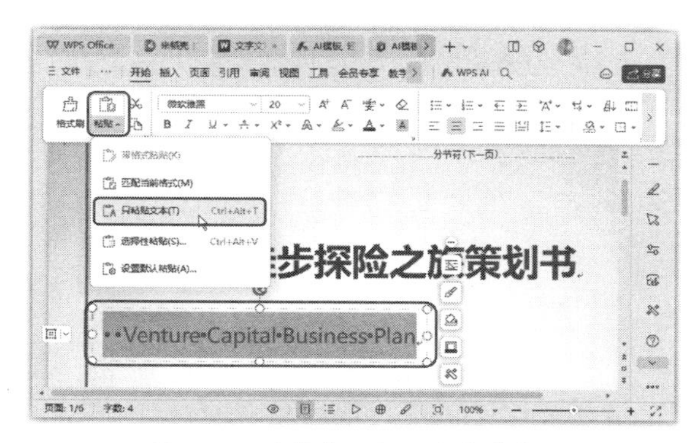

图7-17　选择【只粘贴文本】选项

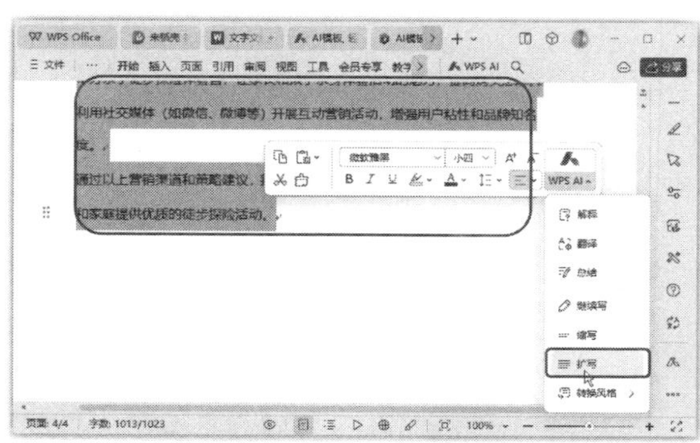

图7-18　选择【扩写】选项

第5步 选择所有的正文内容，单击【开始】选项卡中的【排版】按钮，在弹出的下拉列表中选择【段落整理】选项，如图7-19所示。

第6步 根据需求手动编辑文档中的细节内容和一些不适合智能生成的内容。完成内容的编辑后，选择标题内容，在【开始】选项卡中的样式列表框中选择合适的标题样式，如图7-20所示，即可快速完成文档的制作。

图 7–19　选择【段落整理】选项

图 7–20　为标题应用样式

7.2 实战二：智能统计与分析销售数据表格

在商业领域，数据就是金钱，而销售数据更是企业的生命线。如何有效地整理、分析和利用销售数据，是企业决策者十分关心的问题。

在实际工作中，企业往往需要面对繁多的表格和零散的数据记录。企业决策者需要先将这些用于分析的数据统一整理到一个表格中，确保数据的完整性和准确性，然后通过深入的数据分析，洞察市场动态，把握客户需求，从而提高销售业绩。

在这样的背景下，WPS AI 成为企业决策者的得力助手。它能够快速、智能地分析销售数据表格，帮助企业决策者在海量信息中迅速找到关键数据，为决策提供有力支持。

本例我们将模拟一个多销售门店的销售数据整理过程，首先将多个工作簿中的数据合并到一个工作簿，然后将数据合并到一张工作表中，最后对数据进行快速分析，完成后的效果如图 7–21 所示。

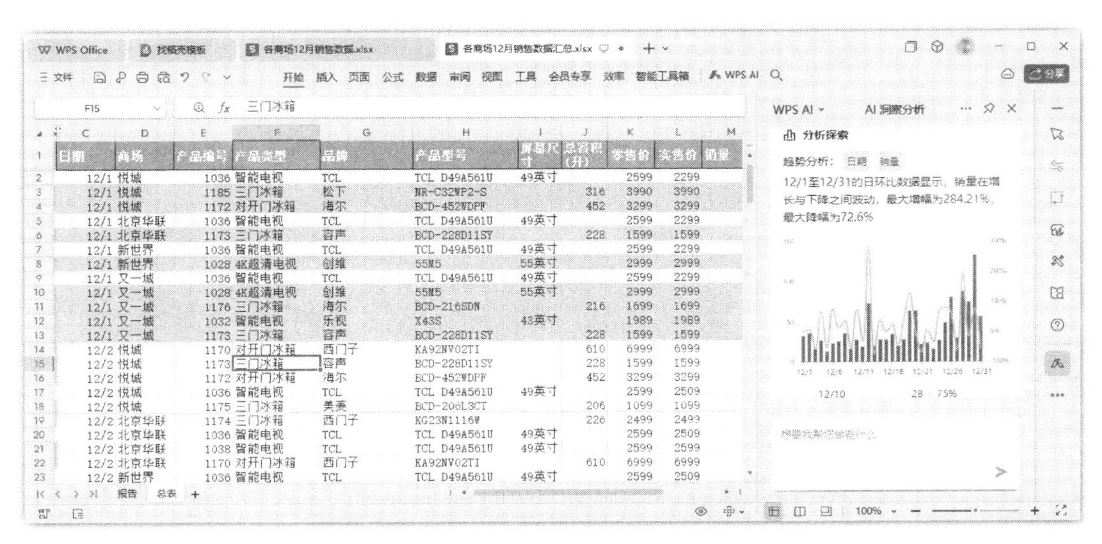

图 7–21　销售数据分析效果

7.2.1 汇总表格数据

各商场统计出的销售报表中有的将公式计算结果转换成了普通数据，有的包含公式，为了避免后期出现误操作，可以在保留原始数据的基础上，调用具体数据进行下一步分析。

我们需要对销售数据进行汇总整理。用于分析的数据源表最好制作成一张工作表。制作数据源表需要先将相关的各工作簿中的数据统一到一个工作簿中，然后将这些数据合并到一张工作表中，具体操作方法如下。

第1步 在WPS Office中打开素材文件中提供的四个商场数据工作簿，在其中一个工作簿中单击【开始】选项卡中的【工作表】按钮，在弹出的下拉列表中选择【合并表格】→【整合成一个工作簿】选项，如图7-22所示。

第2步 打开【合并成一个工作簿】对话框，单击【添加文件】按钮，选择要合并的多个工作簿，返回对话框中选中需要合并的多个工作表名称前的复选框，本例选择将四个商场数据工作簿中的“12月销售统计”工作表数据进行合并，单击【开始合并】按钮，如图7-23所示。

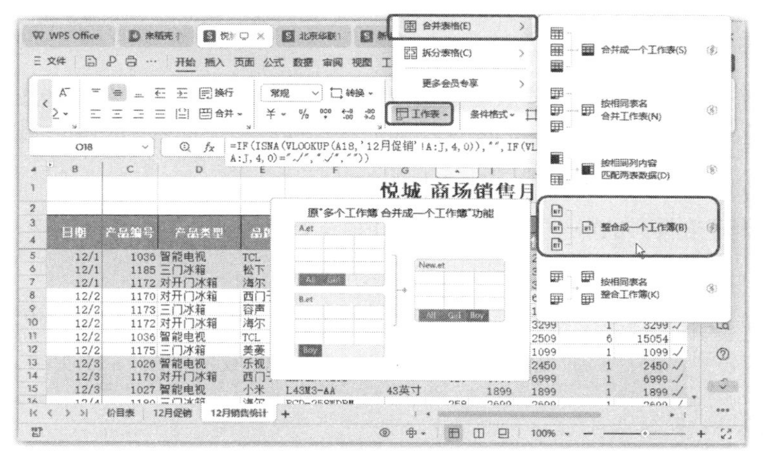

图7-22 选择【整合成一个工作簿】选项

图7-23 设置需要合并的工作簿

第3步 稍后即可看到合并后的工作簿，第一张工作表为“报告”工作表，其中显示了该工作簿中数据的来源，删除该工作表，修改工作簿名称为“各商场12月销售数据”。然后根据每张工作表中表头的内容修改各工作表名称为对应的商场名称，方便后期查看。

第4步 为了在将多个工作表合并为一个工作表后还能看出数据对应的商场，需要在第一个工作表中的B列后插入一列空白单元格，在C1单元格中输入“商场”，然后在下方的单元格中填充该工作表中数据对应的商场，填充时注意选择用【不带格式填充】的方式进行填充，如图7-24所示。

第5步 选择整个工作表并复制，然后单击【开始】选项卡中的【粘贴】下拉按钮，在弹出的下拉列表中选择【选择性粘贴】选项，如图7-25所示。

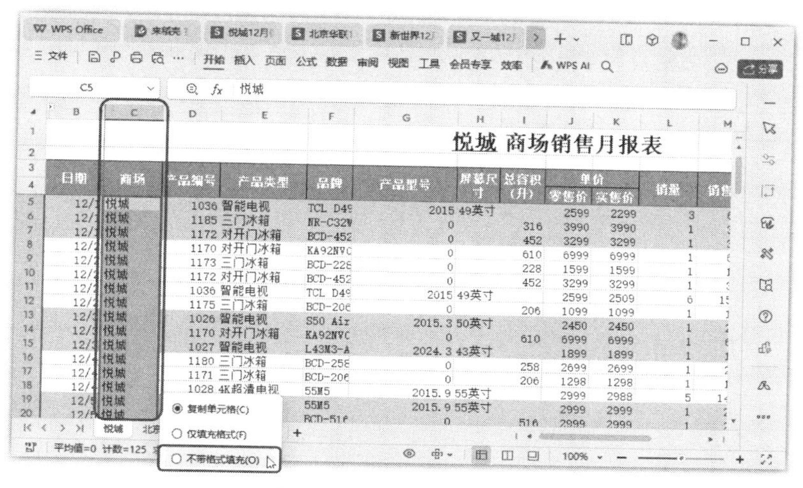

图7-24　插入商场数据列

第6步 打开【选择性粘贴】对话框，选中【值和数字格式】单选按钮，单击【确定】按钮，如图7-26所示。

图7-25　选择【选择性粘贴】选项

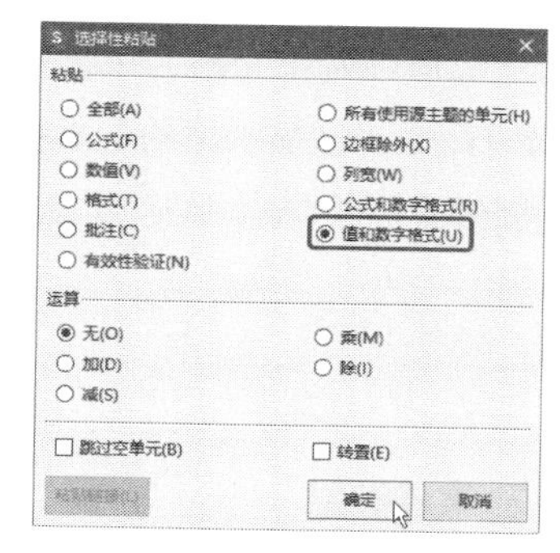

图7-26　选中【值和数字格式】单选按钮

第7步 使用相同的方法在其他三个工作表中添加商场列数据，并以“值和数字格式”方式粘贴数据，去除公式。

第8步 在其中一个工作表中单击【开始】选项卡中的【工作表】按钮，在弹出的下拉列表中选择【合并表格】→【合并成一个工作表】选项，如图7-27所示。

第9步 打开【合并成一个工作表】对话框，在列表框中选择要合并的多个工作表，这里选中【全选】复选框，在下方的【从第几行开始合并】数值框中输入“5”（因为每个商场的销售数据表中前面几行都是表头，从第5行开始才是具体的数据行），单击【开始合并】按钮，如图7-28所示。即可将所选的多个工作表数据合并到一张新工作表中。

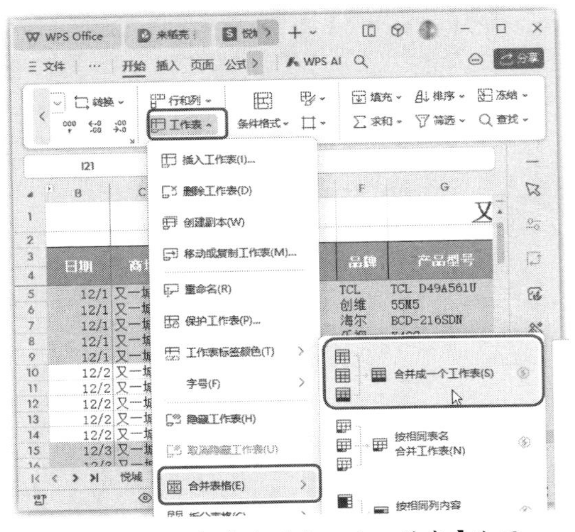

图 7-27　选择【合并成一个工作表】选项

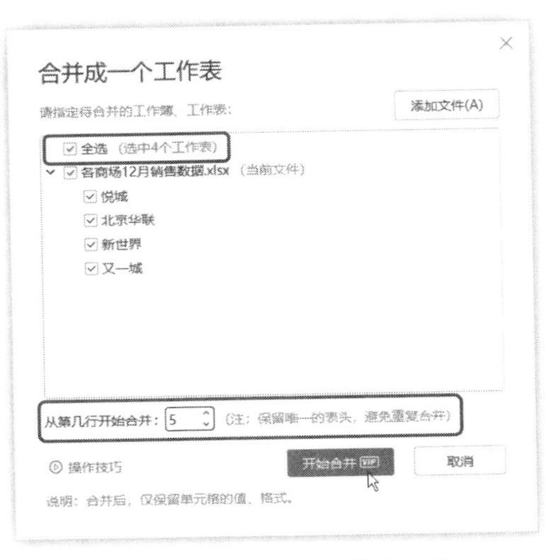

图 7-28　设置合并工作表参数

7.2.2　整理和规范表格数据

将所有数据汇总到一个工作表中后继续对汇总的数据进行完善，使其成为更优秀的数据源表，以方便后期能快速变换出其他数据分析表。

第1步 修改新创建的工作簿名称为“各商场12月销售数据汇总”，并选择总表中最上面的2行单元格，在右键快捷菜单中选择【删除】命令，如图7-29所示。

第2步 选择O列单元格，单击选项卡最右侧的【WPS AI】按钮，在弹出的下拉菜单中选择【AI操作表格】命令，在显示出的【AI操作表格】任务窗格中底部的对话框中选择【快捷操作】选项，然后输入“将该列中的‘√’替换为‘正常销售’”指令，单击【发送】按钮，如图7-30所示。

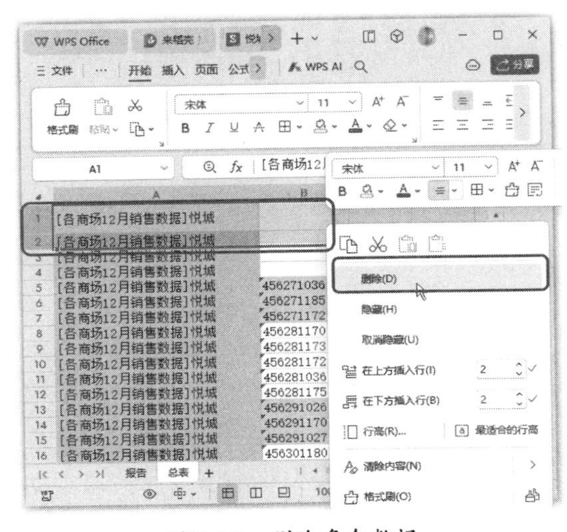

图 7-29　删除多余数据

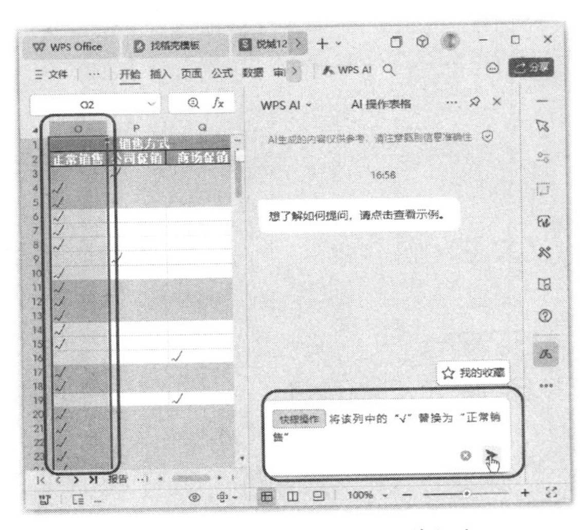

图 7-30　向 WPS AI 输入操作指令

第3步 稍后即可看到WPS AI根据指令完成了所选列的替换操作，单击【完成】按钮，如

图7-31所示。

第4步 用相同的方法将P列和Q列中的“√”替换为对应的表头文字，再向WPS AI输入图7-32所示的指令，让其将O、P、Q三列单元格中的内容合并到R列中，最后删除O、P、Q三列单元格。

图7-31　应用WPS AI执行的操作

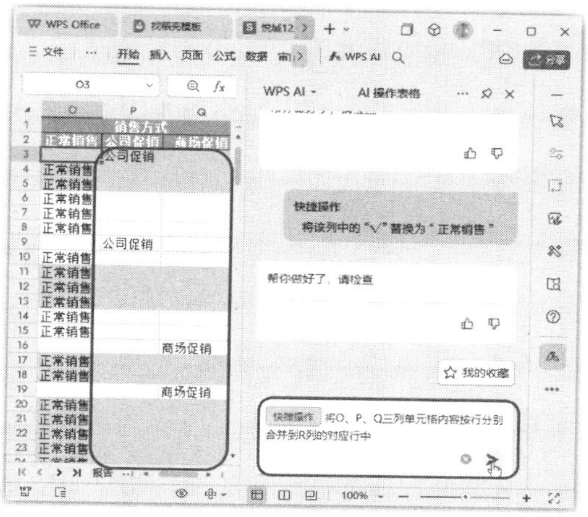

图7-32　向WPS AI输入操作指令合并单元格内容

第5步 对表头单元格进行拆分处理，并将其中的内容整理成一行，删除多余的行，如图7-33所示，单行表头方便后期进行数据分析。

第6步 在WPS AI对话框中输入“检查数据”指令，让WPS AI帮我们检查表格数据，单击【完成】按钮应用WPS AI的修改，如图7-34所示。

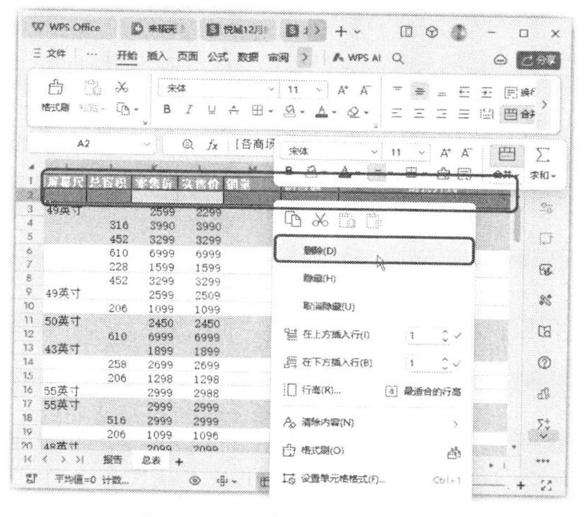

图7-33　将表头整理成一行

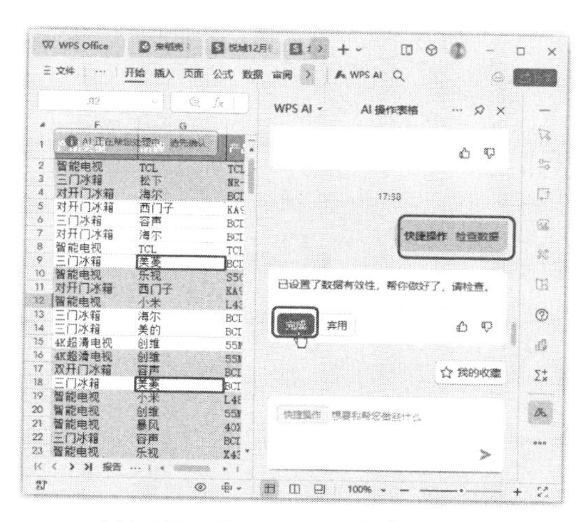

图7-34　让WPS AI检查表格数据

7.2.3 让WPS AI快速分析数据

WPS AI可以帮助我们快速统计和分析销售数据，为决策提供有力支持。在完成数据整理后，我们可以利用WPS AI的强大功能对销售数据进行智能分析。

第1步 在WPS AI对话框中选择【分类计算】选项，然后输入“将公司促销和商场促销对应的整行数据标记为黄色底纹”指令，单击【发送】按钮。在弹出的对话框中查看设置的AI条件格式参数，同时可以看到WPS AI根据指令标记数据的效果，单击【完成】按钮应用WPS AI的标记操作，如图7-35所示。

第2步 在WPS AI对话框中输入“根据日期排序数据”指令，即可看到销售数据根据时间先后进行了排序，单击【完成】按钮应用WPS AI的排序操作，如图7-36所示。

图7-35　标记数据

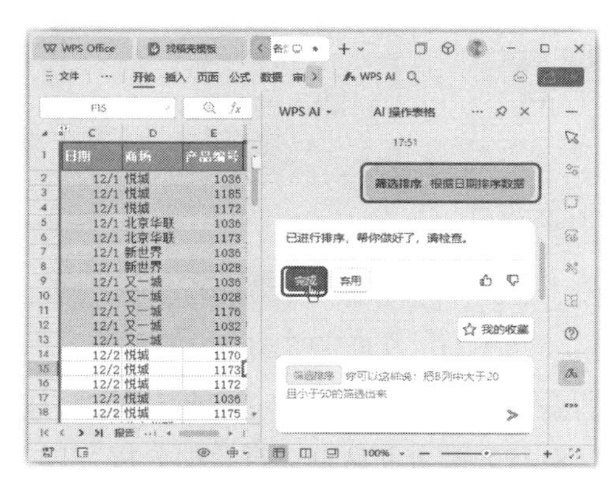

图7-36　按时间排序销售数据

第3步 单击【WPS AI】按钮，在弹出的下拉菜单中选择【AI洞察分析】命令。

第4步 显示出【AI洞察分析】任务窗格，在其中查看销售数据的分析结果，单击【更多分析】按钮，如图7-37所示。

第5步 打开【分析探索】对话框，在其中可以通过添加字段从各个方面分析探索销售数据，如图7-38所示。

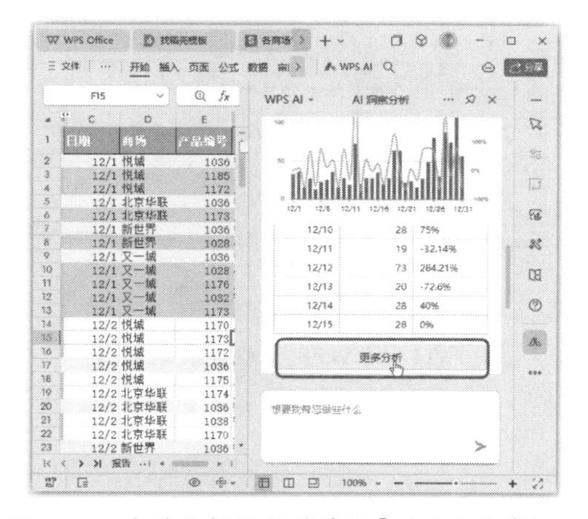

图7-37　查看分析结果并单击【更多分析】按钮

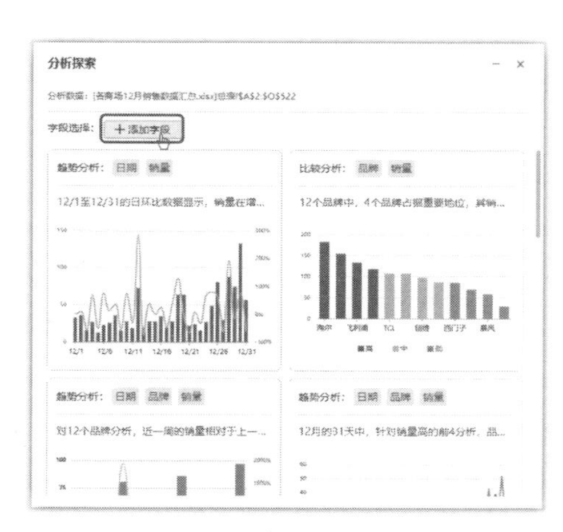

图7-38　分析探索销售数据

第6步 在【AI洞察分析】任务窗格中单击【获取AI洞察结论】按钮，如图 7-39 所示。

第7步 稍后即可看到WPS AI根据销售数据给出的分析内容，如图 7-40 所示。

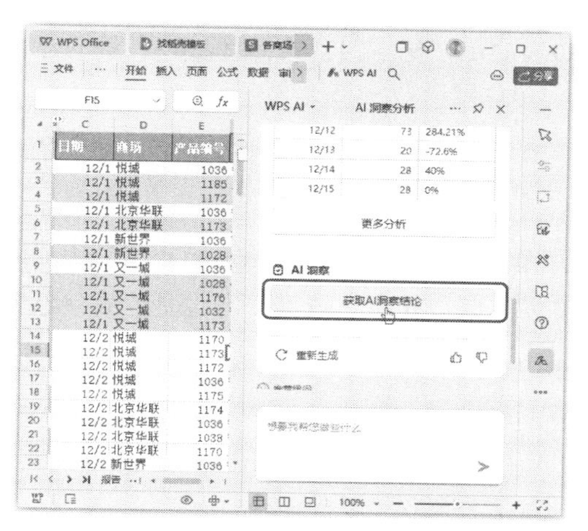

图 7-39　单击【获取AI洞察结论】按钮

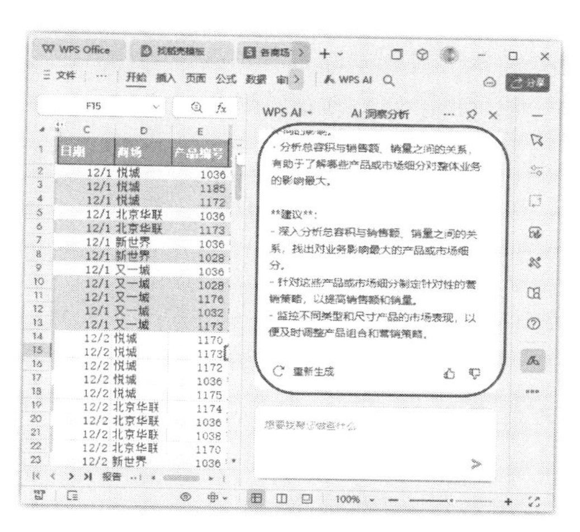

图 7-40　查看分析内容

7.3 实战三：智能高效制作工作总结 PPT

工作中，我们常常需要对自己的工作进行总结，工作总结PPT的重要性不言而喻。无论是对个人工作成果的梳理，还是对团队协作成果的展示，工作总结PPT都发挥着至关重要的作用。

然而，制作一个高质量、具有吸引力的PPT并非易事。为了帮助大家高效地完成这一任务，本例将模拟销售部门制作一个年终工作总结PPT，介绍如何使用WPS AI一键生成PPT，并对其进行修改和完善，完成后的效果如图 7-41 所示。

图 7-41　工作总结 PPT 效果

7.3.1 使用 WPS AI 一键生成 PPT

在开始制作PPT之前，我们需要对所需呈现的内容进行梳理。工作总结的核心目标在于阐述工作任务及执行过程中的各种情况，其内容通常采用三段式架构：第一段进行总体概述，第二段详述过程，第三段分享心得体会或反思总结。

当代表公司或部门进行工作总结时，我们可以从更高层次出发，全面梳理各项工作涉及的多个层面，如按照任务的先后顺序逐项进行深入思考和总结。

当我们对PPT的框架有了一定构思后，就可以使用WPS AI进一步整理和组织PPT的内容架构并最终生成PPT了。本例我们先通过WPS AI获取了很多信息，其中比较重要，也是能直接帮助我们更好地组织和呈现PPT内容的关键步骤如下。

第1步 新建一个空白演示文稿，单击【WPS AI】按钮，在弹出的下拉菜单中选择【AI生成PPT】命令，然后在弹出的【AI生成PPT】对话框中输入生成PPT的需求，这里输入图7-42所示的内容，单击【开始生成】按钮。

第2步 稍后对话框中会显示出WPS AI生成的PPT大纲，包括每张幻灯片的详细内容。如果需要修改某些内容，可以在对话框中选择对应的内容并修改。确认无误后，单击【挑选模板】按钮，如图7-43所示。

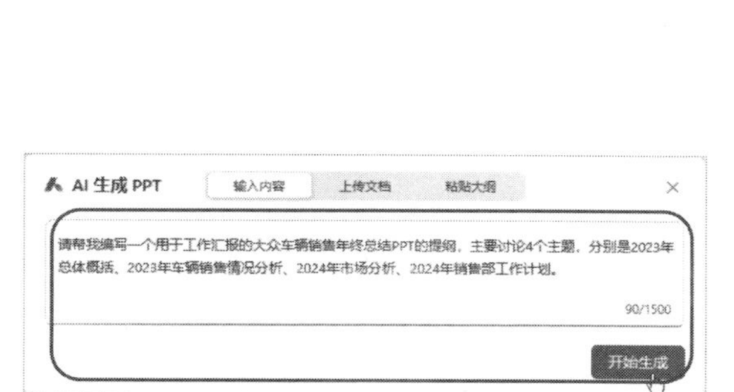

图7-42 输入生成PPT的需求

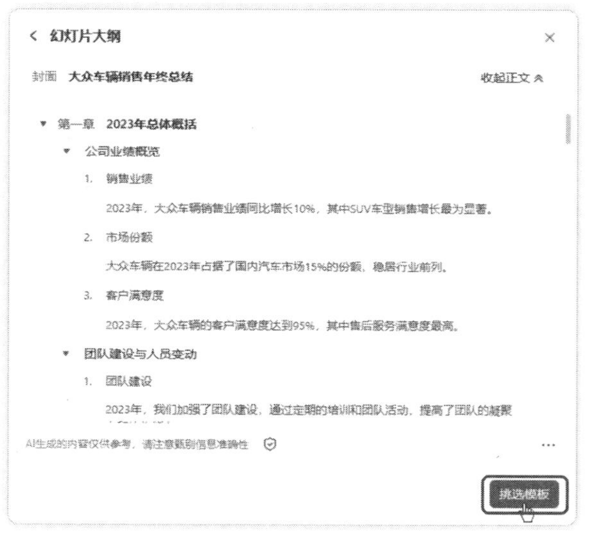

图7-43 单击【挑选模板】按钮

第3步 打开的新窗口的右侧提供了【选择幻灯片模板】窗格，其中显示了推荐的符合主题的模板，选择需要的模板就可以在左侧查看套用模板的效果。确定要使用的模板后，单击【创建幻灯片】按钮，如图7-44所示。

图 7-44　选择要使用的模板

第4步 即可根据生成的PPT大纲和选择的模板快速创建对应的PPT，效果如图 7-45 所示。

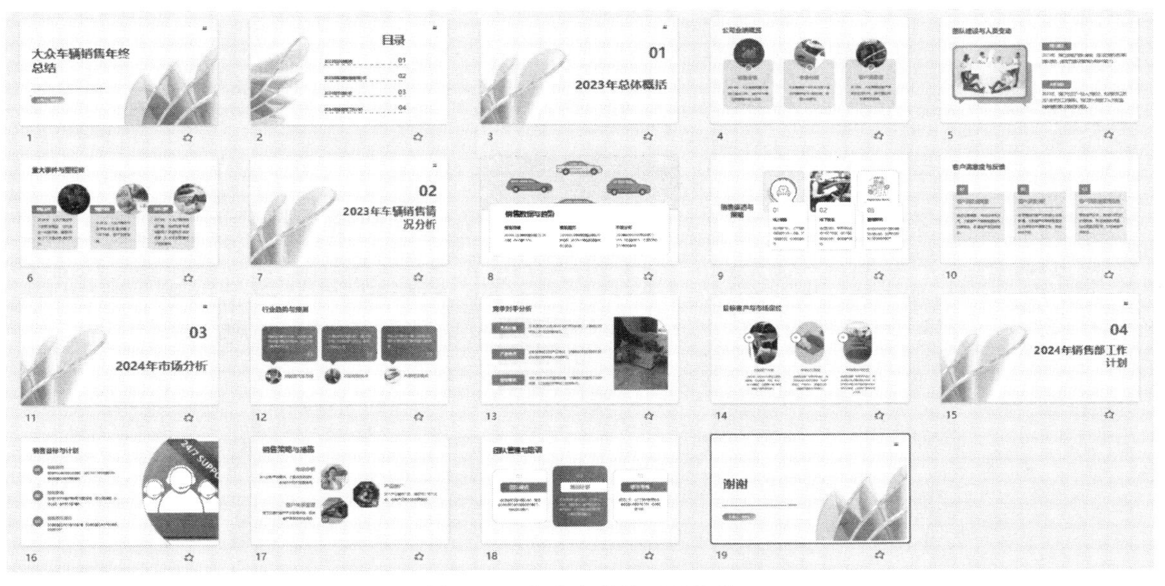

图 7-45　查看生成的PPT效果

7.3.2　修改和完善 PPT 内容

通过前面的操作，我们已经获取了该PPT的大致框架，但是具体的内容还需要根据实际情况进行修改和完善，如增减幻灯片、编辑文本内容、插入合适的图片进行页面美化，以及添加实际数据展示和图表效果等。这个环节还是可以利用WPS AI来提高工作效率，具体操作步骤如下。

第1步 在PPT中选择需要扩展为新幻灯片的内容并复制，然后单击【WPS AI】按钮，在弹出的下拉菜单中选择【AI生成单页】命令，如图7-46所示。

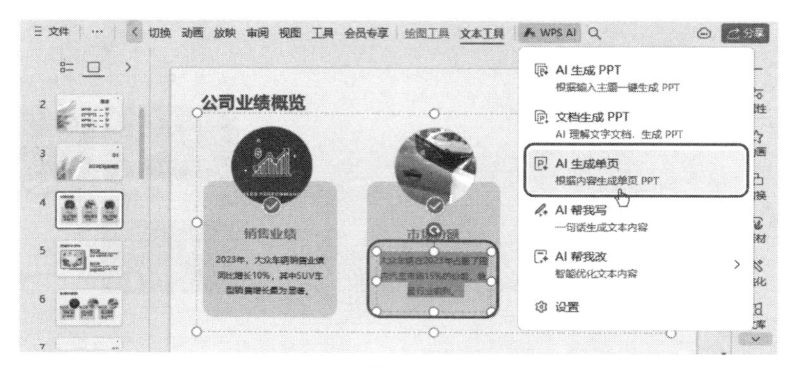

图7-46　选择【AI生成单页】命令

第2步 在弹出的【AI生成单页】对话框中，粘贴刚刚复制的内容，然后单击【优化指令】按钮，如图7-47所示。

第3步 稍后可以看到WPS AI根据输入的内容进行优化后的指令，修改至满意后，单击【智能生成】按钮，如图7-48所示。

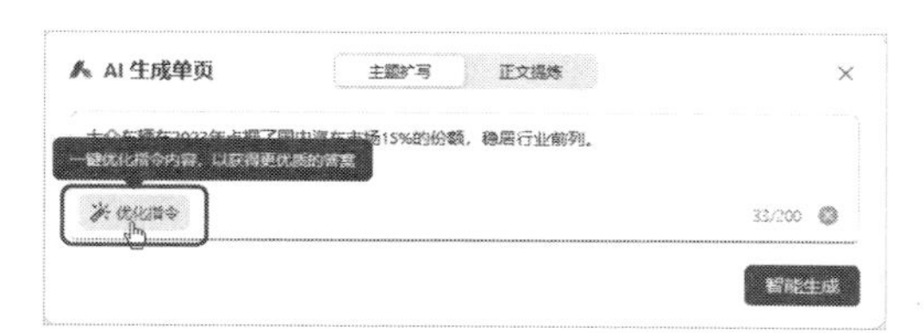

图7-47　单击【优化指令】按钮

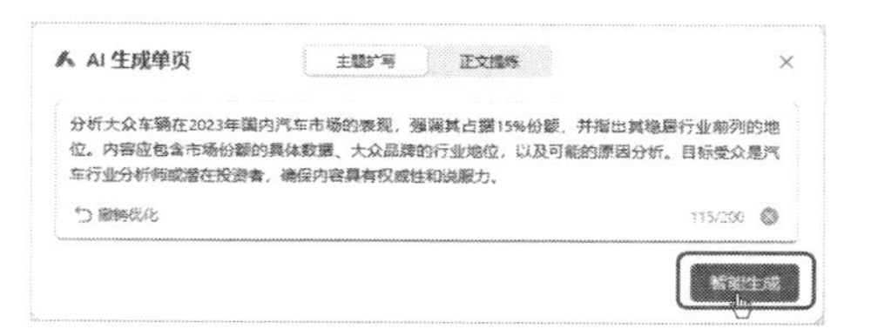

图7-48　查看并应用优化后的指令

第4步 稍后会弹出【本页幻灯片内容】对话框，其中显示了WPS AI生成的该页幻灯片内容。按需修改内容后，单击【生成幻灯片】按钮，如图7-49所示。

图7-49　查看WPS AI生成的幻灯片内容

> **知识拓展：** 在WPS演示中，AI生成单页功能的优化指令功能无疑是提升PPT质量的得力助手。这一功能凭借先进的AI技术，能够深入理解用户的需求，对PPT中的单页生成指令进行智能优化，让生成的内容更加专业、精炼且富有吸引力。

第5步 稍后会在当前幻灯片的后面创建一张新的幻灯片，其中包含了生成的内容。在弹出的【推荐样式】对话框中选择需要套用的幻灯片模板，可以即时在幻灯片中查看应用该模板的效果，确认后单击【应用此页】按钮，如图7-50所示。

图7-50 选择要套用的幻灯片模板

第6步 即可看到幻灯片中的内容套用所选模板后的效果。在【幻灯片】窗格中选择生成的幻灯片缩略图，并拖曳鼠标将其移动到合适位置，如图7-51所示。

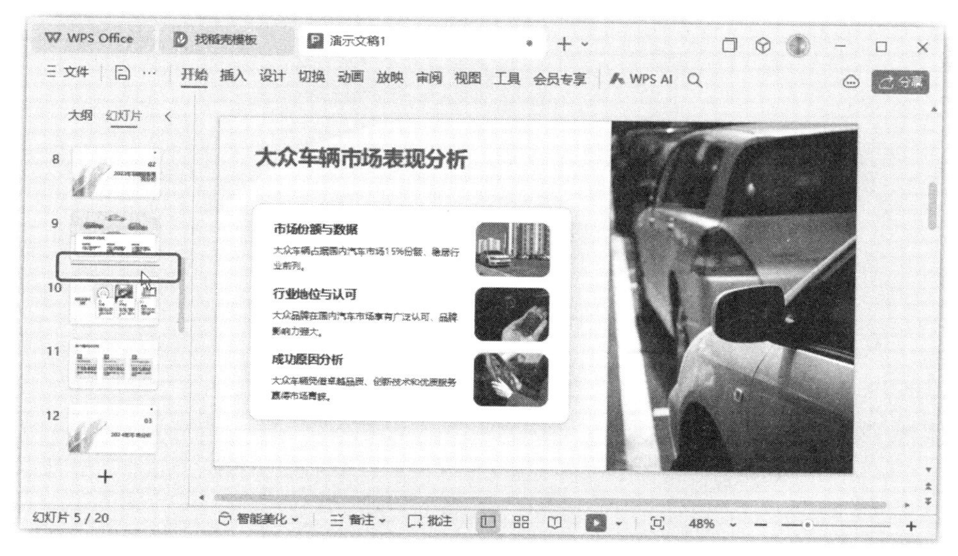

图7-51 调整幻灯片位置

第7步 在PPT中选择需要扩写的幻灯片内容，然后在弹出的工具栏中单击【WPS AI】按钮，在弹出的下拉列表中选择【扩写】选项，如图7-52所示。

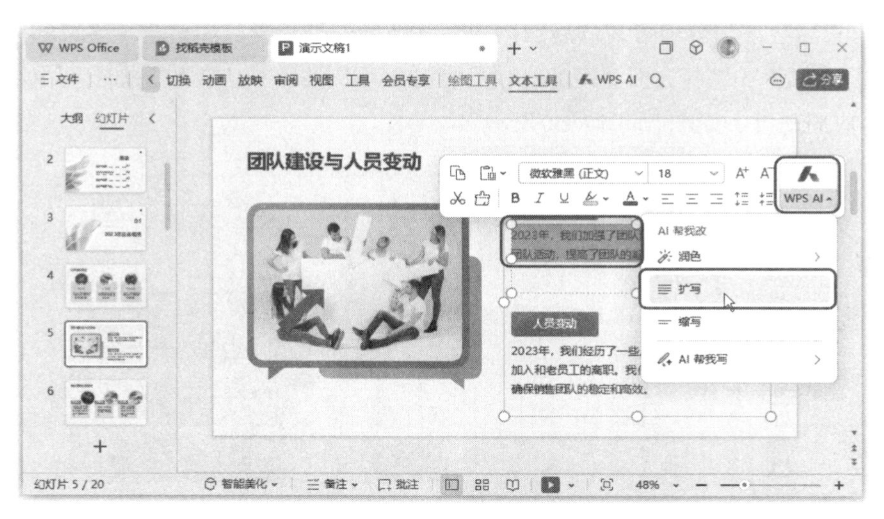

图 7-52　选择需要扩写的内容并选择【扩写】选项

第8步 弹出的【扩写】对话框中会显示出WPS AI根据所选内容进行扩写后的内容，如果对扩写效果满意，单击【替换】按钮即可用扩写后的内容替换原有内容，如图7-53所示。使用相同的方法调整PPT中的其他文本内容，或者手动编辑文本内容。

图 7-53　查看扩写效果并替换原有内容

第9步 如果发现有图片不合适，可以单击窗口右侧侧边栏中的【素材】按钮，展开【稻壳资源】任务窗格，输入关键字搜索需要的图片素材，并插入当前幻灯片中，如图7-54所示。

知识拓展： PPT的版面视觉效果是至关重要的。因此，对PPT进行编辑时，应关注对版面视觉效果产生较大影响的环节，如调整PPT的结构和布局，选择套用其他PPT模板、主题配色等，然后仔细审查并修改PPT中的内容，确保信息准确传达，最后添加合适的图片、图表和动画效果，增强PPT的视觉吸引力，统一PPT的字体、颜色和风格，使其更具专业性。

图 7-54　搜索合适的图片素材

第10步 选择插入的图片并在其上右击，在弹出的快捷菜单中选择【另存为图片】命令，如图 7-55 所示。

图 7-55　选择【另存为图片】命令

第11步 删除插入的图片后，选择要替换的图片，单击【图片工具】选项卡中的【更改图片】按钮，并用刚刚保存的图片进行替换，如图 7-56 所示。

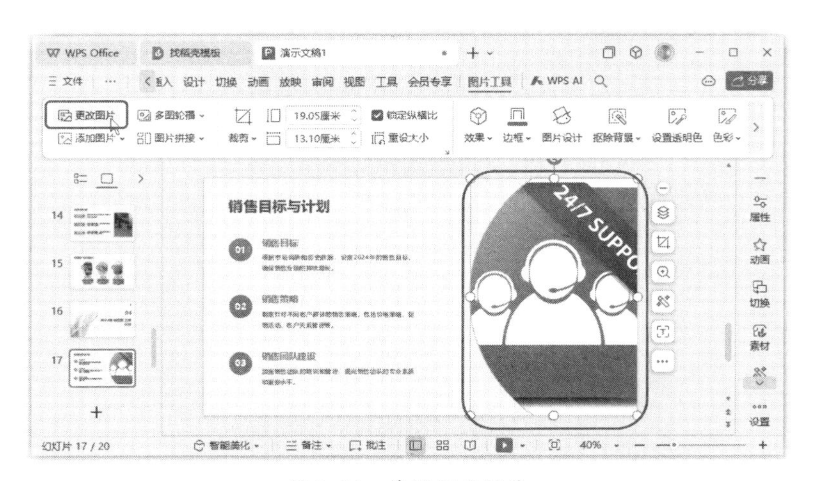

图 7-56　替换新的图片

第12步 替换的图片会自动应用原有图片的所有编辑效果，如果发现裁剪位置不合适，可以单击【图片工具】选项卡中的【裁剪】按钮，进入裁剪状态后，拖曳鼠标移动图片位置，如图7-57所示。使用相同的方法编辑PPT中的其他图片。完成修改后，预览整个PPT，确保内容完整、流畅。

图 7-57　调整图片裁剪效果

本章小结

通过本章的三个实际案例，我们可以更直观地看到如何结合WPS AI高效地完成工作任务。希望读者多探索WPS AI的功能，并掌握对应的用法，以便在实际工作中选择合适的方法来快速完成工作。